普通高等院校土建类应用型人才培养系列教材

土木工程测量

主　编　付克璐

副主编　姬程飞　　王俊锋　　任利敏

参　编　贾文祥　　孙亚平

北京理工大学出版社
BEIJING INSTITUTE OF TECHNOLOGY PRESS

内 容 简 介

本书分 4 个部分、共 14 章。第一部分（第 1～6 章）为工程测量基础理论和测量仪器的认知使用，主要介绍测量学科特点和工作原则，水准仪、经纬仪、全站仪等测量仪器的构造、使用和检校以及测量误差的基本知识；第二部分（第 7～9 章）为地形测量，主要介绍小区域控制测量、大比例尺地形图测绘和地形图的应用；第三部分（第 10～13 章）为施工放样部分，主要介绍施工放样的工作内容和测设方法，工业与民用建筑中的施工测量，线路工程中的施工测量，管道、桥梁和隧道工程的施工测量，地下矿井工程测量；第四部分（第 14 章）为测量新技术，主要介绍全球导航卫星测量系统的基本理论和应用。

本书可作为普通高等院校土建类专业（土木工程、建筑工程技术、市政工程、给排水、工程造价、交通工程、道路与渡河工程、地下工程和测绘工程等专业）的测量课程教材，也可作为有关工程技术人员的学习参考书。

图书在版编目（CIP）数据

土木工程测量/付克璐主编 . —北京：北京理工大学出版社，2018.6（2021.7 重印）
ISBN 978 - 7 - 5682 - 5711 - 4

Ⅰ. ①土…　Ⅱ. ①付…　Ⅲ. ①土木工程 - 工程测量 - 高等学校 - 教材　Ⅳ. ①TU198

中国版本图书馆 CIP 数据核字（2018）第 116704 号

出版发行 / 北京理工大学出版社有限责任公司
社　　址 / 北京市海淀区中关村南大街 5 号
邮　　编 / 100081
电　　话 / （010）68914775（总编室）
　　　　　（010）82562903（教材售后服务热线）
　　　　　（010）68948351（其他图书服务热线）
网　　址 / http：//www. bitpress. com. cn
经　　销 / 全国各地新华书店
印　　刷 / 北京紫瑞利印刷有限公司
开　　本 / 787 毫米 × 1092 毫米　1/16
印　　张 / 19　　　　　　　　　　　　　　　　责任编辑 / 高　芳
字　　数 / 510 千字　　　　　　　　　　　　　文案编辑 / 赵　轩
版　　次 / 2018 年 6 月第 1 版　2021 年 7 月第 4 次印刷　责任校对 / 黄拾三
定　　价 / 49.00 元　　　　　　　　　　　　　责任印制 / 李志强

土木工程测量属于工程测量学的范畴，在工程建设中有着广泛的应用。它服务于土木工程的每一个建设阶段，贯穿工程建设的始终。土木工程测量也是土木工程类专业的一门重要专业基础课，这是因为所有土木类工程的建设都需要利用测量所得的资料和图纸进行规划设计；施工阶段则需要通过测量工作来衔接各工序，以配合各工序的施工；竣工后的竣工测量，可为工程的验收、日后的改扩建和维修管理提供依据；在工程运营管理阶段，需要对工程项目进行变形观测和监测，以确保工程的安全使用。

本书按照高等教育土木工程类各专业测量学的基本要求编写，在编写过程中依据高等教育教学工作的特点，从培养应用型本科人才的目标出发，在论述基础理论和方法的同时，重视基本技能的训练和实践，突出课程的基础性、技能性和实用性。

本书在编排上，注重理论和实践相结合，采用"工学结合"教学模式，突出实践环节。第1章介绍测量学科的相关知识；第2~4章分别介绍了水准测量、角度测量、距离测量的基本原理、施测方法和相关测量仪器的使用；第5章介绍了全站仪测量技术；第6章介绍了测量误差基本知识；第7章介绍测量控制网的等级划分、布设方式与施测计算方法；第8、9章分别详尽地介绍了地形图的测绘方法和应用；第10~13章分别介绍了工业与民用建筑施工测量，线路工程测量，管道、桥梁和隧道工程测量，地下矿井工程测量；第14章介绍测量新技术——全球导航卫星系统测量。

本书由黄河交通学院土木工程教研室老师编写，其中付克璐担任主编。具体编写分工如下：付克璐编写第1、2、4、11章，贾文祥编写第3、7章，王俊锋编写第5、8、9章，任利敏编写第6、14章，姬程飞编写第10章，孙亚平编写第12、13章。

本书可作为普通高等院校土建类专业（土木工程、建筑工程技术、市政工程、给排水、工程造价、交通工程、道路与渡河工程、地下工程和测绘工程等专业）的测量课程教材，也可作为有关工程技术人员的学习参考书。

　　本书在编写过程中参考了国内诸多行业前辈及专家在工程测量领域的相关文献，有关的书刊和作者已在参考文献中列出。另外，部分文献资料源于百度文库等网络，因不知资料来源，无法一一列出作者，在此一并致以由衷的谢意。

　　本书在编写过程中，虽经推敲核证，但限于编者的专业水平和实践经验，仍有疏漏或不妥之处，恳请各位专家、同行、读者批评指正。

编　者

目 录

第 1 章

绪　　论

　　本章主要讲述测量学的研究对象以及任务和分类，介绍了测量学中的基准面和基准线、确定地面点位的方法、测量工作的基本原则和基本内容、测量学在土木工程建设中的主要用途等。

　　1. 掌握测量学中的基准线、基准面、绝对高程和相对高程、高差等概念；掌握测量工作的基本内容和基本原则；掌握确定地面点位的方法。
　　2. 明确测量学的研究对象、基本任务以及分类。
　　3. 了解测量学的分类、地球的形状和大小、旋转椭球体、高斯平面直角坐标系的建立、用水平面代替水准面的限度等。

1.1　测量学概述

1.1.1　测量学的发展历史

　　测量学是一门研究地球的形状和大小以及确定地面（包括空中、地下和海底）点位的科学。它的内容包括测定和测设两个部分。测定是指使用测量仪器和工具，通过测量和计算，得到一系列测量数据，再把地球表面的地形缩绘成地形图，供经济建设、规划设计、科学研究和国防建设使用。测设是指把图纸上规划、设计好的建筑物、构筑物的位置在地面上标定出来，作为施工的依据，测设又称施工放样。

　　测量学是一门历史悠久的科学，早在几千年前，由于当时社会生产发展的需要，中国、埃及、希腊等国家的人民就开始创造与运用测量工具进行测量。远在古代，我国就发明了指南针，以后又创制了浑天仪等测量仪器，并绘制了相当精确的全国地图。指南针于中世纪由阿拉伯人传到欧洲，之后在全世界得到广泛应用，直到今天，它仍然是利用地磁测定方位的简便测量工具。我国古代劳动人民为测量学的发展做出了重要的贡献。

测量学一开始用于土地整理，随着社会生产的发展，它被逐渐应用到社会的许多生产部门。17世纪人类发明望远镜后，人们利用光学仪器进行测量，使测量科学迈进了一大步。19世纪末航空摄影测量的出现，又为测量学增添了新的内容。现代光学及电子学理论在测量中的应用，创制了一系列激光、红外线、微波测距、测高、准直和定位的仪器。惯性理论在测量学中的应用，又创制了陀螺定向、定位仪器。20世纪60年代以来，由于电子计算技术的飞速发展，出现了自动化程度很高的电子经纬仪、电子全站仪和自动绘图仪。人造地球卫星发射成功后，很快就应用于大地测量，人们也建立了利用卫星无线电导航原理的全球定位系统。利用卫星遥感技术可以获得丰富的地面信息，为自动化成图提供大面积的、全球性的资料。随着现代科学技术的发展，测量科学也必将向更高层次的自动化方向和数字化方向发展。

中华人民共和国成立后，我国测绘事业有了很大发展，建立和统一了全国坐标系统和高程系统；建立了遍及全国的大地控制网、国家水准网、基本重力网和卫星多普勒网；完成了国家大地网和水准网的整体平差；完成了国家基本图的测绘工作；完成了珠穆朗玛峰和南极长城站的地理位置和高程的测量；完成了全国天文大地网和空间大地网联合平差；配合国民经济建设进行了大量的测绘工作，例如进行了南京长江大桥、长江三峡水利枢纽、宝山钢铁厂、北京正负电子对撞机、北京2008年奥运场馆建设等工程的精确放样和设备安装测量；出版发行了地图1600多种，发行量超过11亿册。在测绘仪器制造方面，我国从无到有，现在不仅能够生产系列的光学测量仪器，还研制成功了各种测程的光电测距仪、卫星激光测距仪、解析测图仪、激光垂准仪、激光扫平仪和全站仪等先进仪器。在人才培养方面，我国已培养出各类测绘技术人员数万名，大大提高了我国测绘科技水平。特别是近几年来，我国测绘科技发展更快，例如GPS（全球定位系统）已经得到广泛应用；地理信息系统方面，正在全力打造"数字中国"。我国目前的测绘科技水平，与国际先进水平相比，虽然还有一定的差距，但只要发愤图强、励精图治，是能够迅速赶上和超过国际测绘科技水平的。

1.1.2 测量学的分类

测量学按照研究对象及采用的技术不同，又分为多个学科，如：

（1）大地测量学——传统的大地测量学是指研究和测定地面点的几何位置，在广阔地面上建立国家大地控制网，以及研究和测定地球形状、大小和地球重力场的理论、技术与方法的学科。由于现代科学技术的迅速发展，大地测量学已突破过去传统的局限性，由区域性大地测量发展为全球性大地测量；由研究地球表面发展为涉及地球内部；由静态大地测量发展为动态大地测量；由测定地球发展为测定月球和太阳系各行星，并有能力对整个地学领域及航天等有关空间技术做出重要贡献。因此，大地测量学是一门既很实用，又不断发展、富有生机的学问。

（2）地形测量学——测量小范围地球表面形状时，不考虑地球曲率的影响，把地球局部表面当作平面看待所进行的测量工作。

（3）摄影测量学——利用摄影影像信息测定目标物的形状、大小、空间位置、性质和相互关系的科学技术。根据获得影像信息方式的不同，摄影测量又分为航空摄影测量、水下摄影测量、数字摄影测量、地面摄影测量和航空航天遥感等。

（4）工程测量学——研究工程建设在勘测设计、施工和管理阶段所进行的各种测量工作的学科。其主要内容有工程控制网建立、地形测绘、施工放样、设备安装测量、竣工测量、变形观测和维修养护测量的理论、技术与方法。

（5）海洋测量学——以海洋和陆地水域为研究对象，研究海岸、港口、码头、航标、航道及水下地形等各种海洋要素的位置、性质、形态，以及它们之间的相互关系和发展变化的理论和方法。

（6）地图制图学——研究各种地图的制作理论、原理、工艺技术和应用的一门学科。研究内容主要包括地图编制、地图投影学、地图整饰和印刷等。现代地图制图学正向着制图自动化、电子地图制作及地理信息系统方向发展。

为适合土木工程的需要，本书主要介绍地形测量学和工程测量学中的基本内容。

1.2 地面点位的确定

1.2.1 测量的基准面

1. 地球的形状和大小

测量工作是在地球表面上进行的，而地球的自然表面是很不规则的，有高山、丘陵、平原和海洋。其中最高的珠穆朗玛峰峰顶岩石面，根据国家测绘局 2005 年公布的数据，高出海水面达 8 844.43 m，而最低的马里亚纳海沟低于海水面达 11 034 m。地球表面约 71% 的面积被海洋覆盖，虽有高山和深海，但这些高低起伏与地球半径相比是很微小的，可以忽略不计。所以人们设想有一个不受风浪和潮汐影响的静止海水面，向陆地和岛屿延伸形成一个封闭的形体，用这个形体代表地球的形状和大小，这个形体被称为大地体。长期测量实践表明，大地体近似于一个旋转椭球体，如图 1-1 所示。为了便于用数学模型来描述地球的形状和大小，测绘工作取大小与大地体非常接近的旋转椭球体作为地球的参考形状和大小，因此旋转椭球体又称为参考椭球体，它的表面又称为参考椭球面。我国目前采用的参考椭球体的参数为

长半径：$a = 6\ 378\ 140$ m

短半径：$b = 6\ 356\ 755$ m

扁率：$\alpha = \dfrac{a-b}{a} \approx \dfrac{1}{298.257}$

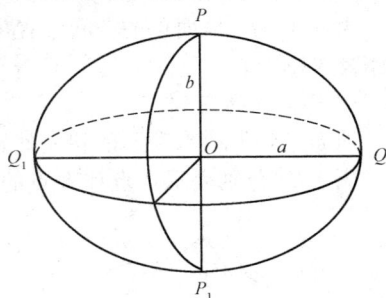

图 1-1 旋转椭球体

由于参考椭球体的扁率很小，所以在测量精度要求不高的情况下，可以把地球看作圆球，其半径取 6 371 km。

2. 铅垂线、水平线、水平面和水准面

铅垂线就是重力方向线，可用悬挂垂球的细线方向来表示，如图 1-2 所示，细线的延长线通过垂球 G 的尖端。与铅垂线正交的直线称为水平线，与铅垂线正交的平面称为水平面。

处处与重力方向垂直的连续曲面称为水准面。任何自由静止的水面都是水准面。水准面因其高度不同而有无数个，其中与不受风浪和潮汐影响的静止海水面相吻合的水准面称为大地水准面，如图 1-3 所示。由于地球内部质量分布不均匀，所以地面上各点的铅垂线方向随之产生不规则变化，致使大地水准面成为有微小起伏的不规则的曲面。

图 1-2 铅垂线

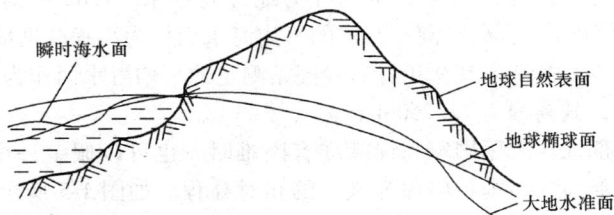

图 1-3 大地水准面

确定地面的位置需要有一个坐标系，测量工作的坐标系通常建立在参考椭球面上，因此参考椭球面就是测量工作的基准面。土木工程测量地域面积一般不大，对参考椭球面与大地水准面之间的差距可以忽略不计。测量仪器均用垂球和水准器来安置，仪器观测的数据建立在水准面上，这易于将测量数据沿铅垂线方向投影到大地水准面上。因此在实际测量中将大地水准面作为测量工作的基准面。即使在精密测量时不能忽略参考椭球面与大地水准面之间的差异，也是经由以大地水准面为依据获得的数据通过计算改正转换到参考椭球面上。

由于铅垂线与水准面垂直，知道了铅垂线方向也就知道了水准面方向，而铅垂线又是很容易求得的，所以铅垂线便成为测量工作的基准线。

1.2.2　确定地面点位的方法

如图 1-4 所示，设想将地面上高度不同的 A、B、C 三点分别沿垂线方向投影到大地水准面 P' 上，得到相应的投影点 a'、b'、c'，这些点分别表示地面点在水准面上的相应位置。

如果在测区的中央作水平面 P 并与水准面 P' 相切，过 A、B、C 各点的铅垂线与水平面相交于 a、b、c，这些点便代表地面点在水平面上的相应位置。

由此可见，地面点的空间位置可以用点在水准面或水平面上的位置及点到大地水准面的铅垂距离来确定。

1. 地面点的高程

地面点到大地水准面的铅垂距离称为该点的绝对高程，简称高程，用 H 表示。如图 1-5 所示，H_A、H_B 分别表示 A 点和 B 点的高程。

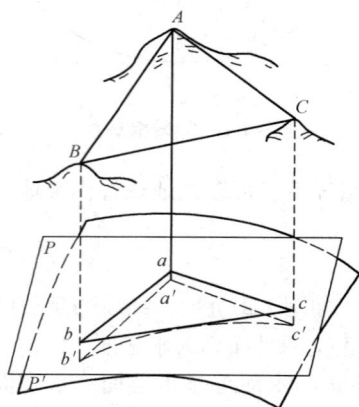

图1-4　地面点的投影

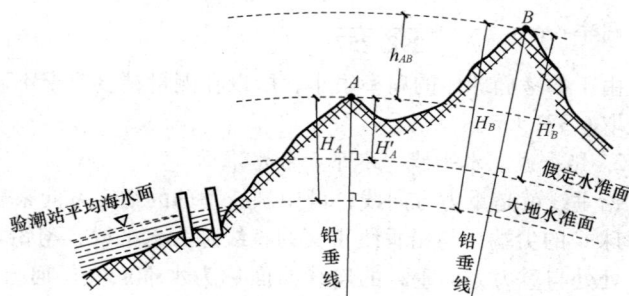

图1-5　地面点的高程

一般地，一个国家只采用一个平均海水面作为统一的高程基准面，由此高程基准面建立的高程系统称为国家高程系，否则称为地方高程系。1985 年前，我国采用"1956 黄海高程系"，以 1950—1956 年青岛验潮站测定的平均海水面作为高程基准面；1985 年开始启用"1985 国家高程基准"，以 1952—1979 年青岛验潮站测定的平均海水面作为高程基准面。并在青岛建立了国家水准原点，其高程为 72.260 4 m。

当局部地区采用国家高程基准有困难时，也可以假定一个水准面作为高程起算面，地面点到假定水准面的铅垂距离称为该点的相对高程。如图 1-5 所示，H_A'、H_B' 分别表示 A、B 两点的相对高程。

地面两点之间的高程之差称为高差，用 h 表示。A、B 两点之间的高差为

$$h_{AB} = H_B - H_A \tag{1-1}$$

或

$$h_{AB} = H'_B - H'_A \tag{1-2}$$

B、A 两点之间的高差为

$$h_{BA} = H_A - H_B \tag{1-3}$$

或

$$h_{BA} = H'_A - H'_B \tag{1-4}$$

可见

$$h_{AB} = -h_{BA} \tag{1-5}$$

2. 地面点的坐标

地面点的坐标常用地理坐标或平面直角坐标来表示。

（1）地理坐标。地面点在球面上的位置常采用经度（λ）和纬度（φ）来表示，称为地理坐标。

如图 1-6 所示，N、S 分别是地球的北极和南极，NS 称为地轴。包含地轴的平面称为子午面。子午面与地球表面的交线称为子午线，通过原格林尼治天文台的子午面称为首子午面。过地面上任意一点 P 的子午面与首子午面的夹角 λ 称为 P 点的经度。由首子午面向东量称为东经，向西量称为西经，其取值范围为 $0° \sim 180°$。

通过地心且垂直于地轴的平面称为赤道平面。过 P 点的铅垂线与赤道平面的夹角 φ 称为 P 点的纬度。由赤道平面向北量称为北纬，向南量称为南纬，其取值范围为 $0° \sim 90°$。

我国位于东半球和北半球，所以各地的地理坐标都是东经和北纬，例如北京的地理坐标为东经 $116°28'$，北纬 $39°54'$。

（2）平面直角坐标。地理坐标是球面坐标，若直接用于工程建设规划、设计、施工，会带来很多计算和测量的不便。为此，须将球面坐标按一定的数学法则归算到平面上，即测量工作中所称的投影。我国采用的是高斯投影法。

①高斯平面直角坐标。高斯投影法是将地球按 $6°$ 的经度差分成 60 个带，从首子午线开始自西向东编号，东经 $0° \sim 6°$ 为第 1 带，$6° \sim 12°$ 为第 2 带，以此类推，如图 1-7 所示。

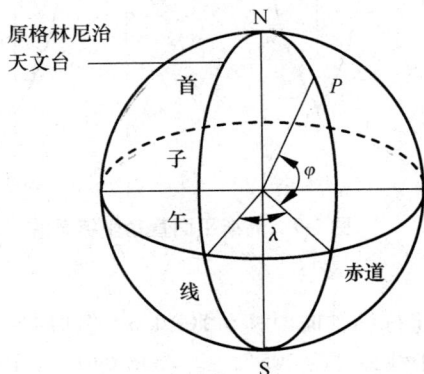

图 1-6 地面点的地理坐标

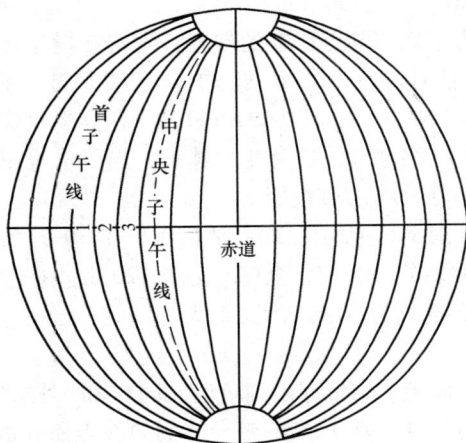

图 1-7 高斯投影分带

②位于每一带中央的子午线称为中央子午线，第 1 带中央子午线的经度为 $3°$，各带中央子

午线的经度 λ_0 与带号 N 的关系为

$$\lambda_0 = 6N - 3 \tag{1-6}$$

为便于说明，将地球当作圆球。设想将一平面卷成横圆柱套在地球外面。如图 1-8 （a） 所示，使圆柱的轴心通过圆球的中心，将地球上某 6° 带的中央子午线与圆柱面相切。在球面图形与柱面图形保持等角的条件下将球面图形投影到圆柱面上，然后将圆柱体沿着通过南北极的母线切开并展平。投影后如图 1-8 （b） 所示，中央子午线与赤道线成为相互垂直的直线，其他子午线和纬线成为曲线。取中央子午线为坐标纵轴，即 x 轴，取赤道为坐标横轴，即 y 轴，两轴的交点为坐标原点 O，组成高斯平面直角坐标系，规定 x 轴向北为正，y 轴向东为正，坐标象限按顺时针编号。

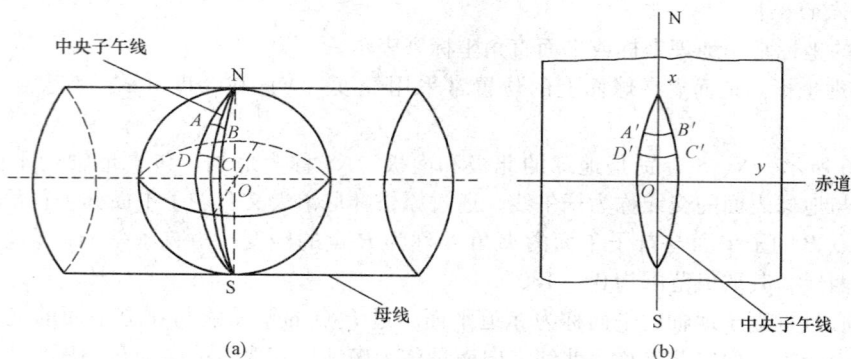

图 1-8 高斯平面直角坐标的投影

我国位于北半球，x 坐标均为正值，y 坐标则有正有负，如图 1-9 （a） 所示，设 $y_A = +136\ 780$ m，$y_B = -272\ 440$ m。为了避免出现负值，将每带的坐标纵轴向西移 500 km，如图 1-9 （b） 所示，纵轴西移后，$y_A = 500\ 000 + 136\ 780 = 636\ 780$ （m），$y_B = 500\ 000 - 272\ 440 = 227\ 560$ （m）。

为了确定某点所在的带号，规定在横坐标之前均冠以带号。设 A、B 点均位于 20 带，则 $y_A = 20\ 636\ 780$ m，$y_B = 20\ 227\ 560$ m。在高斯投影中，离中央子午线越远，长度变形越长，当要求投影变形更小时，可采用 3° 带投影。

如图 1-10 所示，3° 带是从东经 1°30′ 开始，按经度差 3° 划分一个带，全球共分为 120 带。每带中央子午线经度 λ_0' 与带号 n 的关系为

$$\lambda_0' = 3n \tag{1-7}$$

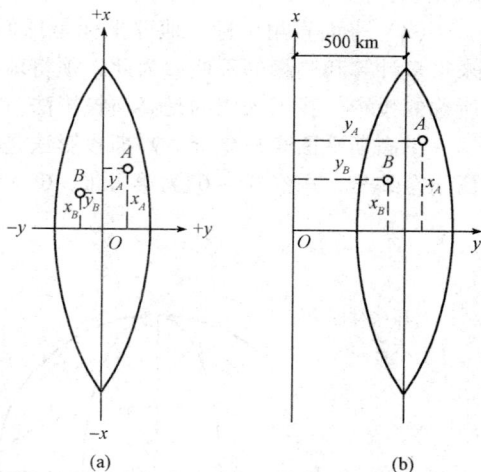

图 1-9 高斯平面直角坐标系统

为避免 y 轴坐标出现负值，同 6° 带一样将 3° 带的坐标纵轴向西移动 500 km，但加在 y 轴坐标前的带号应是 3° 带的带号。例如 C 点所在的中央子午线经度为 105°，$y_C = 538\ 640$ m。该点所在 3° 带的带号为 $n = \dfrac{105°}{3} = 35°$，则该点加上带号后的 y 坐标值为 $y_C = 35\ 538\ 640$ m。

（3）独立平面直角坐标。当测区范围较小时，可以将大地水准面当作平面，并在平面上建

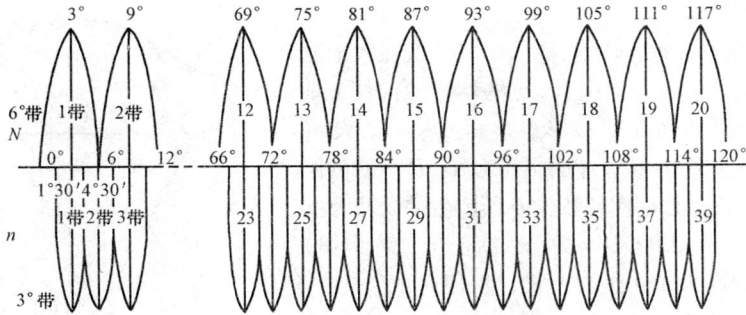

图 1-10 6°带、3°带中央子午线及带号

立独立平面直角坐标系,地面点在大地水准面上的投影位置就可以用平面直角坐标来确定。

如图 1-11 所示,一般将独立平面直角坐标系的原点选在测区西南角,以使测区内任意点的坐标均为正值。坐标系原点可以是假定坐标值,也可采用高斯平面直角坐标值。规定 x 轴向北为正,y 轴向东为正,坐标象限按顺时针编号,如图 1-12 所示。

(4)空间直角坐标系。随着卫星定位技术的发展,采用空间直角坐标来表示空间一点的位置,已在各个领域得到越来越多的应用。空间直角坐标系是以地球的质心为原点 O,z 轴指向地球北极,x 轴指向首子午面与地球赤道的交点 E,过 O 点与 xOz 面垂直,按右手规则确定 y 轴方向,如图 1-13 所示。

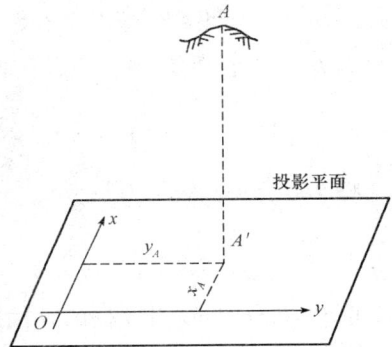

图 1-11 独立平面直角坐标系统

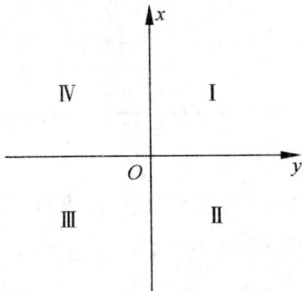

图 1-12 直角坐标系象限

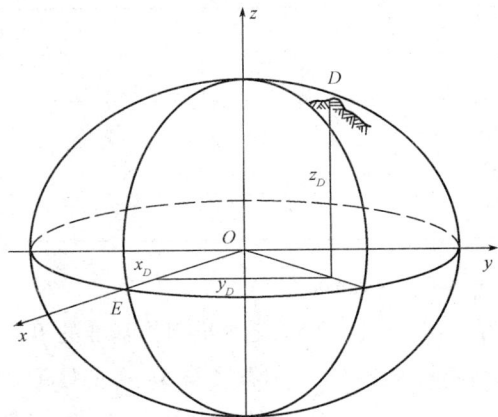

图 1-13 空间直角坐标系统

1.2.3 用水平面代替水准面的限度

当测区范围小,用水平面代替水准面所产生的误差不超过测量误差的容许范围时,可以用水平面代替水准面。但是在多大面积范围才容许这种代替,有必要加以讨论。为讨论方便,假定大地水准面为圆球面。

1. 对距离的影响

如图 1-14 所示，设地面上 A、B、C 三个点在大地水准面上的投影点是 a、b、c，用过 a 点的切平面代替大地水准面，则地面点水平面上的投影点是 a、b'、c'。设 ab 的弧长为 D，ab' 的长度为 D'，球面半径为 R，D 所对的圆心角为 θ，则用水平长度 D' 代替弧长 D 所产生的误差为：

$$\Delta D = D' - D \qquad (1-8)$$

将 $D = R\theta$，$D' = R\tan\theta$ 代入上式，整理后得

$$\Delta D = R\left(\tan\theta - \theta\right) \qquad (1-9)$$

将 $\tan\theta$ 展开为级数式：

$$\tan\theta = \theta + \frac{1}{3}\theta^3 + \frac{2}{15}\theta^5 + \cdots$$

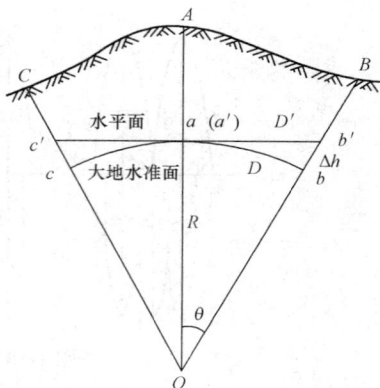

图 1-14　水平面代替水准面的限度

因 D 比 R 小得多，θ 很小，只取级数式前两项代入式（1-9），得

$$\Delta D = R\left(\theta + \frac{1}{3}\theta^3 - \theta\right)$$

将 $\theta = \dfrac{D}{R}$ 代入上式，得：

$$\frac{\Delta D}{D} = \frac{D^2}{3R^2} \qquad (1-10)$$

取 $R = 6\ 371$ km，用不同的 D 代入式（1-10）得到如表 1-1 所示的结果。从表 1-1 中可知，当两点相距 10 km 时，用水平面代替大地水准面产生的长度误差为 0.8 cm，相对误差为 1/1 220 000，相当于精密测距精度的 1/1 000 000。所以在半径为 10 km 范围的测区进行距离测量时，可以用水平面代替大地水准面。

表 1-1　水平面代替水准面对距离的影响

D/km	ΔD/cm	$\Delta D/D$
5	0.1	1/4 870 000
10	0.8	1/1 220 000
20	6.6	1/3 044 00
50	102.7	1/48 700

2. 对高程的影响

在图 1-14 中，以大地水准面为基准的 B 点绝对高程 $H_B = Bb$，用水平面代替大地水准面时，B 点的高程 $H'_B = Bb'$，两者之差 Δh 就是对高程的影响，也称为地球曲率的影响。由图 1-14 可知

$$\Delta h = Bb - Bb' = Ob' - Ob = R\sec\theta - R = R\left(\sec\theta - 1\right) \qquad (1-11)$$

将 $\sec\theta$ 展开为级数，$\sec\theta = 1 + \dfrac{1}{2}\theta^2 + \dfrac{5}{24}\theta^4 + \cdots$，因 θ 很小，只取级数式的前两项代入式（1-11），并且 $\theta = \dfrac{D}{R}$，则：

$$\Delta h = R\left(1 + \frac{\theta^2}{2} - 1\right) = \frac{D^2}{2R} \qquad (1-12)$$

对于不同的 D，产生的高程影响如表 1-2 所示。

表 1-2 水平面代替水准面对高程的影响

D/km	0.05	0.1	0.2	1	10
$\Delta h/\text{mm}$	0.2	0.8	3.1	78.5	7 850

表 1-2 的计算结果表明，地球曲率对高程的影响较大，距离 200 m 就有 0.31 cm 的高程误差，这是不允许的。因此，进行高程测量时，应考虑地球曲率对高程的影响。

1.3 测量学在土木工程中的作用

1.3.1 土木工程的概念

土木工程的概念非常广泛，包含的内容相当多，凡是与基本建设有关的工程建设，都与土木工程有关，如道路桥梁工程、房屋建筑工程、矿山隧道工程、水利电力工程、邮电通信工程、市政设施管道工程、港口机场建设工程等。因此测量学在土木工程中应用极为广泛，其在工程规划设计阶段、工程开工之前、工程施工阶段、工程项目运行阶段均有不同的作用。

1.3.2 测量学在工程规划设计阶段的作用

在工程规划设计阶段，测量学的主要作用是，收集工程项目所在地的有关测量资料，如各种比例尺的地形图、各类测量控制点的坐标和高程，如没有地形图或地形图的比例尺太小，不能满足规划设计的要求，则需要测绘大比例尺地形图，然后在地形图上进行工程项目设计。例如，铁路、公路在建造之前，为了确定一条最经济、最合理的路线，必须事先进行该地带的测量工作，由测量的成果绘制带状地形图，在地形图上进行线路设计；在路线跨越河流时，必须建造桥梁，在造桥之前，要绘制河流两岸的地形图；城市规划、给水排水、煤气管道等市政工程的建设，工业厂房和高层建筑的建造，在设计阶段，要测绘各种比例尺的地形图，供结构物的平面及竖向设计之用等。

1.3.3 测量学在工程开工之前的作用

在工程开工之前，应将设计图上的建筑物、构筑物位置标定在地面上，以便进行施工。路线穿过山地，需要开挖隧道，开挖之前，也必须在地形图上确定隧道的位置，并由测量数据来计算隧道的长度和方向；隧道施工通常是从隧道两端开挖，这就需要根据测量的成果指示开挖方向等，使之符合设计的要求。

1.3.4 测量学在工程施工当中的作用

在工程施工阶段，测量学主要用于将设计的结构物的平面位置和高程在实地标定出来，作为施工的依据。测量工作要随着工程的不断进展而逐步开展。

1.3.5 测量学在工程项目运营管理阶段的作用

各类建筑物、构筑物在施工过程和使用初期，由于荷载的不断增加及外力的作用，会出现沉降和变形。为了了解和控制建筑物的变形，以保证建筑物的正常使用和安全，待工程完工后的项目运行阶段，还要测绘竣工图并且进行建筑物的变形观测。建筑物的变形观测主要有沉降观测、倾斜观测、裂缝观测和位移观测等。

例如，在房地产的开发、管理和经营过程中，房地产测绘起着重要作用。地籍图和房产图以及其他测量资料准确地提供了土地的行政和权属界址，每个权属单元（宗地）的位置、界线和面积，每幢房屋与每层房屋的几何尺寸和建筑面积，其经土地管理和房屋部门确认后具有法律效力；它可以保护土地使用权人和房屋所有权人的权益，可为合理开发、利用、管理土地和房产提供可靠的图纸及数据资料，并为国家对房地产的合理征税提供依据。

1.4　测量工作的基本内容和组织原则

1.4.1　测量工作的基本内容

测量工作的主要目的是确定点的坐标和高程。在实际工作中，常常不是直接测量点的坐标和高程，而是观测坐标、高程已知的点与坐标、高程未知的待定点之间的几何位置关系，然后推算出待定点的坐标和高程。

如图 1-15 所示，设 A、B 为坐标、高程已知的点，C 为待定点，三点在投影水平面上的投影位置分别是 a、b、c。在 $\triangle abc$ 中，ab 边的长度是已知的，只要测量出一条未知边的边长和一个水平角（或两个水平角、或两个未知边边长），就可以推算出 C 点的坐标。可见，测定地面点的坐标主要是测量水平距离和水平角。

欲求 C 点的高程，则要测量出高差 h_{AC}（或 h_{BC}），然后推算出 C 点的高程，所以测定地面点高程主要是测量高差。

因此，高差测量、角度测量、距离测量是测量工作的基本内容。

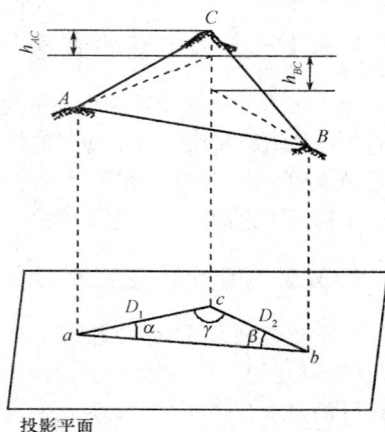

图 1-15　测量工作基本内容

测量工作一般分外业和内业两种。外业工作的内容包括应用测量仪器和工具在测区内所进行的各种测定和测设工作；内业工作是将外业观测的结果加以整理、计算，并绘制成图以便使用。

1.4.2　测量工作的组织原则

进行工程测量时，需要测定（或测设）许多特征点（也称碎部点）的坐标和高程。如果从一个特征点开始到下一个特征点逐点进行施测，虽可得到各点的位置，但由于测量中不可避免地存在误差，会导致前一点的测量误差传递到下一点，这样累积起来可能会使点位误差达到不可容许的程度。另外，逐点传递的测量效率也很低。因此测量工作必须按照一定的原则进行。

"从整体到局部、先控制后碎部、由高级到低级"是测量工作应遵循的基本原则之一，也就是先在测区选择一些有控制作用的点（称为控制点），把它们的坐标和高程精确测定出来，然后分别以这些控制点为基础，测定出附近碎部点的位置。这种方法不但可以减少碎部点测量误差积累，而且可以同时在各个控制点上进行碎部测量，从而提高了工作效率。

此外，在控制测量或碎部测量工作中都有可能发生错误，当测量工作中发生错误，又没有及时发现，则所测绘的成果资料就是错误的，势必造成返工浪费，甚至造成不可挽回的损失。为了避免出错，测量工作必须进行严格的检核工作，因此"前一步工作未做检核，不进行下一步工作"是测量工作必须遵循的又一个基本原则。

1.5 测量工作中常用的度量单位

测量工作中，常用的度量单位有角度、长度和面积三种，如要进行土方量计算则要用到体积单位。

测量工作中常用到的角度单位有六十进位制的度和弧度两种。

（1）六十进位制的度。1 圆周角 =360°（度）；1°（度）=60′（分）；1′（分）=60″（秒）。

（2）弧度。与半径相等的一段弧长所对的圆心角作为度量角的单位，称为 1 弧度。弧度与六十进制的角度单位之间的关系为

$$1 \text{ 圆周角} = 2\pi \text{（弧度）} = 360° \text{（度）}$$

$$1 \text{ 弧度} = \frac{360°}{2\pi} \approx 57.3° = 3\,438' = 206\,280''$$

前面讲到测量工作中基本内容有高差测量、距离测量，所用的长度单位，按我国规定采用国际米制单位。

$$1 \text{ km（千米）} = 1\,000 \text{ m（米）}$$

$$1 \text{ m（米）} = 10 \text{ dm（分米）} = 100 \text{ cm（厘米）} = 1\,000 \text{ mm（毫米）}$$

面积单位一般为 m^2（平方米），如面积较大可用 km^2（平方千米）或 hm^2（公顷）。

$$1 \text{ km}^2 \text{（平方千米）} = 1\,000\,000 \text{ m}^2 \text{（平方米）} = 100 \text{ 公顷}$$

$$1 \text{hm}^2 \text{（公顷）} = 10\,000 \text{ m}^2 \text{（平方米）}$$

测量工作中，有时要进行土方量的计算，常用 m^3（立方米）。

思考与练习

1. 测量学的研究对象是什么？

2. 土木工程测量的任务是什么？

3. 测定与测设有何区别？

4. 为何选择大地水准面和铅垂线作为测量工作的基准面和基准线？

5. 水平面、水准面、大地水准面有何差异？

6. 何谓绝对高程？何谓相对高程？何谓高差？

7. 已知 $H_A = 64.632$ m，$H_B = 73.039$ m，求 h_{AB} 和 h_{BA}。

8. 测量工作中所用的平面直角坐标系与数学上的直角坐标系有哪些不同之处？

9. 用水平面代替水准面对测量水平距离和高程分别有何影响？

10. 测量工作的基本内容是什么？测量工作的基本原则是什么？

11. 测量学对你所学的专业起什么作用？学完后应达到哪些基本要求？

第2章

水准测量

★主要内容

本章主要讲述水准测量的原理和 DS3 水准仪基本构造；DS3 水准仪的使用方法、水准测量的施测方法和内业成果计算；DS3 水准仪的检验和校正方法；水准测量的误差来源以及消除或减弱措施。此外，还简要介绍了自动安平水准仪、精密水准仪和数字水准仪的基本特点。

★学习目标

1. 掌握 DS3 水准仪的使用方法、水准测量的施测方法和内业成果计算。
2. 明确水准测量的原理和 DS3 水准仪基本构造。
3. 了解 DS3 水准仪的检验和校正方法；水准测量的误差来源以及消除或减弱其影响的措施；其他水准仪的基本特点。

2.1　水准测量的原理

高程测量是测量学的基本工作内容之一。所谓高程测量，就是测量地面上各点的高程的工作。根据使用的仪器和施测方法的不同，高程测量可分为水准测量、三角高程测量、GPS 拟合高程测量和气压高程测量。由于水准测量是高程测量中最基本也是具有较高精度的一种测量方法，在国家高程控制测量和工程测量中得到广泛的应用。因此，本章将介绍水准测量，着重介绍水准测量的原理、微倾式水准仪的构造和使用、水准测量的施测方法和成果整理等内容。

2.1.1　水准测量的原理

利用水准仪提供的水平视线，借助竖立在两点上的水准尺，测定两点之间的高差，再由已知点的高程推算出未知点的高程，这就是水准测量的基本原理。

如图 2-1 所示，已知 A 点的高程为 H_A，欲测定 B 点的高程，需先测定 A、B 两点之间的高差 h_{AB}，为此，可在 A、B 两点上竖立带有刻度的专用尺子——水准尺，并在 A、B 两点之间安置一台能够提供水平视线的仪器——水准仪，利用水准仪提供的水平视线，分别在 A、B 两点的水准尺上读取读数 a 和 b，则 A、B 两点之间的高差为

$$h_{AB} = a - b \tag{2-1}$$

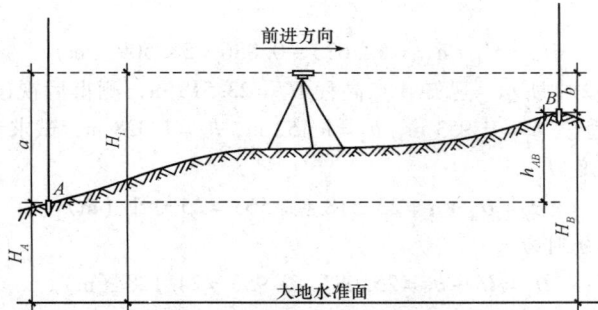

图 2-1　水准测量原理

如果水准测量是由已知点 A 向未知点 B 进行的，如图 2-1 所示的前进方向，则将 A 点称为后视点，A 点上所立的水准尺称为后视尺，A 尺上的读数 a 称为后视读数；B 点称为前视点，B 点上所立的水准尺称为前视尺，B 尺上的读数 b 称为前视读数。因此，式（2-1）可描述为两点之间的高差等于后视读数减去前视读数。当 $a > b$ 时，高差为正值，说明 B 点比 A 点高；当 $a < b$ 时，高差为负值，说明 B 点比 A 点低。

2.1.2　高程的计算方法（实例）

根据上述水准测量原理，测出 A、B 两点之间的高差 h_{AB} 后，就可以由 A 点的已知高程推算出 B 点的高程

$$H_B = H_A + h_{AB} = H_A + （a - b） \tag{2-2}$$

上述推算高程的方法，称为高差法。

将式（2-2）做适当变换，B 点的高程也可以用式（2-3）来求：

$$\left. \begin{array}{l} H_i = H_A + a \\ H_B = H_i - b \end{array} \right\} \tag{2-3}$$

式中，H_i 是仪器视线的高度。

这种计算高程的方法，称为仪高法或视线高程法。当安置一次仪器需要求出多个前视点的高程时，仪高法比高差法方便。如图 2-2 所示，如果已知 A 点的高程为 H_A，欲求 1、2、3、…、n 等各点的高程，为此，可在适当的位置安置水准仪，在 A 点的后视尺上读取后视读数 a，则视线高度为 $H_i = H_A + a$，前视点 1、2、3、…、n 等各点上水准尺的读数分别为 b_1、b_2、b_3、…、b_n，则各点的高程为

$$H_j = H_i - b_j \quad （j = 1、2、3、…、n）$$

【例 2-1】　如图 2-1 中，已知 A 点高程

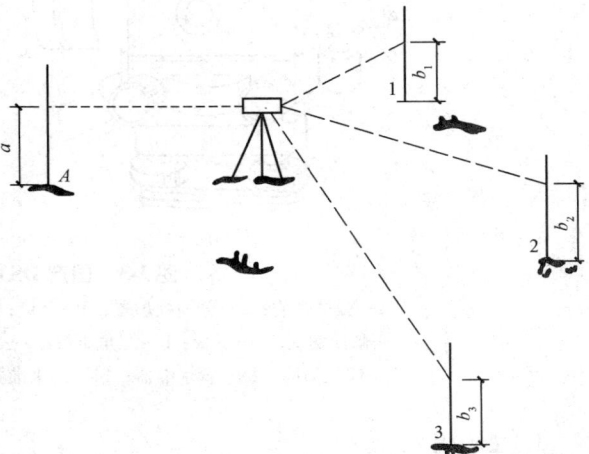

图 2-2　仪高法测量高程

$H_A = 52.623$ m，后视读数 $a = 1.571$ m，前视读数 $a = 0.685$ m，求 B 点的高程。

解： A、B 两点之间的高差为

$$h_{AB} = a - b = 1.571 - 0.685 = +0.886 \text{（m）}$$

B 点的高程为

$$H_B = H_A + h_{AB} = 52.623 + 0.886 = 53.509 \text{（m）}$$

【例 2-2】 如图 2-2 中所示，已知 A 点高程 $H_A = 23.518$ m，测得后视读数为 $a = 1.563$ m，1、2、3 三点的前视读数分别为 $b_1 = 0.953$ m，$b_2 = 1.152$ m，$b_3 = 1.328$ m，试求 1、2、3 三点的高程。

解： 先计算视线高度 H_i

$$H_i = H_A + a = 23.518 + 1.563 = 25.081 \text{（m）}$$

则各待定点的高程分别为

$$H_1 = H_i - b_1 = 25.081 - 0.953 = 24.128 \text{（m）}$$

$$H_2 = H_i - b_2 = 25.081 - 1.152 = 23.929 \text{（m）}$$

$$H_3 = H_i - b_3 = 25.081 - 1.328 = 23.753 \text{（m）}$$

2.2 水准测量的仪器及工具

水准测量所使用的仪器是水准仪，工具有水准尺和尺垫。国产水准仪按其精度可分为 DS05、DS1、DS3、DS10 四个等级，其中"D"和"S"分别是"大地测量"和"水准仪"的汉语拼音首字母，数字 05、1、3、10 是指仪器所能达到的精度，即每千米往、返测高差中数的中误差，以毫米（mm）为单位。数字越小，仪器的精度越高，如 DS05 指每千米往、返测高差中数的中误差为 0.5 mm，DS10 指每千米往、返测高差中数的中误差为 10 mm。工程测量中常用 DS3 型水准仪，本章着重介绍这类仪器。

2.2.1 DS3 水准仪的构造

根据水准测量的原理，水准仪的主要作用是提供一条水平视线，并能照准水准尺进行读数。因此，水准仪主要由望远镜、水准器和基座三部分组成，图 2-3 所示为国产 DS3 型水准仪。

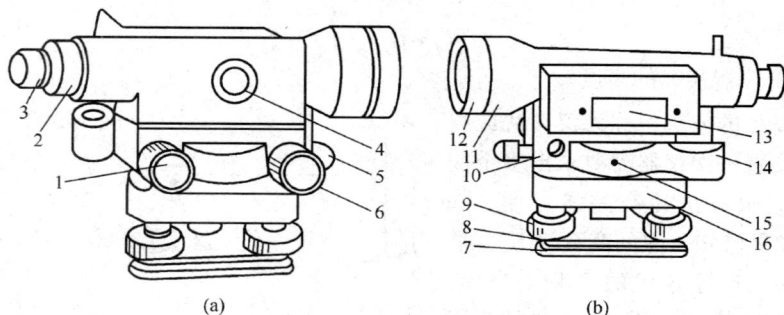

(a)　　　　　　　　　　　(b)

图 2-3　国产 DS3 型水准仪

1—微倾螺旋；2—分划板护罩；3—目镜；4—物镜调焦螺旋；5—制动螺旋；
6—微动螺旋；7—底板；8—三角压板；9—脚螺旋；10—弹簧帽；11—望远镜；
12—物镜；13—管水准器；14—圆水准器；15—连接小螺钉；16—轴座

1. 望远镜

望远镜是水准仪上的重要部件，用来瞄准水准尺并读数，如图 2-4 所示，它主要由物镜、目

镜、调焦透镜、十字丝分划板等组成。物镜和目镜多采用复合透镜组，调焦透镜为一凹透镜。物镜一般是固定的，通过旋转调焦螺旋使远处的目标在十字丝分划板平面上清晰地成像，称为物镜对光或调焦。因此，物镜的作用是将目标形成缩小的实像。而目镜的作用是将物镜所成的实像连同十字丝一起放大成为虚像，通过转动目镜螺旋，可使十字丝影像清晰，称为目镜对光。十字丝分划板是由平板玻璃片制成，板上刻有两条互相垂直的长丝，竖直的一条称为竖丝或纵丝，水平的一条称为横丝或中丝；与横丝相平行的还有上、下两条短丝，称为视距丝，是用来测定距离的。十字丝分划板通过分划板座固定在望远镜筒上。

物镜光心与十字丝交点的连线，称为视准轴（图 2-4 中的 $C—C$），水准测量就是在视准轴水平时，十字丝横丝在水准尺上所在位置的读数。

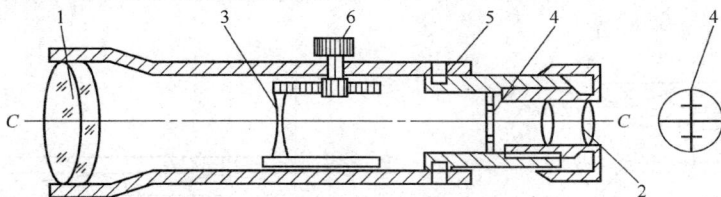

图 2-4　望远镜
1—物镜；2—目镜；3—调焦透镜；4—十字丝分划板；5—连接螺钉；6—调焦螺旋

图 2-5 所示为望远镜成像原理图，目标 AB 经过物镜后形成一个倒立而缩小的实像 ab，移动调焦透镜可使不同距离的目标均能成像在十字丝平面上，再通过调节目镜，就可以看清同时放大了的十字丝和目标影像 a_1b_1（虚像）。

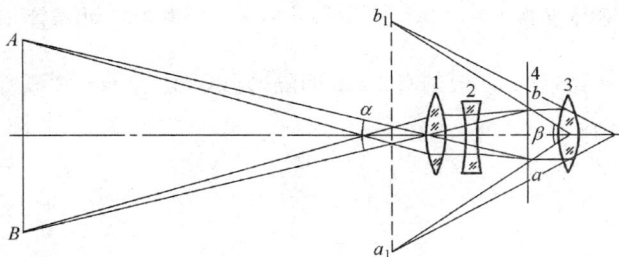

图 2-5　望远镜成像原理
1—物镜；2—对光透镜；3—目镜；4—十字丝平面

从望远镜内看到的目标影像的视角与眼睛直接观察到的目标的视角之比，称为望远镜的放大率。如图 2-5 所示，若从望远镜内看到的目标影像的视角为 β，眼睛直接观察到的目标的视角近似为 α，则望远镜的放大率为

$$v = \frac{\beta}{\alpha} \tag{2-4}$$

DS3 型水准仪望远镜的放大率一般为 25～30。

2. 水准器

水准器是观测者用来判断仪器视准轴是否水平和仪器竖轴是否竖直的重要部件。水准仪通常有圆水准器和管水准器两种。一般来说，圆水准器用来判断仪器竖轴是否竖直，管水准器用来判断视准轴是否水平。

（1）圆水准器。如图 2-6 所示，圆水准器顶面的内表面是球面，球面中心刻有圆圈，圆圈的圆心为水准器的零点。圆水准器内装有乙醚溶液，密封后留有小气泡。通过零点的球面法线称为圆水准器轴，当气泡居中时，圆水准器轴处于垂直位置；当气泡不居中时，圆水准器轴呈倾斜状态。气泡中心偏离零点 2 mm 时圆水准器轴所倾斜的角值，称为圆水准器的分划值，反映了圆水准器整平仪器的精度。国产 DS3 型水准仪圆水准器分划值一般为 $8' \sim 10'$，精度较低，故只用于仪器的概略整平。

（2）管水准器。管水准器又称水准管，是一个纵向内壁磨成圆弧形的玻璃管，管内装有酒精和乙醚的混合溶液，加热融封冷却后留有一个长气泡，如图 2-7 所示。由于气泡较轻，它始终处于管内最高位置。水准管内壁圆弧的中心点称为水准管的零点，过零点与圆弧相切的直线称为水准管轴（图 2-7 中的 $L-L$）。当水准管气泡中点与水准管零点相重合时，称气泡居中，此时水准管轴 $L-L$ 处于水平位置。

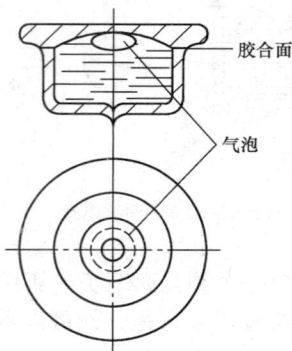

图 2-6　圆水准器

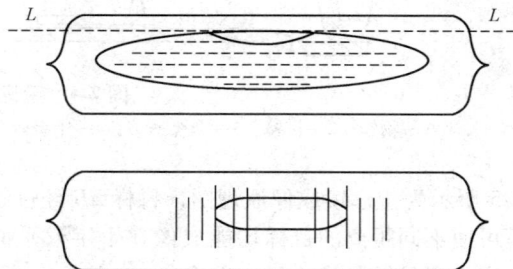

图 2-7　水准管

在水准管的表面中间部分，一般刻有 2 mm 间隔的分划线，2 mm 圆弧所对的圆心角，称为水准管的分划值，用 τ 表示

$$\tau = \frac{2}{R}\rho \tag{2-5}$$

式中　ρ——206 265″；

　　　R——水准管圆弧的半径，mm。

式（2-5）说明圆弧半径越大，水准管分划值越小，仪器的灵敏度越高。国产 DS3 型水准仪水准管分划值一般不大于 20″，常记作 20″/2 mm，精度较高，因而用于仪器的精确整平。

为了准确判断水准管气泡是否居中，提高精度，国产 DS3 型水准仪水准管上方装有一组符合棱镜系统，如图 2-8（a）所示。通过棱镜系统的反射作用，将气泡两端的影像同时反射到望远镜旁的观察窗中。在观察窗中，可以看到水准管气泡是否严格居中，当气泡两边的影像吻合时，表示气泡居中，如图 2-8（b）所示；当气泡两边的影像错开时，表示气泡没有居中，如图 2-8（c）所示，此时，应调节微倾螺旋，使气泡两边的影像吻合。

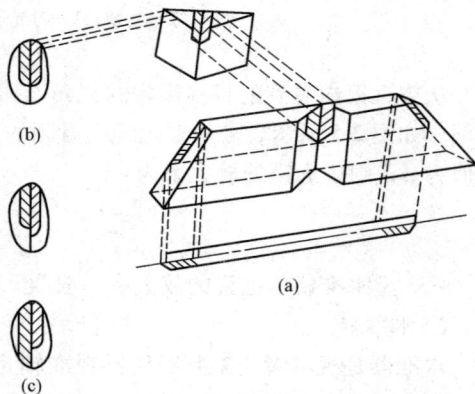

图 2-8　水准管符合棱镜

3. 基座

基座位于仪器下部，主要由轴座、脚螺旋、底板和三角压板等组成。基座的作用是支承仪器的上部并与三脚架相连接。

水准仪除了上述三部分以外，还有制动螺旋、微动螺旋以及微倾螺旋。制动螺旋与微动螺旋应配合使用，拧紧制动螺旋，仪器固定不动，此时转动微动螺旋，可使望远镜在水平方向做微小转动，用以精确瞄准目标。微倾螺旋主要使望远镜在竖直面内做微小转动，用以使水准管气泡精确居中。

2.2.2　水准测量工具

1. 水准尺

水准尺是水准测量时使用的主要工具，其质量好坏直接影响测量的精度高低，对水准尺的基本要求是尺长稳定、分划准确，因此水准尺要用伸缩性小、不易变形的优质材料制成，如优质木材、铝合金、玻璃钢等。常用的水准尺有塔尺和双面尺两种，如图 2-9 所示。

塔尺如图 2-9（a）所示，一般由多节组成，可以伸缩，全长有 3 m 和 5 m 两种，尺的底部为零，以厘米进行分划，黑白相间，分米注记数字，其中的小圆点表示米，配合水准仪的正、倒像，注记的数字也有正字和倒字两种。塔尺仅用于等外水准测量。

双面尺如图 2-9（b）所示，长度一般为 3 m，两根尺为一对。尺的两面均有刻划，一面刻划为黑白相间，称黑面尺；另一面刻划为红白相间，称红面尺。刻划的间距均为 1 cm，并在分米处注记数字，两根尺的黑面底部起点均为零，红面的底部为一常数，其中一根尺从 4.687 m 开始，另一根尺从 4.787 m 开始，目的是避免观测时的读数错误，以便校核读数；同时用红、黑面读数计算得的高差，可进行测站检核计算。双面水准尺一般用于三、四等水准测量。

2. 尺垫

尺垫如图 2-10 所示，一般用生铁铸成，上表面形状为六边形，中间有一个半球状突起，带有三个支脚。尺垫是在水准测量时，在转点处放置水准尺用的，先将尺垫放在准备转点的位置处，用脚踩实，以免尺垫下沉，再将水准尺的零点一端置于尺垫半球状突起的顶点，并立直水准尺。

3. 三脚架

三脚架如图 2-11 所示，由架头、架腿、脚尖、紧固螺旋和连接螺旋等组成。架头主要用以安放仪器；架腿可以伸缩，可调节三脚架的高度以适合观测者；紧固螺旋用以固定架腿；脚尖要在地面上踩实；连接螺旋用以连接仪器与架头。根据架腿的材质不同，三脚架主要有木质和铝合金两种。

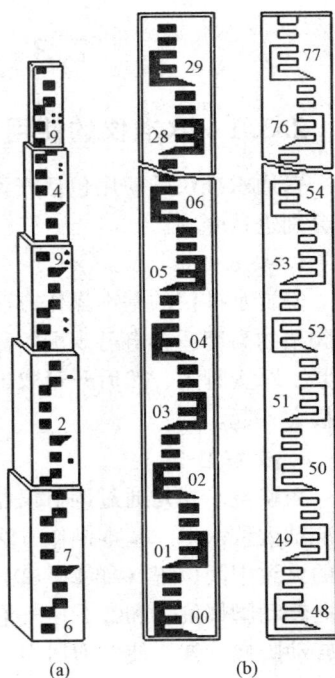

图 2-9　水准尺
（a）塔尺；（b）双面尺

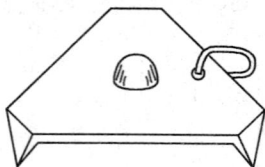

图 2-10　尺垫

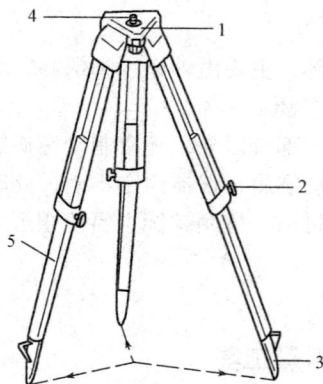

图 2-11　三脚架

1—架头；2—紧固螺旋；3—脚尖；4—连接螺旋；5—架腿

2.3　水准仪的使用方法与注意事项

2.3.1　水准仪的使用方法

普通水准仪的使用包括安置仪器、粗略整平、瞄准水准尺、精确整平和读数等操作步骤，下面分别进行介绍。

1. 安置仪器

安置水准仪的基本操作方法是：打开三脚架，观测者根据自己的身高调节好架腿的长度，使三脚架的高度适合自己观测的需要，目估调节三脚架，使架头大致水平，检查架腿紧固螺旋是否拧紧，踩实脚尖，然后开箱取出仪器，放在三脚架的架头上，并用连接螺旋将仪器与三脚架架头连接在一起。

2. 粗略整平

粗略整平就是通过调节仪器的脚螺旋，使圆水准器的气泡居中，从而使仪器竖轴大致垂直、视准轴大致水平。基本操作方法如下：如图 2-12（a）所示，将圆水准器置于任意两个脚螺旋之间的大致中间位置（如①、②），气泡未居中偏离到 a 处，此时，用双手的大拇指和食指以相对方向转动脚螺旋①和②，使气泡移动到两脚螺旋连线的中间位置 b 处，如图 2-12（b）所示，然后转动脚螺旋③，使气泡居中，如图 2-12（c）所示。此项工作一般需经过几次调整，直至仪器转动到任意位置，气泡始终居中为止。在粗平过程中，需要注意的是，气泡的移动方向与左手大拇指转动脚螺旋的方向一致，掌握了气泡的移动规律，就能够比较快地进行粗平工作。

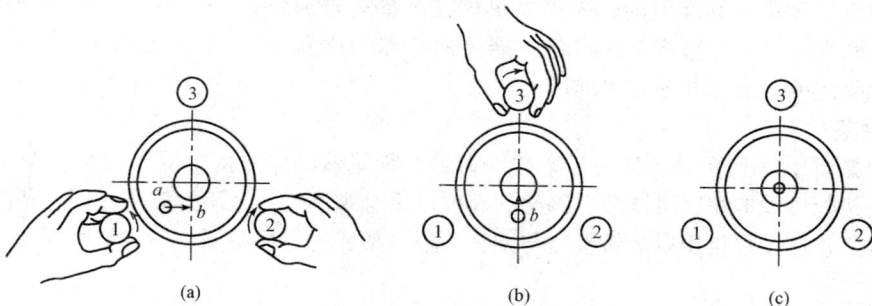

(a)　　　　　　　　　　(b)　　　　　　　　　　(c)

图 2-12　水准仪的粗平

3. 瞄准水准尺

在瞄准水准尺之前，先旋转目镜进行对光，使十字丝清晰，然后进行以下操作。

（1）初步瞄准：松开制动螺旋，转动望远镜，利用镜筒上的准星对准水准尺，使水准尺进入望远镜视场，然后拧紧制动螺旋。

（2）物镜调焦：旋转物镜调焦螺旋，使水准尺成像清晰。

（3）精确瞄准：转动微动螺旋，使十字丝竖丝对准水准尺。

特别要引起注意的是，在瞄准时要消除视差。所谓视差，是指目标没有在十字丝平面上成像，如图 2-13 所示。产生视差的原因是目镜、物镜对光不够仔细。检查是否存在视差的方法很简单，观测者只要使自己的眼睛在目镜一侧上、下微微移动，若发现十字丝和水准尺影像有相对移动，读数在发生变化的现象，说明存在视差。消除视差的方法也很简单，继续对目镜和物镜进行仔细调焦，直至当眼睛上下移动时，读数不变为止。

4. 精确整平

精确整平简称精平，就是转动微倾螺旋使水准管气泡居中，从而使视准轴精确水平。精平的方法是观察水准气泡观察窗内的气泡影像，看气泡影像是否符合，如图 2-14 所示，表示气泡没有居中，此时，要用右手慢慢转动微倾螺旋，使气泡居中。

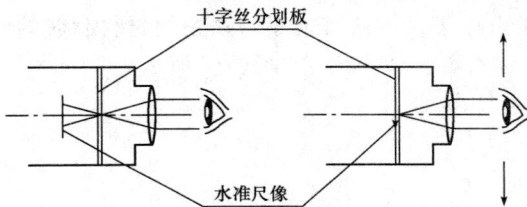

图 2-13　视差及消除

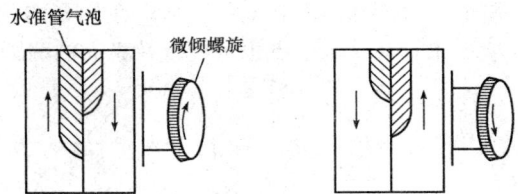

图 2-14　水准仪的精平

5. 读数

当确认水准管气泡居中后，应立即在水准尺上读取十字丝横丝所指示的读数。读数前要弄清水准尺的注记特征，读数时要按照从小到大的方法，读取米、分米、厘米、毫米四位数字，其中最后位的毫米为估读数。如图 2-15 所示的读数为 1.348 m。一般小数点可以不读，而直接读 1 348。

精平和读数虽然是两项不同的操作步骤，但在水准测量过程中，应把它们视为一个整体。即读数前必须精平，精平后要立即读数，读数后还要检查水准管气泡是否仍然符合。只有这样，才能保证水准测量的读数准确。

2.3.2　水准仪使用的注意事项

水准仪是水准测量中提供水平视线的重要仪器，测量人员在使用时要注意以下几点。

（1）轻拿轻放，从仪器箱中取出仪器时，应看好放置的位置，以免观测完毕时，放不进去。

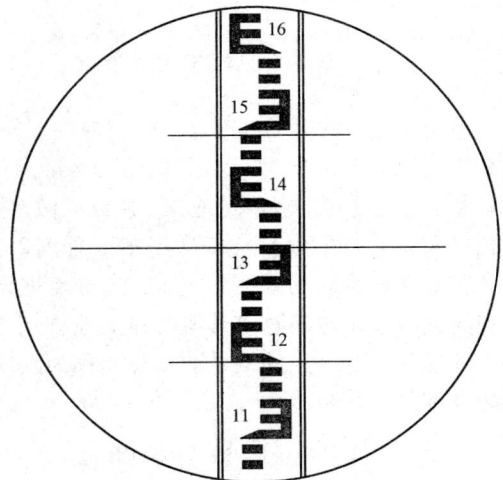

图 2-15　读数

（2）如果物镜和目镜的镜头上有灰尘或水珠，不能用手直接擦拭，而应用专用的擦镜纸轻轻擦拭。

（3）在水准测量时，观测者不能离开仪器去做其他事情。

（4）一般来说，在搬站时，仪器不从脚架上卸下来，因此观测者应用一只手将脚架夹在腋下腰部，另一只手托住仪器，绝不能将脚架连同仪器扛在肩上。

（5）仪器装箱时，如果放不进去时，不要硬放，应检查原因。

2.4 普通水准测量的方法

2.4.1 水准点

为了统一全国的高程系统和满足各种测量的需要，测绘部门在全国各地埋设并测定了很多达到一定精度的高程点，这些点称为水准点（Bench Mark），简记为BM。水准测量通常从水准点引测其他点的高程。

水准点分为永久性和临时性两种。国家等级水准点如图 2-16 所示，一般用石料或钢筋混凝土制成，深埋到地面冻土线以下。在标石的顶面设有用不锈钢或其他不易锈蚀的材料制成的半球状标志。有些水准点也可设置在稳固的墙脚上，称为墙上水准点，如图 2-17 所示。

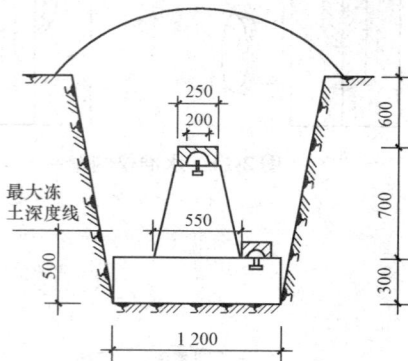

图 2-16 国家等级水准点

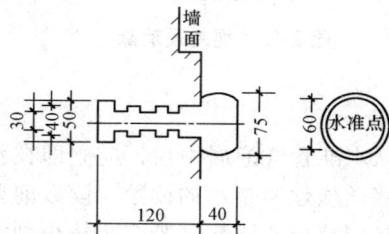

图 2-17 墙上水准点

建筑工地上的永久水准点一般用混凝土或钢筋混凝土制成，其式样如图 2-18（a）所示。临时性的水准点可设在地面上突出的坚硬岩石或房屋的勒脚等地方，用红漆做上标记，也可以用大木桩打入地下，桩顶钉上半球形铁钉，如图 2-18（b）所示。

为了方便今后的寻找和使用，水准点埋设好后，应绘出水准点与附近固定建筑物或其他明显的地物点之间的关系图，在图上还应注明水准点的编号和高程，称为点之记，水准点的编号常在前加上代号 *BM*。

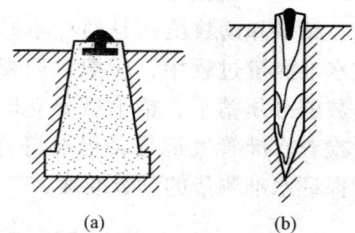

图 2-18 临时水准点
（a）混凝土或钢筋混凝土水准点；
（b）木桩水准点

2.4.2 拟定水准测量的路线

在水准测量前，先要根据测区已知水准点的情况，拟定水准测量的路线。常用的水准测量路线有如下几种。

1. 附合水准路线

如图 2-19 所示，从一个已知水准点 BM_1 出发，沿各个待测定的高程点进行水准测量，最后附合到另一个已知的水准点 BM_2 上，这种水准路线称为附合水准路线。

2. 闭合水准路线

如图 2-20 所示，当测区附近只有一个已知水准点 BM_3 时，可以从已知水准点出发，经过各个待测高程点，最后仍然回到原来的水准点上，这种水准路线称为闭合水准路线。

3. 支水准路线

如图 2-21 所示，从一个已知高程的水准点 BM_4 出发，经过待测定的高程点，既不附合到其他已知高程的水准点上，也不自行闭合，这种水准路线称为支水准路线。

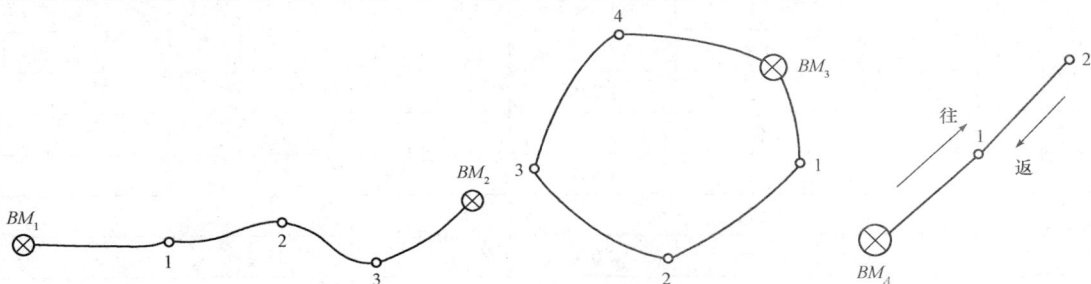

图 2-19　附合水准路线　　　图 2-20　闭合水准路线　　　图 2-21　支水准路线

2.4.3　外业观测程序和注意事项

1. 外业观测程序

当拟定好水准路线后，就可以进行水准测量的外业工作。一般来说，待测高程点与已知高程的水准点相距较远或高差较大时，不可能安置一次仪器就能够测出两点之间的高差，而需要连续多次安置仪器。中间设有若干个起传递高程作用的立尺点，称为转点（Turning Point），常常简写为 TP。如图 2-22 所示，设水准点 A 的高程为 $H_A = 123.446$ m，欲测量 B 点的高程，外业观测步骤如下。

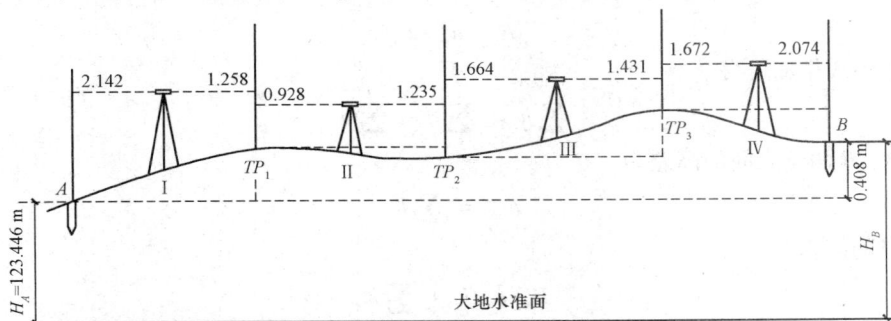

图 2-22　水准测量外业观测

在距已知 A 点适当距离的地方安置水准仪（一般不超过 100 m，应根据水准测量的等级而定），在路线前进方向且与后视距离大致相等的地方，选择转点 TP_1。按照水准仪的使用方法，粗平—瞄准—精平—读数，分别读取后视水准尺的读数为 2.142 m，前视水准尺的读数为 1.258 m，记入水准测量手簿（见表 2-1）的后视读数栏和前视读数栏中，此为一测站的工作，后视读数减去前视读数即为 A 点到 TP_1 的高差 +0.884 m，记入手簿的高差栏。

表 2-1　水准测量手簿

日期：		仪器型号：			观测者：	
天气：		仪器编号：			记录者：	
测站	点号	水准尺读数		高差/m	高程/m	备注
		后视读数（a）	前视读数（b）			
Ⅰ	A	2 142		0.884	123.446	
	TP_1		1 258			
Ⅱ		928		−0.307		
	TP_2		1 235			
Ⅲ		1 664		0.233		
	TP_3		1 431			
Ⅳ		1 672		−0.402		
	B		2 074		123.854	
$\sum$		6.406	5.998	0.408		
计算校核		$\sum a - \sum b = 6.406 - 5.998 = +0.408\,(\mathrm{m})$，$\sum h = +0.408\,(\mathrm{m})$				

第一测站工作完成后，转点 TP_1 上的水准尺不动，把 A 点上的水准尺移到 TP_2 上，仪器搬到 TP_1 与 TP_2 之间大约等距离处，同第一站相同的方法进行观测与计算，依次测到 B 点为止。

显然，每安置一次仪器，便可测得一个高差，根据高差计算式（2-1）可得

$$h_1 = a_1 - b_1$$
$$h_2 = a_2 - b_2$$
$$\cdots$$
$$h_n = a_n - b_n$$

将以上各式相加可得

$$\sum h = \sum a - \sum b \tag{2-6}$$

所以 A、B 两点之间的高差为

$$h_{AB} = \sum h \tag{2-7}$$

则 B 点的高程为

$$H_B = H_A + \sum h$$

有关水准测量的记录和计算均在测量手簿中进行，通过计算可得 B 点的高程为

$$H_B = H_A + \sum h = 123.446 + 0.408 = 123.854 \quad (\mathrm{m})$$

由于转点在水准测量中只起传递高程的作用，在实地并无固定的标志，因此，转点的高程不需计算。

为了保证观测的精度和计算的准确性，在水准测量过程中，必须进行有关检核工作，主要有计算检核和测站检核两种方法。

（1）计算检核。由式（2-6）可知，B 点对 A 点的高差等于各测站的高差的代数和，也等于

后视读数之和减去前视读数之和，因此计算检核的条件之一是

$$\sum a - \sum b = \sum h$$

否则，说明计算有误。如表 2-1 中

$$\sum a - \sum b = 6.406 - 5.998 = 0.408 \ (\text{m})$$

$$\sum h = 0.408 \ \text{m}$$

说明高差计算是正确的。

计算检核的另一个条件是，计算得到的 B 点高程减去 A 点的高程应等于 $\sum h$，即

$$H_B - H_A = \sum h$$

如表 2-1 中

$$H_B - H_A = 123.854 - 123.446 = 0.408 \ (\text{m})$$

这说明高程计算也是正确的。

计算检核只能检查计算是否正确，并不能检核观测和记录过程中是否产生错误。因此，还必须进行测站检核。

（2）测站检核。如上所述，B 点的高程是根据 A 点的已知高程和各测站的高差计算出来的，如果某一测站的高差测错，则 B 点的高程就不会正确。因此，对每一测站的高差，都必须采取有效的措施进行检核，这种检核称为测站检核。测站检核通常采用变动仪器高法和双面尺法。

①变动仪器高法。就是在同一个测站上使用两次不同的仪器高度，比较测得的两次高差进行检核。即测得第一次高差后，改变仪器的高度（应大于 10 cm）重新安置仪器，再测一次高差。如果两次所测高差之差不超过容许值（例如等外水准容许值为 6 mm），则认为符合要求，取平均值作为最后结果记入表 2-1 中，否则必须重测。

②双面尺法。就是仪器的高度不变，利用水准尺的黑、红面，分别测得黑面高差和红面高差，如果黑面高差与红面高差之差不超过容许值，则认为符合要求，取平均值作为最后结果，否则也应检查原因，重新观测。

2. 注意事项

虽然测量误差是不可避免的，无法完全消除其影响，但是可以采取一定的措施减弱其影响，以提高测量成果的精度。同时应避免在测量过程中产生错误，因此在进行水准测量时，应注意以下几点。

（1）观测之前必须对所用的仪器和工具，进行认真的检验和校正。

（2）在野外测量过程中，水准仪和水准尺应尽量安置在坚实的地面上，仪器与三脚架之间要用连接螺旋连接好，三脚架和尺垫应踩实，以免仪器和尺子下沉。

（3）前、后视距离应大致相等，以消除或减弱视准轴不平行于水准管轴的误差及地球曲率与大气折光的影响。

（4）前、后视距离不宜太长，一般不超过 100 m，视线高度应使上、中、下三丝都能在水准尺上读数，以减少大气折光的影响。

（5）水准尺必须扶直，不得倾斜。

（6）读数前必须使符合水准气泡精确居中，并应消除视差，读完数后应再次检查气泡是否仍然居中。

（7）记录要整洁、清楚、端正，记录员要精力集中，听到读数后应复诵读数，以便核对。如果有错误，不能用橡皮擦去，不能就字改字，不能转抄，不能誊写。正确的方法是将错误的数据划

掉，再在旁边写上正确的数据。记录员要随时进行计算校核，认为合格后才能通知观测员搬站。

（8）观测员在搬站之前，应检查仪器与三脚架之间的连接螺旋是否连接牢固，搬站时应将三脚架夹在腋下，并用另外一只手托住仪器。

（9）尽可能选择有利的季节和时段进行水准测量，要用测伞遮挡阳光，避免阳光直射仪器和三脚架。

（10）全组测量人员必须互相配合，团结协作，严格遵守各项操作规程。

2.5　水准测量成果计算

2.5.1　高差闭合差及精度要求

水准测量时，一般将已知水准点和待测水准点组成一条水准路线，其基本形式有附合水准路线、闭合水准路线和支水准路线三种，前面已经讲述。在水准测量外业工作中，测站检核只能检核一个测站上的测量是否存在错误，而计算检核则只能检查一个测段上的计算是否存在错误，对于一条水准路线来说，还不能说明整条水准路线上所求的各水准点的高程精度是否符合要求。由于温度、风力、大气折光、仪器下沉和尺垫下沉等外界条件引起的误差，水准尺倾斜和估读误差，以及水准仪本身的误差等，虽然在一个测站上反映不明显，但随着测站数的增多，误差得到累积，有时也会超过规定的限差。因此，在水准测量成果计算之前，还必须对整条水准路线进行检核。检核的方法是计算水准路线的高差闭合差，是否符合规定的精度要求。

1. 附合水准路线

从理论上说，附合水准路线中各相邻水准点之间的高差代数和，应等于两个已知水准点的高程之差，即

$$\sum h_{理} = H_{终} - H_{始} \tag{2-8}$$

如果不相等，则两者之差称为高差闭合差。用 f_h 表示

$$f_h = \sum h_{测} - \sum h_{理} = \sum h_{测} - (H_{终} - H_{始}) \tag{2-9}$$

2. 闭合水准路线

闭合水准路线由于只有一个已知水准点，因此终点和始点是同一个点，很显然，从理论上说，闭合水准路线上各段高差的代数和应为零，即

$$\sum h_{理} = 0 \tag{2-10}$$

但实际上总会有一定的误差，致使 $\sum h_{理} \neq 0$，则闭合水准路线的高差闭合差为

$$f_h = \sum h_{测} \tag{2-11}$$

3. 支水准路线

由于支水准路线是从一个已知高程的水准点出发，既不附合到其他已知水准点上，也不自行闭合，因此，支水准路线要进行往返观测，且往测高差与返测高差的代数和理论上应为零，即

$$\sum h_{往} + \sum h_{返} = 0 \tag{2-12}$$

如果不等于零，则高差闭合差为

$$f_h = \sum h_{往} - \sum h_{返} \tag{2-13}$$

各种形式水准路线的高差闭合差，均不应超过规定的容许值，否则即认为水准测量结果不

符合要求。若高差闭合差在规定的容许值以内，说明观测精度符合要求，可进行高差闭合差的调整。高差闭合差容许值的大小，与测量等级有关。对不同等级的水准测量，相关测量规范均对高差闭合差容许值做了规定，如等外水准测量的高差闭合差容许值规定为

$$\left. \begin{array}{l} 平地：f_{h容} = \pm 40\sqrt{L} （mm） \\ 山地：f_{h容} = \pm 12\sqrt{n} （mm） \end{array} \right\} \tag{2-14}$$

式中 L——水准路线长度，以 km 计；

n——测站数。

2.5.2 水准测量成果计算

水准测量的外业测量数据，如经检核无误，满足规定等级的精度要求，就可以进行内业成果计算。内业计算工作的主要内容有调整高差闭合差和计算各待定点的高程。以下分别介绍各种水准路线的内业计算方法。

1. 附合水准路线高差闭合差

如图 2-23 所示，一附合水准路线，A、B 为已知水准点，A 点高程为 60.376 m，B 点高程为 63.623 m，1、2、3 点为待测水准点，各测段高差、测站数、距离如图所示。现以此为例，介绍附合水准测量路线的内业计算步骤（详见表 2-2）。

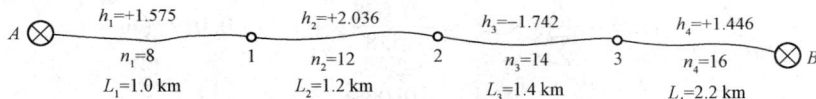

图 2-23 附合水准路线成果计算

表 2-2 附合水准测量成果计算表

测段	点名或点号	测段距离/km	测站数	实测高差/m	高差改正数/m	改正后的高差/m	高程/m	点名或点号	备注
1	2	3	4	5	6	7	8	9	10
1	A	1.0	8	+1.575	-0.012	+1.563	60.376	A	
2	1	1.2	12	+2.036	-0.014	+2.022	61.939	1	
3	2	1.4	14	-1.742	-0.016	-1.758	63.961	2	
4	3	2.2	16	+1.446	-0.026	+1.420	62.203	3	
Σ	B	5.8	50	+3.315	-0.068	+3.247	63.623	B	
辅助计算	$f_h = +68$ mm			$L = 5.8$ km					
	$f_{h容} = \pm 40\sqrt{5.8} = \pm 96$（mm）			$f_h/L = -12$ mm					

（1）高差闭合差的计算

$$f_h = \sum h - (H_B - H_A)$$
$$= [1.575 + 2.036 + （-1.742） + 1.446] - （63.623 - 60.376）$$

$$= +0.068 \text{（m）}$$

因是平地，闭合差容许值为

$$f_{h容} = \pm 40\sqrt{L} \text{（mm）} = \pm 40\sqrt{(1.0 + 1.2 + 1.4 + 2.2)} \text{（mm）} = \pm 96 \text{ mm}$$

$|f_h| < |f_{h容}|$，故其精度符合要求。

（2）高差闭合差的调整。对同一条水准路线，假设观测条件是相同的，可认为每个测站产生误差的概率是相等的。因此，高差闭合差调整的原则和方法是：按与测段距离（或测站数）成正比例、并反其符号改正到各相应的高差上，得改正后高差，即

$$\left.\begin{array}{l} 按距离: v_i = -\dfrac{f_h}{\sum L} \times L_i \\[4mm] 按测站数: v_i = -\dfrac{f_h}{\sum n} \times n_i \end{array}\right\} \tag{2-15}$$

改正后高差 $\qquad\qquad h_{i改} = h_{i测} + v_i$

式中 v_i、$h_{i改}$——第 i 测段的高差改正数与改正后高差；

$\qquad \sum L$、$\sum n$——路线总长度与测站数；

$\qquad n_i$、L_i——第 i 测段的测站数与距离。以第 1 和第 2 测段为例，测段改正数为

$$v_1 = -\frac{f_h}{\sum l} \times L_1 = -\frac{0.068}{5.8} \times 1.0 = -0.012 \text{（m）}$$

$$v_2 = -\frac{f_h}{\sum l} \times L_2 = -\frac{0.068}{5.8} \times 1.2 = -0.014 \text{（m）}$$

检核：$\sum v = -f_h = -0.068$ m

第 1 和第 2 测段改正后的高差为

$$h_{1改} = h_{1测} + v_1 = +1.575 - 0.012 = +1.563 \text{（m）}$$

$$h_{2改} = h_{2测} + v_2 = +2.036 - 0.014 = +2.022 \text{（m）}$$

检核：$\sum h_{i改} = H_B - H_A = +3.247$ m

各测段改正后高差列入表 2-2 中的第 7 栏。

根据检核过的改正后高差，由起点 A 开始，逐点推算出各点的高程，如

$$H_1 = H_A + h_{1改} = 60.376 + 1.563 = 61.939 \text{（m）}$$

$$H_2 = H_1 + h_{2改} = 61.939 + 2.022 = 63.961 \text{（m）}$$

各点高程列入表 2-2 第 8 栏中。

逐点计算，最后算得的 B 点高程应与已知高程 H_B 相等，即

$$H_{B(算)} = H_{B(已知)} = 63.623 \text{ m}$$

否则说明高程计算有误。

2. 闭合水准路线成果计算

闭合水准路线各测段高差的代数和应等于零。如果不等于零，其代数和即为闭合水准路线的闭合差 f_h，即 $f_h = h_{测}$。当 $f_h < f_{h容}$ 时，可进行闭合水准路线的调整计算，具体步骤与附合水准路线相似。

3. 支水准路线成果计算

对于支水准路线，取其往、返测高差的平均值作为成果，高差的符号应以往测为准，最后推算出待测点的高程。

以图 2-24 为例，已知水准点 A 的高程为 86.785 m，往、返测共有 16 站。高差闭合差为：

$$f_h = h_往 + h_返 = -1.375 + 1.396 = +0.021 \ （m）$$

闭合差容许值为：

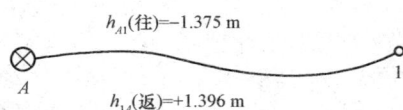

图 2-24 支水准路线成果计算

$$f_{h容} = \pm 12\sqrt{n} = \pm 12 \times \sqrt{16} = \pm 48 \ （mm）$$

$|f_h| < |f_{h容}|$，说明符合普通水准测量的要求。经检核符合精度要求后，可取往测和返测高差绝对值的平均值并取往测高差的符号作为 A、1 两点之间的高差，即

$$h_{A1} = \frac{-1.375 - 1.396}{2} = -1.386 \ （m）$$

$$H_1 = 86.785 - 1.386 = 85.399 \ （m）$$

2.6 微倾式水准仪的检验与校正

根据水准测量的原理，水准仪必须提供一条水平视线，才能正确地测出两点之间的高差。如图 2-25 所示，水准仪的主要轴线有视准轴 CC、水准管轴 LL、仪器竖轴 VV 及圆水准器轴 $L'L'$。各轴线之间应满足的几何条件如下。

（1）圆水准器轴应平行于仪器竖轴，即 $L'L' /\!/ VV$。当条件满足时，圆水准气泡居中，仪器的竖轴处于垂直位置，这样仪器转动到任何位置，圆水准气泡都应居中。

（2）十字丝横丝应垂直于仪器竖轴，即十字丝横丝水平。这样，在水准尺上进行读数时，可以用横丝的任何部位读数。

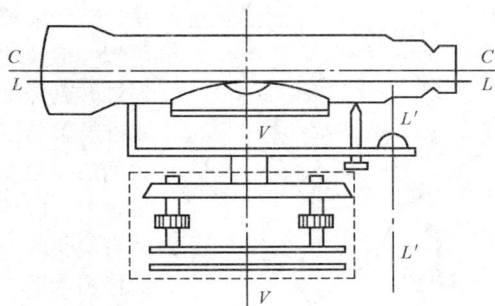

图 2-25 水准仪的主要轴线

（3）水准管轴应平行于视准轴，即 $LL /\!/ CC$。当此条件满足时，水准管气泡居中，水准管轴水平，视准轴也处于水平位置。

以上这些条件，在仪器出厂前经过严格检校都是满足的，但是由于仪器长期使用和运输过程中受到震动或碰撞等原因，可能使某些部件松动，上述各轴线之间的关系会发生变化。若不及时检验校正，将会影响测量成果的质量。因此，在水准测量之前，必须对水准仪进行认真检验与校正。检校主要有以下三项内容。

2.6.1 圆水准器的检验和校正

目的：使圆水准器轴平行于仪器竖轴，即 $L'L' /\!/ VV$。

检验：转动脚螺旋使圆水准器气泡居中，如图 2-26（a）所示，然后将仪器转动 180°，这时，如果气泡不再居中，偏向一边，如图 2-26（b）所示，说明 $L'L'$ 不平行于 VV，需要校正。

校正：旋转脚螺旋使气泡向中心移动偏距的一半，然后用校正针拨圆水准器底下的三个校正螺旋使气泡居中，如图 2-27 所示。

校正工作一般难以一次完成，需反复检校数次，直到仪器旋转到任何位置气泡都居中为止。最后，应注意拧紧紧固螺旋。

该项检验与校正的原理如图 2-26 所示，假设圆水准器轴 $L'L'$ 不平行于竖轴 VV，两者相交一个 α

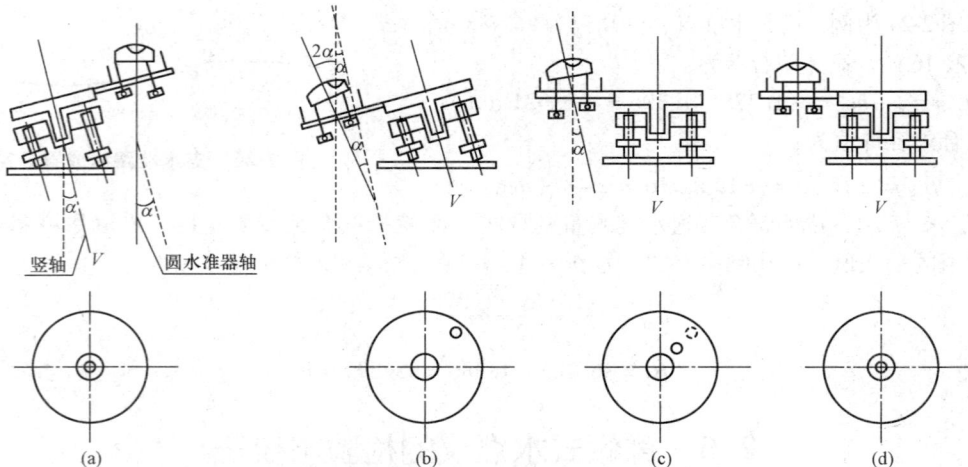

图 2-26　圆水准器的检验和校正原理

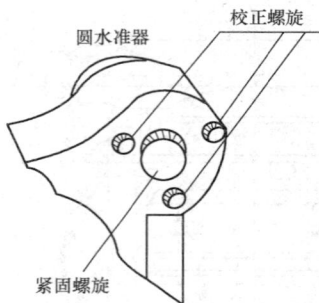

图 2-27　圆水准器的校正

角，转动脚螺旋，使圆水准器气泡居中，此时圆水准器轴处于铅垂位置，但仪器竖轴则是倾斜的；将仪器绕竖轴旋转 180°，圆水准器轴转到竖轴的另一侧，此时圆水准器气泡不再居中，因旋转时圆水准器轴与仪器竖轴保持 α 角，所以旋转后圆水准器轴与铅垂线之间的夹角为 2α，这样气泡也同样偏离与 2α 相对应的一段弧长。校正时，旋转螺旋使气泡向中心移动偏离值的一半，从而消除竖轴本身偏斜的一个 α 角 [见图 2-26（c）]，使竖轴处于铅垂位置。然后拨圆水准器下的校正螺旋，使气泡退回另一半居中，这样就消除了圆水准器轴与仪器竖轴之间的 α 角，如图 2-26（d）所示，使得圆水准器轴平行于仪器竖轴，即 $L'L' /\!/ VV$。

2.6.2　十字丝横丝的检验和校正

目的：当仪器整平后，十字丝横丝应水平，即十字丝横丝应垂直于仪器竖轴。

检验：整平仪器，在望远镜中用十字丝横丝的中心对准某一明显的标志 P，拧紧制动螺旋，转动微动螺旋。微动时，如果标志 P 始终在横丝上移动，表明横丝水平；如果标志不在横丝上移动（见图 2-28），则表明横丝不水平，需要校正。

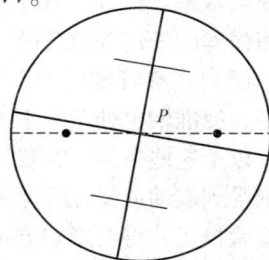

图 2-28　十字丝的检验

校正：打开十字丝分划板护罩，松开四个固定螺钉，如图 2-29 所示，按十字丝倾斜方向的反方向微微转动十字丝环座，直至 P 点的移动轨迹始终与横丝重合，表明横丝水平。校正后应将固定螺钉拧紧。此项检验与校正也需要细心，反复进行。

2.6.3　水准管轴的检验和校正

目的：使水准管轴平行于望远镜的视准轴，即 $LL /\!/ CC$。

检验：如图 2-30 所示，在平坦的地面上将水准仪安置在 C 点，从 C 点向两侧各量约 40 m，定出 A、B 两点，各打入一大木桩或放

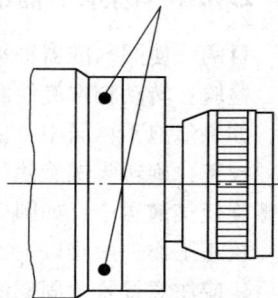

图 2-29　十字丝的校正

置尺垫，并在上面立上水准尺。

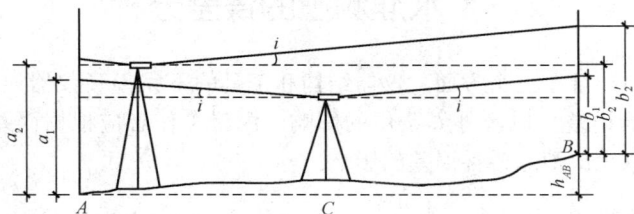

图 2-30　水准管轴平行于视准轴的检验

（1）在 C 点用变仪器高法或双面尺法测定 A、B 两点间的高差 h_{AB}。设 A、B 两点水准尺上的读数分别为 a_1 和 b_1，则 A、B 两点间的高差 $h_{AB} = a_1 - b_1$，若两次测得的高差之差不超过 3 mm，则取其平均值作为最后结果。由于仪器到两点水准尺的距离相等，两轴不平行产生的读数误差 Δ 对高差不产生影响，故高差 h_{AB} 不受视准轴误差的影响。这是因为，假设此时水准仪的视准轴倾斜了 i 角，分别引起读数误差 Δ_a 和 Δ_b，但 $BC = AC$，则 $\Delta_a = \Delta_b = \Delta$，则

$$h_{AB} = (a_1 - \Delta) - (b_1 - \Delta) = a_1 - b_1$$

这说明无论视准轴与水准管轴平行与否，由于水准仪安置在两水准尺等距离处，测出的高差都是正确的。

（2）将仪器搬至 A 点（或 B 点）附近约 3 m，精平仪器后，在 A 点尺上读数为 a_2。因为仪器距离 A 点尺很近，故 i 角的影响可以忽略不计。根据 a_2 和正确高差 h_{AB} 计算出 B 点尺上应有的读数 b_2 为

$$b_2 = a_2 - h_{AB}$$

然后，瞄准 B 点水准尺，读取尺上读数 b_2'，如果 $b_2' = b_2$，则说明水准管轴平行于望远镜的视准轴，否则存在 i 角，其值为

$$i = \frac{\Delta h}{D_{AB}} \times \rho \tag{2-16}$$

式中　$\Delta h = b_2' - b_2$；

　　　D_{AB}——A、B 两点之间的距离；

　　　$\rho' = 206\ 265''$。

对于 DS3 水准仪，i 角不得大于 $20''$，当 i 角大于 $20''$ 时，则需要校正。

校正：仪器在原位置不动，转动微倾螺旋，使十字丝中丝对准 B 点水准尺上正确读数 b_2，此时视准轴处于水平位置，而水准管气泡必然偏离中心位置，即水准管轴不水平。为了使水准管轴也处于水平位置，达到视准轴与水准管轴相平行的目的，可用校正针拨动水准管一端的上、下两个校正螺钉，如图 2-31 所示，使水准管气泡居中。在调整上、下两个校正螺钉前，应先旋松左、右两个螺钉，校正完毕再旋紧。这项校正需要反复进行，直到当 i 角小于 $20''$ 为止。

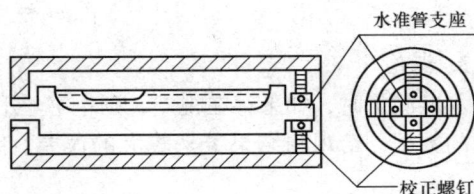

图 2-31　水准管轴的校正

2.7　水准测量的误差分析

水准测量的误差主要源于三个方面：仪器结构和工具的不完善（仪器误差）、观测者感觉器官的分辨力有限（观测误差）以及外界条件的影响。测量工作者应根据误差产生的原因，采取相应的措施，尽可能减少或消除各种误差的影响。

2.7.1　仪器误差

1. 仪器校正后的残余误差

在水准测量之前，虽然对仪器经过严格的检验和校正，但仍然残存少量误差，这些误差多数是系统性的，如水准管轴与视准轴不平行产生的误差，它与距离成正比，但只要在观测时使前、后视距离相等，便可消除或减弱此项误差的影响。

2. 水准尺误差

水准尺误差来源包括刻划不准确、尺长变化、尺身弯曲等，这些都会影响水准测量成果的精度。因此水准尺必须经过检验才能使用，不合格的水准尺不能用于测量作业。此外，由于水准尺长期使用而使底端磨损，或由于使用过程中底端粘上泥土，这就相当于改变了水准尺的零点位置，称为水准尺零点误差。在测量过程中，可以将两根水准尺交替作为前视尺和后视尺，并使每一测段的测站数为偶数，即可消除此项误差。

2.7.2　观测误差

1. 读数误差

在水准尺上估读毫米数的误差，与人眼的分辨能力、望远镜的放大倍率以及仪器到水准尺的距离有关，通常可以按下式计算

$$m_V = \frac{60''}{V} \times \frac{D}{\rho} \qquad\qquad (2\text{-}17)$$

式中　V——望远镜的放大倍率；

　　　$60''$——人眼的极限分辨能力；

　　　D——水准仪到水准尺的距离。

2. 水准管气泡居中误差

设水准管分划值为 τ（单位为秒），气泡居中误差一般为 $\pm 0.15\tau$，采用符合式水准器时，气泡居中精度可以提高一倍，居中误差为

$$m_\tau = \pm \frac{0.15\tau}{2} \times \frac{D}{\rho} \qquad\qquad (2\text{-}18)$$

3. 视差

水准测量时，如果存在视差，则十字丝平面与水准尺影像不重合，不同的眼睛位置，将读出不同的数据，给观测结果带来较大的误差。因此，在观测时，应严格仔细地进行调焦，以消除视差。

4. 水准尺倾斜误差

水准尺倾斜误差主要是指水准尺在视线方向上发生倾斜，无论是向前还是向后倾斜，都将使尺上的读数增大（见图 2-32），误差的大小与尺上读数以及水准尺的倾斜程度有关。可用下式计算

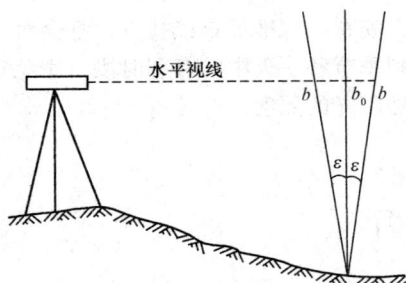

$$m_尺 = b_0 \ (\sec\varepsilon - 1) \tag{2-19}$$

此项误差尤其在山区测量时影响较大，因此外业测量时，立尺员要特别认真扶尺，以减小影响。例如 $b_0 = 1$ m，$\varepsilon = 3°30''$，则

$$m_尺 = b_0 \ (\sec\varepsilon - 1) = 1\,000 \times \ (\sec 3°30'' - 1) = 1.87 \ (\text{mm})$$

2.7.3 外界条件的影响

1. 仪器下沉

当水准仪安置在较为松软的地方时，在观测过程中，仪器会产生下沉现象，如由后视转为前视时，视线高度降低，前视读数减小，从而引起高差误差。为减少或消除此项误差产生的影响，观测时可采取以下措施。

（1）将仪器安置在坚实的地方，并将三脚架踩实。

（2）每站采用"后、前、前、后"的观测顺序。

（3）作业人员之间加强配合协调，尽可能缩短观测时间。

2. 尺垫下沉

在外业观测中，如果转点上的尺垫发生下沉现象，将使下一测站的后视读数增大，引起高差误差。为减少或消除此项误差产生的影响，可采取以下措施。

（1）将转点选择在土质坚硬的地方，并将尺垫踩实。

（2）采用往返观测取高差中数的方法。

3. 地球曲率及大气折光的影响

在前述水准测量原理时，是把大地水准面看作水平面，但实际上大地水准面并不是水平面，而是一个曲面，如图 2-33 所示。

水准测量时，用水平视线代替大地水准面在水准尺上读数，产生的影响为

$$c = \frac{D^2}{2R}$$

式中 D——仪器到水准尺的距离；

       R——地球的平均半径。

图 2-33 地球曲率及大气折光的影响

此外，由于地面大气层密度不同，产生大气折光，视线并非是水平的，而是一条曲线，如图 2-33 所示，曲线（曲率）的半径大约是地球半径的 7 倍，其折光量的大小对水准尺读数产生的影响为

$$r = \frac{D^2}{2 \times 7R}$$

因此，地球曲率和大气折光影响之和为

$$f = c - r = \frac{D^2}{2R} - \frac{D^2}{14R} = 0.43 \frac{D^2}{R} \tag{2-20}$$

特别值得注意的是，如果使得前、后视距离相等，则由式（2-20）算出的 f 相等，即地球曲率和大气折光对高差的影响将得到消除或大为减弱。

4. 温度和风力影响

温度的变化不仅会引起大气折光的变化，而且会使水准管气泡不稳定，尤其是当强光直射仪器时，仪器各部件因温度的急剧变化而发生变形，水准管本身以及管内液体温度升高，给仪器

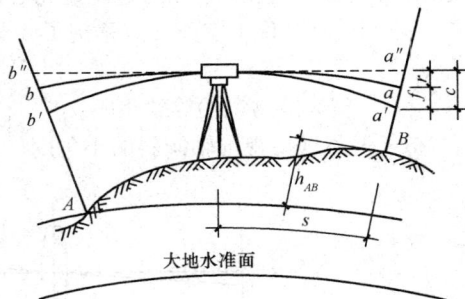

整平带来影响，产生气泡居中误差。另外，大风使得仪器难以安置，水准尺难以扶直，都会对水准测量成果带来一定的影响。因此，水准测量时，应选择有利季节和一天中的有利时段，避免在大风天气或高温季节测量，应随时注意携带测伞，以遮挡强烈阳光的照射。

2.8 其他水准仪简介

2.8.1 自动安平水准仪

用普通微倾式水准仪测量时，必须通过微倾螺旋使符合气泡居中，获得水平视线，然后才能读数。由于需要在调整水准管气泡居中上花费较多的时间，会造成视觉疲劳，从而影响测量的速度和精度。自动安平水准仪是一种不用符合水准器和微倾螺旋，而是用自动安平补偿器自动地将视准轴置平，然后读出视线水平时的读数，从而减轻了测量人员的劳动强度，加快了水准测量的速度。据统计，自动安平水准仪与普通水准仪相比较，能够提高观测速度约40%，显示了它的优越性。

1. 自动安平原理

自动安平水准仪的自动安平原理，如图 2-34 所示，当视准轴水平时，水准尺上的 a_0 点通过物镜光心形成的水平线，落在十字丝交点 A 处，得到正确读数。而当望远镜视准轴倾斜了一个小角度 α 时，水准尺上的 a_0 点通过物镜光心形成的水平线，就不会落在十字丝交点 A 处，假设落在了 A' 处，也就是说十字丝交点移到了 A' 处，从而产生偏距 AA'，很显然

$$AA' = f \cdot \alpha$$

式中 f——望远镜物镜的等效焦距；

α——望远镜视准轴倾斜的小角度。

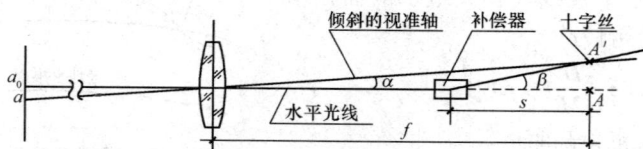

图 2-34 自动安平原理

假如在十字丝分划板前距离为 s 处，安装一个补偿器，使水平光线经过补偿器后偏转一个角度 β，并且恰好通过 A'，这样

$$AA' = s \cdot \beta$$

所以补偿器应满足的条件是

$$f \cdot \alpha = s \cdot \beta \tag{2-21}$$

因此，如果式（2-21）能够得到保证，即使视准轴有微小的倾斜，仍能够读出正确的读数，从而达到自动补偿的目的。

2. 自动安平补偿器

自动安平补偿器的种类很多，但一般都采用悬吊光学零件的方式。图 2-35 所示是国产 DSZ3 型自动安平水准仪，该仪器是在调焦透镜与十字丝分划板之间安装了一个补偿器。其基本构造是，将屋脊棱镜固定在望远镜筒内，其下方用金属丝悬吊两块直角棱镜，并与空气阻尼器相连

接，直角棱镜在重力作用下，能与望远镜做相对偏转，空气阻尼器能够使悬吊的直角棱镜尽快地停止摆动，缩短仪器安置的时间。图 2-36 所示为补偿器工作的光路图。

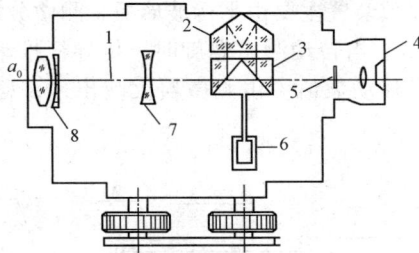

图 2-35　DSZ3 型自动安平水准仪

1—水平光线；2—固定屋脊棱镜；3—悬吊直角棱镜；4—目镜；

5—十字丝分划板；6—空气阻尼器；7—调焦透镜；8—物镜

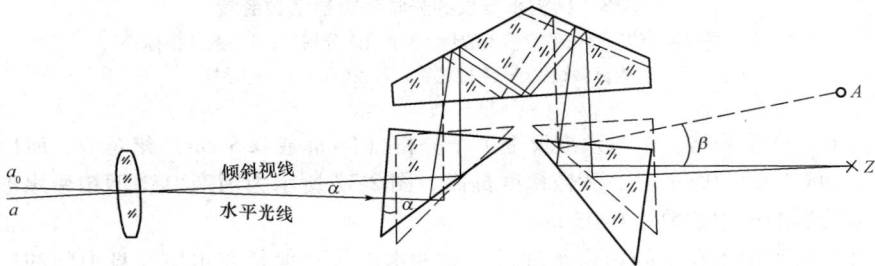

图 2-36　补偿器工作的光路图

3. 自动安平水准仪的使用

自动安平水准仪的使用与普通水准仪使用相似，但操作步骤更加简单，无须精确整平，即粗平—瞄准—读数，从而提高了水准测量的工作效率。

2.8.2　精密水准仪

精密水准仪主要用于一、二等水准测量和精密工程测量，如大型建筑物施工、沉降观测和大型设备的安装等测量控制工作。

精密水准仪的结构精密，性能稳定，测量精度很高。其基本构造主要也是由望远镜、水准器和基座三部分组成，如图 2-37 所示。但与普通的 DS3 型水准仪相比，它具有以下主要特征。

（1）望远镜的光学性能好，放大倍率高，一般不小于 40 倍。

（2）水准管的灵敏度高，其分划值为 $10''/2 \ \text{mm}$，比 DS3 型水准仪的水准管分划值提高了一倍。

（3）仪器结构精密，水准管轴和视准轴关系稳定，受温度影响较小。

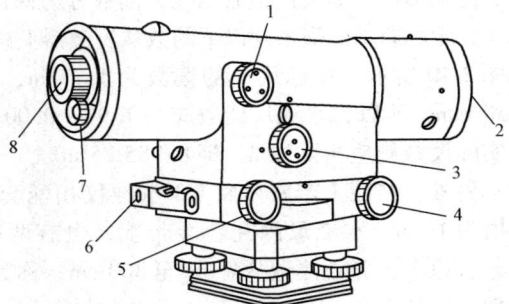

图 2-37　精密水准仪

1—对光螺旋；2—物镜；3—测微螺旋；

4—微动螺旋；5—微倾螺旋；6—十字水准器；

7—测微读数显微镜；8—目镜

（4）精密水准仪采用了光学测微器读数装置，从而提高了读数精度。

（5）精密水准仪配有专用的精密水准尺。

精密水准仪的光学测微器读数装置主要由平行玻璃板、测微分划尺、传导杆、测微螺旋和测微读数系统组成，如图2-38所示。当转动测微螺旋时，传导杆推动平行玻璃板前后倾斜，视线透过平行玻璃板产生平行移动，移动数值可由测微器反映出来，移动数值由读数显微镜在测微尺上读出。

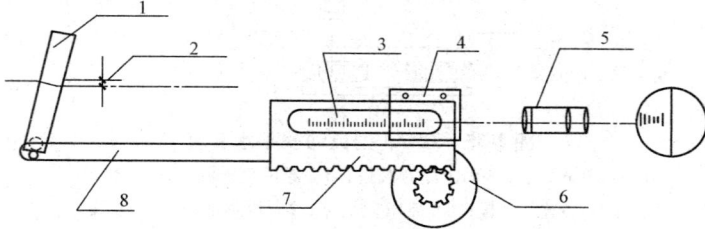

图2-38　精密水准仪的光学测微器读数装置
1—平行玻璃板；2—平行移动的量；3—测微分划尺；4—测微指标；
5—读数显微镜；6—测微螺旋；7—齿条；8—传导杆

测微尺上有100个分格，它与水准尺上1个分格（1 cm或0.5 cm）相对应，所以测微时能直接读到0.1 mm（或0.05 mm），读数精度提高。图2-37所示为国产DS1型精密水准仪，其光学测微器读数装置的最小读数为0.05 mm。

精密水准仪必须配备专用的精密水准尺，这种水准尺一般是在木质尺身中间的尺槽内，装上一根膨胀系数极小的因瓦合金带，合金带上标有刻划，与国产DS1型精密水准仪配套使用的精密水准尺，其分划为5 mm，如图2-39所示。它有左右两排分划，其中左边的分划为单数，右边的分划为双数；左边注记的是米数，右边注记的是分米数。需要注意的是，尺上分划注记值是实际数值的两倍，因此，在水准测量时，必须将观测得到的高差除以2才是实际高差值。

精密水准仪的操作方法与普通水准仪基本相同，主要不同之处是读数方法。先将仪器精确整平，使仪器视线水平，再转动测微螺旋使十字丝楔形丝正好夹住整分划线，读数分为两部分，在尺上直接读出米、分米和厘米，毫米及以下的数从测微器上读出，估读到0.01 mm。如图2-40所示，在标尺上的读数为1.97 m，在测微器上的读数为1.50 mm，所以，水准尺读数应为1.97 + 0.001 50 = 1.971 50（m），而实际读数则应再除以2，即0.985 75 m。

另外，与瑞士产威尔特N3水准仪相配套的精密水准尺，其分划值为1 cm，水准尺因瓦合金带上，也有两排分划，如图2-41所示，右边一排分划注记从0 cm至300 cm，称为基本分划；左边一排分划注记从300 cm至600 cm，称为辅助分划。基本分划与辅助分划之间有一差值K，等于3.015 50 m，称为基辅差。与普通水准尺一样，尺上注记的数字就是实际数值，水准测量时，可以直接计算高差。如图2-42中，在标尺上的读数为1.48 m，在测微器上的读数为6.50 mm，所以，水准尺读数应为1.48 + 0.006 50 = 1.486 50（m），即实际读数。

图2-39　精密水准尺

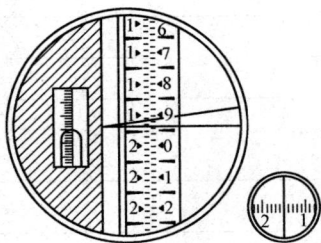

图 2-40　精密水准尺上读数　　图 2-41　与 N3 水准仪配套精密水准尺　　图 2-42　水准尺上的读数

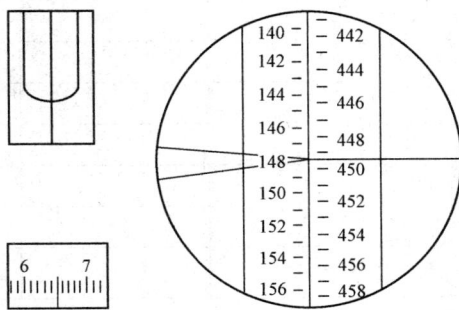

2.8.3　数字水准仪

数字水准仪是在自动安平水准仪的基础上发展起来的，采用条纹编码标尺和电子影像处理原理，用线阵 CCD 替代观测员的肉眼，将望远镜像面上的标尺成像转换成数字信息，再利用数字图像处理技术来识别标尺条码，进而获得标尺读数和视距。

思考与练习

1. 何谓高差法？何谓仪器高法？用仪器高法求高程有何特点？

2. 设 A 为后视点，B 为前视点，A 点高程为 20.016 m。当后视读数为 1.116 m，前视读数为 1.418 m，问 A、B 两点之间的高差是多少？B 点比 A 点高还是低？B 点的高程是多少？并绘图说明。

3. 何谓视准轴？何谓水准管轴？水准仪上的圆水准器和管水准器各有什么作用？

4. 何谓视差？产生视差的原因是什么？怎样消除视差？

5. 何谓转点？在水准测量中转点起什么作用？

6. 在水准测量中，前、后视距离相等，能够消除或减弱哪几项误差？

7. 何谓零点差？在水准测量中怎样消除其对测量成果的影响？

8. 试述水准测量中测站检核和计算检核的内容，两种检核各起到什么作用？

9. 将图 2-43 中的数据填入表 2-3 水准测量记录手簿中，计算各测站的高差和 B 点的高程，并进行相应的计算校核。

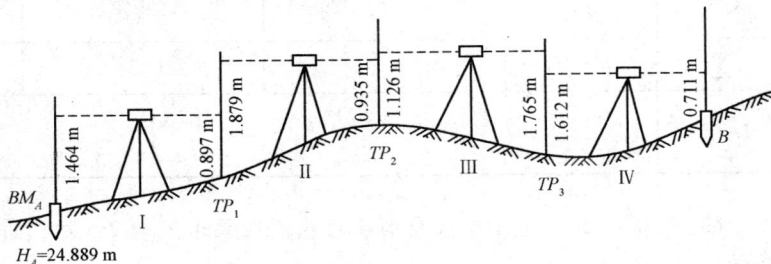

图 2-43　习题 9 附图

表2-3　水准测量记录手簿

测站	点号	水准尺读数		高差/m	高程/m	备注
		后视读数（a）	前视读数（b）			
I	A					
	TP_1					
II						
	TP_2					
III						
	TP_3					
IV						
	B					
Σ						
计算校核						

10. 根据表2-4中数据，试调整该观测成果，并计算出各点的高程。

表2-4　附合水准路线成果计算表

测段	点名或点号	测段距离/km	实测高差/m	高差改正数/m	改正后的高差/m	高程/m	点名或点号	备注
I	BM_1	1.8	+4.363			57.967	BM_1	
	1						1	
II		2.0	+2.413					
	2						2	
III		1.4	−3.121					
	3						3	
IV		2.6	+1.263					
	4						4	
V		1.2	+2.716					
	5						5	
VI	BM_2	1.6	−3.715			61.819	BM_2	
Σ								
辅助计算								

11. 试将图2-44中闭合水准路线的观测成果填入表2-5中，进行成果整理并计算出各点的高程。

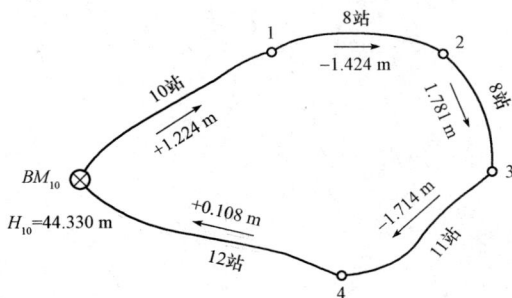

图2-44 习题11附图

12. 设 A、B 两点间距为 80 m，在两点之间的中点 C 安置水准仪，测得 A 点水准尺上读数为 $a_1 = 1.311$ m，B 点水准尺上读数为 $b_1 = 1.107$ m；然后将仪器搬至 B 点附近，测得 B 点水准尺上读数为 $b_2 = 1.456$ m；A 点水准尺上读数为 $a_2 = 1.685$ m。问：①仪器的视准轴与水准管轴是否平行？②如果不平行，应该如何进行校正？试绘图说明。

表2-5 闭合水准路线成果计算表

测段	点名或点号	测站数	实测高差/m	高差改正数/m	改正后的高差/m	高程/m	点名或点号	备注
辅助计算								

第3章

角度测量

★主要内容

本章主要讲述角度测量原理及其分类，介绍了水平角、垂直角的定义，测角方法，测角仪器，测角误差产生的原因及消除方法等内容。

★学习目标

1. 掌握角度测量中水平角、竖直角等概念；掌握水平角、竖直角测角仪器、测角步骤及测角方法。

2. 了解测量角度光学经纬仪、电子经纬仪、全站仪的构造及使用方法。

3. 明确测量水平角、竖直角观测误差的主要来源及消除方法。

角度是确定地面点位的三要素之一。角度测量是测量工作的基本内容，它包括水平角测量和竖直角测量。角度测量仪器为经纬仪和电子全站仪。

3.1 角度测量原理

3.1.1 水平角的定义与测量原理

1. 水平角的定义

水平角是指地面上一点到两个目标点的连线在水平面上投影的夹角，或者说水平角是过两条方向线的铅垂面所夹的两面角。如图 3-1 所示，A、B、C 为地面上任意 3 点，将 3 点沿铅垂线方向投影到水平面上得到相应的 A_1、B_1、C_1 点，则水平线 B_1A_1 与 B_1C_1 的夹角即地面 BA 与 BC 两方向线间的水平角，用 β 表示。

2. 水平角测量原理

为了测定水平角的大小，设想在角顶的铅垂线上水平放置一个带有顺时针均匀刻划的水平度盘，通过左方向 BA 和右方向 BC 各作一竖直面与水平度盘相交，在水平度盘上截取相应的左

方向读数 a 和右方向读数 b。则水平角 β 即 2 个读数之差。即

$$\beta = b - a \qquad (3\text{-}1)$$

3.1.2 竖直角的定义与测量原理

1. 竖直角的定义

竖直角是指在同一竖直面内，视线方向与水平线之间的夹角，又称倾斜角，用 α 表示。竖直角有仰角和俯角之分，当视线在水平线以上时称为仰角，取"＋"号，角值为 0°~90°；当视线在水平线以下时称为俯角，取"－"号，角值为 －90°~0°。在同一竖直平面内，视线与铅垂线的天顶方向之间的夹角称为天顶角，也叫天顶距，用 z 表示，其角值大小为 0°~180°，没有负值。显然，同一方向线的天顶距与仰（或俯）角之和等于 90°，即

$$\alpha = 90 - z \qquad (3\text{-}2)$$

2. 竖直角测量原理

为了测定竖直角，在铅垂面内放置一个带有顺时针均匀刻划的竖直度盘，如图 3-2 所示。竖直角与水平角一样，其角值为度盘上两个方向的读数之差，不同的是，竖直角的其中一个方向是水平方向，对某种经纬仪来说，视线水平时，竖盘的读数为 0°或 90°的倍数，所以，在竖直角测量时，只要瞄准目标，读出竖盘读数，即可计算出竖直角。

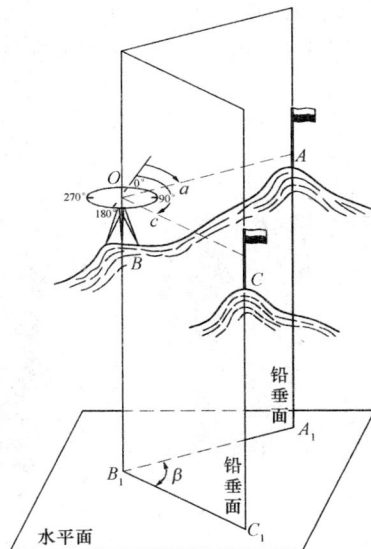
图 3-1 水平角测量原理

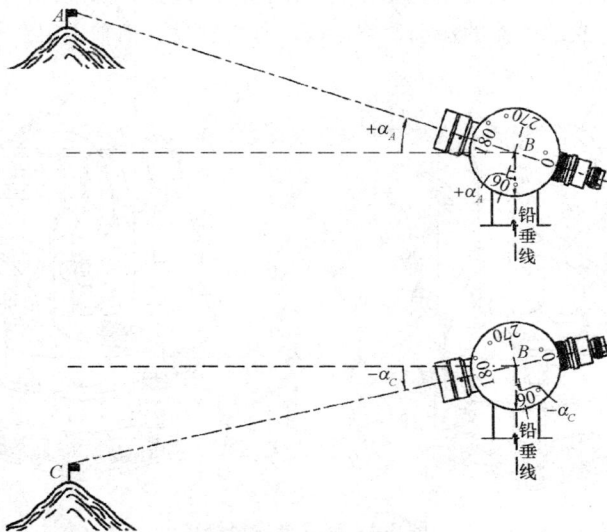
图 3-2 竖直角测量原理

3.2 经纬仪的构造及其使用方法

3.2.1 传统光学经纬仪的构造及其使用方法

经纬仪分为光学经纬仪和电子经纬仪两类，如图 3-3 所示。光学经纬仪利用光学的放大、反

射、折射等原理进行度盘读数；电子经纬仪则利用物理光学、电子学和光电转换等原理显示度盘读数，是近代电子技术高度发展的产物。

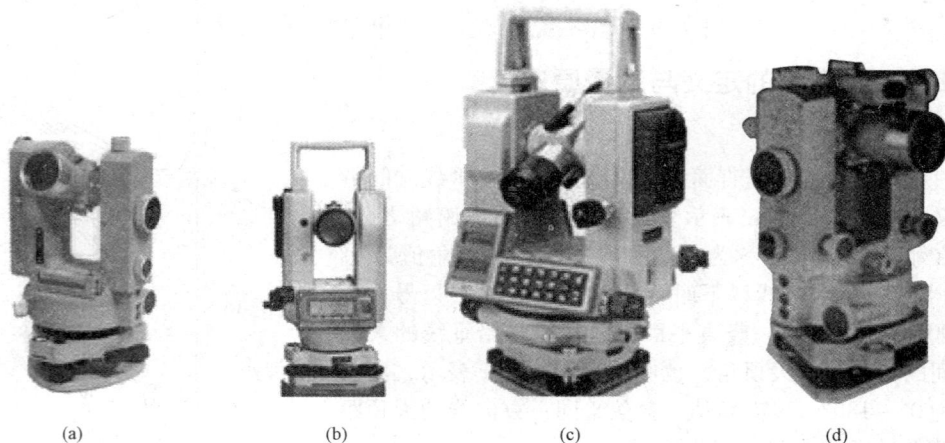

图 3-3　经纬仪的种类

（a）J2 光学经纬仪；（b）DE5 电子经纬仪；（c）索佳 DT2 电子经纬仪；（d）J2 – JDA 激光经纬仪

经纬仪按精度分为 DJ1、DJ2、DJ6 等，D、J 分别为"大地测量"和"经纬仪"的汉语拼音的第一个字母，1、2、6 分别代表该经纬仪一测回方向观测中误差的秒数。

从总体来说，经纬仪的构造分为三部分：基座、水平度盘和照准部。基座部分有脚螺旋，用于置平仪器；水平度盘部分有纵轴套及套在其外围的水平度盘；照准部部分有仪器的纵轴、平盘水准管，两侧有支架，支承仪器的横轴，望远镜、垂直度盘和横轴固定在一起。

1. DJ6 光学经纬仪（见图 3-4）

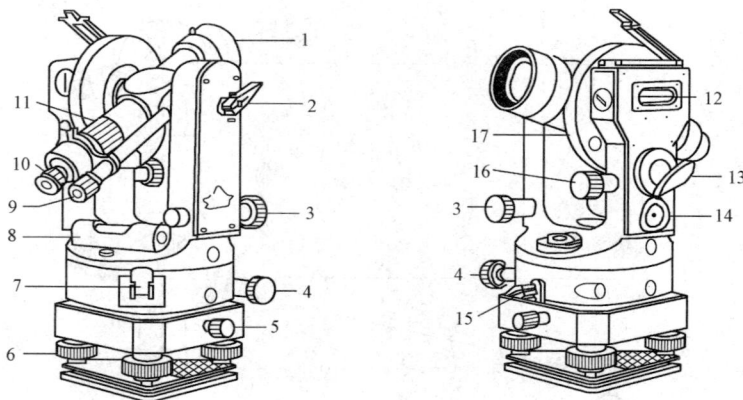

图 3-4　DJ6 光学经纬仪

1—物镜；2—望远镜制动螺旋；3—望远镜微动螺旋；4—水平微动螺旋；5—轴座固定螺旋；6—脚螺旋；
7—复测扳手；8—管水准器；9—读数显微镜；10—目镜对光螺旋；11—物镜对光螺旋；12—竖盘水准管；
13—采光镜；14—测微轮；15—水平制动螺旋；16—竖盘指标水准管微动螺旋；17—竖盘外壳

（1）基座。用于支承整个仪器，上有三个脚螺旋，用于整平仪器。基座底板中心有连接螺旋孔，用于连接三脚架。

（2）度盘。光学经纬仪有水平度盘和竖直度盘，它们均由光学玻璃刻制而成。水平度盘不随照准部一起转动，但可通过"水平度盘位置变换轮"，使其转动一个位置；竖直度盘以横轴为中心，并与横轴相连，随望远镜一起转动。

（3）照准部。照准部构件最多，有望远镜、支架、横轴、平盘水准管、光学对中器、竖直度盘、读数窗等。

（4）度盘读数装置和读数方法。光学经纬仪的度盘读数装置包括光路系统及测微器。水平度盘或竖直度盘上的刻划线，经照明后通过一系列棱镜和透镜，最后成像在望远镜旁的读数窗内，本文仅介绍常用的测微尺读数测微装置。

测微尺上有 60 个小格，一小格代表 1′。读数方法如下：按测微尺与度盘刻划相交处读取"度数"，如图 3-5 中为 73°和 87°，从测微尺上的格子读取"分"数，如 04′，"秒"数则估读至 0.1′，即 6″。图 3-5 中，水平度盘读数为 73°04′30″，竖直度盘读数为 87°06′18″。

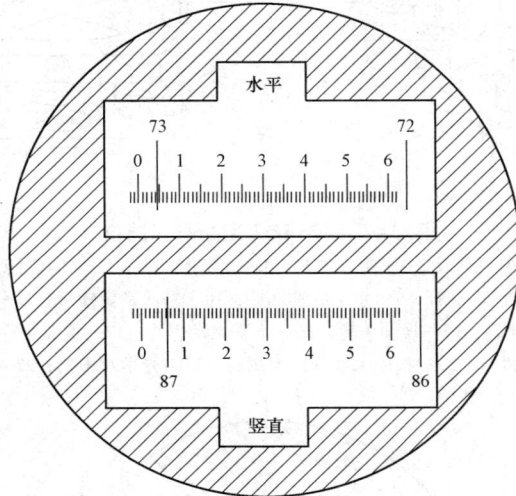

图 3-5　DJ6 经纬仪度盘读数窗

2. DJ2 级光学经纬仪

图 3-6 所示为国产 DJ2 型光学经纬仪的外形及各外部构件名称。

DJ2 级光学经纬仪的构造基本同 DJ6 级光学经纬仪，但在度盘读数设备方面，有下列几点不同：

（1）采用度盘对径分划重合法读数，相当于取度盘直径两端相差 180°处两个读数的平均值，可以抵消照准部偏心差的影响，提高了读数精度。

（2）设置双光楔测微器，分为固定光楔和活动光楔两组楔形玻璃，活动光楔与测微分划尺相连。固定光楔和活动光楔的两个斜面接触时，合并成为一块平行玻璃，光线不产生平移；活动光楔移动后，两个光楔斜面拉开距离，两组光线产生相反方向的平移，可使度盘对径的分划线相重合；平移量以角值表示，可以从测微分划尺上读出。

（3）在读数显微镜中只能看到水平度盘或竖直度盘一种影像，但可以用度盘变换轮使其交替出现，而测微器对于水平度盘和竖直度盘可以共用。

图 3-7 所示为 DJ2 型光学经纬仪的度盘读数镜中的视场，中间窗口为度盘对径分划线的像，已通过旋转测微轮带动测微器使其上下重合；上窗口为度盘的"度"数及"十分"数注记（142°40′），在左窗口可以按测微器横线指标读出"分、秒"数（7′15.7″），故整个读数为 142°47′15.7″。

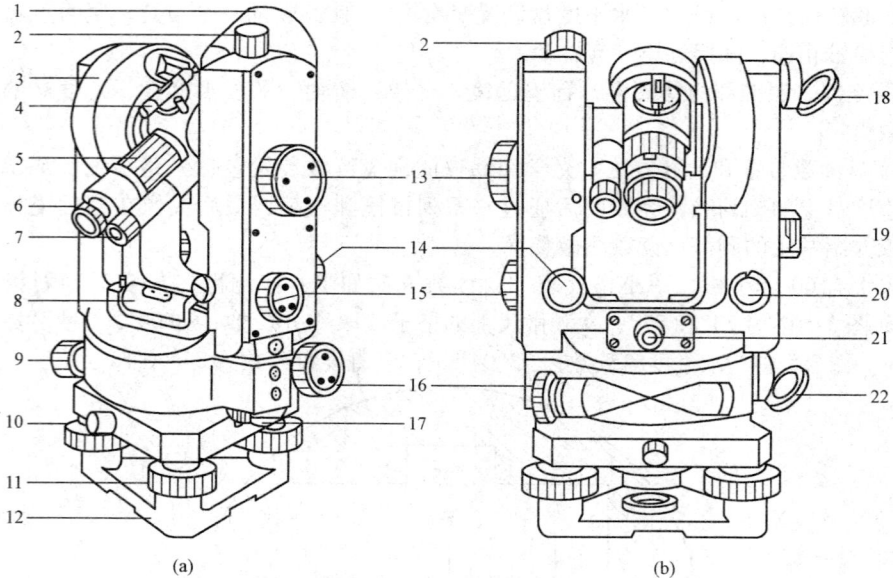

图 3-6 国产 DJ2 型光学经纬仪

1—望远镜物镜；2—垂直制动螺旋；3—竖直度盘；4—光学照准器；5—物镜调焦螺旋；6—望远镜目镜；
7—读数显微镜；8—照准部水准管；9—水平制动螺旋；10—轴座锁定螺旋；11—脚螺旋；12—连接板；
13—测微手轮；14—竖直微动螺旋；15—换向手轮；16—水平微动螺旋；17—拨盘手轮；18—竖直度盘进光反光镜；
19—指标水准管符合棱镜组；20—指标水准管微动螺旋；21—光学对中器；22—水平度盘进光反光镜

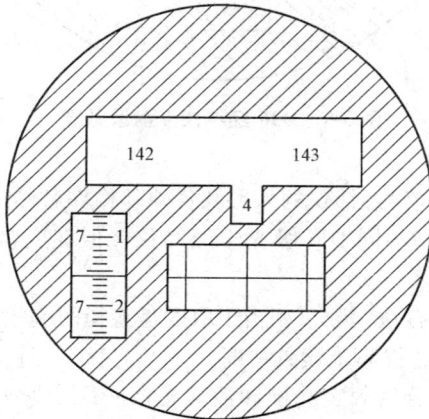

图 3-7 DJ2 型光学经纬仪度盘读数窗

3.2.2 电子经纬仪的构造及其使用方法

1. 电子经纬仪的构造

电子经纬仪与光学经纬仪的主要区别在于度盘读数系统，电子经纬仪利用光电转换原理和微处理器对编码度盘自动进行读数，显示于屏幕，并可进行观测数据的自动记录和传输。

图 3-8 所示为 DJD5 型（DJ6 级）电子经纬仪的外形及各外部构件名称。

电子经纬仪有下列一些不同于光学经纬仪的性能。

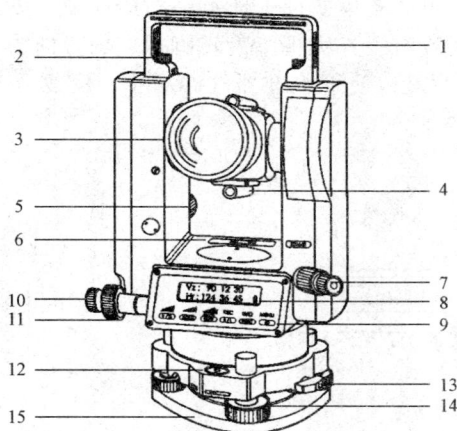

图 3-8 DJD5 型电子经纬仪

1—提柄；2—提柄固定螺旋；3—望远镜；4—瞄准器；5—垂直微动螺旋；6—平盘水准管；
7—光学对中器；8—度盘读数显示屏；9—操作按钮；10—水平制动螺旋；11—水平微动螺旋；
12—基座圆水准器；13—基座制动钮；14—脚螺旋；15—基座底板

（1）操作面板和显示屏。电子经纬仪的照准部有双面的操作面板和显示屏，便于盘左、盘右观测时进行仪器操作和度盘读数。显示屏位于面板上部，同时显示水平度盘读数和竖直度盘读数。面板下部有一排操作按钮，包括电源开关。

（2）度盘读数显示。显示屏同时显示水平度盘读数和竖直度盘读数，"Vz"为垂直度盘读数，"Hr"为水平度盘读数，最小读数可以选择为1″或5″；可以进行角度单位的转换等；其右下角有电池的容量显示。

（3）度盘读数设置。在瞄准某一方向的目标后，可以将水平度盘读数设置为0°00′00″，称为"置零"；也可以设置为某一角值，称为"水平度盘定向"；竖直度盘读数可以设置为垂直角（V）、天顶仪（Z）或坡度（为高差与平距的百分比）。

（4）与测距仪的配置。在电子经纬仪的上部，卸去提柄后，可以配置电子测距仪；通过连接电缆，能与测距仪进行数据通信。

（5）观测数据的存储与传输。可以将观测数据存储于仪器中，并通过数据接口将储存数据传输至电子记录手簿或微机。

2. 电子经纬仪的使用方法

电子经纬仪的使用主要包括经纬仪的安置和望远镜的瞄准。

（1）电子经纬仪的安置。电子经纬仪的安置包括对中和整平两项工作。对中的目的是使仪器竖盘位于过测点的铅垂线上，其方式有垂球对中和光学对中；整平的目的是使仪器的竖轴竖直，从而使水平度盘和横轴处于水平位置，竖直度盘位于铅垂面内，整平分粗平和精平。

为确保仪器性能良好，获得准确的测量数据。在安置电子经纬仪时，必须同时满足既对中又整平的要求。下面主要介绍采用光学对中方式时电子经纬仪的安置步骤。

①对中。打开三脚架腿，调整好其长度，使三脚架高度适合观测者的高度；张开三脚架，将其安置在测站上，使架头面大致水平并紧固锁紧装置；将仪器安放在架头上，拧紧中心连接螺旋；用双手握紧三脚架，眼睛观察光学对中器，移动三脚架使光学对中器分划圈圆心或十字丝交点大致对准测站点中心。

②粗平。伸缩三脚架腿，使圆水准气泡居中。

③精平。转动照准部，使管水准器平行于任意一对脚螺旋（见图3-9），旋转这对脚螺旋，使管水准器气泡居中，左手（或右手）大拇指旋转脚螺旋的方向为气泡移动的方向；然后将照准部转动90°，旋转第三只脚螺旋，使管水准器气泡居中，反复调节，直到照准部转到任何方向、管水准器气泡均居中为止。

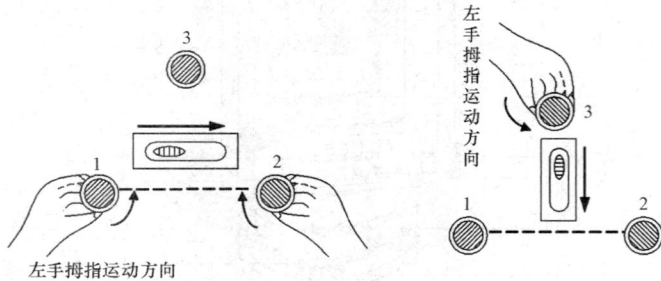

图3-9　照准部管水准器整平方法

④精确对中和整平。精平后会略微破坏对中关系，因此需重新检查对中，如稍有偏离，可稍微松开中心连接螺旋，用眼睛观察光学对中器，双手在架头上平移仪器，使其精确对中后，及时拧紧连接螺旋，旋转照准部，在相互垂直的两个方向上检查照准部管水准器气泡的居中情况。如果仍居中，测量仪器安置完成，否则应重新进行精确整平。

由于对中和整平相互影响，需要反复操作，直到满足既对中又整平要求。

（2）望远镜的瞄准。

①目镜对光。松开望远镜制动螺旋和水平制动螺旋，将望远镜朝向明亮的天空，调节目镜调焦螺旋使十字丝清晰。

②瞄准目标。用望远镜上的粗瞄器瞄准目标，旋紧制动螺旋，转动物镜调焦螺旋使目标清晰，旋转水平微动螺旋和望远镜微动螺旋，精确瞄准目标。可用十字丝竖丝的单线平分目标，也可用双线夹住目标，如图3-10所示。

③读数。打开仪器电源开关，精确瞄准目标后，仪器显示屏上自动显示相应的水平角读数和竖直角读数。

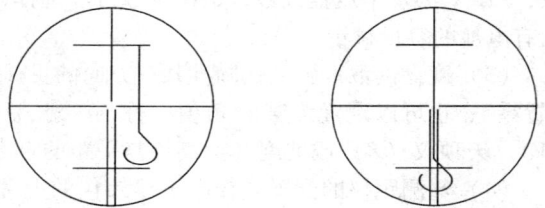

图3-10　水平角测量瞄准目标方法

3.3　水平角测量

水平角测量的方法，一般根据目标的多少和精度要求而定，常用的水平角测量方法有测回法和方向观测法。测回法常用于测量两个方向之间的单角，是测角的基本方法。方向观测法用于在一个测站上观测两个以上方向的多角。

3.3.1　测回法观测水平角

当所测的角度只有两个方向时，通常都用测回法观测。如图3-11所示，欲测 OA、OB 两方向之间的水平角 $\angle AOB$，观测步骤如下。

（1）在 O 点安置仪器（即对中、整平），纵转望远镜使竖盘位于望远镜左边（盘左），照准目标 A 并读取水平度盘读数为 $a_左$，记入观测手簿。

图 3-11　测回法观测水平角

（2）松开照准部及望远镜的制动螺旋，顺时针方向转动照准部，照准目标 B，并读取水平度盘读数 $b_左$，记入观测手簿。

以上（1）、（2）两步骤称为上半测回，得角值：$\beta_左 = b_左 - a_左$。

（3）将望远镜纵转 180°，改为盘右。重新照准目标 B，并读取水平度盘读数 $b_右$，记入观测手簿。

（4）逆时针方向转动照准部，照准目标 A。读取水平度盘读数 $a_右$，记入观测手簿。

以上（3）、（4）两步骤称为下半测回，得角值：$\beta_右 = b_右 - a_右$。

（5）上、下两个半测回合称为一个测回，当两个半测回角值之差不超过规定限值时（通常要求 ≥30″），取其平均值作为该测回的观测成果，即 $\angle AOB$ 的值为 $\beta = \dfrac{\beta_左 + \beta_右}{2}$。

为了提高角度观测精度，通常需要观测多个测回。为了减弱度盘分划误差的影响，各测回起始方向应均匀分布在度盘上，例如，若要观测 n 个测回，每测回盘左起始方向读数应递增 180°/n，当某角需要观测三个测回，每测回起始方向读数应为 0°、60°、120° 或稍大。各测回观测值之差称为测回差，当测回差满足限差要求（通常要求 ≥30″）时，取各测回观测值的平均值作为该角度的观测成果。表 3-1 为测回法观测时两个测回的记录、计算格式。

表 3-1　测回法观测手簿

日期：　　　　　　仪器型号：　　　　　　观测者：

天气：　　　　　　仪器编号：　　　　　　记录者：

测站	测回	竖盘位置	目标	水平度盘读数 （°　′　″）	半测回角值 （°　′　″）	一测回角值 （°　′　″）	各测回平均角值 （°　′　″）	
O	1	左	A	0　01　06	78 48 48	78　48　39	78　48　44	
			B	78　49　54				
		右	A	180　01　36	78 48 30			
			B	258　50　06				
O	2	左	A	90　08　12	78 48 54	78　48　48		
			B	168　57　06				
		右	A	270　08　30	78 48 42			
			B	348　57　12				

3.3.2 方向观测法观测水平角

方向观测法又称为全圆方向法。当在一个测站上需观测多个方向时，宜采用此种方法，可以简化外业工作。它的直接观测结果是各个方向相对于起始方向的水平角值，也称为方向值。相邻方向的方向值之差，就是它的水平角值。

如图 3-12 所示，设在 O 点有 OA、OB、OC、OD 四个方向，其观测步骤如下。

（1）在 O 点安置仪器，对中、整平，选定一个最清晰的目标作为起始方向（假设 A）。

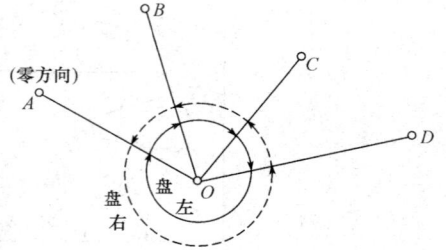

图 3-12 方向观测法观测水平角

（2）盘左：以盘左镜位顺时针转动照准部，一次瞄准 A、B、C、D、A，分别读取水平度盘读数，并记入观测手簿（见表 3-2），这称为上半测回。这里观测两次目标 A 并读数，称为归零，A 目标两次读数之差称为半测回归零差，其限差见表 3-3。

表 3-2 方向观测法观测手簿

日期：　　　　　　仪器型号：　　　　　　观测者：
天气：　　　　　　仪器编号：　　　　　　记录者：

测站	测回数	目标	水平度盘读数		2C ('')	平均读数 (° ′ ″)	一测回归零方向值 (° ′ ″)	各测回平均方向值 (° ′ ″)
			盘左 (° ′ ″)	盘右 (° ′ ″)				
O	1	A	($\Delta = +6$) 0 02 06	($\Delta = -6$) 180 02 00	+6	(0 02 06) 0 02 03	0 00 00	0 00 00
		B	51 15 42	231 15 30	+12	51 15 36	51 13 30	51 13 28
		C	131 54 12	311 54 00	+12	131 54 06	131 52 00	131 52 02
		D	182 02 24	2 02 24	0	182 02 24	182 00 18	182 00 22
		A	0 02 12	180 02 06	+6	0 02 09		
O	2	A	$\Delta = +6$ 90 03 30	$\Delta = +12$ 270 03 24	+6	(90 03 32) 90 03 27	0 00 00	
		B	141 17 00	321 16 54	+6	141 16 57	51 13 25	
		C	221 55 42	41 55 54	+12	221 55 48	131 52 04	
		D	272 04 00	92 03 54	+6	272 03 57	182 00 25	
		A	90 03 36	270 03 36	0	90 03 36		

表 3-3 方向观测法的限差

仪器型号	半测回归零差	2C 变化范围	各测回同一方向值互差
DJ2	12″	18″	12″
DJ6	18″	不做要求	24″

（3）盘右：倒转望远镜改为盘右，以逆时针方向依次瞄准并读取 A、D、C、B、A 各目标的读数，记入观测手簿，这称为下半测回。上下两个半测回构成一个测回。

以上为一个测回的方向观测法观测工作，如需观测多个测回时，为了消减度盘刻度不均匀的误差，每个测回都要改变度盘的位置，即在照准起始方向时，改变度盘的安置读数。

每次读数后，应及时记入观测手簿。

（4）计算：计算两倍照准差：$2C = $ 盘左读数 − 盘右读数 $+ 180°$。在同一测回中，各方向 $2C$ 的变化大小，在一定程度上反映了观测精度。

各方向的平均读数：平均读数 $= \dfrac{盘左读数 + 盘右读数 - 180°}{2}$；由于起始方向 A 有两个平均读数，故应再取其平均值作为 A 方向的最终平均值，并记入平均读数一栏上的上方括号内。

归零方向值：先将起始方向 A 的平均数化为 $0°00'00''$，其他各方向的平均读数都减去起始方向 A 的最终平均值，即得各方向的归零方向值。

各测回归零方向值的平均值：先检验各测回同一方向归零方向值之间的互差，其限差值见表 3-3。如符合要求，则取各测回归零方向值的平均值作为最后的观测结果。

各水平角值：将相邻各测回平均方向值相减，即得相邻两方向之间的水平角值。

水平角观测的注意事如下：

（1）水平度盘刻划是按顺时针方向注记，因此计算水平角值时，总是以右边方向的读数减去左边方向的读数。若不够减时，则在右边方向上加 $360°$，再减左边方向的读数，决不可倒过来减。

（2）要精确对中，特别是对短边测角，对中要求应更加严格。

（3）当观测目标间高低相差较大时，更须注意仪器整平。

（4）照准标志要竖直，尽量瞄准标志的底部。

（5）在水平角观测过程中，若水准管气泡偏离中央 2 格时，须重新整平仪器，重新观测。

（6）观测前应对仪器进行检验，如不符合要求应进行校正。观测时采用盘左、盘右观测取平均值，用十字丝交点瞄准目标等方法，减小或削弱仪器误差的影响。

（7）仪器安置的高度应合适，三脚架应踩实，中心螺旋拧紧，观测时手不扶三脚架，转动照准部及使用各种螺旋时，用力要轻。严格对中和整平，测角精度要求越高，或边长越短，则对中要求越严格；若观测目标的高度相差较大，特别要注意仪器整平。一测回内不得变动对中、整平。

（8）目标应竖直，根据距离选择粗细合适的标杆，并仔细地立在目标点标志中心；瞄准时注意消除视差，尽可能照准目标底部或地面标志中心。高精度测角，最好悬挂垂球作标志。

（9）观测时严格遵守操作规程。观测水平角时切莫误动度盘，并用单丝平分或双丝夹准目标；观测竖直角时，要用横丝截取目标，读数前指标水准管气泡务必居中或自动归零补偿有效。

（10）读数要准确无误，观测结果应及时记录和计算。发现错误或超过限差，立即重测。

（11）高精度多测回测角时，各测回间应变换度盘起始位置，全圆使用度盘。

（12）选择有利观测时机，避开不利外界因素。

3.4　竖直角测量

3.4.1　竖直角测角装置

1. 竖直度盘（竖盘）的构造

竖直角是照准目标的视线与其在水平面投影之间的夹角。可见，要测定竖直角，需要读取视线及相应水平线在竖直度盘上的读数。

一般光学经纬仪多采用水准管竖盘结构形式，图 3-13 所示是 DJ6 型光学经纬仪竖盘与竖盘水准管关系的示意图。竖盘固定在横轴的一端，随望远镜一起在竖直面内转动。竖盘分划线通过一系列棱镜和透镜所组成的光具组，与分微尺一起成像于读数窗内，光具组和竖盘指标水准管固定在竖盘水准管微动架上，必须使竖盘指标水准管轴垂直于光具组的光轴。竖盘水准管气泡居中时，指标处于正确位置，所以在读取竖盘读数时一定要使竖盘水准管气泡居中。

2. 竖直度盘指标差

竖盘的注记形式有多种，最常见的有 $0° \sim 360°$ 全圆式顺时针注记和逆时针注记两种。竖直角计算与竖盘注记有关，用时应注意区分。

由于竖直角是指在同一竖直面内目标方向线与水平视线的夹角，因此仪器在制造时将水平视线的竖盘读数固定为某一整读数（$0°$、$90°$、$180°$、$270°$）。通常当望远镜视线水平，指标水准管的气泡居中，指标处于正确位置时，盘左读数为 $90°$，则盘右必为 $270°$（两者相差 $180°$，特点一）；如盘左竖盘注记为顺时针，则盘右必为逆时针（两者相反，特点二）。这是由倒转望远镜造成的。

当视线水平、竖盘指标水准管气泡居中时，若读数指标偏离正确位置，使读数相对于正确值有一个小的角度偏差 x，则称 x 为竖盘指标差。

如图 3-14 所示，设所测竖直角的正确值为 α，考虑指标差 x 的影响时，竖直角的计算公式应为

$$\alpha = 90 + x - L = \alpha_L + x \tag{3-3}$$

$$\alpha = R - (270° + x) = \alpha_R - x \tag{3-4}$$

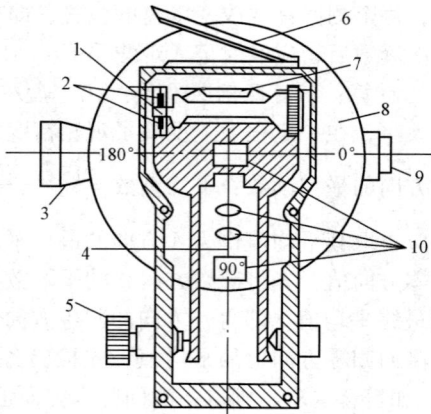

图 3-13 DJ6 型光学经纬仪的竖盘与竖盘水准管关系示意图

1—竖盘指标水准管轴；2—竖盘指标水准管校正螺钉；3—望远镜；4—光具组光轴；5—竖盘指标水准管微动螺旋；6—竖盘指标水准管反光镜；7—竖盘指标水准管；8—竖盘；9—目镜；10—光具组的透镜棱镜

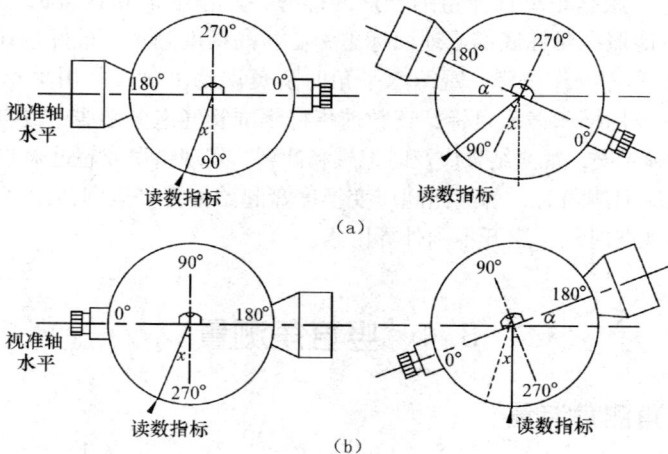

图 3-14 竖盘指标差原理示意图

（a）盘左；（b）盘右

将式（3-3）减去式（3-4）可得指标差 x 的计算公式为

$$x = 1/2 (\alpha_R + \alpha_L)$$

取盘左、盘右观测竖直角的平均值：

$$\alpha = 1/2\ (\alpha_R + \alpha_L)$$

可以消除指标差 x 的影响，获得正确的竖直角。

3.4.2　竖直角测量方法

1. 竖直角测量原理

根据竖直角定义和竖盘及其读数系统的构造可以知道，竖直角由望远镜视线倾斜和视线水平时竖盘读数之差求得。由于视线水平时竖盘读数为一定值，称始读数。因此，只要瞄准目标读取竖盘读数，即可计算竖直角。由于竖盘刻划的方式不同，应用竖盘的读数计算竖直角的公式也不同。

在观测竖直角之前，将望远镜转到大致水平位置，确定竖盘始读数，然后将望远镜慢慢向上倾斜，观察其读数是增大还是减小。在盘左位置若读数增大，则瞄准目标时的读数减去视线水平时的读数（即始读数），就得出竖直角；若读数减小，则视线水平时的始读数减去瞄准目标时的读数，即竖直角。设盘左时竖盘读数为 L，盘右时竖盘读数为 R，对竖盘为顺时针〔见图 3-15（a）〕刻划的竖直角计算公式为

盘左位置：　　　　　　　　　　　$\alpha_左 = 90° - L$

盘右位置：　　　　　　　　　　　$\alpha_右 = R - 270°$

即

$$\alpha = \frac{1}{2}\ \big[\ (R - L)\ - 180°\big] \tag{3-5}$$

同理可得出图 3-15（b）所示竖盘的竖直角计算公式：

$$\alpha_左 = L - 90°$$

$$\alpha_右 = 270° - R$$

即

$$\alpha = \frac{1}{2}\ \big[\ (L - R)\ + 180°\big] \tag{3-6}$$

计算出的角值为"＋"时，α 为仰角；为"－"时，α 为俯角。

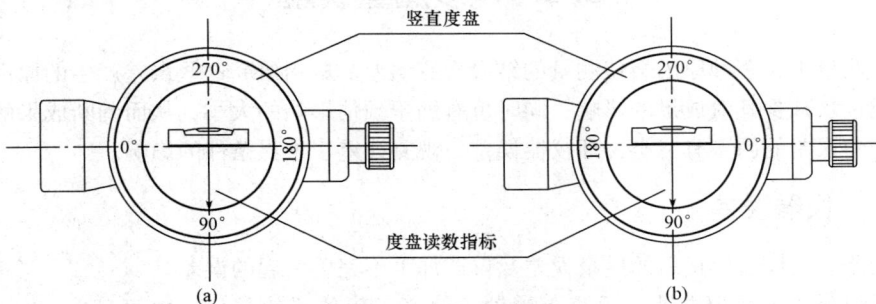

图 3-15　竖盘刻度注记

（a）盘左；（b）盘右

2. 竖直角观测步骤

（1）在测站上安置仪器（对中、整平）。

（2）盘左：照准目标，使十字丝中丝切目标的某一位置（如瞄准标尺，则应读出中丝读数；若瞄准觇牌或觇标上的某个位置，则应量取觇标高度），然后调节竖盘指标水准管气泡居中，读取竖盘读数 L，并记于表 3-4 中，即完成上半测回。

（3）盘右：照准目标，并使十字丝中部横丝切于目标标志，调节指标水准管微动螺旋使气

泡居中，读取竖盘读数 R，并记于表 3-4 中，即完成下半测回。

（4）计算：以图 3-16（a）所示的竖盘注记形式，根据仰角为正的原则，可知

$$\left.\begin{array}{ll} \text{盘左竖直角} & \alpha_L = 90° - L \\[6pt] \text{盘右竖直角} & \alpha_R = R - 270° \\[6pt] \text{一测回竖直角} & \alpha = \dfrac{\alpha_L + \alpha_R}{2} \end{array}\right\} \tag{3-7}$$

以上是竖直角一个测回的观测方法，记录和计算见表 3-4。

表 3-4　竖直角观测手簿

名　　称：_____　　　观测者_____　　　记录者_____
___年___月___日　　　天　气_____　　　仪器型号_____

测站	目标	竖盘位置	竖盘读数 L (° ′ ″)	竖直角 (° ′ ″)	平均竖直角 (° ′ ″)	指标差 (° ′ ″)	备注
A	M	左	59 29 48	+ 30 30 12	+ 30 30 00	− 12	竖直角计算式： $\alpha_左 = 90° - L$ $\alpha_右 = R - 270°$
		右	290 29 48	+ 30 29 48			
	F	左	93 18 30	− 3 18 30	− 3 18 48	− 18	
		右	266 40 54	− 3 19 06			

由于竖盘指标差对每台仪器在同一段时间内应该变化很小，故可视为固定角。但由于仪器误差、观测误差和外界条件的影响，指标差有所变化，通常规定指标差变化的容许范围，如果超限，则应重测。一般规定 DJ6 级经纬仪指标差变化容许值为 ±15″。

当需要较精确的竖直角时，应测多个测回，最后观测成果取多个测回的平均值。此外，如果在一个测站上需要观测多个目标的竖直角时，通常在盘左顺时针依次照准各目标，而在盘右沿逆时针方向依次照准各目标，读数、记录及计算方法同上。

3.5　角度测量误差

在角度测量中，多种原因会使测量的结果含有误差。应当研究这些误差产生的原因、性质和大小，以便设法减少其对成果的影响；同时也有助于预估影响的大小，从而判断成果的可靠性。

影响测角误差的因素有三类，即仪器误差、观测误差、外界条件的影响。

3.5.1　仪器误差

仪器误差包括仪器校正后的残余误差及仪器加工不完善引起的误差。

（1）视准轴误差是视准轴不垂直于横轴，偏离正确位置的差值。由于盘左、盘右观测时，比误差大小相等、符号相反，故水平角测量时，可采取盘左、盘右取平均值的方法加以消除。

（2）横轴误差是由于支撑横轴的支架有误差，造成横轴与竖轴不垂直，偏离正确位置的差值，也可采取盘左、盘右取平均值的方法加以消除。

（3）竖轴误差即竖轴不铅垂，偏离正确位置的差值，是由于水准管轴不垂直竖轴，或安置仪器时水准管气泡不居中引起的。这种误差与正倒镜无关，并且随望远镜瞄准不同而变化，所以，不能用盘左、盘右取平均值的方法消除。因此，测量前应严格检校仪器。

（4）度盘偏心差主要是度盘加工及安装不完善引起的，可采取盘左、盘右取平均值的方法

予以减小。度盘刻划不均匀误差也是由于仪器加工不完善引起的，可利用度盘位置变换手轮在各测回间变换度盘位置，减小此项误差的影响。

3.5.2　观测误差

造成观测误差的原因有二：一是工作时不够细心；二是受人的器官及仪器性能的限制。观测误差主要有测站偏心、整平误差、目标偏心、照准误差及读数误差。对于竖直角观测，则有指标水准器的调平误差。

1. 测站偏心误差

如图 3-16 所示，观测时若仪器对中不精确，致使度盘中心与测站中心 O 不重合而偏至 O'，OO' 的距离 e 称为测站偏心距，此时测得的角值 β' 与正确角值 β 之差 $\Delta\beta'$ 即测站偏心所产生的误差，由图可知 $\Delta\beta = \beta - \beta' = \delta_1 + \delta_2$。因偏心距 e 是一小值，故 δ_1 和 δ_2 应为一小角，于是把 e 近似地看作一段小圆弧，所以得

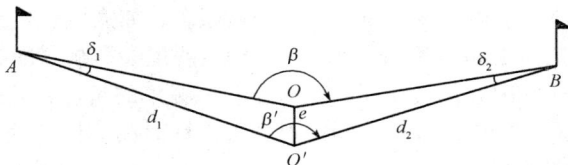

图 3-16　对中误差

$$\Delta\beta = \delta_1 + \delta_2 = e\rho''\left(\frac{1}{d_1} + \frac{1}{d_2}\right) \tag{3-8}$$

式中　d_1、d_2——水平角两边的边长；

　　　e——测站偏心距；

　　　$\rho'' = 206\,265''$。

由上式可知，测站偏心误差与偏心距 e 成正比，与边长 d_1 和 d_2 成反比。例如，$e = 3$ mm、$d_1 = d_2 = 100$ mm，则 $\Delta\beta' = 124''$；如果 $d_1 = d_2 = 50$ m，则 $\Delta\beta' = 24.8''$。故当边长较短时，应认真进行对中，使 e 较小，减少测站偏心误差的影响。

2. 整平误差

观测时仪器未严格整平，竖轴将处于倾斜位置，这种误差与上面分析的水准管轴不垂直于竖轴的误差性质相同。由于这种误差不能采用适当的观测方法加以消除，观测目标的竖直角越大，其误差影响也越大，故观测目标的高差较大时，应特别注意仪器的整平，一般每测回观测完毕，应重新整平仪器再进行下一个测回的观测。当有太阳时，必须打伞，避免阳光照射水准管，影响仪器的整平。

3. 目标偏心误差

如图 3-17 所示，若供瞄准的目标偏心，观测时不是瞄准 A 点而是瞄准 A' 点，偏心距 $AA' = e_1$，这时测得的角值 β' 与正确角值 β 之差 δ_1，即为目标偏心所产生的误差，即

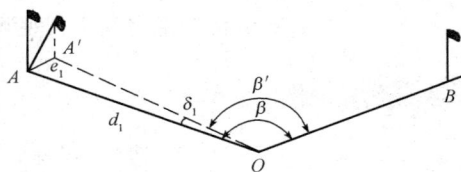

图 3-17　目标偏心

$$\delta_1 = \beta - \beta' = \frac{e_1}{d_1}\rho'' \tag{3-9}$$

由上式可知，这种误差与测站偏心误差的性质相同，即与偏心距成正比，与边长成反比，故当边长较短时应特别注意减小目标的偏心，若观测目标有一定高度，应尽量瞄准目标的底部，以减小目标偏心的影响。

4. 照准误差

人眼的分辨力为 $60''$，用放大率为 V 的望远镜观测，则照准目标的误差为

$$m_V = \pm \frac{60''}{V}$$

(3-10)

如 $V = 28$，则照准误差 $m_V = \pm 2.1''$。观测时应注意消除视差，否则照准误差将增大。

5. 读数误差

在光学经纬仪按测微器读数，一般可估读至分微尺最小格值的十分之一，若最小格值为 $1'$，则读数误差可认为是 $\pm 1'/10 = \pm 6''$。但读数时应注意消除读数显微镜的视差。

3.5.3 外界条件影响产生的误差

影响角度测量的外界因素很多，如大风、松土会影响仪器的稳定；地面辐射热会影响大气稳定而引起物像的跳动；空气的透明度会影响照准的精度；温度的变化会影响仪器的正常状态等。这些因素都会在不同程度上影响测角的精度，要想完全避免这些影响是不可能的，观测者只能采取措施及选择有利的观测条件和时间，使这些外界因素的影响降低到最低程度，从而保证测角的精度。

用经纬仪测角时，往往由于操作人员粗心大意而产生错误，如测角时仪器没有对中、整平，望远镜瞄准目标不正确，度盘读数读错，记录记错和拧错制动螺旋等，因此，角度测量时必须注意下列几点：

（1）观测前检校仪器，使仪器误差降低到最低程度。

（2）仪器安置的高度要合适，三脚架要踩牢，仪器与三脚架连接要牢固；观测时不要手扶或碰动三脚架，转动照准部和使用各种螺旋时，用力要轻。

（3）对中、整平要准确，测角精度要求越高或边长越短的，对中要求越严格；如观测的目标之间高低相差较大时，更应注意仪器整平。

（4）在水平角观测过程中，如同一测回内发现照准部水准管气泡偏离居中位置，不允许重新调整水准管使气泡居中；若气泡偏离中央超过 1 格时，则需重新整平仪器，重新观测。

（5）标杆要竖直于测点上，尽可能用十字丝交点瞄准标杆或测钎的基部；竖角观测时，宜用十字丝中丝切于目标的指定部位。

（6）不要把水平度盘和竖直度盘读数混淆；记录要清楚，并当场计算校核。若误差超限，应查明原因并重新观测。

（7）观测水平角时，同一个测回里不能转动度盘变换手轮或按水平度盘复测扳钮。

（8）对一个水平角进行 n 个测回观测，各测回间应按 $180°/n$ 来配置水平度盘的初始位置。

（9）读数准确、果断。

（10）选择有利的观测时间进行观测。

思考与练习 ///

1. 什么是水平角？用经纬仪照准同一竖直面内不同高度的两目标时，在水平度盘上的读数是否一样？

2. 什么叫竖直角？用经纬仪测竖直角的步骤如何？

3. 试述水平角观测的步骤。

4. 何谓竖直度盘指标差？在观测中如何抵消指标差？

5. 有一把 30 m 的钢尺，在温度为 0 ℃时的检定为 30.009 m，今用该钢尺在 20 ℃的气温下，量得一段名义距离为 175.460 m，求该段距离的实际长度（$\alpha = 1.25 \times 10^{-5}/1\ ℃$）。

6. 测量水平角时，为什么要进行盘左、盘右观测？

第 4 章

距离测量与直线定向

★ 主要内容

本章主要讲述距离测量的一般工具；直线定线的方法；一般量距方法；钢尺量距误差分析；视距测量的原理和方法；光电测距的基本原理和仪器；直线定向的方法。

★ 学习目标

1. 掌握钢尺量距的方法以及钢尺量距的成果处理，了解光电测距的基本原理，掌握直线定向的基准和角度描述、正反方位角的换算。

2. 初步具备平坦地面距离测量的基本能力，初步学会利用经纬仪进行距离测量，能进行方位角和象限角的换算及正反方位角的换算。

距离测量是确定地面点位所需的三项基本测量内容之一，可以确定空间两点在基准面（参考椭球面或水平面）上的投影长度。距离测量按照所用仪器、工具的不同，分为钢尺量距、视距测量、光电测距和卫星测距等。采用何种仪器与工具，取决于技术储备、精度要求和装备条件。本章主要介绍前三种测量方法。

钢尺量距是用钢卷尺沿地面丈量，属于直接量距；视距测量是利用测量仪器（经纬仪、水准仪、全站仪等）望远镜中的视距丝配合视距标尺按几何光学原理进行测距；光电测距是用仪器发射并接收电磁波，通过电磁波往返传播的时间或相位计算距离，为电子物理测距。后两者属于间接测距。

4.1 钢尺量距

距离一般是指两点间的水平距离，即地面上两点沿铅垂线方向投影在水平面上的直线距离。如果测量结果是两点间的倾斜距离，通常要换算成水平距离。

4.1.1 量距的工具

1. 钢尺

钢尺是钢制的带尺，又称钢卷尺或钢带尺，宽度为 10~15 mm，长度有 30 m、50 m 及 100 m 等数种，如图4-1（a）所示。钢尺的基本分划为厘米，一般钢尺在起点至第一分米以内有毫米分划，有的整个尺长都刻有毫米分划，一般适用于短距离、较精密的距离测量。根据零点位置的不同，钢尺可分为端点尺和刻线尺两种。端点尺是以尺的最外端边线作为零刻划线，如图4-1（b）所示。刻线尺是零刻划线刻在钢尺前端的尺面上，如图4-1（c）所示。使用时，须注意钢尺的零点位置，以防误读。

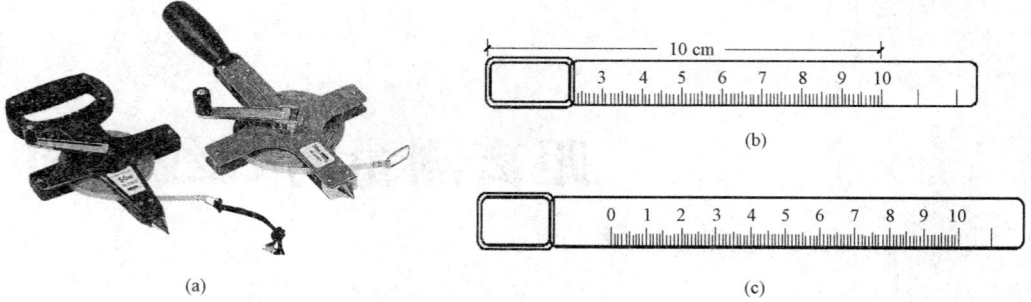

图4-1　钢尺及零点分划形式

2. 皮尺

皮尺是用麻纱或化纤与金属丝混织成的带状尺，如图4-2所示。其长度有20 m、30 m和50 m等几种。尺上基本分划为厘米，大多属于端点尺，皮尺弹性较大，适用于精度要求较低的量距工作。

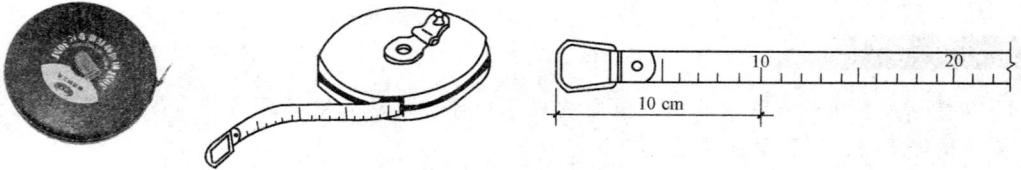

图4-2　皮尺

3. 辅助工具

丈量用的辅助工具有测钎、标杆、弹簧秤、温度计（见图4-3）等。测钎用来标记尺端位置和计算已经量过的整尺段数。

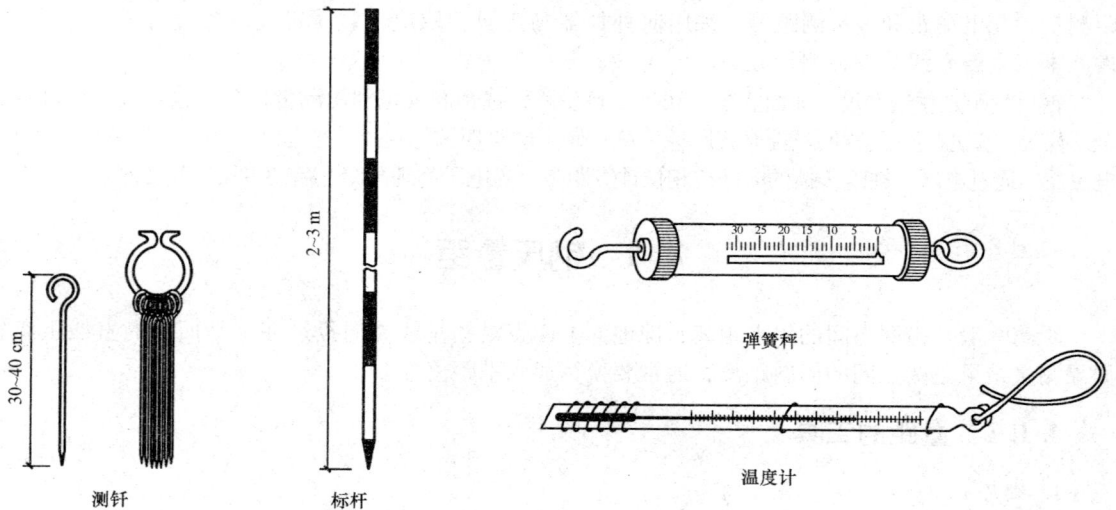

图4-3　量距的辅助工具

4.1.2　直线定线

当丈量的距离较长且超过一个整尺长或者地形起伏较大时，需要分段丈量，分段丈量时在地面标定若干点，使其在同一直线上，这项工作叫作直线定线。一般情况下，可用目估法完成直线定线工作，对于精度要求较高或较远的距离丈量要用经纬仪定线。

1. 目估定线法

如图 4-4 所示（需要 2~3 人的配合），设 A、B 两点相互通视，要在 A、B 两点间的直线上定出 1、2 等点。先在 AB 两点竖起标杆，甲站在 A 点标杆后 1 m 处，指挥乙从远离甲的另一端 B 开始左右竖直移动标杆，直到甲从 A 点沿标杆同一侧看到 A、1、B 在一条直线上为止。用同样方法可在直线上定出其他各点。

图 4-4　目估定线

2. 经纬仪定线

A、B 两点间相互通视，安置经纬仪于 A 点，用望远镜照准 B 点，制动照准部，松开望远镜的制动螺旋，观测员指挥站在两点间的另一人，让其左右移动标杆，使标杆和十字丝竖丝重合即需定的点。精密定线时，用标杆定出点位，打上木桩，再在桩顶放上测钎，通过经纬仪重新定出点位，做出标记。

4.1.3　丈量距离的一般方法

1. 平坦地面的量距

如图 4-5 所示，在平坦地面量距时，首先在待测直线上定线，然后由两个司尺员逐段丈量，所求距离为各整尺段和不足一整尺段部分之和，即

$$D = nl + q \qquad (4-1)$$

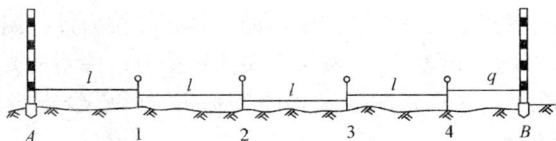

图 4-5　平坦地面量距

式中　n——整尺段数；

　　　l——尺子名义长度；

　　　q——不足 1 尺段的长度。

为了避免丈量错误和提高精度，通常采用往返丈量。距离丈量成果精度一般用相对误差来表示。往返丈量距离之差的绝对值与距离的平均值之比，称为相对较差。相对较差通常以分子为 1 的分数形式表示，一般方法量距要求相对较差不大于 1/2 000，即

$$\frac{|D_往 - D_返|}{D_均} \leqslant \frac{1}{2\,000} \qquad (4-2)$$

式中，$D_均 = (D_往 + D_返)/2$。若符合要求，以 $D_均$ 作为最后丈量的结果。

2. 倾斜地面的量距

（1）平尺法。如图4-6所示，若地面起伏不大，可以将钢尺一端放在地面上，钢尺的另一端抬高，钢尺拉水平进行丈量，同时垂球在地面上标尺端（并不一定为整尺段）位置，并插一测钎做标记。显然，各尺段丈量结果之和即 AB 两点间的距离。

平尺量距应沿高点至低点方向进行两次丈量，当两次丈量的相对较差不大于 1/1 000 时，取平均值作为最后结果。

（2）斜量法。如图4-7所示，当地面倾斜坡度均匀时，可以沿斜坡量出 AB 的斜距 D′，同时用水准测量的方法测出 AB 间的高差 h，或测出其地面坡度角 α，按式（4-3）或式（4-4）计算 AB 的水平距离 D，即

$$D = \sqrt{D'^2 - h^2} \tag{4-3}$$
$$D = D'\cos\alpha \tag{4-4}$$

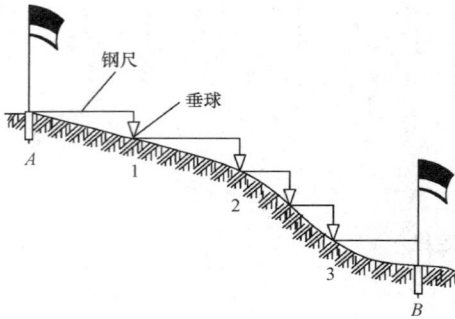

图4-6　平尺法

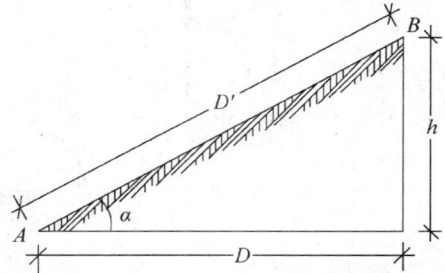

图4-7　斜量法

4.1.4　钢尺量距的精度

钢尺的一般量距精度可达到 1/1 000 ~ 1/5 000。对于图根钢尺量距导线，相对误差 k 应不大于 1/2 000，若符合要求，取往返测的平均数作为测量结果。当要求量距精度更高时，应采用钢尺精密量距方法。

精密量距还需要借助辅助工具，如拉力计、温度计等。量距前，钢尺应经过检验，得到其检定的尺长方程式，拉钢尺需要固定拉力，并测量丈量时的温度等。随着电磁波测距仪的普及，现在除了一些精密测量工程的特殊需求，已经很少用钢尺精密丈量距离，相关内容可查阅有关书籍。

4.1.5　钢尺量距的误差分析及注意事项

1. 钢尺量距误差分析

（1）尺长误差。如果钢尺的名义长度和实际长度不符，则产生尺长误差。尺长误差具有累积性，量的距离越长，误差就越大。因此量距前必须对钢尺进行检定，以求得尺长改正值。

（2）温度误差。钢尺是一线状物体，受温度的影响，线性膨胀较大，所以量距时，要测定钢尺的温度，进行温度改正。

（3）定线误差。量距时若钢尺偏离了直线方向，所量的距离不是直线而是一条折线，因此总的丈量结果会偏大，这种误差叫作定线误差。为了减小这种误差的影响，量距在丈量精度要求较高时要用经纬仪来定线；要求不高时可以目测定线。

（4）丈量误差。丈量时，前、后司尺员没有同时读数或读数不准确；一般丈量时，零刻度线没对准地面标志，或者测钎没照准钢尺末端的刻度线，都会引起丈量误差。丈量误差属于偶然误差，无法进行改正计算，所以在丈量时要尽力做到对点准确、配合协调。

（5）钢尺的倾斜和垂曲误差。当地面高低不平，按水平法量距时，钢尺没有水平或中间下垂而呈曲线时，量得的长度比实际要大。因此丈量时必须注意钢尺水平，整尺段悬空时，中间应有人托一下钢尺，否则会产生垂曲误差。

2. 钢尺量距注意事项

（1）丈量前应对钢尺进行尺长检定，并认清钢尺的零点位置。

（2）直线定线要准。

（3）丈量时拉力要均匀一致，尽量使用固定拉力。

（4）丈量时钢尺要放平、拉直。

（5）读数要准确，记录计算无误。

总之，钢尺量距的基本要求是"一直、二平、三准确"。

4.2　视距测量

4.2.1　视距测量的概念

视距测量是用望远镜内十字丝分划板上的视距丝及刻有厘米分划的视距标尺，根据光学和三角学原理测定两点间的水平距离和高差的一种方法。其特点是操作简便、速度快、不受地形的限制，但测距精度较低，一般相对误差为1/300～1/200，主要用于地形测量的碎部测量中。

4.2.2　视距测量的原理与方法

在经纬仪、水准仪等仪器的望远镜十字丝分划板上，有两条平行于横丝且与横丝等距的短丝，称为视距丝，也叫上下丝。利用视距丝、视距尺和竖盘可以进行视距测量，如图4-8所示。

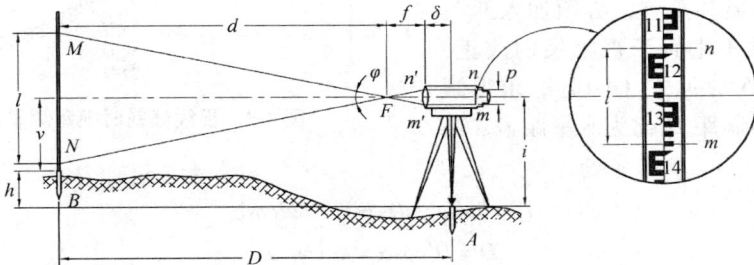

图4-8　视线水平时视距原理

1. 视准轴水平时的视距测量

如图4-8所示，欲测定 A、B 两点间的水平距离 D 及高差 h，在 A 点安置经纬仪，B 点竖立视距尺，使望远镜视线水平照准 B 点上的视距尺。尺上 M、N 两点成像恰好落在两根视距丝上，则上、下视距丝的读数之差就是尺上 MN 的长度，称为尺间距或视距间隔，设为 l。从图4-8可看出，$\triangle Fm'n' \backsim \triangle FMN$，则有 $\dfrac{d}{l} = \dfrac{f}{mn}$，故有

$$d = \frac{l}{mn} \cdot f = \frac{f}{p} \cdot l \tag{4-5}$$

式中　f——望远镜的焦距；

　　　p——望远镜视距丝的间隔，$p = mn$。

则仪器中心到视距尺的水平距离为

$$D = d + f + \delta = \frac{f}{p} \cdot l + f + \delta \tag{4-6}$$

式中　δ——物镜光心至仪器中心的距离；

　　　d——焦点到视距尺的距离；

　　　f——焦距。

令 $k = f/p$，称为视距乘常数，一般仪器的乘常数为 100；令 $C = f + \delta$，称为视距加常数，则有

$$D = kl + C \tag{4-7}$$

对于外调焦望远镜来说，C 一般为 $0.3 \sim 0.6$ m。对于内调焦望远镜，经过调整物镜焦距、调焦透镜焦距及上、下丝间隔等参数后，$C = 0$。则式（4-7）可改写为

$$D = kl \tag{4-8}$$

当视线水平时，读取十字丝中丝在尺上的读数，即目标高。量取仪器高 i，则测站点与所测点之间的高差为

$$h_{AB} = i - v \tag{4-9}$$

2. 视准轴倾斜时的视距测量

在地面倾斜较大的地区进行测量时，往往需要上仰或下俯望远镜才能看到视距尺，这时视准轴是倾斜的，它和视距尺不相垂直，如图 4-9 所示。

设竖直角为 α，尺间隔为 l，此时视线不再垂直于视距尺，利用视线倾斜时的尺间隔，求水平距离和高差，必须加入两项改正：①视准轴不垂直于视距尺的改正，由 l 求出 $l' = M'N'$，见式（4-10），求得倾斜距离 D'；②由斜距 D' 化为水平距 D，见式（4-11）。

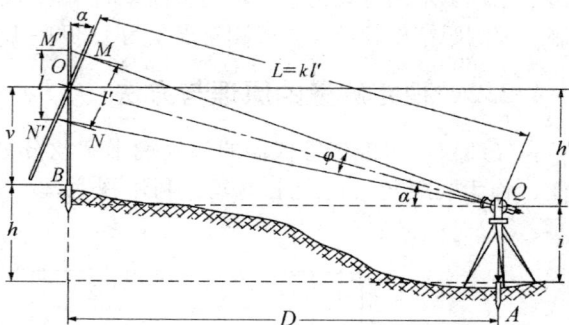

图 4-9　视线倾斜时视距测量原理

$$l' = l\cos\alpha, \quad D' = kl' = kl\cos\alpha \tag{4-10}$$

$$D = D'\cos\alpha = kl\cos^2\alpha \tag{4-11}$$

当视线倾斜时，所测点 B 相对于测站点 A 的高差为

$$h_{AB} = D\tan\alpha + i - v \tag{4-12}$$

4.2.3　视距测量的观测与计算

视距测量的观测步骤如下。

（1）安置仪器。测站点上安置经纬仪，量取仪器高 i，记入观测手簿，在待测点上竖立标尺。

（2）盘左瞄准与读数。盘左位置瞄准目标尺，读取上丝读数 a、下丝读数 b 和中丝读数 v。

（3）读取竖盘读数。打开竖直度盘补偿器并读取竖盘读数，记入观测手簿。

（4）盘右瞄准与读数。倒转望远镜，用盘右位置瞄准标尺，重复（2）、（3）步骤的观测和记录，称为一个测回。若精度要求较高，可以增加测回数；若精度要求较低，一般只观测盘左半个测回。

为了简化计算和提高瞄准精度，在观测中可使中丝读数近似等于仪器高，或中丝瞄准整厘米刻划线，这样式（4-12）中 $i-v=0$，则高差 $h_{AB}=D\tan\alpha$。

视距测量计算可以直接用普通函数计算器按式（4-11）和式（4-12）进行计算，也可用编程计算器预先编制程序进行计算。视距测量记录及计算格式如表4-1所示。

表 4-1　视距测量记录

日期：＿＿＿＿＿　　测站名称：　_A_　　仪　器：　DJ6 型　　观测者：＿＿＿＿＿

天气：＿＿＿＿＿　　测站高程：　145.76 m　　仪器高：　1.40 m　　记录者：＿＿＿＿＿

测点	上丝读数 下丝读数	尺间隔 S	中丝读数	竖盘读数	竖直角 α	初算高差 $\frac{1}{2}kS\sin2\alpha$	$i-v$	高差 h	观测点高程 H	水平距离 l
B	2.500 1.500	1.000	2.000	86°52′	+3°08′	5.46	−0.6	4.86	150.62	99.7

4.3　光电测距

4.3.1　电磁波测距的分类

钢尺量距劳动强度大、工作效率低，精度一般只能达到1/1 000～1/5 000。20 世纪 60 年代以来，随着激光技术和电子技术的发展，电磁波测距仪的使用越来越广泛，使量距工作发生了根本性变革。应用电磁波测距仪测距，具有测程远、精度高、操作简便、作业速度快和劳动强度低等优点，深受广大测量工作者的欢迎。

测距仪按测程的大小，可分为短程测距仪（5 km 以下）、中程测距仪（5～20 km）及远程测距仪（20 km 以上），工程测量中常采用中、短程测距仪。按载波的不同，测距仪可分为两类：以激光和红外光为载波的测距仪叫光电测距仪；以微波为载波的测距仪叫微波测距仪。它们统称为电磁波测距仪。光电测距仪，按测定传播时间方式的不同，可分为相位式测距仪和脉冲式测距仪。远程一般都是激光测距仪，中、短程一般为红外光电测距仪。近年来，测程在 5 km 以下的短程红外光电测距仪发展很快，向着高效率、轻小型、数字化、自动化和全站型方向发展。

4.3.2　光电测距仪的工作原理

光电测距仪的工作原理比较简单，它通过测定光波在两点间传播的时间来计算距离。如图 4-10 所示，欲测定 A、B 两点间的水平距离 l，可将光电测距仪架设于 A 点，将反光镜架设于 B 点，通过测定光波或微波在被测距离上往返所需的时间 t 和光波或微波在空气中的传播速度 c，即可求得距离 l，其公式为

$$l=\frac{1}{2}ct \tag{4-13}$$

式中　c——光波在空气中的传播速度，c 为 299 792 458 m/s；

　　　t——电磁波在大气中传播的往返时间。

由于脉冲式测距仪是利用被测目标对脉冲激光产生的漫反射，直接测定光脉冲在待测距离 l 上

往返传播的时间 t，进而求得距离，所以其测距精度较低，误差在 ±0.5 m 内。国产 AJG75-1 型激光无标尺地形仪和瑞士产威特 DIOR3002S 型测距仪等均属脉冲式测距仪。而相位式测距仪则是通过测定连续调制光波在待测距离上往返传播所产生的相位延迟而间接测定传播时间 t，从而求得待测距离 l 的，所以测量精度比较高。相位式测距仪的品种较多，如国产 DM-30 型和瑞士产 D15S 型等。

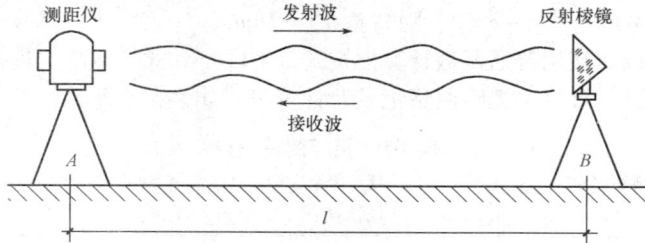

图 4-10　光电测距

4.3.3　光电测距仪的使用

1. 安置仪器

测距时，将测距仪和反射棱镜分别安置在测线的两端，仔细对中和整平，接通测距仪的电源，照准反射棱镜（见图 4-11），检查经反射棱镜反射回的光强信号，满足要求则开始测距。

2. 读数

测距的读数值记入观测手簿，接着读取竖盘读数。测距时，应由温度计和气压计分别读取大气温度值、气压值，测距前输入仪器自动进行气温和气压的气象改正或观测完毕后计算改正值进行气象改正，根据测线的竖直角进行倾斜改正，最后求得测线的水平距离。

4.3.4　手持激光测距仪简介

手持激光测距仪是一种利用脉冲式激光进行距离测量的仪器，如图 4-12 所示，只要按一个键就可进行长度、面积和体积测量，并以数字形式显示，精度可达毫米级。手持激光测距仪体积小、重量轻、使用方便，无须合作目标，可自动调焦，在测距时仪器不能抖动，在精度要求较高时，需要固定仪器，以减小误差。手持激光测距仪的测距范围一般为 10～800 m，合适的反射目标测程会更远，快速、准确地显示距离。手持激光测距仪较多应用于房产测量、古旧建筑物测量及建筑施工测量。

图 4-11　反射棱镜

图 4-12　手持激光测距仪

手持激光测距仪测量面积时要求两个测距方向相互垂直，屏幕显示出测出的面积，在房屋的面积测量中非常方便。在体积测量中，分别照准 3 个相互垂直的方向，屏幕上显示测出的 3 个距离及这 3 个距离相乘的体积。手持激光测距仪除了可以测量无法直接测量的物体外，还可以穿过障碍物进行测量。

手持激光测距仪使用的是二级激光，测量过程中禁止直接通过望远镜直视激光束，禁止将激光束直接打到抛光物体表面或玻璃等镜面，避免激光可能意外伤害眼睛。手持激光测距仪不能测定运动的物体，待测目标的颜色也不能太深，测量时尽量避免雨雪天气，否则会降低测距精度。

4.4　直线定向

要确定两点间平面位置的相对关系，除了需要测量两点间的距离，还要确定直线的方向。确定地面上一条直线与标准方向之间角度关系的测量工作，称为直线定向。

4.4.1　标准方向的种类

测量工作采用的标准方向有真子午线方向、磁子午线方向和坐标纵轴方向（即三北方向图）。

（1）真子午线方向。通过地面上某点指向地球南北极的方向线，称为该点的真子午线方向，又称真北方向，可用陀螺仪测定。

（2）磁子午线方向。磁针水平静止时其轴线所指的方向线，称为该点的磁子午线方向，又称磁北方向，可用罗盘仪测定。

（3）坐标纵轴方向。坐标纵轴方向就是平面直角坐标系中的纵坐标轴方向。若采用高斯平面直角坐标系，则以中央子午线作为坐标纵轴，坐标纵轴方向又称坐标北方向。

在一般情况下，三北方向是不一致的，如图 4-13 所示。由于地球磁场的南、北极与地球的南、北极并不一致，因此某点的磁子午线方向和真子午线方向间有一夹角，这个夹角称为磁偏角，用 δ 表示。磁子午线偏向真子午线以东为东偏，δ 为正，以西为西偏，δ 为负，我国各地磁偏角的变化范围为 $-10° \sim 6°$。

磁偏角的大小随地点的不同而变化，即使在同一地点，因受外界条件的影响也会有变化。所以，采用磁子午线方向作为标准方向，其精度是比较低的。

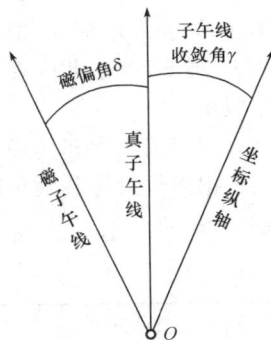

图 4-13　三北方向图

地球表面某点的真子午线北方向与该点坐标纵轴北方向之间的夹角，称为子午线收敛角，用 γ 表示。坐标纵轴偏向真子午线以东为东偏，以西为西偏，东偏为正，西偏为负。

4.4.2　直线方向的表示方法

表示直线方向的方式有方位角与象限角两种，其中象限角应用较少。

1. 方位角

由标准方向的北端起，顺时针方向量至某直线的角度，称为该直线的方位角。角值为 $0° \sim 360°$，如图 4-14 所示。根据采用的标准方向是真子午线方向、磁子午线方向和坐标纵轴方向，测定的方位角分别为真方位角、磁方位角和坐标方位角，相应地用 $\alpha_{真}$、$\alpha_{磁}$ 和 α 来表示。如图 4-15 所

示，3 种方位角的关系为

$$\begin{cases} \alpha_{\text{真}} = \alpha_{\text{磁}} + \delta \\ \alpha_{\text{真}} = \alpha + \gamma \end{cases} \tag{4-14}$$

式中，δ、γ 东偏时取正号，西偏时取负号。

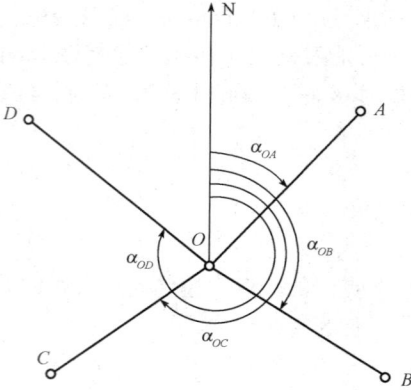

图 4-14　方位角

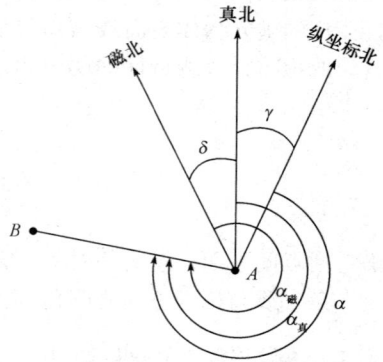

图 4-15　3 种方位角的关系

2. 象限角

从标准方向的北端或者南端起到已知直线所夹的角度，称作象限角，一般用 R 表示。由于象限角为锐角，与所在象限有关，因此，描述象限角时，不但要注明角度的大小，还要注明所在的象限。如图 4-16 所示，北东 R_1 或 NR_1E、南东 R_2 或 SR_2E、南西 R_3 或 SR_3W、北西 R_4 或 NR_4W 分别为 4 条直线的象限角。

3. 方位角与象限角的关系

根据方位角与象限角的定义，它们之间的换算关系见表 4-2。

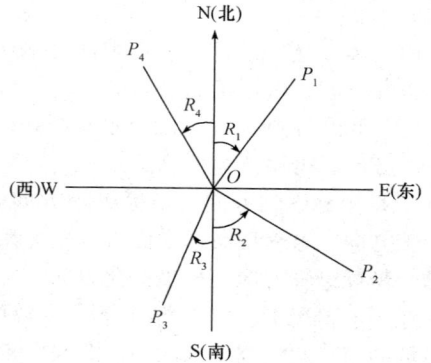

图 4-16　象限角图

表 4-2　方位角与象限角的关系

直线方向	由 R 推算 α	由 α 推算 R
北东（第 I 象限）	$\alpha = R$	$R = \alpha$
南东（第 II 象限）	$\alpha = 180° - R$	$R = 180° - \alpha$
南西（第 III 象限）	$\alpha = 180° + R$	$R = \alpha - 180°$
北西（第 IV 象限）	$\alpha = 360° - R$	$R = 360° - \alpha$

4.4.3　正反方位角的关系

由于地面上各点的真（磁）子午线方向都是指向地球（磁）的南北极，各点的子午线都不平行，给计算工作带来不便。而在一个坐标系线中，纵坐标轴方向线均是平行的。在一个高斯投影带中，中央子午线为纵坐标轴，其他各处的纵坐标轴方向都与中央子午线平行，因而，在普通测量工作中，以纵坐标轴方向作为标准方向，以坐标方位角来表示直线的方向，能给计算工作带来方便。如图 4-17 所示，设直线 A 至 B 的坐标方位角 α_{AB} 为正坐标方位角，则 B 至 A 的方位角 α_{BA} 为反坐标方位角，显然，正、反坐标方位角互差 180°，如式（4-15）所示。当 $\alpha_{BA} > 180°$ 时，式（4-15）取"−"号；当 $\alpha_{BA} < 180°$ 时，式（4-15）取"+"号。

$$\alpha_{AB} = \alpha_{BA} \pm 180° \tag{4-15}$$

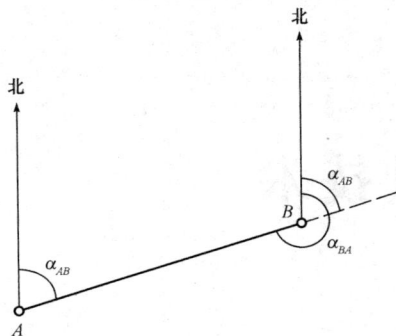

图 4-17　正反方位角的关系

思考与练习

1. 何谓水平距离？已知倾斜距离如何求水平距离？

2. 用钢尺往、返丈量了一段距离，其平均值为 176.82 m，要求量距的相对误差为 1/2 000，那么往返距离之差不能超过多少？

3. 为什么要进行直线定向？怎样确定直线方向？

4. 何谓方位角和象限角？两者有何关系？

5. 已知 $\alpha_{AB} = 60°15'$，$R_{CD} = S45°30'W$，试求 R_{AB} 和 α_{CD}。

6. 已知某直线 AB 的坐标方位角 $\alpha_{AB} = 60°10'$，则直线 BA 的坐标方位角 α_{BA} 是多少？若另有一直线 CD 的坐标方位角 $\alpha_{CD} = 260°50'$，则直线 DC 的坐标方位角 α_{DC} 是多少？

第 5 章

全站仪测量技术

本章主要讲述全站仪的现状及其发展趋势，全站仪的分类，全站仪的构造及其组成，全站仪的操作与使用，全站仪的检定与检验，全站仪的使用与维护等。

1. 了解全站仪的构造及其原理。
2. 熟悉全站仪的各操作键功能，能够正确操作和使用全站仪。
3. 掌握全站仪的基本测量方法和主要程序测量功能。

全站仪全称为全站型电子速测仪，也称为电子速测仪或者电子视距仪，是一种可以同时进行角度（水平角、竖直角）测量、距离（斜距、平距、高差）测量和数据处理，由机械、光学、电子元件组合而成的大地测量仪器，由于只需一次安置，仪器便可以完成测站上所有的测量工作，故被称为"全站仪"。目前全站仪广泛地用于各种工程建设，是目前各种工程测量中最重要的测量仪器之一。

5.1 全站仪概述

5.1.1 全站仪的现状及其发展趋势

1. 全站仪的现状

全站仪是人们在角度测量自动化的过程中产生的。全站仪的发展经历了从组合式即光电测距仪与光学经纬仪组合，或光电测距仪与电子经纬仪组合，到整体式即将光电测距仪的光波发射接收系统的光轴和经纬仪的视准轴组合为同轴的整体式全站仪等几个阶段。

最初速测仪的距离测量是通过光学方法来实现的，也称这种速测仪为"光学速测仪"。实际上，"光学速测仪"就是指带有视距丝的经纬仪，被测点的平面位置由方向测量及光学视距来确定，而高程则是用三角测量方法来确定。由于光学速测仪操作快速、简易，在短距离、低精度的测量中，如在碎部点测定中，有其优势，得到了广泛的应用。

电子测距技术的出现，大大地推动了速测仪的发展。利用电磁波测距仪代替光学视距经纬仪，使得测程更大、测量时间更短、精度更高。人们将距离由电磁波测距仪测定的速测仪笼统地称为"电子速测仪"。

随着电子测角技术的出现，这一"电子速测仪"的概念又相应地发生了变化，根据测角方法的不同分为半站型电子速测仪和全站型电子速测仪。半站型电子速测仪是指用光学方法测角的电子速测仪，也称为"测距经纬仪"。这种速测仪出现较早，并且进行了不断的改进，可将光学角度读数通过键盘输入测距仪，对斜距进行换算，最后得出平距、高差、方向角和坐标差，这些结果都可自动地传输到外部存储器。全站型电子速测仪则是由电子测角、电子测距、电子计算和数据存储单元等组成的三维坐标测量系统，是一种测量结果能自动显示，并能与外围设备交换信息的多功能测量仪器，简称全站仪。全站仪较完善地实现了测量和处理过程的电子化和一体化。

近年来，随着微电子技术、电子计算技术、电子记录技术的迅速发展和广泛应用，全世界众多测绘仪器制造厂家不断推出各种型号的全站仪，以满足各类用户各种用途的需要。特别是新一代的智能型全站仪，不仅测量速度快、精度高，还内置有微处理器和存储器，以及功能强大的系统软件和丰富多彩的应用程序，可实现设计、计算、放样等许多高级功能，将全站仪的发展推向了一个崭新的阶段。

2. 全站仪的发展趋势

现代测绘学不仅要解决地理位置的空间定位问题，而且要完成地理位置上属性数据的采集和管理，信息时代的测绘仪器应该有利于各种属性数据的采集、存储、管理、转移和利用，这样就可以使测绘仪器产生的地理空间数据更方便地纳入 GIS 的范畴，与属性数据集成并交由计算机处理。因此，未来全站仪的发展面向如下几个方向。

（1）数字化。数字化要求全站仪能够输出可以由计算机直接进行下一步处理、传送和交换的数字表示的地理数据，现代通信技术的发展很容易实现该项要求，这是全站仪实现测绘内外业一体化的基础。

（2）实时化。现代的测绘工作要求仪器应具有实时处理数据的功能，这样做一方面可以实时检查测量的质量，提高效率；另一方面可以直接根据测量成果进行后续工作。

（3）集成化。现代测绘工作的一个显著特点是分工明确，各种测量相互渗透，这就要求全站仪在硬件上集成功能，软件则具有开放性，方便各种仪器采集的数据进行交换和共享，提高测绘工作的效率和进度。

（4）在线化。全站仪在线处理测量数据，可以提高测绘质量和效率，并通过现代的通信工具及时更新 GIS 数据库，保持 GIS 的现时性。

5.1.2　全站仪的分类

第一台全站仪问世于 20 世纪 70 年代，经历了多年的发展，全站仪的结构变化不大，但全站仪的功能不断增强，早期的全站仪，仅能进行边、角的数字测量；后来，全站仪有了放样、坐标测量等功能。现在的全站仪有了内存、磁卡存储，并且在 Windows 系统支持下，实现了全站仪功能的大突破，实现了电脑化、自动化、信息化、网络化。

全站仪按结构组成分为组合式全站仪（测距单元与电子经纬仪既可组合又可分离，两者通过专用的电缆和接口装置连接）和整体式全站仪（测角、测距和微处理器单元与仪器的光学、机械系统融为一体不可分离，且经纬仪的视准轴和测距仪的发射轴、接收轴三轴共线）。目前广泛应用的是整体式全站仪。全站仪按其测角精度（方向标准偏差）可分为 $0.5''$、$1.0''$、$1.5''$、$2.0''$、$3.0''$、$5.0''$、$7.0''$等级别。

全站仪按功能分为普通型全站仪（能够测角、测距和计算坐标、高差）、智能型全站仪（具有内置或可扩充的系统软件和工具软件，具有自动安平和补偿设备）、自动跟踪式全站仪等。近些年来，随着制造工艺、微电子技术和计算机技术的发展，世界上各个主要测量仪器制造厂商出产的全站仪大都属于新一代的集成式智能型全站仪。

5.2　全站仪的构造及其组成

5.2.1　全站仪的构造及其原理

1. 全站仪的基本组成

全站仪几乎可以用于所有的测量领域。全站仪由电源部分、测角系统、测距系统、数据处理部分、通信接口、显示屏、键盘等组成。它本身就是一个带有特殊功能的计算机控制系统，其微机处理装置由微处理器、存储器、输入部分和输出部分组成。由微处理器对获取的倾斜距离、水平角、竖直角、垂直轴倾斜误差、视准轴误差、竖直度盘指标差、棱镜常数、气温、气压等信息加以处理，从而获得各项改正后的观测数据和计算数据。在仪器的只读存储器中固化了测量程序，测量过程由程序完成。仪器的设计框架如图 5-1 所示。

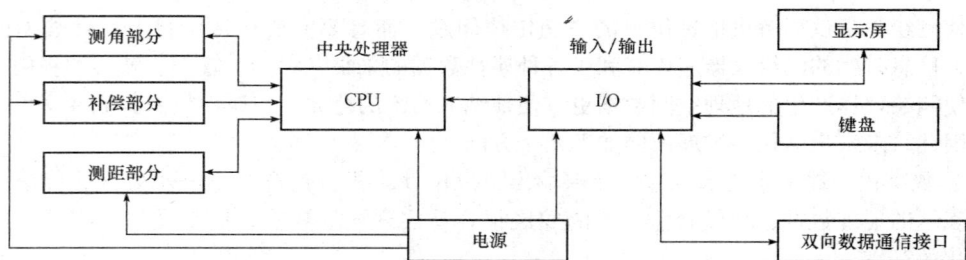

图 5-1　全站仪设计框架

其中：

（1）电源部分是可充电电池，为各部分供电；

（2）测角部分为电子经纬仪，可以测定水平角、竖直角，设置方位角；

（3）补偿部分可以实现仪器垂直轴倾斜误差对水平、垂直角度测量影响的自动补偿改正；

（4）测距部分为光电测距仪，可以测定两点之间的距离；

（5）中央处理器接收输入指令、控制各种观测作业方式、进行数据处理等；

（6）输入、输出部分包括键盘、显示屏、双向数据通信接口。

从总体上看，全站仪的组成可分为两大部分：

一是为采集数据而设置的专用设备，主要有电子测角系统、电子测距系统、数据存储系统、自动补偿设备等。

二是测量过程的控制设备，主要用于有序地实现上述每一专用设备的功能，包括与测量数据相连接的外围设备及进行计算、产生指令的微处理器等。

只有上面两大部分有机结合才能真正地体现"全站"功能，既能自动完成数据采集，又能自动处理数据和控制整个测量过程。

2. 全站仪的构造原理

全站仪的基本构造大体由同轴望远镜、键盘、度盘读数系统、补偿器、存储器和 I/O 通信接口等部分组成（见图 5-2、图 5-3）。

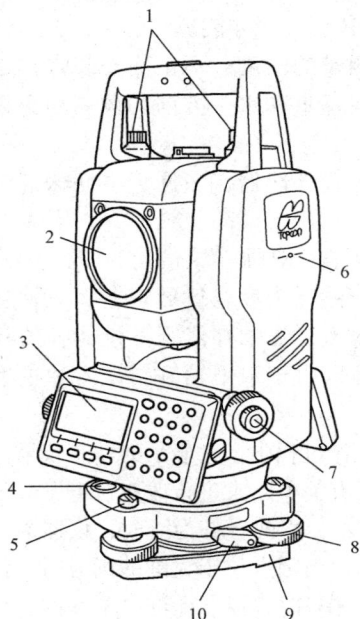

图 5-2 全站仪的基本构造（一）
1—提手固定螺旋；2—物镜；3—显示屏；
4—圆水准器；5—圆水准器校正螺旋；
6—仪器中心标志；7—光学对中器；
8—整平脚螺旋；9—底板；10—基底固定钮

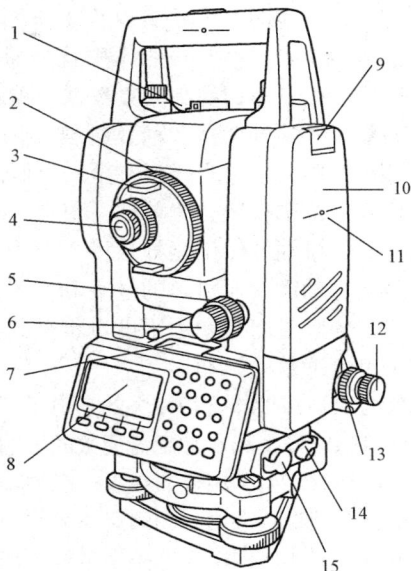

图 5-3 全站仪基本构造（二）
1—粗瞄准器；2—望远镜调焦螺旋；3—望远镜把手；
4—目镜；5—垂直制动螺旋；6—垂直微动螺旋；
7—管水准器；8—显示屏；9—电池锁紧杆；10—机载电池；
11—仪器中心标志；12—水平微动螺旋；13—水平制动螺旋；
14—外接电源接口；15—串行信号接口

（1）同轴望远镜。全站仪的望远镜中，瞄准目标用的视准轴和光电测距仪的光波发射、接收系统的光轴是同轴的。望远镜与调光透镜中间设置分光棱镜系统，使它一方面可以接收目标发出的光线，在十字丝分划上成像，进行目标瞄准；又可使光电测距部分的发光管射出的测距光波经物镜射向目标棱镜，并经同一路径反射回来，由光敏二极管接收。并配置电子计算机中央处理器、存储器和输入输出设备，根据外业观测数据实时计算并显示所需的测量结果。在全站仪测距头里，安装有两个光路与视准轴同轴的发射管，提供两种测距方式。一种方式可以利用棱镜和反射片发射和接收红外光束；另一种方式可以发射可见的红色激光束，不用反射镜（或反射片）即可测距。两种测量方式的转换可通过操作仪器键盘而控制内部光路来实现，由此引起的不同的常数改正会由系统自动修正到测量结果上。正因为全站仪是同轴望远镜，因此，一次瞄准目标棱镜，可同时测定水平角、垂直角和斜距。望远镜也能做 360°纵转，通过直角目镜，甚至可以瞄准天顶的目标（工程测量中有此需要），并可测得其垂直距离（高差）。

（2）键盘。全站仪的键盘为测量时的操作指令和数据输入的部件，键盘上的按键分为硬键和软件键（简称软键）两种。每一个硬键有一固定的功能，或兼有第二、第三功能；软键与屏幕最下一行显示的功能菜单相配合，使一个软键在不同的功能菜单下有多种功能。

（3）度盘读数系统。电子测角，即角度测量的数字化，也就是自动数字显示角度测量结果，其实质是用一套角码转换系统来代替传统的光学经纬仪光学读数系统。目前，这种转换系统有两类：一类是采用光栅度盘的所谓"增量法"测角；另一类是采用编码度盘的所谓"绝对法"测角。然而，无论是编码度盘或是光栅度盘，都只给出角度的大数（格值为1′）。如果要提高角度的分辨精度，必须采用电子内插技术，对格值进行测微，达到秒级才能成功。

（4）补偿器。在测量工作中，有许多方面的因素影响测量的精度，不正确安装常常是诸多误差源中最重要的因素。补偿器的作用就是通过寻找仪器在垂直和水平方向的倾斜信息，自动地对测量值进行改正，从而提高采集数据的精度。

补偿器一般有摆式补偿器和液体补偿器两种，前者为老式补偿器，多见于早期徕卡电子经纬仪，液体补偿器则几乎为当今所有全站仪所使用。

补偿器按补偿范围一般分为单轴（纵向，即 X 方向）补偿、双轴（纵横向，即 X、Y 方向）补偿和三轴补偿。单轴补偿仅能补偿由于垂直轴倾斜而引起的竖直度盘读数误差；双轴补偿可同时补偿由竖垂直轴倾斜而引起的竖直和水平度盘的读数误差；三轴补偿则不仅能补偿经纬仪竖直轴倾斜引起的竖直度盘和水平度盘读数误差，而且能补偿由于水平轴倾斜误差和视准轴误差引起的水平度盘读数的影响。

与全站仪的双轴补偿器密切相关的是电子气泡。在仪器工作过程中，它显示的就是仪器的倾斜状态，而这种状态对竖直和水平度盘读数的影响，通过补偿器有关电路来进行改正。电子气泡的形式有两种，一种是数字型，用仪器在 X、Y 方向的倾斜值来表示，当两者都为零时，仪器为整平状态；另一种是图形型，常常用一个圆点在大圆中的位置来表示，当圆点位于大圆的圆心时，仪器为整平状态。电子气泡的使用使仪器整平过程更加容易。在实际测量时，仪器允许电子气泡起作用并有效地整平。当倾斜量被自动地用来改正水平角和垂直角时，单面测量将会获得更高的精度，特别在垂直角较大时这一点很重要。大的补偿范围为测量工作带来便利，特别是工作在松软的地面上，或者接近震动源（如高速公路或铁路轨道）。

（5）存储器。把测量数据先在仪器内存储起来，然后传送到外围设备（电子记录手簿、计算机等），这是全站仪的基本功能之一。全站仪的存储器有机内存储器和存储卡两种。

①机内存储器。机内存储器相当于计算机中的内存（RAM），利用它来暂时存储或读出测量数据，其容量的大小随仪器的类型而异，较大的内存可同时存储测量数据和坐标数据多达 3 000 点以上，若仅存坐标数据可存储 8 000 点。现场测量所必需的已知数据也可以放入内存。经过接口线将内存数据传输到计算机以后将其清除。

②存储卡。存储卡的作用相当于计算机的磁盘，用作全站仪的数据存储装置，卡内有集成电路、能进行大容量存储的元件和运算处理的微处理器。一台全站仪可以使用多张存储卡。通常，一张卡能存储大约 10 000 个点的距离、角度和坐标数据。在与计算机进行数据传送时，通常使用称为卡片读出打印机（卡读器）的专用设备。

将测量数据存储在存储卡上后，把存储卡送往办公室处理测量数据。同样，在室内将坐标数据等存储在存储卡上后，送到野外测量现场，就能使用存储卡中的数据。

（6）I/O通信接口。全站仪可以将内存中的存储数据通过 I/O 通信接口和通信电缆传输给计算机，也可以接收由计算机传输来的测量数据及其他信息，称为数据通信。通过 I/O 通信接口和通信电缆，在全站仪的键盘上所进行的操作，也同样可以在计算机的键盘上进行，便于用户应用开发，即具有双向通信功能。

全站仪基本功能是照准目标后，通过微处理器控制，自动完成距离、水平方向、竖直角的测量，并将测量结果进行显示与存储，可以自动记录测量数据和坐标数据，并直接与计算机传输数据，实现真正的数字化测量。随着计算机的发展，全站仪的功能也在不断扩展，生产厂家将一些规模较小但很实用的计算机程序固化在微处理器内，如悬高测量、偏心测量、对边测量、距离放样、坐标放样、设置新点、后方交会、面积计算等，只要进入相应的测量模式，输入已知数据，然后依照程序观测所需的观测值，即可随时显示结果。

5.2.2　全站仪的合作目标

全站仪的合作目标分为单棱镜、三棱镜、微棱镜和反射片，如图 5-4 所示。单棱镜常用于对中杆及支架安置；三棱镜一般由基座与三脚架连接安置，适用于远距离测量；微棱镜用于狭小空间作业和短距离作业；反射片用于粘贴物体的被测部位。

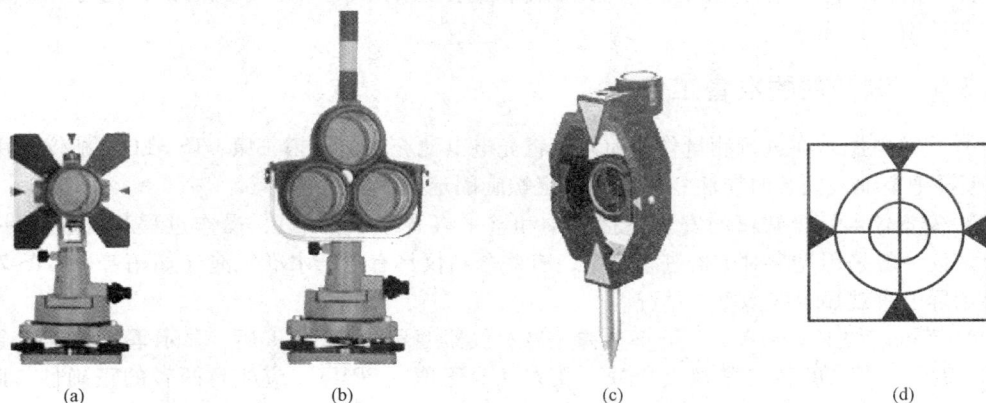

图 5-4　全站仪的合作目标
（a）单棱镜；（b）三棱镜；（c）微棱镜；（d）反射片

用于单棱镜的对中杆及支架比三脚架轻便，便于野外作业时携带，在测距精度要求不高时，也可以卸下支架，手持对中杆操作。对中杆及支架均采用铝合金材料制造，对中杆可以伸缩，支架的两条脚也可以在一定范围内伸缩，并采用握式锁紧机构锁定位置，以便于在不同场地快速设置目标。单棱镜也可以通过基座与三脚架连接。单棱镜对中杆及支架、单棱镜基座及三脚架如图 5-5 所示。

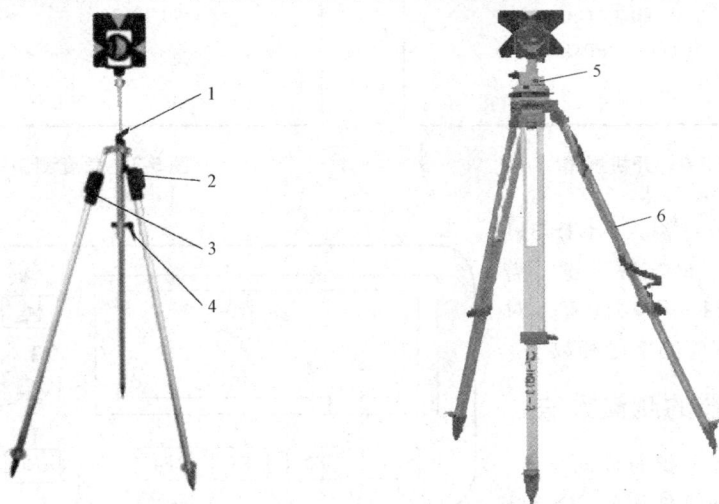

图 5-5　单棱镜对中杆及支架、单棱镜基座及三脚架
1—支架脚拧式锁紧机构；2—圆水准器；3—支架脚伸缩握式锁紧机构；
4—对中杆拧式锁紧机构；5—基底；6—三脚架

5.3　全站仪的操作与使用

全站仪测量的基本原理和方法与经纬仪和光电测距仪基本上是一致的。因此，在使用全站仪进行测角和量距时，都要像使用光学经纬仪一样，进行仪器对中、整平、瞄准和读数等步骤。在学习全站仪的操作与使用时，首先应理解测量的基本原理。例如，在使用全站仪进行坐标测量时，只有掌握了导线测量和坐标计算等内容，才能理解为什么要先照准已知后视点，设置方位角，再照准前视目标点进行坐标测量。下面以拓普康全站仪 GTS-311 系列为例，说明全站仪的基本操作与使用。

5.3.1　测量前的准备工作

（1）连接电源。在进行测量作业前，应将充电电池充好电。拓普康 GTS-311 全站仪采用 BT-24QW 型提把电池，安装时应注意用电池锁定螺旋固定电池。

（2）安置仪器。全站仪的安置包括对中和整平（粗平、精平），操作过程与普通经纬仪相同。全站仪一般采用光学对中器进行对中，有些全站仪具有电子水准气泡（如拓普康 GTS-710），可在显示屏上直观显示气泡整平情况。

（3）开机。按下电源开关，屏幕上首先显示仪器型号，大约 2 s 后，显示垂直置零指令（V OSET TURN）、当前的棱镜常数（PSM）及大气改正值（PPM），应注意两者的正确性。此时，可通过上、下箭头对应的功能键 F1、F2 调节液晶显示的对比度，调节后按 F4 键确认。另外，要注意右侧的电池电量显示。开机屏幕如图 5-6 所示。

开机屏幕中第一行出现"V OSET TURN"，表示需要竖直旋转望远镜，以激活竖直角显示，如果在前一次观测中设置了水平角读数 0°位置，则此时还需要水平旋转望远镜，以激活水平度盘显示。否则，不能进行正常的测量工作。应该指出，目前多数全站仪已无须手动旋转望远镜来激活度盘显示。

按上述方法激活仪器后，进入角度测量模式，此时屏幕显示如图 5-7 所示。

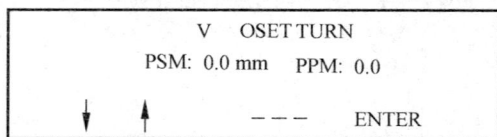

```
        V    OSET TURN
    PSM: 0.0 mm   PPM: 0.0

      ↓     ↑    – – –    ENTER
```

图 5-6　开机屏幕

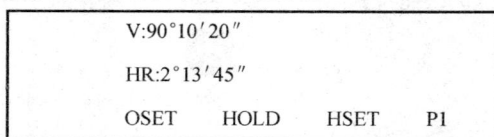

```
    V:90°10′20″

    HR:2°13′45″

    OSET   HOLD   HSET   P1
```

图 5-7　角度测量模式

（4）字母与数字输入。GTS-311 全站仪没有设置字母与数字键。需要输入时，使用 F1～F4 功能键，对应屏幕提示输入相应的字母和数字。

5.3.2　仪器的测量方法

1. 全站仪的操作键与性能指标

（1）全站仪的操作键。GTS-311 全站仪屏幕采用 4 行 ×20 列的液晶显示，操作面板如图 5-8 所示。

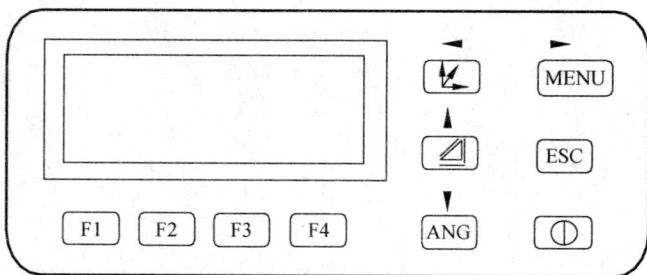

图 5-8　操作面板

GTS – 311 全站仪操作键功能说明如表 5-1 所示。

表 5-1　操作键功能说明

操作键	名　称	功　能	功能说明
↙	坐标测量模式	进入坐标测量模式	可进行三维坐标测量
MENU	菜单键	在菜单专用模式和正常模式之间切换	在菜单模式下，全站仪提供了应用程序测量、数据采集等功能
◹	距离测量模式	进入距离测量模式	可进行距离测量、偏心测量、距离放样，可设置棱镜常数、大气改正数
ESC	退出键	返回测量模式或上一级菜单 从正常测量模式进入数据采集模式或放样模式等	用于中断正在进行的操作，退回到上一级模式等
ANG	角度测量模式	进入角度测量模式	可进行水平、竖直角测量，设置倾斜改正开关等
◑	电源开关	电源接通/断开	
Fn	功能键	对屏幕上的相应位置设定功能	执行屏幕上相应位置显示的命令，输入数字及字母等，F1 ~ F4 键功能见仪器操作手册

（2）全站仪的主要性能指标。衡量全站仪性能的主要指标为精度（测角及测距）、测程、测距时间、程序功能、补偿范围等。表 5-2 列出了三种常用全站仪的主要性能指标。

表 5-2　三种常用全站仪性能指标

仪器型号 指标项目	拓普康 GTS-311	索佳 PowerSet2000	徕卡 TC1610
分类	内存型	计算机型	内存型
放大倍率	30 ×	30 ×	30 ×
最短视距/m	1.3	1.3	1.7
角度最小显示	1″	0.5″	1″
角度标准差	±2″	±2″	±1.5″
双轴自动补偿范围	±3″	±3″	±3″
最大测程/km　单棱镜	2.7	2.7	2.5
最大测程/km　三棱镜	3.6	3.5	3.5
测距精度	$\pm\,(3\,mm+2\times10^{-6}\times D)$	$\pm\,(2\,mm+2\times10^{-6}\times D)$	$\pm\,(2\,mm+2\times10^{-6}\times D)$
测距时间（精测）/s	3	2	4
水准器分划值　水准管	30″/2 mm	20″/2 mm	30″/2 mm
水准器分划值　圆水准	10′/2 mm	10′/2 mm	8′/2 mm
使用温度/℃	− 20 ~ + 50	− 20 ~ + 50	− 20 ~ + 50
显示屏	4 行 20 列	8 行 20 列	4 行 16 列

2. 基本测量

（1）角度测量。

①操作步骤。全站仪角度观测操作步骤如下：

a. 进入测角模式，瞄准起始（后视）方向目标，将当前水平度盘读数设置为 0°00′00″。

b. 瞄准前视方向目标，屏幕上显示的读数即观测角值。

GTS-311 全站仪测角时，其屏幕显示流程如图 5-9 所示。在测角模式下，瞄准起始方向，屏幕显示如图 5-9（a）所示；按下 F1（对应 OSET 功能）键，屏幕提示是否确认将水平度盘读数设置为 0°00′00″，屏幕显示如图 5-9（b）所示；按下 F3（对应 YES 确认）键，水平度盘读数设置为 0°00′00″，屏幕显示如图 5-9（c）所示，其中"V：90°10′20″"为起始方向的垂直角读数；瞄准前视目标方向，此时水平度盘读数 HR 为观测水平角值，屏幕显示如图 5-9（d）所示。图中"V：90°17′40″"为前视方向的垂直角读数。

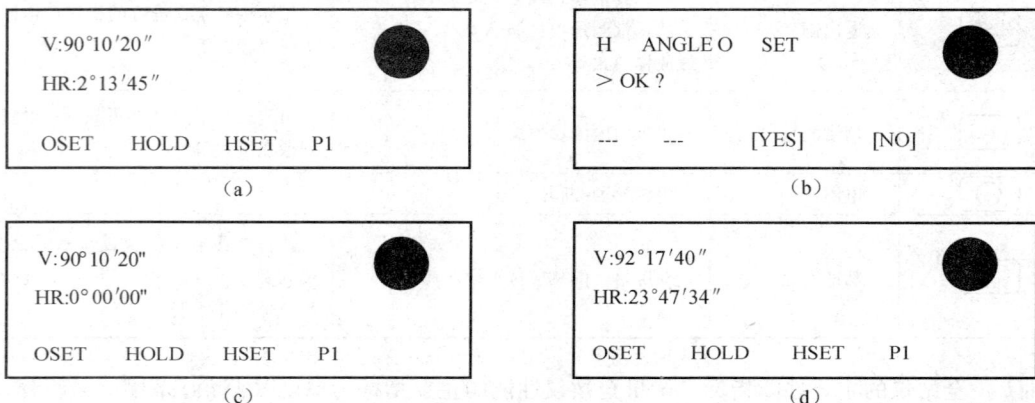

V:90°10′20″			⬤
HR:2°13′45″			
OSET	HOLD	HSET	P1

（a）

H ANGLE O SET			⬤
> OK ?			
---	---	[YES]	[NO]

（b）

V:90°10′20″			⬤
HR:0°00′00″			
OSET	HOLD	HSET	P1

（c）

V:92°17′40″			⬤
HR:23°47′34″			
OSET	HOLD	HSET	P1

（d）

图 5-9　角度测量的屏幕显示

②说明。

a. 当屏幕中水平度盘读数标识为"HR"时，表示当前观测的是水平右角，与望远镜旋转方向无关。若需观测左角（即望远镜逆时针方向旋转时，水平度盘读数增加）时，可进入角度测量模式第 3 页，将测角方式改为左角，此时屏幕上的"HR"将变为"HL"。

b. 若不将起始方向水平度盘读数设置为 0°00′00″，则用前视方向读数减去起始方向读数仍可得水平角值。

c. 在瞄准目标时，水平方向和垂直方向均应照准觇板标志中心，而非棱镜头的中心位置。

d. 若需将垂直角变换为天顶距或倾角的形式，可进入角度测量模式第 3 页，执行操作命令"CMPS"，进行竖直角方式的切换。

e. 若需观测多个测回，可使用角度测量模式第 2 页的操作命令"REP"，进行多测回观测，并自动求得平均角值。

（2）距离测量。使用全站仪进行距离测量，首先要注意设置正确的大气改正数与棱镜常数，否则测量结果是不可靠的。

①大气改正数的设置。由光电测距仪的原理可知，全站仪光电测距结果与调制光在大气中的传播速度有关，而光传播速度与大气温度及气压是相关的，因此，应根据观测时的温度与气压对观测结果进行改正，该改正值称为大气改正数。大气改正方法如下：

a. 使用公式计算大气改正数并将其输入仪器。拓普康 GTS-311 全站仪的标准观测条件为

15 ℃与 1 013 hPa（或 760 mmHg）。可用下式计算大气改正数：

$$K_a = \left(279.66 - \frac{106.033p}{273.15 + t}\right) \times 10^{-6} \qquad (5-1)$$

式中　K_a——大气改正数（10^{-6}）；

　　　p——环境大气压（mmHg）；

　　　t——环境温度（℃）。

【例 5-1】　在温度为 20 ℃，大气压为 844.55 hPa（635 mmHg）时观测 1 000 m 的距离，由式（5-1）可计算得大气改正数 $K_a = 50 \times 10^{-6}$，上述距离经过大气改正为 $L = 1\,000 \times$（$1 + 50 \times 10^{-6}$）$= 1\,000.050$（m）。

可见大气改正数对于距离测量结果的影响较大，必须进行改正。将上述计算的改正数输入全站仪，仪器测距时就会自动进行大气改正。输入大气改正数的方法如下：

在距离测量模式下或坐标测量模式下，按命令键"S/A"对应的功能键 F3，进入"设置音响模式（SET AUDIO MODE）"，如图 5-10（a）所示。检查当前的 PPM 与计算值是否相符。不符时，按下 F2 键（对应为 PPM 修改功能），进入输入大气改正数界面，如图 5-10（b）所示。输入正确的大气改正数，按 F4（ENTER）键确认后，返回"设置音响模式"界面。

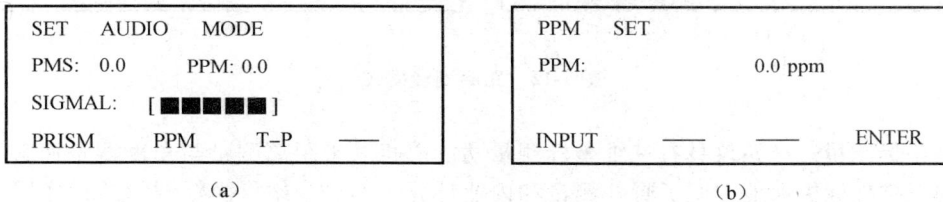

```
┌─────────────────────────────┐   ┌─────────────────────────────┐
│ SET  AUDIO  MODE            │   │ PPM  SET                    │
│ PMS:  0.0      PPM: 0.0     │   │ PPM:            0.0 ppm     │
│ SIGMAL:  [■■■■■]            │   │                             │
│ PRISM   PPM    T–P   ──     │   │ INPUT   ──    ──   ENTER    │
└─────────────────────────────┘   └─────────────────────────────┘
          (a)                              (b)
```

图 5-10　输入大气改正数

b. 输入当前的环境温度与大气压值，由全站仪自动计算并储存大气改正数。大多数全站仪都具备自动计算并存储大气改正数的功能。在进入"设置音响模式"[见图 5-10（a）]后，按下 F3 键，则进入"温度与大气压设置（TEMP&PRES SET）"界面，如图 5-11（a）所示。按下 F1 键（对应为 INPUT 输入功能），按顺序输入当前的环境温度与大气压值，如图 5-11（b）所示。输入时应注意温度和大气压的单位。

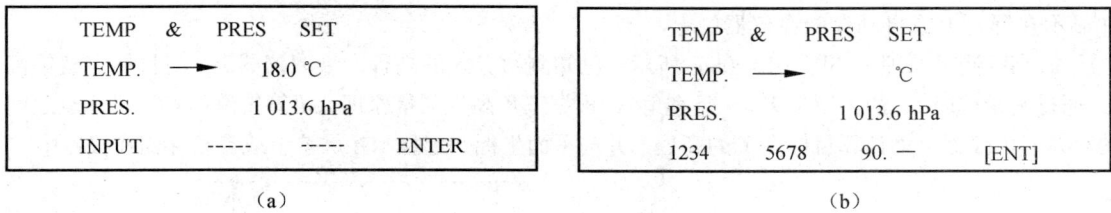

```
┌─────────────────────────────┐   ┌─────────────────────────────┐
│ TEMP  &  PRES  SET          │   │ TEMP  &   PRES   SET        │
│ TEMP.  ──→   18.0 ℃         │   │ TEMP.  ──→         ℃        │
│ PRES.       1 013.6 hPa     │   │ PRES.         1 013.6 hPa   │
│ INPUT  ----- -----  ENTER   │   │ 1234   5678   90.─   [ENT]  │
└─────────────────────────────┘   └─────────────────────────────┘
          (a)                              (b)
```

图 5-11　输入温度与大气压值

②棱镜常数的输入。由于全站仪发射光在玻璃中的折射率比在空气中的折射率大，因而光在反射棱镜中的传播速度较慢，这导致所测的距离偏大某一数值，这一数值称为棱镜常数。棱镜常数的大小与棱镜直角玻璃锥体的尺寸和玻璃的类型有关。目前大多数全站仪已经在仪器内部修正这一问题，若使用原厂棱镜，棱镜常数一般为零；对于非原厂生产的棱镜，则需要参考说明书或向厂家咨询。另外，反射棱镜的标志中心可置于偏离基座中心 30 mm 的位置，此时仪器的棱镜常数应设为 −30 mm。棱镜常数的输入方法如下：

在距离测量或坐标测量模式下，进入"设置音响模式"。按下 F1（对应为"PRISM"棱镜常数设置命令）键，进入"棱镜常数设置（PRISM CONST. SET）"页面，输入正确的棱镜常数，其方法与输入大气改正数相同。

③距离测量。在测距前，先检查所输入的大气改正数和棱镜常数是否正确，照准目标点反射棱镜中心，按下距离测量键，全站仪将自动进行距离观测，并显示距离测量结果。

对于 GTS-311 全站仪，进入距离测量模式，屏幕显示如图 5-12（a）所示，按"MEAS"键，大约 4 s 后，自动显示测距结果，如图 5-12（b）所示。其中"HR"表示当前水平度盘读数；"HD"表示水平距离观测值；"VD"表示竖直距离。可用距离测量模式键来切换显示"SD"（斜距）或"HD"（水平距离）。另外，距离测量方式有"精测（Fine）/粗测（Coarse）/跟踪（Tracing）"三种，表示所测距离的精度和测距速度不同，可在第 1 功能页中选择"MODE"键，进入其子菜单内进行切换。

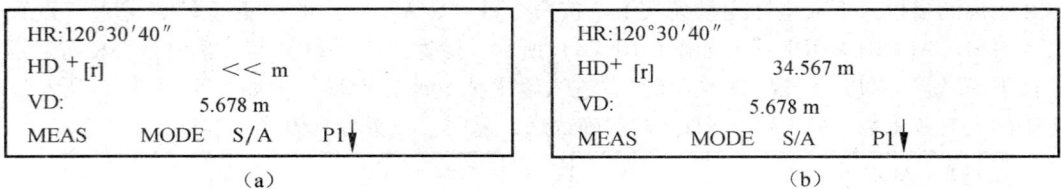

```
HR:120°30′40″

HD + [r]          << m

VD:            5.678 m

MEAS    MODE    S/A    P1↓
```
（a）

```
HR:120°30′40″

HD + [r]          34.567 m

VD:            5.678 m

MEAS    MODE    S/A    P1↓
```
（b）

图 5-12　距离测量模式

（3）坐标测量。全站仪具有三维坐标测量功能。相对于距离测量与角度测量而言，直接测定点的三维坐标极大地方便了野外测量和内业计算工作。全站仪坐标测量的操作因仪器型号而异，但其测量原理都是相同的，读者在学习完第 7 章导线测量和坐标计算，以及第 8 章关于大比例尺地形图数字化测绘的内容后，将会对全站仪的坐标测量有进一步的认识。

①坐标测量原理。

a. 平面坐标测量原理。如图 5-13（a）所示，已知地面上 S、B 两点的平面坐标，以 S 点为测站，B 点为后视，T 点为待测坐标的目标。采用全站仪进行坐标测量时，将已知点 S 的坐标和已知直线 SB 的坐标方位角 α_{SB} 输入全站仪，全站仪测量出水平角度 β 和直线 ST 的水平距离 D_{ST} 后，可自动计算直线 ST 的坐标方位角 α_{ST} 以及 S、T 两点间的坐标差值，从而算得 T 点的坐标，并显示在屏幕上或自动存储在仪器中。

b. 高程测量原理。如图 5-13（b）所示，已知测站点 S 的高程，量取仪器高 i 与目标点棱镜高 v，通过测量视线 ST 的天顶距 Z_{ST}（竖直角），根据三角高程测量原理，可算得测站点与目标点之间的高差，由仪器自动计算目标点 T 的高程，并与平面坐标一起显示在屏幕上或自动存储在仪器中。

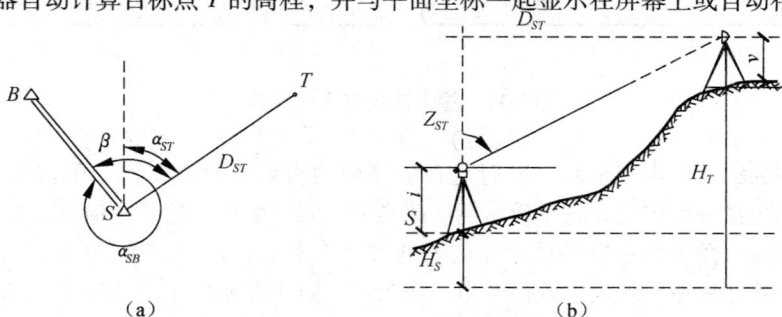

（a）　　　　　　　　　　　　　　　（b）

图 5-13　全站仪坐标测量原理

②坐标测量的步骤。GTS-311 全站仪三维坐标测量的步骤如下：

a. 在一个已知点上架设仪器作为测站点，在另一个已知点和目标点上架设反射棱镜。量取仪器高和棱镜高。

b. 在角度测量模式下，照准后视已知点，将后视已知方向的坐标方位角设置为当前水平度盘读数。其方法是在角度测量模式下，利用 HSET 功能键输入水平角值。

c. 按下 F1（R. HT）键进入棱镜高设置界面，如图 5-14 所示。按 F1（INPUT）键即可输入棱镜高，再进入第 2 功能页设置仪器高及测站点坐标。也可在下一步直接输入仪器高及测站点坐标。

```
REFLECTOR HEIGHT
INPUT
R.HT:                    0.000 m
INPUT      ---        --        [ENT]
```

图 5-14　棱镜高设置

d. 进入坐标测量模式，如图 5-15（a）所示。照准目标点，按 MEAS 键，全站仪开始坐标测量。测量结果出来后，可再按 F4 键进入第 2 功能页，直接设置或重新修改棱镜高、仪器高及测站点坐标。如果本次设置与第 c 步设置的数据不同，屏幕上将显示按新的已知数据计算的坐标和高程值，分别以（N，E，Z）表示，如图 5-15（b）所示。

```
N+    [r]              <<m
E:                       m
Z:                       m
MEAS      MODE    S/A      P1
```
（a）

```
N:                    12.345 m
E:                    23.456 m
Z:                    45.678 m
R.HT     INSHT     OCC       P2
```
（b）

图 5-15　坐标测量模式

③说明。

a. 若在测量中未输入测站点坐标，仪器则以（0，0，0）作为默认坐标值。

b. 每次关机后，测站点坐标可保留，但仪器高与棱镜高则被删除。

c. 坐标测量包括"精测（Fine）/粗测（Coarse）/跟踪（Tracing）"三种模式，可根据精度要求和测量需要选择。一般在精密测量和控制测量时采用精测模式；在地形测量中采集碎部点时采用跟踪模式。

d. 在坐标测量时，同样应设置正确的大气改正数与棱镜常数，其方法与距离测量相同。

3. 程序测量

全站仪的程序测量功能包括放样测量、悬高测量、对边测量、偏心测量、面积测量等。

（1）放样测量。

①坐标放样原理。坐标放样就是根据设计的目标点坐标，利用全站仪提供的坐标放样功能，自动计算待定目标点与已知点的距离及偏角，利用极坐标方法来确定目标点的实地位置。坐标放样可视为坐标测量的逆过程。在图 5-13 中，已知地面上两点 S、B 的位置及坐标，以及目标点 T 的设计坐标，则可计算测站点 S 与 B、T 两直线的坐标方位角 α_{SB} 与 α_{ST}，由此可计算出偏角 β；由 S、T 点的坐标可计算两点距离 D_{ST}。上述计算可由全站仪自动完成，采用全站仪极坐标法拨角 β 和测距 D_{ST}，可在实地标定目标点 T 的位置。

②坐标放样的步骤。

a. 在一个已知点上架设仪器，在另一个已知点（后视点）架设棱镜。照准后视点棱镜中心，按全站仪操作面板上的 MENU 键进入专用测量程序模式，如图 5-16（a）所示。按 F2 键执行放样命令（Layout），进入放样模式（Layout mode），如图5-16（b）所示。

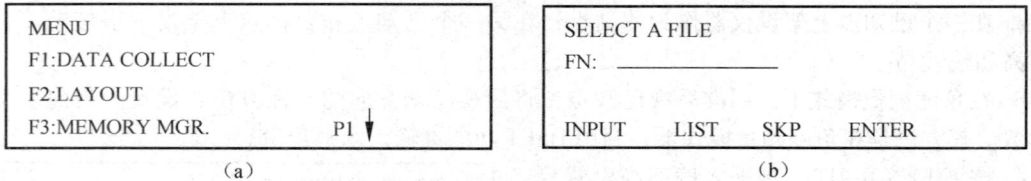

```
MENU                              SELECT A FILE
F1:DATA COLLECT                   FN: _____
F2:LAYOUT
F3:MEMORY MGR.        P1↓         INPUT   LIST   SKP   ENTER
        （a）                              （b）
```

图5-16　坐标放样模式

b. 可选择一个已有的放样坐标文件（按F1键）；若无坐标文件可选，则直接进入放样子菜单（按F3键），如图5-17（a）所示，第一项（OCC. PT INPUT）为测站点坐标和仪器高的输入命令，第二项（BACKSIGHT）为后视点坐标的输入命令；依次直接输入测站点号、坐标、高程和仪器高及后视点坐标等，如图5-17（b）所示。

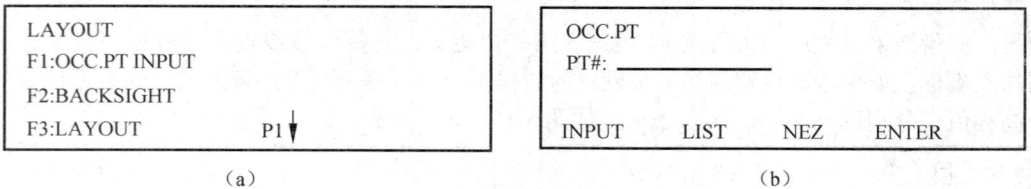

```
LAYOUT                            OCC.PT
F1:OCC.PT INPUT                   PT#: _____
F2:BACKSIGHT
F3:LAYOUT            P1↓          INPUT   LIST   NEZ   ENTER
        （a）                              （b）
```

图5-17　输入测站坐标和仪器高

c. 输入后视点坐标后，仪器自动计算后视方向的坐标方位角，屏幕显示如图5-18所示。此时应先照准后视点目标中心，再按下F3（YES）键确认，之后返回到放样模式。

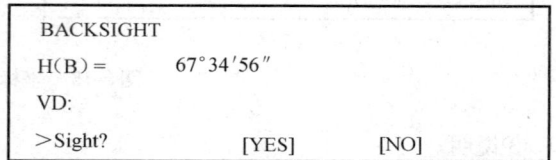

d. 在放样模式中，选择F2键（LAYOUT功能键）实施放样。如图5-19（a）所示，可以按F1（INPUT）键，输入点的编号从内存数据文件中选择放样点坐标，也可以按F3键（NEZ键）直接输入放样点的坐标。输入完毕后，全站仪自动进入棱镜高设置界面。在输入棱镜高后，全站仪自动计算放样点方向的水平角读数（HR）及水平距离（HD），如图5-19（b）所示。

```
BACKSIGHT

H(B) =          67°34′56″

VD:

>Sight?        [YES]       [NO]
```

图5-18　显示后视方位角

e. 放样时先按计算的水平角读数（HR）固定望远镜，即确定放样点的方向。在此方向上进行距离放样，接近放样点时，转换为精测模式，进行精确定位。其操作方法是：按屏幕提示按下F1（AN-GLE）键进行角度放样，屏幕显示当前水平度盘读数（HR）及其与放样角度的差值（dHR），如图5-19（c）所示；旋转望远镜至水平度盘读数为放样角值，屏幕显示dHR＝0°00′00″，如图5-19（d）所示；按下F2（DIST）键进行距离放样，屏幕提示目前棱镜的距离（HD）及与放样距离的差值dHD，如图5-19（e）所示；前后移动棱镜位置，重新放样，直至dHD为0（或小于某一约定值），如图5-19（f）所示。此时，棱镜位置就是放样点位置；按F4（NEXT）键可进行下一个点的放样。

③说明。

a. 最好在放样前将已知点和放样点的坐标，以数据文件方式存入全站仪，在放样时按点的编号来调用数据；

b. 坐标放样时，根据屏幕显示的实测高程与放样高程之差［见图5-19（e）中的"DZ:"］，可进行高程放样；

c. 由于全站仪可保留棱镜高，若放样时棱镜高不变，则不必重复输入目标棱镜高；

d. 其他项操作与坐标测量相同。

LAYOUT PT#: ————————— INPUT　　LIST　　NEZ　　ENTER （a）	CALCULATED HR ＝　124°54′37″ HD ＝　123.456 m ANGLE　　DIST　　------　　------ （b）
HR ＝　34°30′40″ dHR ＝ 90°06′13″ DIST　------　　　NEZ　------ （c）	HR ＝　120°30′40″ dHD ＝ 0°0′00″ DIST　-----　　NEZ　---- （d）
HD+　　121.204 m dHD:　　　　−2.252 m DZ:　　　　0.024 m MODE　　ANGLE　　NEZ　　NEXT （e）	HD+　　123.456 m dHD:　　　　0.000 m VD:　　　　0.000 m MODE　ANGLE　　NEZ　　NEXT （f）

图 5-19　放样角度和距离

（2）悬高测量。

①悬高测量的概念。悬高测量用于对不能设置棱镜的目标（如高压输电线、桥梁等）高度的测量，其示意如图 5-20 所示。从图中可以看出，目标高计算公式：

$$\left. \begin{array}{l} H_t = h_1 + h_2 \\ h_2 = s\sin\theta_{z1} \times \cot\theta_{z2} - s\cos\theta_{z1} \end{array} \right\} \quad (5\text{-}2)$$

②悬高测量的步骤。

a. 将棱镜设于被测目标的正上方或者正下方，用小钢尺量取棱镜高（测点至棱镜中心的距离）。

图 5-20　悬高测量

b. 在测量模式第 3 页菜单下按 HT 键进入仪器高、棱镜高设置屏幕。

c. 输入棱镜高后按 OK 键。

d. 照准棱镜。

e. 在测量模式第 4 页菜单下按 SDIST 键，开始距离测量。

f. 测量停止后显示测量结果。

g. 照准目标。

h. 在测量模式下使之显示"REM"功能。

i. 按 REM 键开始悬高测量，出现"悬高测量屏幕"。0.7 s 后在"HT."一栏中显示目标至测点的高度，此后，每间隔 0.5 s 显示一次测量值。

j. 按 STOP 键，出现"悬高测量结束屏幕"，结束悬高测量操作。

（3）对边测量。

①对边测量的概念。对边测量用于在不搬动仪器的情况下，直接测量某一起始点（P_1）与任何一个其他点间的斜距、平距和高差。其原理示意如图 5-21 所示。在测站点（A）上依次测量各反射棱镜的距离 S_1、S_2 和水平角 θ_1，以及高差 h_{A1}、h_{A2}，则可求得 P_1 至 P_2 间的距离 C 和高差 h_{12}：

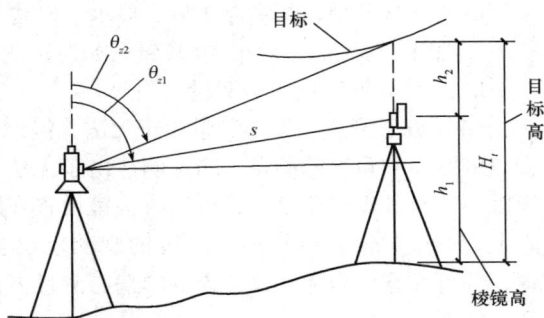

$$C = \sqrt{S_1^2 + S_2^2 - 2S_1 \cdot S_2 \cdot \cos\theta_1} \tag{5-3}$$

$$h_{12} = h_{A2} - h_{A1} \tag{5-4}$$

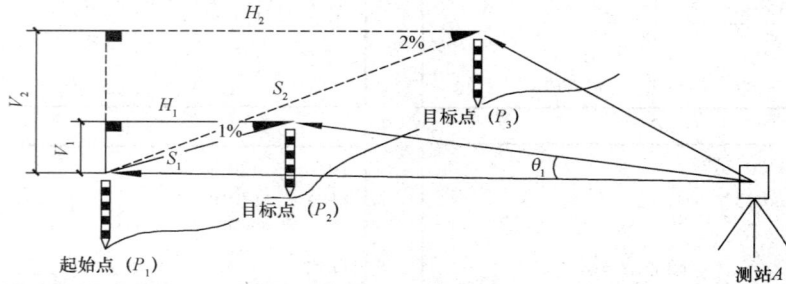

图 5-21 对边测量

在测量两点间高差时，将棱镜安置在测杆上，并使所有各点的目标高相同。

②对边测量的步骤。

a. 在测量模式下，照准起始点 P_1 后按 SDISP 键开始测量。

b. 测量停止后显示测量结果（在重复测量模式下按 STOP 键）。

c. 照准目标点 P_2，在测量模式第 3 页菜单下按 MLM 键开始对边测量，显示"开始对边测量屏幕"。

d. 按 STOP 键，测量停止后，显示"对边测量结果屏幕"。

e. 照准目标点 P_1 后按 MLM 键开始对边测量。

f. 按 ESC 键结束对边测量。

（4）偏心测量。偏心测量用于无法直接设置棱镜的点位或不通视点的距离和角度的测量。当待测点由于无法设置棱镜或不通视等原因不能对其进行测量时，可以将棱镜设置在距待测点不远的偏心点上。通过对偏心点距离和角度的观测求出至待测点的距离、角度，并可换算成坐标。仪器提供的偏心测量方法有两种：距离偏心和角度偏心。

①距离偏心测量。距离偏心测量是通过输入偏心点至待测点间的平距（偏心距）来对待测点进行测量（见图 5-22）。

当偏心点设于待测点左右两侧时，应使其至待测点与至测站之间的夹角为 90°。当偏心点设于待测点前后方向上时，应使其位于测站与待测点的连线上。

②角度偏心测量。角度偏心测量是将偏心点设在与待测点尽可能靠近并位于同一圆周的位置上，通过对偏心点的距离测量和对待测点的角度测量获得对待测点的测量值（见图 5-23）。

（5）面积测量。利用全站仪的面积测量程序功能可进行土地面积测量工作，并能自动计算和显示所测地块的面积，特别适合于小范围的土地面积测量。

全站仪的面积测量原理是：通过观测多边形各顶点的水平角 β_i、竖直角 α_i，以及斜距 S_i，先由观测数据自动计算出各顶点在测站坐标系 xOy 中的坐标（x_i，y_i）。x 轴指向水平度盘 0° 分划线，原点位于测站点 O 的铅垂线上，y 轴垂直于 x 轴。

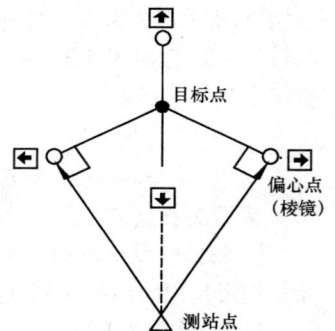

图 5-22 距离偏心测量

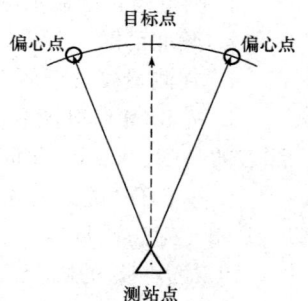

图 5-23 角度偏心测量

任一顶点的坐标可用下式进行计算：

$$x_i = S_1 \cos\alpha_i \cos\beta_i \tag{5-5}$$

$$y_i = S_1 \cos\alpha_i \sin\beta_i \tag{5-6}$$

然后利用坐标值自动计算并显示被测多边形的面积 A：

$$A = \frac{1}{2} \sum_{i=1}^{n} x_i (y_{i+1} - y_{i-1}) \tag{5-7}$$

或

$$A = \frac{1}{2} \sum_{i=1}^{n} y_i (x_{i-1} - x_{i+1}) \tag{5-8}$$

式中，当 $i = 1$ 时，$y_{i-1} = y_n$，$x_{i-1} = x_n$；当 $i = n$ 时，$y_{i+1} = y_1$，$x_{i+1} = x_1$。

对于如图 5-24 所示的任意五边形，欲测定其面积，可在适当位置 O 点安置全站仪，选定面积测量程序功能后，按顺时针方向分别在五边形各顶点 P_1、P_2、P_3、P_4、P_5 上竖立棱镜，并进行观测。观测完毕后仪器就会显示出该五边形的面积值。

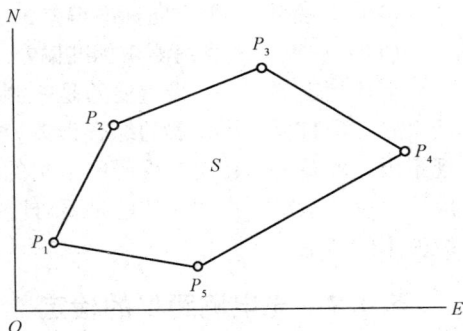

图 5-24 面积测量

5.4 全站仪的检定与检验

关于全站仪的检测与调校，涉及一个非常重要的概念——限差。限差是对仪器误差最大范围的一种限制，在此限差内，仪器的正常使用应该保证其标称的精度指标。为了确保达到标称的精度指标，一般全站仪都制定了比较严格的工厂限差；同时，为了最大限度地允许仪器正常使用，也制定了较为宽松的允许偏差。

一般来说，全站仪的检测与调校可分为三级：工厂、检定单位、用户。以工厂和检定单位的检测与调校最为系统和完善，这是由于其人员、设备和技术条件都经过了严格考核。

工厂检测与调校目的是使全站仪符合工厂限差。检定单位检测与调校目的是使全站仪符合国家计量检定规程规定的限差。一般来说，在检定单位对仪器进行检定时，如果仪器误差在计量检定规程规定的限差之内（一般规程规定的限差略大于工厂限差，但远小于允许偏差），则可定为合格产品，允许投入生产使用。计量检定工作是一项非常严肃的技术工作，同时也是由政府及其授权的技术机构来实施的法制行为。全站仪在用于生产作业之前，必须通过严格的计量检定，获得合格的检定证书。

由于全站仪基本上是由电子经纬仪和光电测距仪组成，所以其检定一般分为以下两部分，即电子经纬仪的检定和光电测距仪的检定。

5.4.1 电子经纬仪的检定

电子经纬仪检定的主要项目如下：

（1）外观及键盘功能；

（2）工作电压显示的正确性；

（3）水准器轴与竖轴的垂直度；

（4）照准部旋转的正确性；

（5）照准误差 c，横轴误差 i，竖轴指标差 I；

（6）照准部旋转时仪器基座的稳定度；

（7）补偿器补偿范围及精度；

（8）光学对中器视轴与竖轴的重合度；

（9）望远镜调焦时视轴的变动误差；

（10）一测回水平方向标准偏差；

（11）一测回竖直角测角标准偏差。

上述检定项目中，最重要的是一测回水平方向标准偏差和一测回竖直角测角标准偏差，这两个检定项目反映了仪器的综合误差，至于其他检定项目，都是为了保证仪器综合误差不超过规定限差的要求。在用户手册中给出的诸多技术指标中，只有这两项与检定证书的项目一一对应。而仪器检定本身的目的就是要对厂家给定的技术指标进行检验，从而给出合格、不合格或降级使用的结论。

5.4.2　光电测距仪的检定

光电测距仪检定的主要项目如下：

（1）外观与功能；

（2）发射、接收、照准三轴关系的正确性；

（3）调制光相位均匀性；

（4）幅相误差；

（5）电压变化对测距的影响；

（6）周期误差；

（7）测尺频率开机特性；

（8）加常数与乘常数；

（9）内符合精度；

（10）测程；

（11）标称精度的综合评定。

上述检定项目中，最重要的部分为测程、乘常数、标称精度等。这里仅强调一点：加常数与乘常数，是所有检定项目中唯一需用户在测量时作为改正数使用的。特别是加常数，证书中给出的数值是与用户送检的棱镜配套的，一旦更换了棱镜，则需重新测量加常数。而对于乘常数，需要清楚其是利用频率法得出的还是利用基线法得出的，并在实践中检验其可靠性。

5.4.3　全站仪的检验

（1）照准部水准轴应垂直于竖轴的检验和校正。检验时先将仪器大致整平，转动照准部使其水准管与任意两个脚螺旋的连线平行，调整脚螺旋使气泡居中，然后将照准部旋转180°，若气泡仍然居中说明条件满足，否则应进行校正。

校正的目的是使水准管轴垂直于竖轴。即用校正针拨动水准管一端的校正螺钉，使气泡向正中间位置退回一半，为使竖轴竖直，再用脚螺旋使气泡居中。此项检验与校正必须反复进行，直到满足条件为止。

（2）十字丝竖丝应垂直于横轴的检验和校正。检验时用十字丝竖丝瞄准一清晰小点，使望远镜绕横轴上下转动，如果小点始终在竖丝上移动则条件满足，否则需要进行校正。

校正时松开4个压环螺钉（装有十字丝环的目镜用压环和4个压环螺钉与望远镜筒相连接）。转动目镜筒使小点始终在十字丝竖丝上移动，校好后将压环螺钉旋紧。

（3）视准轴应垂直于横轴的检验和校正。选择一水平位置的目标，盘左、盘右观测，取它们的读数（顾及常数 180°）即得 2C。

（4）横轴应垂直于竖轴的检验和校正。选择较高墙壁近处安置仪器，以盘左位置瞄准墙壁高处一点 p（仰角最好大于 30°），放平望远镜在墙上定出一点 m_1。倒转望远镜，盘右再瞄准 p 点，又放平望远镜在墙上定出另一点 m_2。如果 m_1 与 m_2 重合，条件满足，否则需要校正。校正时，瞄准 m_1、m_2 的中点 m，固定照准部，向上转动望远镜，此时十字丝交点将不对准 p 点。抬高或降低横轴的一端，使十字丝的交点对准 p 点。此项检验也要反复进行，直到条件满足为止。

以上 4 项检验校正，以（1）、（3）、（4）项最为重要，在观测期间最好经常进行。每项检验完毕后必须旋紧有关的校正螺钉。

5.5　全站仪的使用与维护

5.5.1　全站仪保管的注意事项

（1）仪器的保管由专人负责，每天现场使用完毕带回办公室，不得放在现场工具箱内。

（2）仪器箱内应保持干燥，要防潮防水并及时更换干燥剂。仪器必须放置专门架上或固定位置。

（3）仪器长期不用时，应以 1 月左右定期取出通风防霉并通电驱潮，以保持仪器良好的工作状态。

（4）仪器放置要整齐，不得倒置。

5.5.2　全站仪使用的注意事项

（1）开工前应检查仪器箱背带及提手是否牢固。

（2）开箱后提取仪器前，要看准仪器在箱内放置的方式和位置；将仪器从仪器箱取出或装入仪器箱时，握住仪器提手和底座，不可握住显示单元的下部；装卸仪器时，必须握住提手。切不可拿仪器的镜筒，否则会影响内部固定部件，从而降低仪器的精度。应握住仪器的基座部分，或双手握住望远镜支架的下部。仪器用毕，先盖上物镜罩，并擦去表面的灰尘。装箱时各部位要放置妥帖，合上箱盖时应无障碍。

（3）在太阳光照射下观测仪器，应给仪器打伞，并戴上遮阳罩，以免影响观测精度。在杂乱环境下测量，仪器要由专人守护。当仪器架设在光滑的表面时，要用细绳（或细铅丝）将三脚架 3 个脚连起来，以防滑倒。

（4）当架设仪器在三脚架上时，尽可能用木制三脚架，因为使用金属三脚架可能会产生振动，从而影响测量精度。

（5）当测站之间距离较远，搬站时应将仪器卸下，装箱后背着走。行走前要检查仪器箱是否锁好，检查安全带是否系好。当测站之间距离较近，搬站时可将仪器连同三脚架一起靠在肩上，但仪器要尽量保持直立放置。

（6）搬站之前，应检查仪器与三脚架的连接是否牢固，搬运时，应把制动螺旋拧紧，使仪器在搬站过程中不致晃动。

（7）仪器任何部分发生故障，不能勉强使用，应立即检修，否则会加剧仪器的损坏程度。

（8）光学元件应保持清洁，如沾染灰沙必须用毛刷或柔软的擦镜纸擦掉。禁止用手指抚摸仪器的任何光学元件表面。清洁仪器透镜表面时，先用干净的毛刷扫去灰尘，再用干净的无线棉布蘸酒精由透镜中心向外一圈圈地轻轻擦拭。除去仪器箱上的灰尘时切不可使用任何稀释剂或汽油，而应用干净的布块蘸中性洗涤剂擦洗。

（9）在潮湿环境中工作，作业结束，要用软布擦干仪器表面的水分及灰尘后装箱。回到办公室后立即开箱取出仪器放于干燥处，彻底晾干后再装箱内。

（10）冬天室内、室外温差较大时，仪器搬出室外或搬入室内，应隔一段时间后才能开箱。

5.5.3　全站仪转运的注意事项

（1）先把仪器装在仪器箱内，再把仪器箱装在专供转运用的木箱内，并在空隙处填以泡沫、海绵、刨花或其他防震物品。装好后，将木箱或塑料箱盖子盖好。需要时应用绳子捆扎结实。

（2）无专供转运的木箱或塑料箱的仪器不应托运，应由测量员亲自携带。在整个转运过程中，要做到人不离开仪器，如乘车，应将仪器放在松软物品上面，并用手扶着，在颠簸厉害的道路上行驶时，应将仪器抱在怀里。

（3）注意轻拿轻放、放正、不挤不压，无论天气晴雨，均要事先做好防晒、防雨、防震等措施。

5.5.4　全站仪电池的使用

电池是全站仪最重要的部件之一，现在全站仪所配备的电池一般为 Ni－MH（镍氢电池）和 Ni－Cd（镍镉电池），电池的好坏、电量的多少决定了外业时间的长短。

（1）建议在电源打开期间不要将电池取出，以免存储数据丢失，在电源关闭后再装入或取出电池。

（2）可充电池可以反复充电使用，但是如果在电池还存有剩余电量的状态下充电，则会缩短电池的工作时间，此时，电池的电压可通过刷新予以复原，从而改善作业时间，充足电的电池放电时间约为 8 h。

（3）不要连续进行充电或放电，否则会损坏电池和充电器，如有必要进行充电或放电，则应在停止充电约 30 min 后再使用充电器。

（4）不要在电池刚充电后就进行充电或放电，有时这样会造成电池损坏。

（5）超过规定的充电时间会缩短电池的使用寿命，应尽量避免。

（6）电池剩余容量显示级别与当前的测量模式有关，在角度测量模式下，电池剩余容量够用，并不能够保证电池在距离测量模式下也够用，因为距离测量模式耗电高于角度测量模式，当从角度模式转换为距离模式时，由于电池容量不足，有时会中止测距。

总之，只有在日常的工作中，注意全站仪的使用和维护，并注意全站仪电池的充放电，才能延长全站仪的使用寿命，使全站仪的功效发挥到最大。

思考与练习

1. 试述全站仪的结构原理。
2. 全站仪有哪些主要测量功能？
3. 简述全站仪测量距离、角度、坐标的原理。
4. 结合所使用的全站仪，简述水平角测量的操作步骤。
5. 结合所使用的全站仪，简述距离测量的操作步骤。
6. 简述全站仪三维坐标测量的观测步骤。
7. 结合所使用的全站仪，简述坐标放样的操作步骤。
8. 全站仪使用中应注意哪些事项？

测量误差基本知识

　　本章主要介绍测量误差的概念，误差的来源，误差的分类及偶然误差的特征；为了衡量测量成果的精度，建立中误差、容许误差及相对误差的精度指标；介绍算术平均值及其中误差的计算公式以及误差传播定律。

　　1. 掌握衡量测量成果精度的指标及其计算方法；掌握偶然误差的特性；掌握误差传播定律及其应用。
　　2. 明确测量误差的概念及其分类。

6.1　测量误差概述

　　在测量工作中，当对同一未知量进行多次观测时，无论采用的仪器多么精密，这些观测值之间总是存在一定的差异，这种差异实质上表现为每次观测值与该未知量真值之间的差值，这种差值称为测量真误差，简称误差。若观测值用 l_i（$i = 1, 2, \cdots, n$）表示，真值用 X 表示，则相应的真误差 Δ_i 为

$$\Delta_i = l_i - X \tag{6-1}$$

6.1.1　测量误差的来源

　　测量误差的来源可以归纳为以下 3 个方面：

1. 观测者原因

　　由于观测者感觉器官的鉴别力有一定的局限性，在仪器安置、照准、读数等过程中都会产生误差，如仪器的整平误差、照准误差、读数误差等。同时，观测者的技术水平、工作态度及状态也会对观测结果的质量产生影响。

2. 仪器原因

测量是利用仪器进行的，任何仪器的精度都是有限的，因而观测值的精度也必然有一定的限制。同时仪器本身在设计、制造、校正等方面也存在一定的误差，如钢尺的刻划误差、度盘的偏心差等。因此，使用这些仪器进行外业观测时，观测结果会有误差。

3. 外界条件原因

测量工作是在一定的外界环境条件下进行的，温度、风力、风向、大气折光等诸多因素都会直接对观测结果产生影响。而且，以上因素的差异和变化对观测值的影响也是不同的。另外，观测目标本身的清晰程度对仪器的照准会产生一定的影响，从而对观测值产生影响。

综上所述，观测者、仪器和外界条件是引起测量误差的主要因素，这三方面因素综合起来称为观测条件。观测条件的好坏与观测成果的质量有着密切的联系。观测条件相同的各次观测可称作等精度观测；观测条件不相同的各次观测可称作非等精度观测。相应的观测值，称为等精度观测值和非等精度观测值。

6.1.2 测量误差的种类

按测量误差对观测结果的影响性质，测量误差可分为粗差、系统误差和偶然误差三类。

1. 粗差

粗差是由于观测者的疏忽而造成的错误结果或超限的误差，例如瞄错观测目标、读数错误和记录错误等。粗差的存在大大影响了平差结果的可靠性，甚至导致完全错误的结果。

在进行测量外业和内业的过程中，人们通过一系列的措施（如采用适当的观测程序，进行可供检核的重复观测，增加多余观测，利用几何条件的闭合差大小加以限制等），及时发现并限制粗差。

2. 系统误差

在相同的观测条件下，对某量进行一系列的观测，如果误差出现的符号和大小均相同，或按一定的规律变化，这种误差称为系统误差。

系统误差又称累积误差，在同一观测条件下，无论在个体和群体上，都呈现以下特性：

（1）误差的绝对值为一常数，或按一定的规律变化；

（2）误差出现的正负号保持不变；

（3）误差绝对值随单一观测的倍数而累积。

例如，某钢尺的名义长度为 30 m，经检定，实际长度为 30.003 m，每尺段就带有一常量的尺长改正（0.003 m），以及按一定温度规律变化的尺长误差$[\alpha \cdot (t-t_0) \cdot l_0]$，而且随着尺段数累积。

观测值偏离真值的程度，称为观测值的准确度。系统误差对准确度有较大影响，必须加以清除和削弱，通常有以下三种处理方法：

（1）检校仪器。把仪器的系统误差降低到最小。

（2）求改正数。对观测成果进行必要的改正，如钢尺经过检定，求出尺长改正数。

（3）对称观测。使系统误差对观测成果的影响互为反数，以便从中自行消除或削弱，例如水准测量采用中间法，测角采用盘左盘右观测等，都是为了达到削弱系统误差的目的。

3. 偶然误差

在相同的观测条件下，对某量进行一系列观测，如果观测误差的符号和大小都不一致，表现为没有任何规律，这种误差称为偶然误差，也称随机误差。

从单个偶然误差来看，其出现的符号和大小没有任何规律性，但是随着对同一量观测次数的增加，大量的偶然误差就表现出一定的统计规律。例如，在相同的条件下，对三角形的三个内角进行 103 次重复观测，由于偶然误差的不可避免性，观测所得三角形内角之和不等于 180°，其差值 Δ 称为闭合差，即三角形内角和理论值与观测值 l 的真误差 Δ，可由下式计算：

$$\Delta = l - 180° \tag{6-2}$$

将 103 个真误差按 $d\Delta = 3''$ 为一误差区间进行划分，分别统计各个区间内正、负误差的个数 n_i 和相对个数 n_i/n（此处，$n = 103$），n_i/n 又称为误差出现的频率。统计结果如表 6-1 所示。

表 6-1　偶然误差的区间分布

误差区间 dΔ	Δ 为正		Δ 为负		总计	
	误差个数 n_i	频率 n_i/n	误差个数 n_i	频率 n_i/n	误差个数 n_i	频率 n_i/n
$0'' \sim 3''$	19	0.184	20	0.194	39	0.378
$3'' \sim 6''$	13	0.126	12	0.117	25	0.243
$6'' \sim 9''$	8	0.078	9	0.087	17	0.165
$9'' \sim 12''$	5	0.049	4	0.039	9	0.088
$12'' \sim 15''$	4	0.039	3	0.029	7	0.068
$15'' \sim 18''$	2	0.019	2	0.019	4	0.038
$18'' \sim 21''$	1	0.010	1	0.010	2	0.020
$21''$ 以上	0	0.000	0	0.000	0	0
Σ	52	0.505	51	0.495	103	1.00

对表 6-1 进行分析，发现偶然误差的分布具有以下特性：

（1）误差的大小不超过一定的界限；

（2）小误差出现的机会比大误差多；

（3）互为相反数的误差出现机会相同；

（4）误差的数学期望为 0，$E[\Delta] = 0$，即理论均值为 0，则

$$\lim_{n \to \infty} \frac{[\Delta]}{n} = 0 \tag{6-3}$$

式中　$[\Delta] = \Delta_1 + \Delta_2 + \cdots + \Delta_n$，表示误差的总和；

n——观测次数。

根据特性（3），取误差总和时，相互补偿抵消，加之 $n \to \infty$，误差的均值趋于 0，故偶然误差又称数学期望为 0 的误差。

表 6-1 是对同一三角形内角和进行了 n 次观测，统计 $n = 103$ 个内角和角度差值的分布。将误差按绝对值的大小排成序列，并等分成若干区段，每段的边界值以间隔 $3''$ 递增，然后分正负误差统计各区段误差相应分布的个数 n_i、频率 n_i/n、单位误差频率 $\frac{n_i}{n}/d\Delta$（又称频率密度，这是借用单位体积质量的密度概念而命名）。根据表 6-1 中统计的数据，以区段误差左边值为横坐标，相应区段的频率密度为纵坐标，绘出频率密度与偶然误差分布的直方图，如图 6-1 所示。图中每区段上的矩形面积为 $\frac{n_i}{nd\Delta}d\Delta$，等于出现在该区段误差的频率。当加大观测次数 $n \to \infty$，缩小区段间隔 $d\Delta \to 0$，误差频率趋于概率，即 $n_i/n \to p(\Delta)$，则图中矩形顶边折线将趋向一条光滑的曲线。这条曲线表示了误差与概率密度的关系，称为误差分布曲线。它不仅形象地说明偶然误差 Δ

的上述四个特性，而且还直观地表明偶然误差服从高斯正态分布。其概率分布密度的方程为

$$y = f(\Delta) = \frac{1}{\sqrt{2\pi}\sigma}e^{-\frac{\Delta^2}{2\sigma^2}} \tag{6-4}$$

误差在 dΔ 上的概率为

$$p(\Delta) = \frac{n_i/n}{d\Delta} \cdot d\Delta = f(\Delta)d\Delta = \frac{1}{\sqrt{2\pi}\sigma}e^{-\frac{\Delta^2}{2\sigma^2}}d\Delta \tag{6-5}$$

式中　π——圆周率（3.141 6）；

　　　e——自然对数的底（2.718 3）；

　　　σ^2——方差；方差的平方根称为均方差或标准差，它的大小反映观测精度的高低。

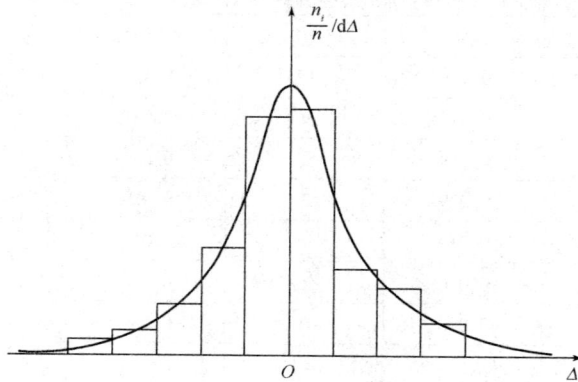

图6-1　误差曲线分布图

从式（6-5）中可以看出正态分布曲线具有前面已经说明的偶然误差特性。

（1）Δ 越小，$f(\Delta)$ 越大，当 $\Delta = 0$ 时，$f(\Delta)$ 有最大值 $1/(\sigma\sqrt{2\pi})$。当 $\Delta \to \infty$ 时，$f(\Delta) \to 0$。由此可见，横坐标轴是曲线的渐近线，由于 $f(\Delta)$ 随着 Δ 的增大而较快地减小，因此，当 Δ 达到某值时，$f(\Delta)$ 已较小，实际上可看作零，这时的 Δ 可作为误差的限值。这正体现了偶然误差的有界性和小误差的集聚性。

（2）$f(\Delta)$ 是偶函数，即以绝对值相等的正误差和负误差求得的 $f(\Delta)$ 相等，所以曲线对称于纵坐标轴，这正体现了偶然误差的对称性。而偶然误差的抵偿性，是由其对称性导出的。

6.2　评定精度的指标

在一定的观测条件下，对某一个量进行多次观测，对应着一个确定的误差分布。若观测值非常集中，小误差出现的次数多，则精度高；反之，则精度低。因此，把误差分布的密集或离散程度称为精度。

要判断观测误差对观测结果的影响，必须建立衡量观测值精度的标准，以确定其是否符合相关规范的要求。衡量观测值精度的标准有很多种，其中最常用的有中误差、相对误差和容许误差。

6.2.1　中误差

设在相同的观测条件下，对某量进行了 n 次重复观测，获得等精度观测值为 l_1，l_2，$\cdots$，l_n，

相应的真误差为 Δ_1，Δ_2，$\cdots$，Δ_n，则观测值的中误差 m 定义为

$$m = \pm\sqrt{\frac{\Delta_1^2 + \Delta_2^2 + \cdots + \Delta_n^2}{n}} = \pm\sqrt{\frac{[\Delta\Delta]}{n}} \tag{6-6}$$

【例 6-1】　分组对某量各进行了 10 次观测，其真误差如下：

第一组：$+3''$，$-2''$，$-4''$，$+2''$，$0''$，$-4''$，$+3''$，$+2''$，$-3''$，$-1''$

第二组：$0''$，$-1''$，$-7''$，$+2''$，$+1''$，$+1''$，$-8''$，$0''$，$+3''$，$-1''$

试计算第一、二组各自的观测中误差。

解：　根据式（6-6）分别计算第一、二组观测值的中误差为：

$$m_1 = \pm\sqrt{\frac{(+3'')^2 + (-2'')^2 + (-4'')^2 + (+2'')^2 + (0'')^2 + (-4'')^2 + (+3'')^2 + (+2'')^2 + (-3'')^2 + (-1'')^2}{10}}$$

$$= \pm 2.7''$$

$$m_2 = \pm\sqrt{\frac{(0'')^2 + (-1'')^2 + (-7'')^2 + (+2'')^2 + (+1'')^2 + (+1'')^2 + (-8'')^2 + (0'')^2 + (+3'')^2 + (-1'')^2}{10}}$$

$$= \pm 3.6''$$

$m_1 < m_2$，表示第一组的观测值精度高于第二组，第二组误差波动幅度较大，观测值的稳定性较差。

6.2.2　相对误差

在精度的评定中，误差有绝对误差和相对误差之分。误差的大小，单纯取决于观测量的近似值（观测值）与准确值（真值）之间的不符值。不与观测量本身大小相关的误差，称为绝对误差，如真误差、中误差以及后面介绍的极限误差、容许误差、最或然误差等带有测量单位的误差，均属于绝对误差。在实践中，有时单是绝对误差还不能完全表达观测值精度高低。例如，丈量 $D_1 = 100$ m 和 $D_2 = 200$ m 的两段距离，它们的中误差均为 $m = \pm 1$ cm，显然不能认为两段距离的观测质量也相等。为此，引入以绝对误差的绝对值与相应观测值之比，并将分子化为 1，分母取整数，作为精度评定标准，称为相对误差，即

$$K = \frac{|m|}{D} = \frac{1}{D/|m|} \tag{6-7}$$

在上例中，按相对误差评定精度，则有

$$K_1 = \frac{|m_1|}{D_1} = \frac{0.01}{100} = \frac{1}{10\ 000}$$

$$K_2 = \frac{|m_2|}{D_2} = \frac{0.01}{200} = \frac{1}{20\ 000}$$

$K_1 > K_2$，表明前者的精度低于后者。

6.2.3　容许误差

在一定的观测条件下，偶然误差的绝对值不会超过一定的限度。在大量等精度观测的一组误差中，绝对值大于 2 倍中误差的偶然误差出现的概率为 5%；绝对值大于 3 倍中误差出现的概率仅为 0.3%。通常规定以 2 倍或 3 倍中误差作为偶然误差的容许值，称为容许误差，即

$$\Delta_容 = 2m \text{ 或 } \Delta_容 = 3m \tag{6-8}$$

观测值中，凡属误差超过容许误差的，一律舍弃重测。

6.3 误差传播定律

在观测中，有些未知量往往不能直接测得，需要由其他的直接观测量按一定的函数关系计算出来。由于直接观测值存在误差，导致其函数也必然存在误差，这种阐明直接观测值与函数之间误差关系的规律，称为误差传播定律。在测量中，误差传播定律广泛用于计算和评定函数观测值的精度。

6.3.1 和差函数

设有和差函数

$$z = x \pm y \tag{6-9}$$

z 为 x、y 的和或差的函数，x、y 为独立观测值，已知其中误差为 m_x、m_y，求 z 的中误差 m_z。

设 x、y 和 z 的真误差分别为 Δ_x、Δ_y 和 Δ_z，由式（6-9）可得

$$\Delta_z = \Delta_x \pm \Delta_y \tag{6-10}$$

若对 x、y 均观测了 n 次，则

$$\Delta_{z_i} = \Delta_{x_i} \pm \Delta_{y_i} \qquad (i = 1, 2, \cdots, n) \tag{6-11}$$

将上式平方并除以 n 可得

$$\frac{[\Delta_z^2]}{n} = \frac{[\Delta_x^2]}{n} + \frac{[\Delta_y^2]}{n} \pm 2\frac{[\Delta_x \Delta_y]}{n} \tag{6-12}$$

上式中，$[\Delta_x \Delta_y]$ 中各项均为偶然误差。根据偶然误差的特性，当 n 越大时，式中最后一项将越趋近于零，于是上式可写成

$$\frac{[\Delta_z^2]}{n} = \frac{[\Delta_x^2]}{n} + \frac{[\Delta_y^2]}{n} \tag{6-13}$$

根据中误差定义，可得

$$m_z^2 = m_x^2 + m_y^2 \tag{6-14}$$

即观测值和差函数的中误差平方，等于两观测值中误差的平方之和。

当 z 是一组观测值 x_1，x_2，$\cdots$，x_n 代数和（差）的函数时，即

$$z = x_1 \pm x_2 \pm \cdots \pm x_n \tag{6-15}$$

可以得出函数 z 的中误差平方为

$$m_z^2 = m_{x_1}^2 + m_{x_2}^2 \pm \cdots \pm m_{x_n}^2 \tag{6-16}$$

n 个观测值代数和（差）的中误差平方，等于 n 个观测值中误差平方之和。

【例 6-2】 在一个三角形中，观测两个内角 α 和 β，观测中误差为 $\pm 20''$，求三角形第三个内角的中误差。

解：设三角形第三个内角为 γ，则有

$$\gamma = 180° - \alpha - \beta$$

由误差传播定律可得

$$m_\gamma = \pm \sqrt{m_\alpha^2 + m_\beta^2} = \pm \sqrt{(20'')^2 + (20'')^2} = \pm 20\sqrt{2}''$$

6.3.2 倍数函数

设有倍数函数

$$z = kx \tag{6-17}$$

z 为观测值的函数，k 为常数，x 为观测值，已知其中误差为 m_x，求 z 的中误差 m_z。

设 x 和 z 的真误差分别为 Δ_x 和 Δ_z，由式（6-17）可得

$$\Delta_z = k\Delta_x \tag{6-18}$$

若对 x 进行 n 次观测，则

$$\Delta_{z_i} = k\Delta_{x_i} \qquad (i = 1, 2, \cdots, n) \tag{6-19}$$

将上式平方并除以 n 可得

$$\frac{[\Delta_z^2]}{n} = \frac{k^2[\Delta_x^2]}{n} \tag{6-20}$$

根据中误差定义，可得

$$m_z^2 = k^2 m_x^2 \tag{6-21}$$

$$m_z = km_x \tag{6-22}$$

观测值与常数乘积的中误差，等于观测值中误差与常数的乘积。

【例 6-3】　在 1∶500 比例尺地形图上，量得 A、B 两点间的距离 $D = 23.4$ mm，其中误差 $m_D = \pm0.2$ mm，求 A、B 间的实地距离 S_{AB} 及其中误差 $m_{S_{AB}}$。

解：

$$S_{AB} = 500 \times D = 500 \times 23.4 = 11\ 700 \text{（mm）} = 11.7 \text{ m}$$

由误差传播定律可得

$$m_{S_{AB}} = 500 \times m_D = 500 \times (\pm0.2) = \pm100 \text{（mm）} = \pm0.1 \text{ m}$$

6.3.3　线性函数

设有线性函数

$$z = k_1x_1 \pm k_2x_2 \pm \cdots \pm k_nx_n \tag{6-23}$$

设 $x_1, x_2, \cdots, x_n$ 为独立观测量，其中误差分别为 $m_1, m_2, \cdots, m_n$，按照上述误差传播推导公式，可得

$$m_z^2 = k_1^2m_1^2 + k_2^2m_2^2 + \cdots + k_n^2m_n^2 \tag{6-24}$$

【例 6-4】　设有线性函数 $z = \dfrac{4}{14}x_1 + \dfrac{9}{14}x_2 + \dfrac{1}{14}x_3$，观测量的中误差分别为 $m_1 = \pm3$ mm，$m_2 = \pm2$ mm，$m_3 = \pm6$ mm，求 z 的中误差。

解：由误差传播定律可得

$$m_z = \pm\sqrt{\left(\frac{4}{14}\times3\right)^2 + \left(\frac{9}{14}\times2\right)^2 + \left(\frac{1}{14}\times6\right)^2} = \pm1.6 \text{（mm）}$$

6.3.4　一般函数

设有一般函数

$$z = f(x_1, x_2, \cdots, x_n) \tag{6-25}$$

式中，$x_i(i = 1, 2, \cdots, n)$ 为独立观测值，已知其中误差为 $m_i(i = 1, 2, \cdots, n)$，求 z 的中误差。

当 x_i 具有真误差 Δ_{x_i} 时，函数 z 相应地产生真误差 Δ_z。这些真误差都是一个小值，由数学分析可知，变量的误差与函数的误差之间的关系，可以近似地用函数的全微分来表达。

$$\Delta_z = \left(\frac{\partial f}{\partial x_1}\right)\Delta_{x_1} + \left(\frac{\partial f}{\partial x_2}\right)\Delta_{x_2} + \cdots + \left(\frac{\partial f}{\partial x_n}\right)\Delta_{x_n} \tag{6-26}$$

式中，$\dfrac{\partial f}{\partial x_i}$ ($i = 1, 2, \cdots, n$) 是函数对各个变量所取的偏导数，以观测值代入所算出的数值，它们是常数，因此上式是线性函数可为

$$m_z^2 = \left(\dfrac{\partial f}{\partial x_1}\right)^2 m_1^2 + \left(\dfrac{\partial f}{\partial x_2}\right)^2 m_2^2 + \cdots + \left(\dfrac{\partial f}{\partial x_n}\right)^2 m_n^2 \tag{6-27}$$

【例 6-5】 设有某函数 $z = S\sin\alpha$。式中 $S = 150.11$ m，其中误差 $m_S = \pm 0.05$ m；$\alpha = 119°45'00''$，其中误差 $m_\alpha = \pm 20.6''$。求 z 的中误差 m_z。

解： 由误差传播定律可得

$$m_z^2 = \left(\dfrac{\partial z}{\partial S}\right)^2 \cdot m_S^2 + \left(\dfrac{\partial z}{\partial \alpha}\right)^2 \cdot \left(\dfrac{m_\alpha''}{\rho''}\right)^2$$

$$= \sin^2\alpha \cdot m_S^2 + (S\cos\alpha^2)\left(\dfrac{m_\alpha''}{\rho''}\right)^2$$

$$m_z = \pm 44 \text{ mm}$$

6.4 算术平均值及其中误差

在实际工作中，除少数理论值的真值可以预知外，一般观测量的真值，由于误差的影响，很难测定。为了提高观测值的精度，测量上通常利用有限的多余观测，计算平均值 x，代观测量真值 X，用改正数 v_i 代真误差 Δ_i，以解决实际问题。

6.4.1 算术平均值

设某量的真值为 X，在等精度观测条件下，对该量进行 n 次观测，其观测值为 l_i ($i = 0, 1, \cdots, n$)。根据真误差计算式 (6-1) 可得

$$\Delta_1 = l_1 - X$$
$$\Delta_2 = l_2 - X$$
$$\cdots\cdots$$
$$\Delta_n = l_n - X$$

将上列等式相加，除以 n 得

$$\dfrac{[\Delta]}{n} = \dfrac{[l]}{n} - X \tag{6-28}$$

算术平均值 x 为

$$x = \dfrac{l_1 + l_2 + \cdots + l_n}{n} = \dfrac{[l]}{n} \tag{6-29}$$

根据偶然误差的特性，当观测次数 n 无限增大时，有

$$\lim_{n \to \infty} \dfrac{[\Delta]}{n} = 0 \tag{6-30}$$

即

$$\lim_{n \to \infty}\left(\dfrac{[l]}{n} - X\right) = \lim_{n \to \infty}(\bar{l} - X) = 0 \tag{6-31}$$

由上式可知，当观测次数 n 无限增大时，算术平均值趋近于真值。但在实际测量工作中，观测次数总是有限的，因此，算术平均值较观测值更接近于真值，称为最或然值或最可靠值。

6.4.2　观测值改正数以及利用其计算中误差

观测量的算术平均值与观测值之差，称为改正数，用 v 表示

$$v_i = \bar{l} - l_i \,(i = 1,\ 2,\ \cdots,\ n) \tag{6-32}$$

又

$$\Delta_i = l_i - X \,(i = 1,\ 2,\ \cdots,\ n) \tag{6-33}$$

将式（6-32）与式（6-33）等号两边分别相加，得

$$v_i + \Delta_i = \bar{l} - X \ (i = 1,\ 2,\ \cdots,\ n) \tag{6-34}$$

设 $\bar{l} - X = \delta$ 代入式（6-34）可得

$$\Delta_i = \delta - v_i \ (i = 1,\ 2,\ \cdots,\ n) \tag{6-35}$$

将式（6-35）平方并取和，得

$$[\Delta\Delta] = [vv] - 2[v]\delta + n\delta^2 \tag{6-36}$$

因为

$$[v] = \sum_{i=1}^{n}(\bar{l} - l_i) = n\bar{l} - [l] = 0 \tag{6-37}$$

故由式（6-36）可得

$$[\Delta\Delta] = [vv] + n\delta^2 \tag{6-38}$$

又因

$$\delta = \bar{l} - X = \frac{[l]}{n} - X = \frac{[l - X]}{n} = \frac{[\Delta]}{n} \tag{6-39}$$

将上式平方可得

$$\delta^2 = \frac{[\Delta]^2}{n^2} = \frac{1}{n^2}(\Delta_1^2 + \Delta_2^2 + \cdots + \Delta_n^2 + 2\Delta_1\Delta_2 + 2\Delta_2\Delta_3 + \cdots + 2\Delta_{n-1}\Delta_n)$$

$$= \frac{[\Delta\Delta]}{n^2} + \frac{2}{n^2}(\Delta_1\Delta_2 + \Delta_2\Delta_3 + \cdots + \Delta_{n-1}\Delta_n) \tag{6-40}$$

由于 Δ_1，Δ_2，$\cdots$，Δ_n 是相互独立的偶然误差，故上式右边第二项趋近于零。当 n 为有限值时，其值远比第一项小，可以忽略不计，因此将上式代入（6-38）可得

$$[\Delta\Delta] = [vv] + \frac{[\Delta\Delta]}{n} \tag{6-41}$$

将上式两边分别除以 n，得

$$\frac{[\Delta\Delta]}{n} = \frac{[vv]}{n} + \frac{[\Delta\Delta]}{n^2} \tag{6-42}$$

根据中误差定义，可将上式写成

$$m^2 = \frac{[vv]}{n} + \frac{m^2}{n} \tag{6-43}$$

故

$$m = \pm\sqrt{\frac{[vv]}{n-1}} \tag{6-44}$$

式（6-44）就是用观测值改正数求观测值中误差的计算公式，也称为白塞尔公式。

6.4.3　算术平均值中误差

设对某量进行 n 次等精度观测，观测值为 l_i，中误差 $m_1 = m_2 = \cdots = m_n = m$。算术平均值中误

差 M 的计算式推导如下：

算术平均值 $\bar{l}$ 为

$$\bar{l} = \frac{[\bar{l}]}{n} = \frac{l_1}{n} + \frac{l_2}{n} + \cdots + \frac{l_n}{n} \tag{6-45}$$

根据和差函数误差传播定律得

$$M^2 = \left(\frac{1}{n}m_1\right)^2 + \left(\frac{1}{n}m_2\right)^2 + \cdots + \left(\frac{1}{n}m_n\right)^2 = \frac{1}{n}m^2 \tag{6-46}$$

所以

$$M = \frac{m}{\sqrt{n}} \tag{6-47}$$

将式（6-44）代入式（6-47），得

$$M = \sqrt{\frac{[vv]}{n(n-1)}} \tag{6-48}$$

式（6-47）与式（6-48）即为算术平均值中误差的计算公式。

【例 6-6】 对某距离进行 6 次观测，其观测值 d 如表 6-2 所示，试求距离的算术平均值 $\bar{d}$、单一观测值中误差 m 和算术平均值中误差 M。

表 6-2　数据资料

d/m	v/mm	vv/mm^2	备注
$d_1 = 55.535$	$+4$	16	
$d_2 = 55.548$	-9	81	$d = \dfrac{333.236}{6} = 55.539$（m）
$d_3 = 55.520$	$+19$	361	
$d_4 = 55.546$	-7	49	$m = \pm\sqrt{\dfrac{632}{6-1}} = \pm11.2$（mm）
$d_5 = 55.550$	-11	121	$M = \pm\dfrac{11.2}{\sqrt{6}} = \pm4.6$（mm）
$d_6 = 55.537$	$+2$	4	最后结果为
$[d] = 333.236$	$[v] = -2$	$[vv] = 632$	$d = 55.539$ m ±4.6 mm

思考与练习

1. 研究测量误差的目的是什么？产生测量误差的原因有哪些？

2. 测量误差如何分类？在测量工作中如何消除或削弱这些误差？

3. 偶然误差和系统误差有何区别？偶然误差有哪些特性？

4. 衡量精度的标准有哪些？

5. 对某直线丈量 6 次，其观测结果分别为 136.52 m，136.48 m，136.56 m，136.40 m，136.46 m，136.58 m，试计算其算术平均值、算术平均值中误差及其相对中误差。

6. 等精度观测五边形内角，一测回角中误差 $m_\beta = \pm40''$，试求：

（1）五边形角度闭合差的中误差；

（2）欲使角度闭合差的中误差不超过 $\pm50''$，求至少观测多少测回。

7. 水准测量中，设一测站的中误差为 ±5 mm，若 1 km 有 15 个测站，求 1 km 的中误差。

小区域控制测量

本章主要讲述控制测量的相关概念，国家控制网的布设原则、方案，介绍导线测量的外业实施、导线测量的内业计算、交会法定位的原理与步骤、高程控制测量原则以及三、四等水准测量的方法和步骤。

1. 掌握国家控制网布设原则、方案，熟悉导线测量的外业实施、导线测量的内业计算、交会法定位方法的原理与步骤、高程控制测量原则以及三、四等水准测量的方法和步骤。

2. 明确小区域控制测量原则、布设方案，能够独立进行导线网布设，能够根据导线网进行地形图测绘工作，能够根据控制网进行施工放样工作。

7.1 控制测量概述

控制测量的作用是限制测量误差的传播和积累，保证必要的测量精度，使分区的测图能拼接成整体，整体设计的工程建筑物能分区施工放样。控制测量贯穿工程建设的各阶段：在工程勘测的测图阶段，需要进行测图控制测量；在工程施工阶段，需要进行施工控制测量；在工程竣工后的营运阶段，为建筑物变形观测而需要进行专用控制测量。

"从整体到局部"是测量工作进行的原则。

所谓"整体"，就是指"控制测量"。其目的是在整个测区范围内用较精密仪器和方法测定少量大致均匀分布点位的精确位置，包括平面位置 (x, y) 和高程 (H)。

所谓"局部"，就是指"细部测量"，是在控制测量的基础上，为了测绘地形图而测定大量地物点和地形点的位置。

7.1.1 小区域控制网

在 10 千米范围内为地形测图或工程测量所建立的控制网称小区域控制网。在这个范围内，水准面可视为水平面，可采用独立平面直角坐标系计算控制点的坐标，而不需将测量成果归算到高斯平面上。小区域控制网应尽可能与国家控制网或城市控制网联测（城市控制网是指在城市地区建立的控制网，属于区域控制网，是国家控制网的发展和延伸），将国家或城市控制网的高级控制点作为小区域控制网的起算和校核数据。如果测区内或测区附近没有高级控制点，或联测较为困难，也可建立独立平面控制网。

小区域控制网同样也包括平面控制网和高程控制网两种。平面控制网的建立主要采用导线测量和小三角测量，高程控制网的建立主要采用三、四等水准测量和三角高程测量。

小区域平面控制网，应根据测区的大小分级建立测区首级控制网和图根控制网。直接为测图而建立的控制网称为图根控制网，其控制点称为图根点。图根点的密度应根据测图比例尺和地形条件而定。

小区域高程控制网，也应根据测区的大小和工程要求分级建立。一般以国家或城市等级水准点为基础，在测区建立三、四等水准路线或水准网，再以三、四等水准点为基础，测定图根点高程。

7.1.2 控制测量的分类和方法

控制测量分为平面控制测量和高程控制测量，平面控制测量确定控制点的平面位置（x，y），高程控制测量确定控制点的高程（H）。

平面控制网常规的布设方法有三角网、三边网和导线网。三角网是测定三角形的所有内角以及少量边，通过计算确定控制点的平面位置。三边网则是测定三角形的所有边长，各内角是通过计算求得。导线网是把控制点连成折线多边形，测定各边长和相邻边夹角，计算它们的相对平面位置。

7.1.3 控制网的施测过程

无论是高等级的国家控制网，还是精度较低的小区域控制网，施测过程基本相同，大致分为以下几个步骤。

（1）控制网的设计。根据施测目的确定布网形式，在图上估点并计算。

（2）编写工作纲要。根据选点估算情况，编写工作纲要。工作纲要主要包括测区概况、施测要求、工作依据、布网方案、具体施测方法、仪器设备、预计精度、人员安排以及工期等。

（3）踏勘选点。根据图上估点情况，到实地进行踏勘，并根据实际情况对选点方案进行调整。选点要做好标志。控制点等级不同，点的要求也不同，按相应规范执行。

（4）外业观测。根据工作纲要的施测方法、仪器和技术路线，按相应的规范规定的程序施测，且必须满足规定的限差。

（5）数据处理。外业观测过程中必须对限差进行检查，如超限应及时重测。如果满足精度要求，就可进行内业处理。数据处理包括三角形闭合差的检验、边角条件的检验、平差处理等。对于 GPS 网主要包括同步环、异步环的检验，三维自由网平差、约束平差以及坐标转换等。

（6）总结。外内业工作完成后，需要对整个施测过程进行总结，包括测区情况、具体布网方案、施测方法、所用仪器设备、外业观测的质量报告、成果达到的精度、工作中出现的问题以及解决方法、工期等。

7.1.4 国家控制网

1. 平面控制测量

平面控制测量的目的是确定控制点的平面位置，其控制网也是从整体到局部等级进行布设的。

我国的国家平面控制网，是在全国范围内大致沿经线和纬线方向布设成格网形式，如图 7-1 所示，格网间距约 200 km，在格网中部用二等连续网填充，如图 7-2 所示，构成全国范围内的全面控制网。它是全国各种比例尺测图和工程建设的基本依据，也为空间科学和军事提供精确的点位坐标等。

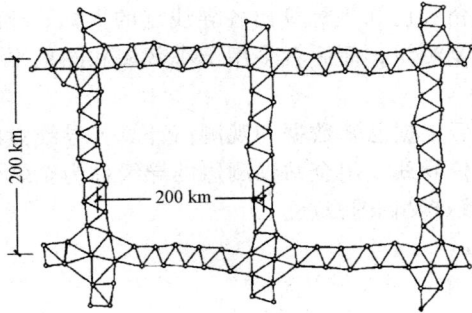

图 7-1　国家一等三角锁

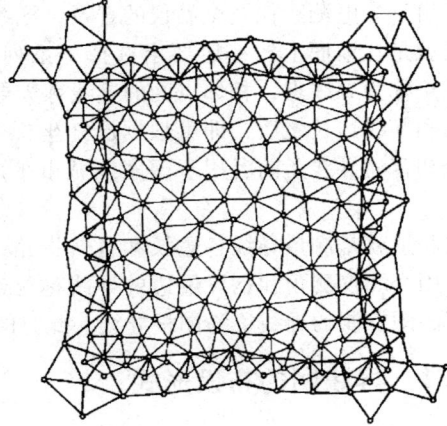

图 7-2　国家二等全面三角网

按地区测绘资料的精度要求，再逐步进行加密，形成三、四等网。其布网形式有边角网（见图 7-3）和导线网（见图 7-4）。

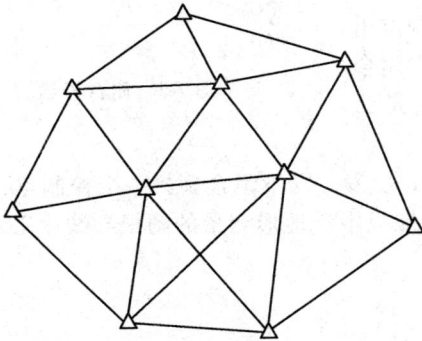

图 7-3　边角网

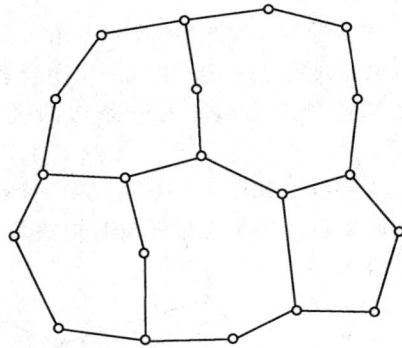

图 7-4　导线网

在上述国家控制网的基础上，根据测区大小、城市规划和施工要求，再布设不同等级城市或厂矿控制网。

2. 高程控制测量

建立高程控制网的主要方法是水准测量，在山区可采用三角高程测量的方法。

国家水准测量也是从高级到低级逐级布设，其中一、二等水准测量是用高精度水准仪和精密水准测量方法进行施测的，并布设于主要干道、河流。其成果作为全国范围的高程控制之用。

三、四等水准测量是对一、二等水准测量的加密，在小区域用作建立首级高程控制网。

为了城市建设的需要所建立的高程控制测量称为城市水准测量，分为二、三、四等水准测量及图根水准测量。

7.2 导线测量外业

导线测量是进行平面控制测量的主要方法之一，它适用于平坦地区、城镇建筑密集区及隐蔽地区。由于光电测距仪及全站仪的普及，导线测量的应用日益广泛。

导线就是在地面上按一定要求选择一系列控制点，将相邻点用直线连接起来构成的折线。折线的顶点称为导线点，相邻点间的连线称为导线边，相邻两直线之间的水平角叫转折角。测定了转折角和导线边长之后，即可根据已知坐标方位角和已知坐标算出各导线点的坐标。导线分精密导线和普通导线，前者用于国家或城市平面控制测量，而后者多用于小区域和图根平面控制测量。

导线测量就是测量导线各边长和各转折角，然后根据已知数据和观测值计算各导线点的平面坐标。用经纬仪测角和钢尺量边的导线称为经纬仪导线。用全站仪测边的导线称为全站仪导线。用于测图控制的导线称为图根导线，此时的导线点又称图根点。

7.2.1 导线网的布设形式

1. 导线形式

（1）附合导线。如图 7-5 所示，导线起始于一个已知控制点，而终止于另一个已知控制点。控制点上可以有一条边或几条边是已知坐标方位角的边，也可以没有已知坐标方位角的边。

（2）闭合导线。如图 7-6 所示，由一个已知控制点出发，最后仍旧回到这一点，形成一个闭合多边形。在闭合导线的已知控制点上必须有一条边的坐标方位角是已知的。

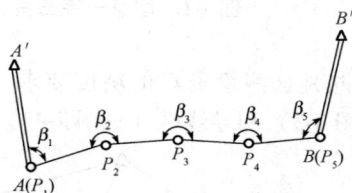

图 7-5　附合导线

（3）支导线。如图 7-7 所示，从一个已知控制点出发，既不附合到另一个控制点，也不回到原来的起始点。由于支导线没有检核条件，故一般只限于地形测量的图根导线中采用。

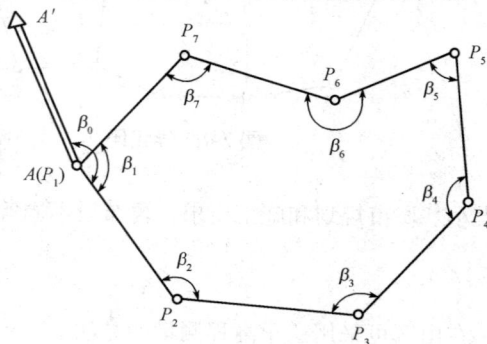

图 7-6　闭合导线

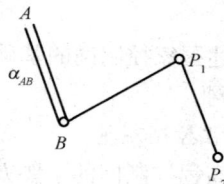

图 7-7　支导线

2. 导线等级

在局部地区的地形测量和一般工程测量中，根据测区范围及精度要求，导线测量分为一级导线、二级导线、三级导线和图根导线四个等级。它们可作为国家四等控制点或国家 E 级 GPS 点的加密，也可以作为独立地区的首级控制。

7.2.2　导线点选择

选点前，应把高一级控制点展绘在地形图上，拟订导线布设方案，最后去野外踏勘，实地核对、修改、落实点位和建立标志。

导线选定后，要在每一点位打一大木桩，周围浇灌一圈混凝土，桩顶钉一小钉，作为标志，如图7-8 所示。导线点应统一编号。为了便于寻找，应量出导线与固定而明显的地物点的距离，绘一草图，注明尺寸，称为点之记，如图7-9 所示。

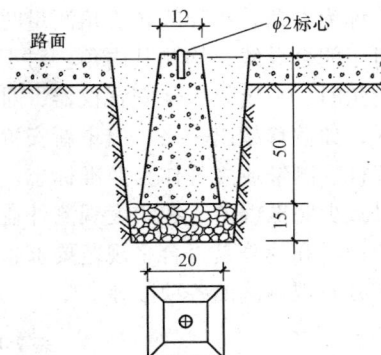

图 7-8　混凝土导线点标志

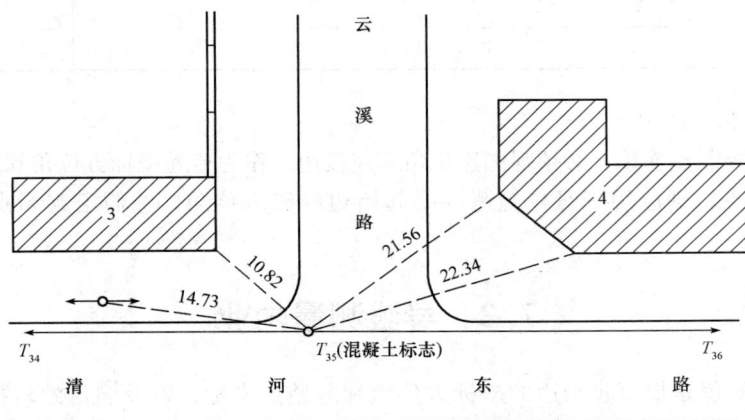

图 7-9　导线点的点之记

现场选点时应符合以下要求：

(1) 相邻点通视良好，导线点地势平坦，便于测角和量距。

(2) 点位应选在土质坚实并便于保存之处。

(3) 在点位上，视野开阔，便于施测碎部。

(4) 导线边应大致相等。

(5) 导线点密度足够，分布较均匀。

7.2.3　导线测量外业工作的内容

导线测量的外业工作包括边长测量、角度测量和起始边方位角的测定。

1. 边长测量

导线边长可以用全站仪测定，测量时要同时观测竖直角，供倾斜改正之用。若用钢尺丈量，钢尺必须经过检定。

对于图根导线，钢尺丈量时，往、返丈量或同一方向丈量两次，相对较差不大于1/3 000。当尺长改正数大于尺长的 1/10 000、量距温度与检定时温度相差 ±10 ℃、地面坡度大于 1% 时，应分别进行尺长改正、温度改正或倾斜改正。

2. 角度测量

导线的转折角分为左角和右角。在导线前进方向左侧的角，称为左角；在导线前进方向右侧的角，称为右角。在导线转折角测量时，对于左角或右角并无差别，仅仅是计算上的差别。

对于闭合导线，均测其内角。对于附和导线，统一测左角或右角。

测角时，一定要严格安置仪器，对中整平，并且观测过程中应该注意照准部长水准气泡的偏移情况，如偏移超出一格，应重新安置仪器进行观测。同时，为了便于瞄准，可在已埋设的标志上用标杆、测钎或觇牌作为照准标志。在瞄准时，应瞄准目标物的几何中心或者标杆、测钎的底部，以减少照准误差。在角度观测外业工作结束后，必须对外业成果做仔细的检查，尤其要注意手簿的记录和计算是否合乎规范要求，严禁涂改，并注意其精度是否在规定的限差以内。表7-1给出了方向观测法的各项限差。

表7-1 方向观测法的各项限差

经纬仪等级	再次重合读数差	半测回归零差	一测回内2C互差	同一方向各测回互差
DJ2	3	8	13	9
DJ6		18		24

3. 起始边方位角的测定

导线与高级控制点连接，必须观测连接角和连接边，作为传递坐标方位角和坐标之用。如果附近无高级控制点，则应用罗盘仪施测导线起始边的磁方位角，并假定起始点的坐标为起算数据。

7.3 导线测量内业

导线坐标计算就是根据起始边的坐标方位角和起始点坐标，以及测量的转折角和边长，计算各导线点的坐标。

导线坐标计算之前，应全面检查导线测量外业记录，数据是否齐全，有无记错、算错，成果是否符合精度要求，起算数据是否准确，然后绘制导线略图，把各项数据注于图上相应位置，如图7-10所示。

7.3.1 闭合导线的坐标计算

现以图7-11中的实测数据为例，说明闭合导线坐标计算的步骤。

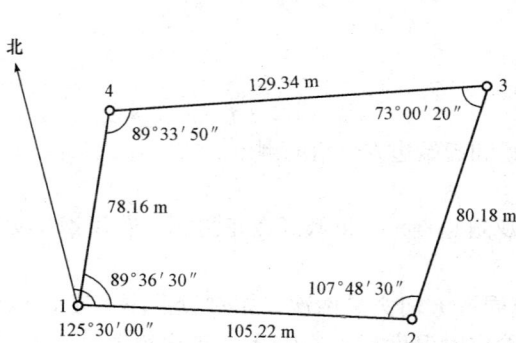

图7-10 导线计算用略图

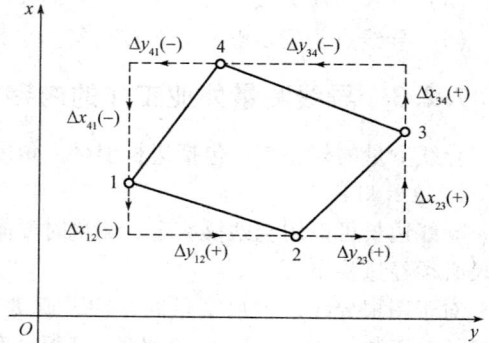

图7-11 闭合导线坐标增量

（1）准备工作。将校核过的外业观测数据及起算数据填入"闭合导线坐标计算表"（见

表 7-3）中，起算数据用双线标明。

（2）角度闭合差的计算与分配。根据几何原理得知，n 边形闭合导线内角和的理论值为

$$\sum \beta_{理} = (n-2) \times 180° \tag{7-1}$$

由于观测角不可避免地含有误差，致使实测的内角之和 $\sum \beta_{测}$ 不等于理论值，而产生角度闭合差 f_β，为

$$f_\beta = \sum \beta_{测} - \sum \beta_{理} \tag{7-2}$$

各级导线角度闭合差的容许值 $f_{\beta允}$，见表 7-3。若 f_β 超过 $f_{\beta允}$，则说明所测角度不符合要求，应重新检测角度；若 f_β 不超过 $f_{\beta允}$，即将闭合差反符号平均分配到各观测角中。

改正后之内角和应为 $(n-2) \cdot 180°$，本例应为 360°，用于计算校核。

（3）用改正后的导线左角或右角推算各边的坐标方位角。根据起始边的已知坐标方位角及改正角按公式计算其他各导线边的坐标方位角。

本例观测左角，推算出导线各边的坐标方位角，列入表 7-3 的第 5 栏。

（4）坐标增量的计算及其闭合差的调整。

①坐标增量的计算。算出坐标增量，填入表 7-3 的第 7、8 两栏。

②坐标增量闭合差的计算与调整。从图 7-11 可以看出，闭合导线纵、横坐标增量代数和理论值应为零，即

$$\left.\begin{array}{c} \sum \Delta x_{理} = 0 \\ \sum \Delta y_{理} = 0 \end{array}\right\} \tag{7-3}$$

实际上，量边的误差和角度闭合差调整后的残余误差，往往使 $\sum \Delta x_{测}$、$\sum \Delta y_{测}$ 不等于零，而产生纵坐标增量闭合差 f_x 与横坐标增量闭合差 f_y，即

$$\left.\begin{array}{c} f_x = \sum \Delta x_{测} \\ f_y = \sum \Delta y_{测} \end{array}\right\} \tag{7-4}$$

从图 7-12 中明显看出，由于 f_x、f_y 的存在，导线不能闭合，$1-1'$ 之长度 f_D 称为导线全长闭合差。

$$K = \frac{f_D}{\sum D} = \frac{1}{\dfrac{\sum D}{f_D}} \tag{7-5}$$

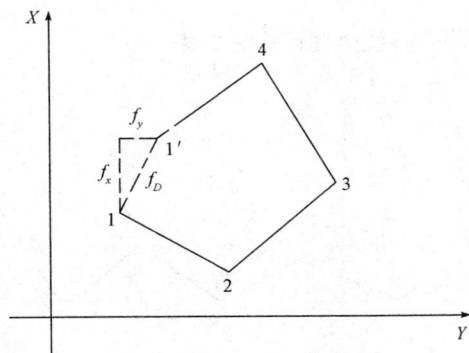

图 7-12　闭合差示意图

以导线全长相对闭合差 K 来衡量导线测量的精度，K 的分母越大，精度越高。不同等级的导线全长相对闭合差的容许值 $K_允$ 已列入表 7-2。若 K 超过 $K_允$，则说明成果不合格，首先应检查内业计算有无错误，然后检查外业观测成果，必要时重测。若 K 不超过 $K_允$，则说明符合精度要求，可以进行调整，即将 f_x、f_y 反其符号按边长成正比分配到各边的纵、横坐标增量中去。以 V_{xu}、V_{yi} 分别表示第 i 边的纵、横坐标增量改正数，即

$$\left.\begin{array}{l} V_{xi} = -\dfrac{f_x}{\sum D} \cdot D_i \\[4mm] V_{yi} = -\dfrac{f_y}{\sum D} \cdot D_i \end{array}\right\}\tag{7-6}$$

纵、横坐标增量改正数之和应满足下式

$$\left.\begin{array}{l} \sum V_x = -f_x \\[2mm] \sum V_y = -f_y \end{array}\right\}\tag{7-7}$$

各级导线测量的主要技术要求参考表 7-2。

表 7-2   导线测量技术要求

等级	导线长度/km	平均边长/m	测角中误差（"）	测距中误差/mm	角度闭合差（"）	相对闭合差 $K_允$
一级	3.6	300	5	15	$10\sqrt{n}$	1：14 000
一级	2.4	200	8	15	$16\sqrt{n}$	1：10 000
三级	1.5	120	12	15	$24\sqrt{n}$	1：6 000
图根			30	15	$60\sqrt{n}$	1：2 000
注：表中 n 为测站数						

（5）计算各导线点的坐标。根据起点 1 的已知坐标（本例为假定值：$x_1 = 500.00$ m，$y_1 = 500.00$ m）及改正后增量，用式（7-7）依次推算 2、3、4 各点的坐标。

算得的坐标值填入表 7-3 中的第 11、12 两栏。最后还应推算起点 1 的坐标，其值应与原有的数值相等，用于校核。

7.3.2   附合导线的坐标计算

现以图 7-13 为例，说明附合导线坐标计算的步骤。

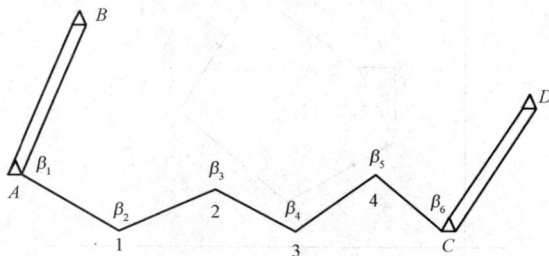

图 7-13   附合导线示意图

（1）准备工作。将校核过的外业观测数据及起算数据填入"附合导线坐标计算表"（见表 7-4），起算数据用双线标明。

（2）角度闭合差的计算与分配。根据起始边的已知坐标方位角及改正角按下列公式推算其他各导线边的坐标方位角。

$$\alpha_{前} = \alpha_{后} - 180° + \beta_{左}（适用于测左角）\tag{7-8}$$

$$\alpha_{前} = \alpha_{后} + 180° - \beta_{右}（适用于测右角）\tag{7-9}$$

本例观测都是左角，按式（7-8）推算出导线各边的坐标方位角。在推算过程中必须注意：

①如果算出的 $\alpha_{前} > 360°$，则应减去 $360°$。

②用式（7-9）计算时，如果（$\alpha_{后} + 180°$）$< \beta_{右}$，则应加 $360°$ 再减 $\beta_{右}$。

③推算附合导线各边坐标方位角时，最后推算出终边坐标方位角，它应与原有的已知坐标方位角值相等，否则应重新检查计算。

由于观测角不可避免地含有误差，致使根据实测的角度推出的终边 CD 的坐标方位角 α'_{CD} 不等于已知的坐标方位角 α_{CD}，而产生角度闭合差 f_{β}，为

$$f_{\beta} = \alpha'_{CD} - \alpha_{CD}\tag{7-10}$$

各级导线角度闭合差的容许值为 $f_{\beta允}$。若 f_{β} 超过 $f_{\beta允}$，则说明所测角度不符合要求，应重新检测角度；若 f_{β} 不超过 $f_{\beta允}$，即将闭合差反符号平均分配到各观测角中，填入表 7-4 中第 3 栏。

把观测角加上改正数的角度填入表 7-4 中第 4 栏。

用式（7-8），根据起始边的方位角与改正后的角度推导各边的方位角，填入表 7-4 中第 5 栏。

（3）坐标增量闭合差的计算。根据图 7-13 中的几何关系可求出坐标增量。

按附合导线的要求，各边坐标增量代数和的理论值应等于终、始两点的已知坐标值之差，即

$$\left. \begin{array}{l} \sum \Delta x_{理} = x_{终} - x_{始} \\ \sum \Delta y_{理} = y_{终} - y_{始} \end{array} \right\}\tag{7-11}$$

按式（7-11）计算 $\Delta x_{测}$ 和 $\Delta y_{测}$，则纵、横坐标增量闭合差按下式计算

$$\left. \begin{array}{l} f_x = \sum \Delta x_{测} - (x_{终} - x_{始}) \\ f_y = \sum \Delta y_{测} - (y_{终} - y_{始}) \end{array} \right\}\tag{7-12}$$

（4）坐标闭合差的分配。由于 f_x、f_y 的存在，导线不能附合，f_D 称为导线全长闭合差，并用下式计算

$$f_D = \sqrt{f_x^2 + f_y^2}\tag{7-13}$$

仅从 f_D 的大小还不能显示导线测量的精度，应当将 f_D 与导线全长 $\sum D$ 相比，以分子为 1 的分数来表示导线全长相对闭合差，即式（7-5）。

算出的各增量的改正数（取位到厘米）填入表 7-4 中的第 7、8 两栏增量计算值的上方。

各边增量值加改正数，即得各边的改正后增量，填入表 7-4 中的第 9、10 两栏。

（5）计算各导线点的坐标。根据起点 A 的已知坐标（$x_A = 2\ 057.69$ m，$y_A = 1\ 215.63$ m）及改正后增量，用下式依次推算 1、2、3、4 各点的坐标：

$$\left. \begin{array}{l} x_{前} = x_{后} + \Delta x_{改} \\ y_{前} = y_{后} + \Delta y_{改} \end{array} \right\}\tag{7-14}$$

算得的坐标值填入表 7-4 中的第 11、12 两栏。最后还应推算已知点 C 的坐标，其值应与原有的数值相等，用于校核。

表 7-3 闭合导线坐标计算表

点号	观测角（左）(° ′ ″)	改正数 (″)	改正角 (° ′ ″)	坐标方位角 α(° ′ ″)	距离 D/m	增量计算值 Δx/m	增量计算值 Δy/m	改正后增量 Δx/m	改正后增量 Δy/m	坐标值 x/m	坐标值 y/m	点号
1	2	3	4=2+3	5	6	7	8	9	10	11	12	13
1										500.00	500.00	1
				125 30 00	105.22	−2 −61.10	+2 +85.66	−61.12	+85.68			
2	107 48 30	+13	107 48 43							438.88	585.68	2
				53 18 43	80.18	−2 +47.90	+2 +64.30	+47.88	+64.32			
3	73 00 20	+12	73 00 32							486.76	650.00	3
				306 19 15	129.34	−3 +76.61	+2 −104.21	+76.58	−104.19			
4	89 33 50	+12	89 34 02							563.34	545.81	4
				215 53 17	78.16	−2 −63.32	+1 −45.82	−63.34	−45.81			
1	89 36 30	+13	89 36 43							500.00	500.00	1
				125 30 00								
2												
总和	359 59 10	+50	360 00 00		392.90	+0.09	−0.07					

辅助计算

$$\sum\beta_{测} = 359°59'10'' - \sum\beta_{量} = 360°00'00'' = f_\beta = -50''\qquad f_x = \sum\Delta x_{测} = +0.09\ \text{m}\qquad f_y = \sum\Delta y_{测} = -0.07\ \text{m}$$

$$f_{\beta容} = \pm 60''\sqrt{4} = \pm 120'',\ \text{导线全长闭合差}\ f_D = \sqrt{f_x^2 + f_y^2} = 0.11\ \text{m},\ \text{导线全长相对闭合差}\ K = \frac{0.11}{392.90} \approx \frac{1}{3\,570},\ \text{容许的相对闭合差}\ K_{容} = \frac{1}{2\,000}$$

（图：北 α₁₂ 1 2 3 4 四边形闭合导线示意）

表 7-4　附合导线坐标计算表

点号	观测角(左角)(°′″)	改正数(″)	改正角(°′″) 4=2+3	坐标方位角 α(°′″)	距离 D/m	增量计算值 Δx/m	增量计算值 Δy/m	改正后增量 Δx/m	改正后增量 Δy/m	坐标值 x/m	坐标值 y/m	点号
1	2	3	4	5	6	7	8	9	10	11	12	13
B				237 59 30								
A	99 01 00	+6	99 01 06	157 00 36	225.86	+5　−207.91	−4　+88.21	−207.86	+88.17	2 507.69	1 215.63	A
1	167 45 36	+6	167 45 42	144 46 18	139.03	+3　−113.57	−3　+80.20	−113.54	+80.17	2 299.83	1 303.80	1
2	123 11 24	+6	123 11 30	87 57 48	172.57	+3　+6.13	−3　+172.46	+6.16	+172.43	2 186.29	1 383.97	2
3	189 20 36	+6	189 20 42	97 18 30	100.07	+2　−12.73	−2　+99.26	−12.71	+99.24	2 192.45	1 556.40	3
4	179 59 18	+6	179 59 24	97 17 54	102.48	+2　−13.02	−2　+101.65	−13.00	+101.63	2 179.74	1 655.64	4
C	129 27 24	+6	129 27 30	46 54 24						2 166.74	1 757.27	C
D												
总和	888 45 18	+36	888 45 54		740.00	−341.10	+541.78	−340.95	+541.64			

辅助计算

$$f_\beta = -36'',\quad f_{\beta容} = \pm 40''\sqrt{6} = \pm 79'',\quad f_x = -0.15\ \text{m},\quad f_y = +0.14\ \text{m}$$

导线全长闭合差　$f_D = \sqrt{f_x^2 + f_y^2} \approx 0.20\ \text{m}$

导线全长相对闭合差　$K = \dfrac{0.20}{740.00} = \dfrac{1}{3\,700}$

容许的相对闭合差　$K_容 = \dfrac{1}{2\,000}$

7.4　交会定点

如果原有的控制点不能满足测图和施工的需要，就需要进行控制点的加密。加密控制点可以采用交会定点的方法。

交会定点可以采用测角交会法、测边交会法、边角交会法。本节只讲测角交会法，测角交会法又包括前方交会法、侧方交会法、后方交会法。

7.4.1　前方交会法

如图 7-14 所示，在已知点 A、B 上设站测定待定点 P 与控制点的夹角 α、β，即可得到 AP 边的方位角 $\alpha_{AP} = \alpha_{AB} - \alpha$，$BP$ 边的方位角 $\alpha_{BP} = \alpha_{BA} + \beta$。$P$ 点的坐标可由两已知直线 AP 和 BP 交会求得。

$$x_P = \frac{x_A \cot\beta + x_B \cot\alpha + (y_B - y_A)}{\cot\beta + \cot\alpha}$$

$$y_P = \frac{y_A \cot\beta + y_B \cot\alpha + (x_B - x_A)}{\cot\beta + \cot\alpha}$$

(7-15)

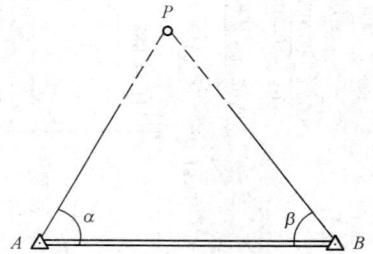

图 7-14　前方交会法示意图

在使用这个公式的时候应该注意一个角度编号的问题，不然可能角度和坐标的对应关系会出错：可以将 A、B、P 按逆时针方向编号，α 对应 A 点，β 对应 B 点。

为了防止错误，提高精度，前方交会法一般应在三个已知控制点上观测。若通过两个三角形分别计算 P 点坐标，两组坐标较差 $\Delta = \pm\sqrt{(x_{P1} - x_{P2})^2 + (y_{P1} - y_{P2})^2} \leqslant 0.2M$ mm 内（M 为测图比例尺分母），可取其平均值作为 P 点坐标。

7.4.2　侧方交会法

侧方交会如图 7-15 所示，A、B 是已知控制点，通过观测水平角 α、γ 来求 P 点坐标。

侧方交会是在一个已知控制点和待定点观测，间接得到 β：$\beta = 180° - (\alpha + \gamma)$，然后按前方交会法计算待定点 P 的坐标。

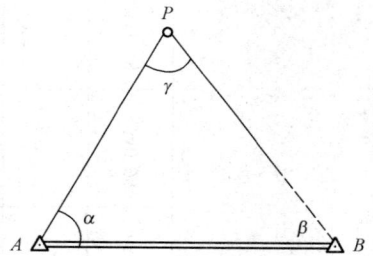

图 7-15　侧方交会法示意图

7.4.3　后方交会法

如图 7-16 所示，A、B、C 是三个已知点，通过在 P 点安置经纬仪分别观测 α、β、γ 这三个水平夹角的大小，来求 P 点的坐标称为后方交会。

后方交会通常使用一种仿权公式，因其公式形式如同加权平均值：

$$x_p = \frac{P_A x_A + P_B x_B + P_C x_C}{P_A + P_B + P_C}$$

$$y_p = \frac{P_A y_A + P_B y_B + P_C y_C}{P_A + P_B + P_C}$$

(7-16)

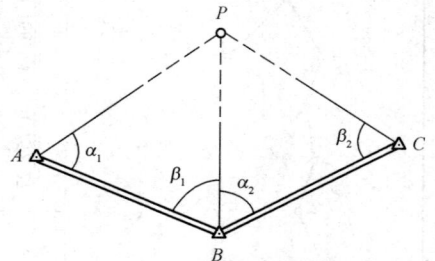

图 7-16　后方交会法示意图

$$P_A = \frac{1}{ctgA \mp ctg\alpha}$$

$$P_B = \frac{1}{ctgB \mp ctg\beta} \qquad (7\text{-}17)$$

$$P_C = \frac{1}{ctgC \mp ctg\gamma}$$

（注意：P 点落在图中阴影区内取"＋"号。）

使用仿权公式有几点要注意：

（1）编号：A 与 α、B 与 β、C 与 γ 分别对应同一边。

（2）A、B、C 成一条直线时，不能使用这个公式。

（3）$\alpha + \beta + \gamma = 360°$，否则进行角度闭合差的调整。

（4）过 A、B、C 的外接圆称危险圆。若 P 点在危险圆上，则 P 点坐标解算不出来。如果 P 点十分靠近危险圆，那么解算出的 P 点坐标的精度也比较低（见图 7-17）。

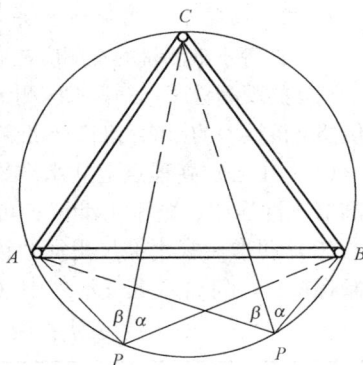

图 7-17　P 在危险圆上

7.5　高程控制测量

7.5.1　三、四等水准测量

在地形测图和施工测量中，多采用三、四等水准测量作为首级高程控制。在进行高程控制测量以前，必须事先根据精度和需要在测区布置一定密度的水准点。水准点标志及标石的埋设应符合有关规范要求。

1. 三、四等水准测量的技术要求

三、四等水准网作为测区的首级控制网，一般应布设成闭合环线，然后用附合水准路线和结点网进行加密。只有在山区等特殊情况下，才允许布设支线水准路线。

水准路线一般尽可能沿铁路、公路以及其他坡度较小、施测方便的路线布设，尽可能避免穿越湖泊、沼泽和江河地段。水准点应选择土质坚实、地下水位低、易于观测的位置。凡易受淹没、潮湿、震动和沉陷的地方，均不宜作为水准点位置。水准点选定后，应埋设水准标石和水准标志，并绘制点之记，以便日后查寻。

水准路线长度和水准点的间距，可参照表 7-5 的规定。对于工矿区，水准点的距离还可适当减小。一个测区至少应埋设三个水准点。

表 7-5　三、四等水准测量技术指标

等级	水准仪	水准尺	视线高度/m	视线长度/m	前后视距差/m	前后视距累积差/m	红黑面读数差/m
三	DS3	双面	≥0.3	≤75	≤3.0	≤6.0	≤2
四	DS3	双面	≥0.2	≤10	≤5.0	≤10.0	≤3

等级	红黑面高差之差/mm	观测次数		往返较差、符合或闭合路线闭合差	
		与已知点连测	符合或闭合路线	平地/mm	山地/mm
三	≤3	往返各一次	往返各一次	$\pm 12\sqrt{L}$	$\pm 4\sqrt{n}$
四	≤5	往返各一次	往一次	$\pm 20\sqrt{L}$	$\pm 6\sqrt{n}$

注：计算往返较差时，L 为单程路线长，以 km 计；n 为单程测站数

2. 三、四等水准测量的方法

三、四等水准测量的观测应在通视良好、望远镜成像清晰、稳定的情况下进行。使用双面尺法在一个测站的观测程序：三等水准测量每站观测顺序采用"后→前→前→后"，其优点是可以有效地减弱仪器下沉误差的影响；四等水准测量每站观测顺序可采用"后→后→前→前"，以提高工作效率。

（1）在已知高程点上立水准尺（即后视尺），同时在距后视尺适当距离架设水准仪，并使圆水准器气泡居中，整平水准仪；再立另一水准尺（即前视尺），使前后视距满足技术要求。

（2）照准后视水准尺黑面，读取下、上丝读数（1）和（2）（见表7-6中相应位置），转动微倾螺旋，使符合水准气泡居中（自动安平水准仪不需要此步骤），读取中丝读数（3）。

表7-6　三、四等水准测量记录、计算表（双面尺法）

测站编号	后尺	下丝	前尺	下丝	方向及尺号	标尺读数		K+黑-红	高差中数	备注
		上丝		上丝		黑面	红面			
	后视距		前视距							
	视距差 d		$\sum d$							
	(1)	(4)			后	(3)	(8)	(14)		
	(2)	(5)			前	(6)	(7)	(13)		
	(9)	(10)			后-前	(15)	(16)	(17)	(18)	
	(11)	(12)								
1	1.571	0.739			后 105	1.384	6.171	0		
	1.197	0.363			前 106	0.551	5.239	-1		
	37.4	37.6			后-前	+0.833	+0.932	+1		
	-0.2	-0.2								
2	2.121	2.196			后 105	1.934	6.621	0		
	1.747	1.821			前 106	2.008	6.796	-1		
	37.4	37.5			后-前	-0.074	-0.175	+1		
	-0.1	-0.3								K 为水准尺常数，如 $K_{105}=4.787$ $K_{106}=4.687$
3	1.914	2.055			后 105	1.726	6.513	0		
	1.539	1.678			前 106	1.866	6.554	-1		
	37.5	37.7			后-前	-0.140	-0.041	+1		
	-0.2	-0.5								
4	1.965	2.141			后 106	1.832	6.519	0		
	1.700	1.874			前 105	2.007	6.793	+1		
	26.5	26.7			后-前	-0.175	-0.274	-1		
	-0.2	-0.7								
5	1.540	2.813			后 105	1.304	6.091	0		
	1.069	2.357			前 106	2.585	7.272			
	47.1	45.6			后-前	-1.281	-1.181		-1.281 0	
	+1.5	+0.8								
每页检核										

测站编号	后尺	下丝	前尺	下丝	方向及尺号	标尺读数		K+黑－红	高差中数	备　注
		上丝		上丝		黑面	红面			
	后视距		前视距							
	视距差 d		∑d							

四等水准测量记录、计算表（变仪器高法）

测站编号	后尺	下丝	前尺	下丝	水准尺读数		高　差		平均高差	备注
		上丝		上丝	后视	前视	＋	－		
	后视距		前视距							
	视距差 d		∑d							
1	1.681（1） 1.307（2） 37.4（9） －0.2（11）		0.849（4） 0.473（5） 37.6（10） －0.2（12）		1.494（3） 1.372（8）	0.661（6） 0.541（7）	0.833（12） 0.831（14）		＋0.832（15）	

（3）照准前视水准尺黑面，读取下、上丝读数（4）和（5），转动微倾螺旋，使符合水准气泡居中，读取中丝读数（6）。

（4）照准前视水准尺红面，转动微倾螺旋，使符合水准气泡居中，读取中丝读数（7）。

（5）照准后视水准尺红面，转动微倾螺旋，使符合水准气泡居中，读取中丝读数（8）。

以上（1）、（2）、（3）、（4）、（5）、（6）、（7）、（8）表示观测数据与顺序，各步骤观测结果要填入记录表格的相应位置，并立即进行相应的计算。如不满足技术要求，需要立即重新观测；如满足技术要求则可以进行下一个测站的观测工作。进行下一个测站的观测工作时，首先移动水准仪，然后移动后视水准尺，而前视水准尺不移动，即将后视水准尺变为前视水准尺，前视水准尺变为后视水准尺，依次重复进行整个水准测量工作，并要确保同一把标尺上标石，即偶数站上标石。

3. 计算与校核

（1）视距计算。

后视距离：（9）＝100［（1）－（2）］　　前视距离：（10）＝100［（4）－（5）］

前后视距差值（11）＝（9）－（10），视距差累积值（12）＝前站（12）＋本站（11），其值应符合表7-6的要求。

（2）读数检核。同一水准尺红、黑面中丝读数之差，应等于红、黑面的常数差 K（4 687 mm 或4 787 mm）。红、黑读数差计算式为

前视黑、红读数差：（13）＝$K_前$＋（6）－（7）

后视黑、红读数差：（14）＝$K_后$＋（3）－（8）

（13）、（14）应等于零，不符值应满足要求。对于三等水准测量，（13）、（14）的值不超过2 mm；对于四等水准测量，不得超过3 mm。否则应重新观测。

（3）高差的计算与检核。按前、后视水准尺红、黑面中丝读数分别计算该测站高差：

黑面高差（15）＝（3）－（6）

红面高差（16）＝（8）－（7）

红、黑面高差之差（17）＝（15）－（16）±100 mm＝（14）－（13），三等水准测量，

此项不得超过 3 mm；四等水准测量不得超过 5 mm。

红、黑面高差之差在允许范围内时取两者平均值，作为该站的观测高差，即

$$(18) = \frac{1}{2}\left[(15) + (16) \pm 100 \text{ mm}\right]$$

（4）每页水准测量记录计算与检核。

高差检核：$\sum(3) - \sum(6) = \sum(15)$

$$\sum(8) - \sum(7) = \sum(16)$$

$$\sum(15) + \sum(16) = 2\sum(18)（偶数站）$$

或

$$\sum(15) + \sum(16) = 2\sum(18) \pm 100 \text{ mm}（奇数站）$$

视距检核：$\sum(9) - \sum(10) = $ 末站(12) - 前页末站(12)

本页总视距 $= \sum(9) + \sum(10)$

4. 成果计算

在完成一测段单程测量后，须立即计算其高差总和。完成一测段往、返观测后，应立即计算高差闭合差，进行成果检核，其高差闭合差应符合相关规定；然后对闭合差进行调整，最后按调整后的高差计算各水准点的高程。

5. 实施要点说明

（1）三等水准测量必须进行往返观测。当使用 DS1 和因瓦标尺时，可采用单程双转点观测，观测程序仍按后－前－前－后，即黑－黑－红－红。

（2）四等水准测量除支线水准必须进行往返和单程双转点观测外，对于闭合水准和附合水准路线，均可单程观测。每站观测程序也可为后－后－前－前，即黑－红－黑－红。采用单面尺，采用后－前－前－后的读数程序时，在两次前视之间必须重新整置仪器，用双仪高法进行测站检查。

（3）三、四等水准测量每一测段的往测和返测，测站数均应为偶数，否则应加入标尺点误差改正。由往测转向返测时，两根标尺必须互换位置，并应重新安置仪器。

（4）在每一测站上，三等水准测量不得两次对光。四等水准测量尽量少做两次对光。

（5）工作间歇时，最好能在水准点上结束观测。否则应选择两个坚固可靠、便于放置标尺的固定点作为间歇点，并做出标记。间歇后，应进行检查。如检查两点间歇点高差不符值三等水准测量小于 3 mm，四等水准测量小于 5 mm，则可继续观测；否则须从前一水准点起重新观测。

（6）在一个测站上，只有当各项检核符合限差要求时，才能迁站。如其中有一项超限，可以在本站立即重测，但须变更仪器高度。如果仪器已迁站后才发现超限，则应重测前一水准点或间歇点。

（7）当每千米测站数小于 15 时，闭合差按平地限差公式计算；如超过 15 站，则按山地限差公式计算。

（8）当成像清晰、稳定时，三、四等水准的视线长度，可容许按规定长度放大 20%。

（9）水准网中，结点与结点之间或结点与高级点之间的附合水准路线长度，应为规定的 70%。

（10）当采用单面标尺进行三、四等水准观测时，变更仪器高前后所测两尺垫高差之差的限制，与红黑面所测高差之差的限差相同。

7.5.2　三角高程测量

应用水准测量方法求得地面点的高程，其精度较高，普遍用于建立国家高程控制点及测定高级地形控制点的高程。对于地面高低起伏较大地区采用这种方法测定地面点的高程进程缓慢，有时甚至非常困难。因此在上述地区或一般地区如果高程精度要求不是很高时，常采用三角高程测量的方法传递高程。

三角高程测量是通过测定测站 A 与待定点 B 之间的竖直角 α、平距 D 或斜距 S，计算出两点之间高差 h_{AB}，进而求得 B 点高程的方法，如图 7-18 所示。这种方法比水准测量灵活、方便，受地形条件限制少且效率高，但精度低，受大气折光影响较严重。因此三角高程测量主要用于山区或丘陵地区的高程测量。

一般三角高程测量的原理如图 7-18 所示。已知 A 点高程 H_A，欲求 B 点高程 H_B，则可在 A 点安置仪器全站仪，量出 A 点至仪器横轴的高度 i（称为仪器高），并用仪器望远镜照准 B 点觇标测得竖直角 α，照准点至 B 点的高度 v 称觇标高。因此，B 点高程为

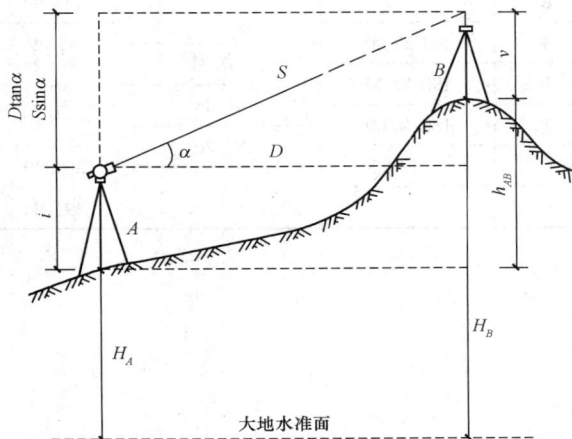

图 7-18　三角高程测量基本原理

$$H_B = H_A + h_{AB} = H_A + (D \cdot \tan\alpha + i - v) \tag{7-18}$$

或

$$H_B = H_A + h_{AB} = H_A + (S \cdot \sin\alpha + i - v) \tag{7-19}$$

当仪器设在已知高程点，观测该点与未知高程点之间的高差称为直觇；反之，仪器设在未知点，观测该点与已知高程点之间的高差称为反觇。

提高三角高程测量精度的措施有四项：

（1）缩短视线。当视线长 1 000 m 时，折光角通常只是 2″或 3″。在这样的距离上进行对向三角高程测量，其精度同普通水准测量相当。

（2）对向观测垂直角。

（3）选择有利的观测时间。一般情况下，中午前后观测垂直角最为有利。

（4）提高视线高度。

思考与练习

1. 什么叫控制点？什么叫控制测量？
2. 控制测量的作用是什么？建立平面控制和高程控制的主要方法有哪些？
3. 国家平面及高程控制网如何布设？
4. 布设导线有哪几种形式？对导线布设有哪些基本要求？
5. 选择测图控制点（导线点）应注意哪些问题？
6. 闭合导线和附合导线计算有哪些异同点？
7. 如何检查导线测量中的错误？

8. 三角高程控制适用于什么条件？其优缺点如何？

9. 已知表7-7中数据，计算附合导线各点的坐标。

表7-7　附合导线测量数据

点号	观测值（右角）（° ′ ″）	边长/m	坐标/m		备注
			x	y	
B			123.92	869.57	
A	102 29 00		55.69	256.29	
1	190 12 00	107.31			
2	180 48 00	81.46			
C	79 13 00	85.26	302.49	139.71	
D			491.04	686.32	

第 8 章

大比例尺地形图测绘

★主要内容

　　本章主要讲述地形图比例尺及其精度，地形图的分幅与编号，地物符号，等高线的概念及种类，等高线特性，坐标格网的绘制与控制点的展绘，选择碎部点的方法，经纬仪测图，地物绘制，等高线的勾绘，地形图图廓以及图廓外的注记，数字化测图野外数据采集，数字化测图内业等内容。

★学习目标

　　1. 熟悉地形图的基本知识，了解地形图测绘前的准备工作。
　　2. 熟悉地形图绘制的基本要求，掌握地形图的绘制方法。
　　3. 熟悉数字化测图的工作流程，具备测绘大比例尺地形图的基本技能。

8.1　地形图的基本知识

8.1.1　地形图的概念

　　地面上自然形成或人工修建的有明显轮廓的物体称为地物，如道路、桥梁、房屋、耕地、河流、湖泊等。地面上高低起伏变化的地势，称为地貌，如平原、丘陵、山头、洼地等。地物和地貌合称为地形。

　　地形图是把地面上的地物和地貌形状、大小和位置，采用正射投影方法，运用特定符号、注记、等高线，按一定比例尺缩绘于平面的图形。它既表示地物的平面位置，也表示地貌的形态。如果图上只反映地物的平面位置，不反映地貌的形态，则称为平面图。

　　地形图上详细地反映了地面的真实面貌，人们可以在地形图上获得所需要的地面信息，例如，某一区域高低起伏、坡度变化、地物相对位置、道路交通等状况；可以量算距离、方位、高程，了解地物属性。

　　地形图在国民经济建设中具有更广泛的用途，是规划、设计工作的重要依据。例如，铁路、公路勘测设计一般分为方案研究、初测、定测三个阶段。

方案研究阶段，要收集 1:5 000～1:50 000 的比例尺地形图，在室内进行线路方案研究，然后沿线踏勘调查，提出线路走向方案。

初测阶段，要测绘 1:1 000 或 1:2 000 比例尺地形图，在纸上选线，进行方案比选，从而提出推荐方案和主要比较方案的意见。

定测阶段，根据地形图上导线与中线的关系，实地标定线路中线的位置。

桥梁及隧道洞门施工设计要测绘 1:500～1:2 000 比例尺的桥址地形图、隧道洞门地形图。在施工期间，利用地形图可进行施工场地布置及施工便道选线、控制测量设计等工作。隧道洞门地形图，如图 8-1 所示；铁路、公路施工常见的地形图有桥址地形图，如图 8-2 所示；线路平面图，如图 8-3 所示。

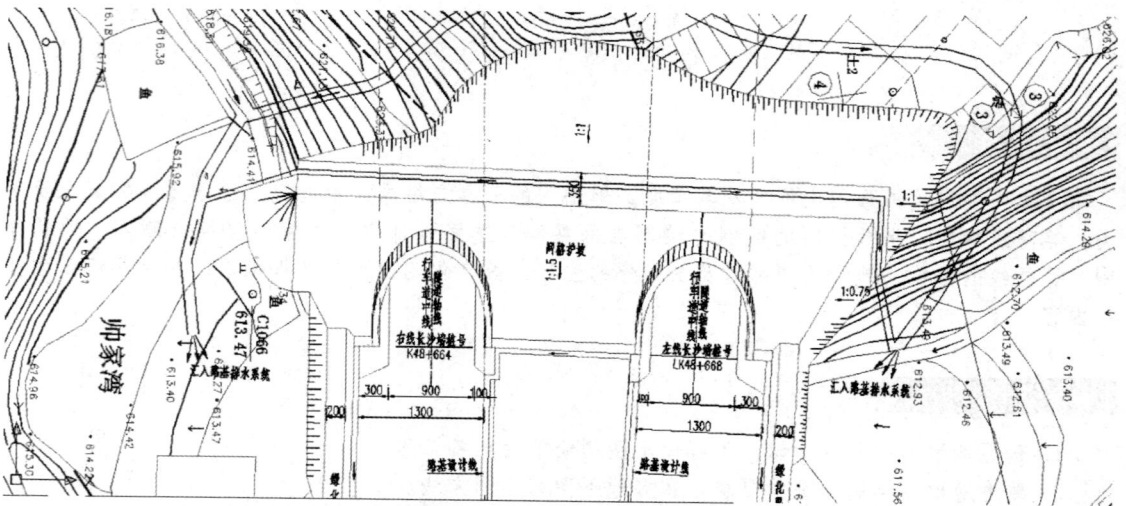

图 8-1 隧道洞门地形图

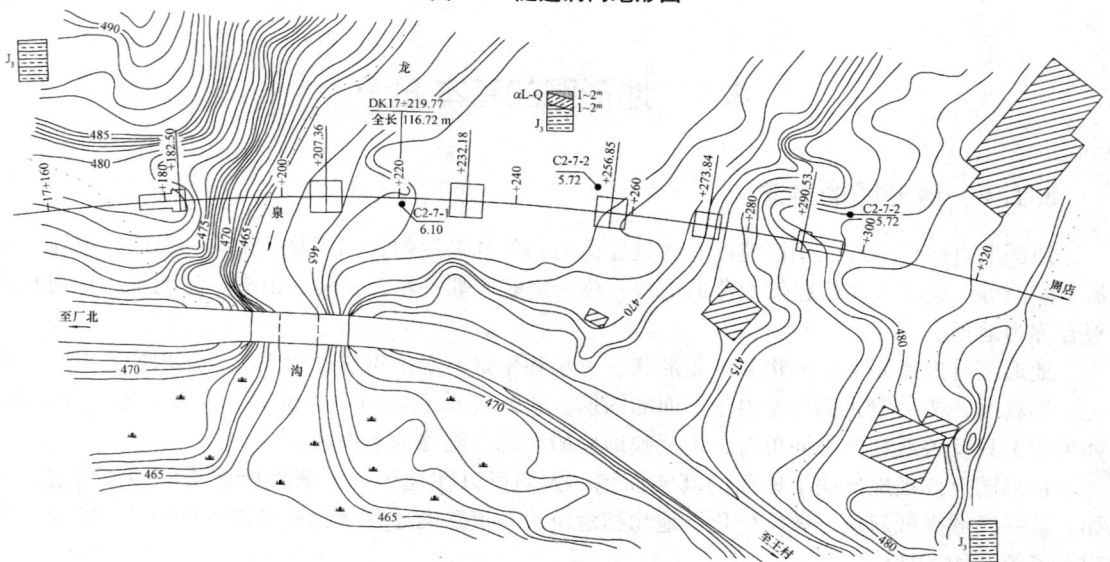

图 8-2 桥址地形图

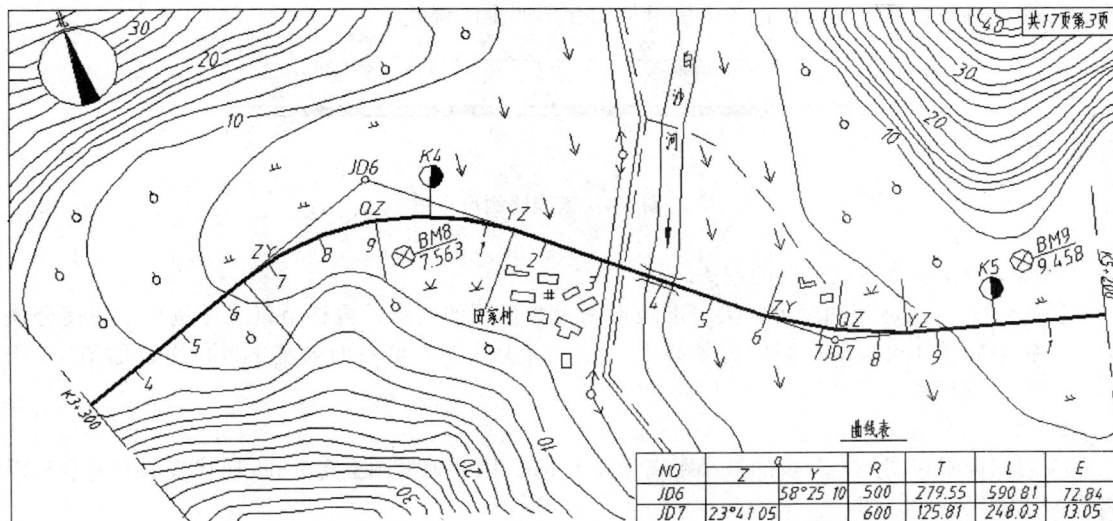

图 8-3　线路平面图

8.1.2　比例尺及比例尺精度

1. 比例尺

地形图上某一直线段的长度 d 与地面相应距离的水平投影长度 D 之比，称为地形图比例尺。地形图比例尺可分为数字比例尺和直线比例尺（图示比例尺）。

（1）数字比例尺。数字比例尺以分子为 1，分母为正数的分数表示，即

$$比例尺 = \frac{d}{D} = \frac{1}{D/d} = \frac{1}{M} \tag{8-1}$$

式中　M——比例尺分母。

如 1/500、1/1 000、1/2 000，一般书写为比例式形式，如 1∶500、1∶1 000、1∶2 000。

当图上两点距离为 1 cm 时，实地距离为 10 m，该图比例尺为 1∶1 000；若图上 1 cm 代表实地距离为 5 m，该图比例尺为 1∶500。分母越大，比例尺越小；分母越小，比例尺越大。比例尺的分母代表了实际水平距离缩绘在图上的倍数。

【例 8-1】　在比例尺为 1∶1 000 的图上，量得两点间的长度为 2.8 cm，求其相应的水平距离。

$$D = Md = 1\,000 \times 0.028 = 28\ （\text{m}）$$

【例 8-2】　实地水平距离为 88.6 m，试求其在比例尺为 1∶2 000 的图上的相应长度。

$$d = \frac{D}{M} = \frac{88.6}{2\,000} = 0.044\ （\text{m}）$$

（2）直线比例尺。使用中的地形图，经长时间存放，将会产生伸缩变形，如果用数字比例尺进行换算，其结果包含着一定的误差。因此绘制地形图时，用图上线段长度表示实际水平距离的比例尺，称为直线比例尺。如图 8-4 所示，直线比例尺由两条平行线构成，在直线上 0 点右端为若干个 2 cm 长的线段，这些线段称为比例尺的基本单位。最左端的一个基本单位分为 10 等份，以便量取不足整数部分的数。在右分点上注记的 0 向左及向右所注记数字表示按数字比例尺算出的相应实际水平距离。使用时，直接用图上的线段长度与直线比例尺对比，读出实际距离长

度，不必要进行换算，还可以避免由图纸伸缩变形产生的误差。

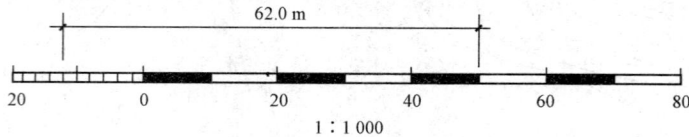

图8-4　直线比例尺

下面举例说明直线比例尺的用法。

【例8-3】　用分规的两个脚尖对准地形图上要量测的两点，再移至直线比例尺上，使分规的一个脚尖放在0点右面适当的分划线上，另一脚尖落在0点左面的基本单位上，如图8-4所示，实地水平距离为62.0 m。

2. 比例尺精度

人们用肉眼在图上能分辨的最小距离为0.1 mm，因此地形图上0.1 mm所代表的实地水平距离称为比例尺精度，即

$$比例尺精度 = 0.1 \text{ mm} \times M \tag{8-2}$$

式中　M——比例尺分母。

比例尺大小不同，比例尺精度不同，常用大比例尺地形图的比例尺精度如表8-1所示。

表8-1　大比例尺地形图的比例尺精度

比例尺	1:500	1:1 000	1:2 000	1:5 000	1:10 000
比例尺精度/m	0.05	0.1	0.2	0.5	1

比例尺精度的概念有两个作用：一是根据比例尺精度，确定实测距离应准确到什么程度。例如，选用1:2 000比例尺测地形图时，比例尺精度为0.1×2 000 = 0.2（m），测量实地距离最小为0.2 m，小于0.2 m的长度在图上就无法表示出来。二是按照测图需要表示的最小长度来确定采用多大的比例尺地形图。例如，要在图上表示出0.5 m的实际长度，则选用的比例尺应不小于0.1/（0.5×1 000）= 1/5 000。

3. 比例尺的分类

地形图比例尺通常分为大、中、小三类。通常把1:500～1:10 000的比例尺，称为大比例尺；1:25 000～1:100 000的比例尺，称为中比例尺；1:200 000～1:1 000 000的比例尺，称为小比例尺。

8.1.3　地物和地貌的表示方法

1. 地物的表示方法

为了清晰、准确地反映地面真实情况，便于读图和应用地形图，在地形图上，地物用国家统一的图式符号表示，地形图的比例尺不同，各种地物符号的大小详略各有不同。表8-2为国家测绘总局颁布实施的统一比例尺地形图图式。另外根据行业的特殊需要，各行业会补充图式符号。

归纳起来，表示地物的符号有依比例符号、非比例符号、半依比例符号和地物注记。

（1）依比例符号。地物的形状和大小，按测图比例尺进行缩绘，使图上的形状与实地形状相似，称为依比例符号，如房屋、居民地、森林、湖泊等。依比例符号能全面反映地物的主要特征、大小、形状、位置。

（2）非比例符号。当地物过小，不能按比例尺绘出时，必须在图上采用一种特定符号表示，这种符号称为非比例符号，如独立树、测量控制点、井、亭子、水塔等。非比例符号多表示独立地物，能反映地物的位置和属性，不能反映其形状和大小。

（3）半依比例符号。地物的长度按比例尺表示，而宽度不能按比例尺表示的狭长地物符号，称为半依比例符号或线形符号，如电线、管线、小路、铁路、围墙等。这种符号能反映地物的长度和位置。

（4）地物注记。对于地物除了应用以上符号表示外，用文字、数字和特定符号对地物加以说明和补充，称为地物注记，如道路、河流、学校的名称，楼房层数、点的高程、水深、坎的比高等。

2. 地貌的表示方法

地面上各种高低起伏的自然形态，在图上常用等高线表示。

（1）等高线的概念。等高线即地面上高程相等的相邻各点所连成的封闭曲线。如图 8-5 所示，用一组高差间隔（h）相同的水平面（p）与山头地面相截，其水平面与地面的截线就是等高线，按比例尺缩绘于图纸上，加上高程注记，就形成了表示地貌的等高线图。

（2）等高距和等高线平距。如图 8-5 所示，地形图上相邻等高线的高差，称为等高距，也称为等高线间隔；同一幅图中等高距相同。相邻等高线之间的水平距离 d，称为等高线平距。同一幅图中等高线平距越小，说明地面坡度越陡；等高线平距越大，说明地面坡度越平缓。

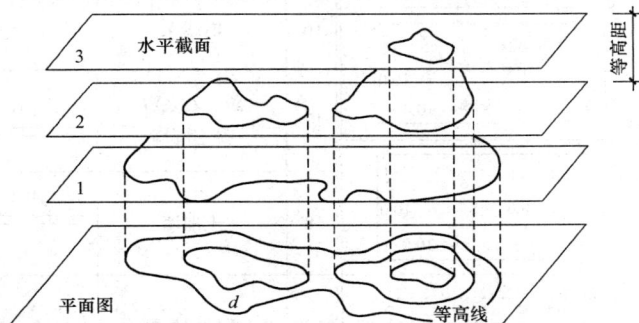

图 8-5　等高线示意图

（3）等高线的分类。为了更详细地反映地貌的特征和便于读图和用图，地形图常采用以下几种等高线，如图 8-6 所示。

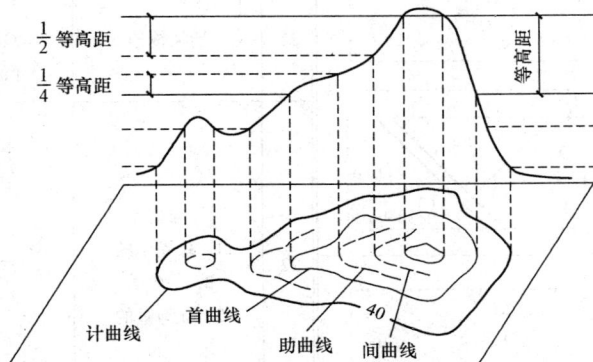

图 8-6　等高线的分类

表 8-2　地形图图式

编号	符号名称	图　例	编号	符号名称	图　例
1	坚固房屋 4 – 房屋层数	坚4　1.5	11	灌木林	0.5　1.0
2	普通房屋 2 – 房屋层数	2　1.5	12	菜地	2.0　2.0　10.0　10.0
3	窑洞 1. 住人的 2. 不住人的 3. 地面下的	1　2.5　2　3	13	高压线	4.0
4	台阶	0.5　0.5	14	低压线	4.0
5	花圃	1.5　1.5　10.0　10.0	15	电杆	1.0
6	草地	1.5　0.8　10.0　10.0	16	电线架	
7	经济作物地	0.8　3.0　蔗　10.0　10.0	17	砖、石及混凝土围墙	10.0
8	水生经济作物地	3.0　藕　0.5	18	土围墙	10.0　0.5　0.3　10.0　0.5
9	水稻田	2.0　10.0　10.0	19	栅栏、栏杆	1.0　10.0
10	旱地	1.0　2.0　10.0　10.0	20	篱笆	1.0　10.0
			21	活树篱笆	3.5　0.5　10.0　1.0　0.8
			22	沟渠 1. 有堤岸的 2. 一般的 3. 有沟堑的	1　2　0.3　3

编号	符号名称	图　例	编号	符号名称	图　例
23	公路	0.3 ———— 沥·砾 ———— 0.3	37	钻孔	3.0 ⊙ ┄ 1.0
24	简易公路	8.0　　2.0	38	路灯	1.5 / 1.0
25	大车路	0.15 ———— 碎石 ———— 0.3	39	独立树 1. 阔叶 2. 针叶	1.5 1　3.0 ↑ 0.7 2　3.0 ↑ 0.7
26	小路	4.0　　1.0 0.3 ——┘ └——			
27	三角点 凤凰山点名 394.468 - 高程	△ 凤凰山/394.468 3.0	40	岗亭、岗楼	90° ⚐ 3.0 1.5
28	图根点 1. 埋石的 2. 不埋石的	1　2.0 □ N16/84.46 2　1.5 ○ 25/62.74 2.5	41	等高线 1. 首曲线 2. 计曲线 3. 间曲线	0.15 〜 87 ——1 0.3 〜 85 ——2 0.15 〜 6.0 ——3 1.0
29	水准点	2.0 ⊗ Ⅱ京石5/32.804			
30	旗杆	1.5 4.0 ╞ 1.0 ○ 1.0	42	示坡线	0.8
31	水塔	2.0 3.0 ◯ 1.0 1.2	43	高程点 及其注记	0.5 · 163.2 ▲ 75.4
32	烟囱	3.5 ◯ 1.0	44	滑坡	
33	气象站（台）	3.0 ┠ 4.0 1.2	45	陡崖 1. 土质的 2. 石质的	1　　　2
34	消火栓	1.5 1.5 ╪ 2.0			
35	阀门	1.5 1.5 ╪ 2.0	46	冲沟	
36	水龙头	3.5 ╓ 2.0 1.2			

①基本等高线。又称首曲线，是按基本等高距绘制的等高线，用细实线表示。

②加粗等高线。又称计曲线，以高程起算面为 0 m 等高线计，每隔四根首曲线用粗实线描绘的等高线。计曲线标注高程，其高程应等于 5 倍等高距的整倍数。

③半距等高线。又称间曲线，是当首曲线不能显示地貌特征时，按二分之一等高距描绘的等高线。间曲线用长虚线描绘。

④辅助等高线。又称助曲线，是当首曲线和间曲线不能显示局部微小地形特征时，按四分之一等高距加绘的等高线。助曲线用短虚线描绘。

（4）基本地貌的等高线。

1）用等高线表示的基本地貌。

①山头和洼地。图 8-7（a）是山头等高线的形状，图 8-7（b）是洼地等高线的形状，两种等高线均为一组闭合曲线，可根据等高线高程字头冲向高处的注记形式加以区别，也可以根据示坡线判断，示坡线是指向下坡的短线。

②山脊和山谷。山脊是山的凸棱沿着一个方向延伸隆起的高地。山脊的最高棱线，称为山脊线，又称为分水线，其等高线的形状如图 8-7（c）所示，凸向低处。山谷是两山脊之间的凹部，谷底最低点的连线，称为山谷线，又称为集水线。其等高线的形状如图 8-7（d）所示，凸向高处。

③阶地。阶地是山坡上出现的较平坦地段，如图 8-7（e）所示。

④鞍部。相邻两个山顶之间的低洼处形似马鞍状，称为鞍部，又称垭口。其等高线的形状如图 8-7（f）所示，是一圈大的闭合曲线内套有两组相对称，且高程不同的闭合曲线。

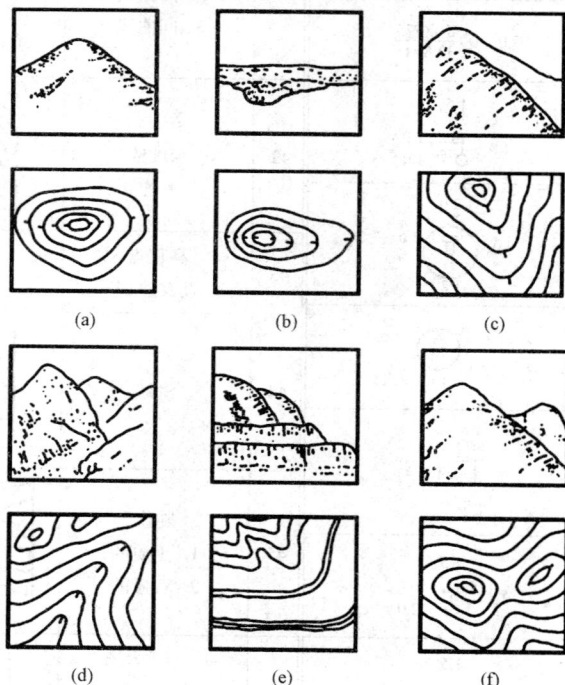

图 8-7 等高线表示的基本地貌

（a）山头；（b）洼地；（c）山脊；（d）山谷；（e）阶地；（f）鞍部

2）用地貌符号表示的基本地貌。除上述用等高线表示的基本地貌外，还有不能用等高线表示的特殊地貌，如峭壁、冲沟、梯田等。

①峭壁。山坡坡度 70°以上，难以攀登的陡峭崖壁称为峭壁（陡崖）。由于等高线过于密集且不规则，用图 8-8 中符号表示。

②冲沟。冲沟是由于斜坡土质松软，多雨水冲蚀形成两壁陡峭的深沟，用图 8-9 中符号表示。

③梯田。由人工修成的阶梯式农田均称为梯田，梯田用陡坎符号配合等高线表示，如图 8-10 所示。

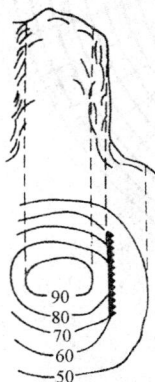

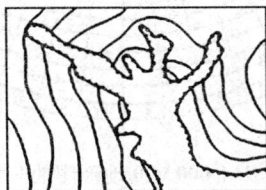

图 8-8　峭壁　　　　　　图 8-9　冲沟　　　　　　图 8-10　梯田

（5）等高线的特性。掌握等高线的特性可以帮助人们测绘、阅读等高线图，综上所述，等高线有以下特性：

①在同一条等高线上的各点，其高程必然相等，但高程相等的点不一定都在同一条等高线上。

②凡等高线必定为闭合曲线，不能中断。闭合圈有大有小，若不在本幅图内闭合，则在相邻其他图幅内闭合。

③在同一幅图内，等高线密集表示地面坡度陡，等高线稀疏表示地面坡度缓；等高线平距相等，地面坡度均匀。

④山脊、山谷的等高线与山脊线、山谷线呈正交。

⑤一条等高线不能分为两根，不同高程的等高线不能相交或合并为一根。

8.2　地形图分幅、编号和注记

8.2.1　大比例尺地形图的分幅与编号

为了测绘、管理、使用方便，各种比例尺地形图要有统一的分幅和编号。国家基本地形图的分幅与编号采用经纬线法（梯形分幅法），即每一个图幅是一个梯形，上下底边以纬线为界，两侧边线是以经线为界。大比例尺地形图分幅通常采用正方形分幅法。

1. 国际分幅法

（1）旧分幅编号方法。地形图的分幅与编号是在比例尺为 1∶1 000 000 地形图的基础上按一定经差和纬差来划分的，每幅图构成一张梯形图幅。

①1∶1 000 000 地形图的分幅与编号。1∶1 000 000 地形图的分幅从地球赤道向两极，以纬差 4°为一列，每列依次以英文字母 A、B、C、D、E 表示，经度由 180°子午线起，从西向东，以经

差 6°为一行，依次以 1，2，3，4，5，…，60 数字表示，如图 8-11 所示。

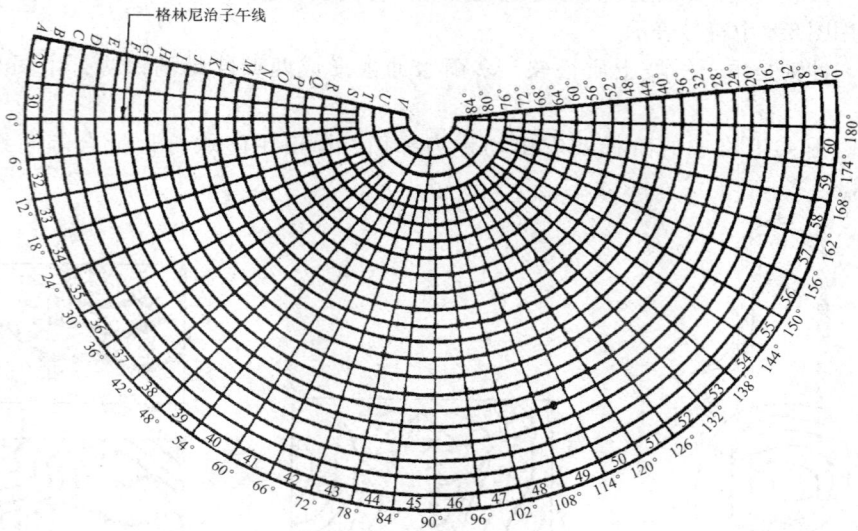

图 8-11　1：1 000 000 地形图的分幅与编号

每幅 1：1 000 000 的地形图图号由该图的列数与行数组成，如北京所在的 1：1 000 000 地形图的编号为：J－50。

由于南北半球的经度相同而纬度对称，为了区别南北半球对应图幅的编号，规定在南半球的图号前加一个 S。如 SL－50 表示南半球的图幅，而 L－50 表示北半球的图幅。

②1：100 000 地形图的分幅与编号。将一幅 1：1 000 000 的图分成 144 幅，分别以 1，2，3，4，5，…，144 表示，其纬差为 20′，经差为 30′，即 1：100 000 的图幅，如北京所在图幅的编号为 J－50－5，参见图 8-12。

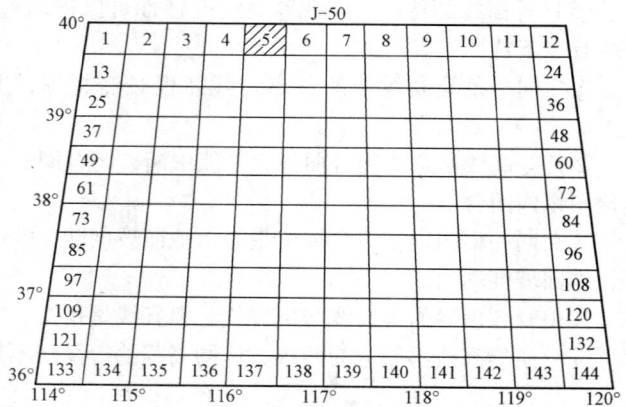

图 8-12　1：100 000 地形图的分幅与编号

③1：50 000、1：25 000、1：10 000 地形图的分幅与编号。这三种比例尺的地形图是在 1：100 000 图幅的基础上分幅和编号的。

一幅 1：100 000 的地形图分成四幅 1：50 000 的地形图，分别以甲、乙、丙、丁表示。一幅 1：50 000 的地形图分成四幅 1：25 000 万的地形图，分别以 1，2，3，4 表示。一幅 1：100 000 的地形图分成 64 幅 1：10 000 的地形图，分别以（1），（2），（3），…，（64）表示。北京所在的上述三种比例尺地形图的图幅编号见表 8-3。

④1：5 000、1：2 000 地形图的分幅与编号。这两种比例尺的地形图是以 1：10 000 地形图的分幅和编号为基础的。如将一幅 1：10 000 的地形图分成 4 幅，在 1：10 000 地形图图号后加 a、b、c、d，即为 1：5 000 的图幅。再将一幅 1：5 000 的地形图分为 9 幅，即得 1：2 000 的地形图，在 1：5 000 地形图的编号后加 1，2，…，9，就是 1：2 000 图幅的编号，图幅的大小与

编号列于表 8-3 中。

表 8-3 各种比例尺地形图分幅与编号表

比例尺	图幅大小		分幅数	基本地形图的编号方法	
	经差	纬差		代字	举例（北京）
1:100 000	30′	20′	144	1～144	J－50－5
1:50 000	15′	10′	4	甲，乙，丙，丁	J－50－5－乙
1:25 000	7′30″	5′	4	1，2，3，4	J－50－5－乙－4
1:10 000	3′45″	2′30″	64	(1)，(2)，…，(64)	J－50－5－(24)
1:5 000	1′52″5	1′15″	4	a，b，c，d	J－50－5－(24)－b
1:2 000	37′5	25″	9	1，2，3，4，5，6，7，8，9	J－50－5－(24)－b－4

（2）新分幅编号方法。国家测绘总局于 2012 年 6 月发布了《国家基本比例尺地形图分幅和编号》（GB/T 13989—2012），规定自 2012 年 6 月起新测和更新的地形图按照此标准进行分幅和编号，即新分幅编号方法。它与旧分幅编号方法相比，具有以下特点：

①国家基本比例尺地形图概念的范围已经有了变化，扩展到大比例尺的范畴，即已经从原来的 1:1 000 000～1:5 000 延伸为 1:1 000 000～1:500，而旧版的标准内内容不包括 1:500、1:1 000、1:2 000 比例尺地形图的分幅和编号要求。

②分幅虽仍以 1:1 000 000 地形图为基础，经纬差并没有改变，但划分的方法却不同，即全部由 1:1 000 000 地形图逐次加密划分而成。另外，由过去的纵行、横列改成了现在的横行、纵列；

③编号仍以 1:1 000 000 地形图编号为基础，下接相应比例尺代码，及行、列代码所构成。因此，所有 1:500 000～1:5 000 地形图的图号均由 5 个元素 10 位代码组成，如图 8-13 所示，各比例尺地形图的经纬差，行列数和图幅数量成简单的倍数关系，为使各比例尺地形图不致混淆，分别采用不同字符作为各比例尺代码，详见表 8-4。

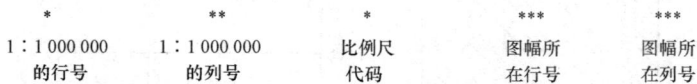

*	**	*	***	***
1:1 000 000 的行号	1:1 000 000 的列号	比例尺 代码	图幅所 在行号	图幅所 在列号

图 8-13 1:500 000～1:5 000 地形图图号构成

表 8-4 图幅数量关系及比例尺代码

比例尺		1:1 000 000	1:500 000	1:250 000	1:100 000	1:50 000	1:25 000	1:10 000	1:5 000	1:2 000	1:1 000	1:500
比例尺代码			B	C	D	E	F	G	H	I	J	K
图幅范围	经差	6°	3°	1°30′	30′	15′	7′30″	3′45″	1′52.5″	37.5″	18.75″	9.375″
	纬差	4°	2°	1°	20′	10′	5′	2′30″	1′15″	25″	12.5″	6.25″
行列数量 关系	行数	1	2	4	12	24	48	96	192	576	1 152	2 304
	列数	1	2	4	12	24	48	96	192	576	1 152	2 304
图幅数量关系		1	4	16	144	576	2 304	9 216	36 864	331 776	1 327 104	5 308 416

2. 正方形分幅法

国际分幅法主要应用于基本图，工程建设中使用的大比例尺地形图，一般采用正方形分幅。

正方形图幅的大小及尺寸如表8-5所示。

表8-5 正方形图幅表

比例尺	内图廓尺寸 /cm²	实地面积 /km²	4 km² 的图幅数
1:5 000	40×40	4	1
1:2 000	50×50	1	4
1:1 000	50×50	0.25	16
1:500	50×50	0.062 5	64

当采用国家统一坐标系时，正方形图幅编号主要由下列两项组成：

（1）图幅所在带的中央子午线的经度。

（2）图幅西南角以km计的坐标值 x、y。

图8-14 中，117° + 290 + 484 表示中央子午线为 117°，图幅西南角的坐标为 $x = +290$ km，$y = +484$ km。它是一幅1:5 000 的地形图。

当测区未与全国性三角网联系，可采用假定直角坐标进行分幅及编号。图8-15（a）是9张1:2 000 比例尺的分幅图。每幅图的编号及图名注于图上。有斜线的那幅图取名为俞庄，编号为"5"。有"×"号的一点是这幅图的西南角，它的坐标是：$x = 4\,000$ m，$y = 5\,000$ m。

图8-15（b）是一张图名为俞庄、编号为"5"的1:2 000 地形图图幅。如果要了解该图幅左右两侧的地形，可在分幅图中按结合图号拼接成一幅大图。

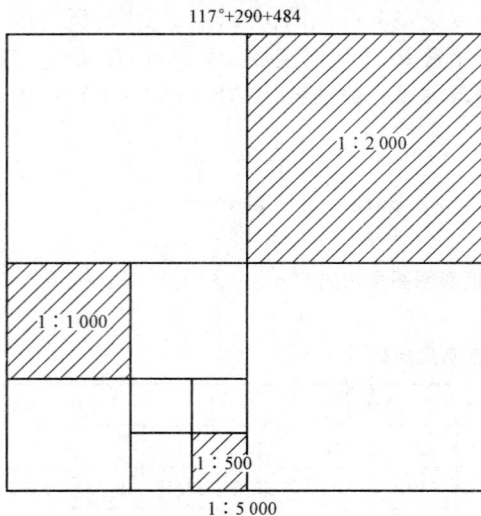

图8-14 以中央子午线表示的正方形分幅

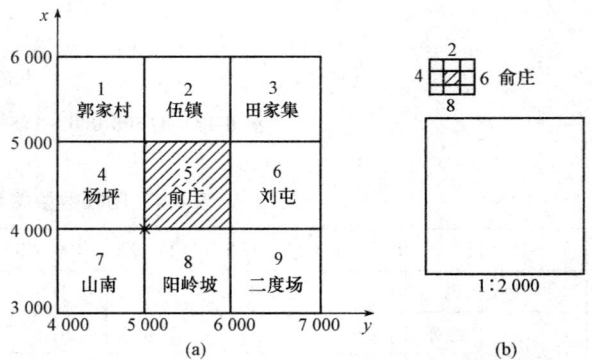

图8-15 以假定直角坐标系的正方形分幅

（a）1:2 000 比例尺分幅图；（b）1:2 000 地形图图幅

8.2.2 图廓

每一幅图的边界线称为图廓。图廓有内图廓和外图廓之分。内图廓用细线描绘，是本幅图的边界线，也是坐标格网线。在内图廓边界线上的短线和图幅内的十字为坐标格网线，内、外图廓线之间注有图廓线坐标值，以 km 为单位。外图廓用粗实线描绘，是整饰范围线，如图 8-16 所示。

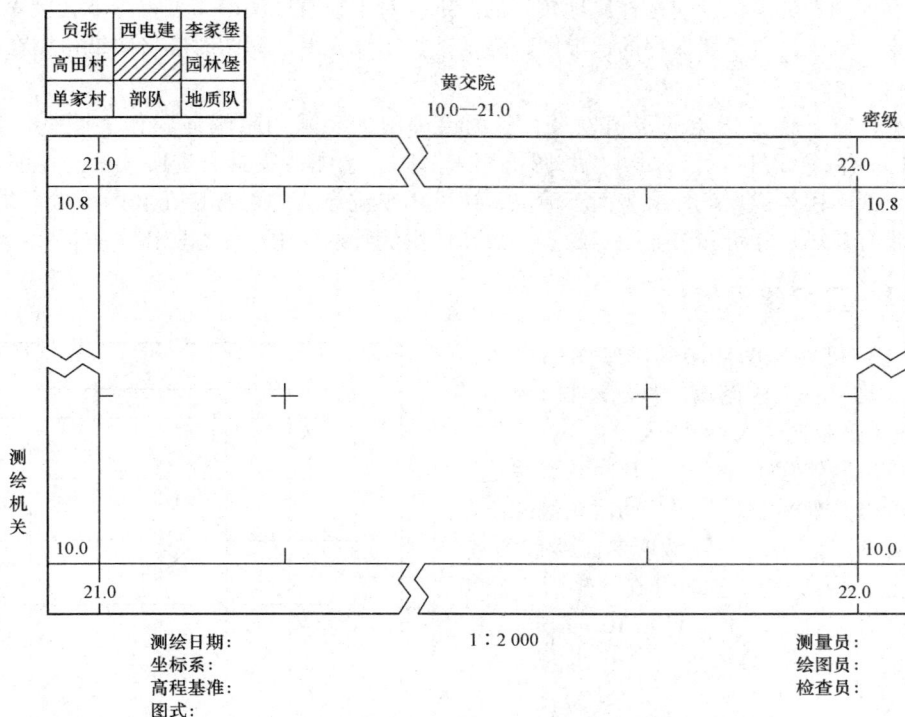

图 8-16　图廓注记

8.2.3　图外注记

1. 图名与图号

每一幅图的名称简称为图名，以图幅内最主要的地名、单位和行政名称命名。如图 8-16 所示，图名为黄交院，图号即上述分幅编号，图名和图号注记在北图廓正中位置。

2. 邻接图表

在图幅左上角绘有邻接图表，说明本幅图与相邻图幅的关系，便于索取和拼接相邻图幅。中间绘有斜线的代表本幅图，周边邻接图幅以图名或图号注出，如图 8-16 所示。

3. 其他注记

右上角密级注明图纸的保密级别，左图廓外注明测绘单位，左下角注记测绘日期、采用坐标系、高程基准与地形图图式版本，在下图廓外中间注记本幅图比例尺。右下角注明测量员、绘图员、检查员的姓名。

8.3　测图前的准备工作

为了顺利完成地形测图工作，测图前应收集整理测区内可利用的已有控制点成果，明确测区范围，实地踏勘，拟定实测方案和确定技术要求，准备仪器工具、图纸和展绘控制点等。

8.3.1　图纸准备

为了保证测图的质量，应选择质地较好的图纸。对于临时性测图，可将图纸直接固定在图板上进行测绘；对于需要长期保存的地形图，为了减少图纸变形，测图时应将图纸裱糊在锌板、铝板或胶合板上。

近年来，由于化工工业的飞速发展，各测绘部门大多采用聚酯薄膜作为图纸，其厚度为0.07~0.1 mm，表面打毛后，便可代替图纸用来测图。聚酯薄膜具有透明度好、伸缩性小、不怕潮湿、牢固耐用等优点，如果表面不清洁，还可用水洗涤，并可直接在底图上着墨复晒蓝图。但聚酯薄膜有易燃、易折和易老化等缺点，故在使用保管过程中应注意防火、防折。

8.3.2　坐标格网绘制

在大比例尺地形图使用的图纸图幅尺寸一般为50 cm×50 cm，在图幅内精确绘制10 cm×10 cm的正方形格网。

绘制方格网的常用方法是直尺对角线法。用直尺轻轻绘出图纸的两对角线，两对角线的交点设为O，从O点起沿对角线截取等距线段得A、B、C、D点，将四个点连线构成一矩形。沿矩形边从左到右，自下而上，每隔10 cm定一点，连接对边的相应点，即可绘出坐标格网线，如图8-17所示。

坐标格网绘制完成后，应进行对角线和边长精度的检查，对坐标格网线的要求：各方格线交点应在一条直线上，偏离不应大于0.2 mm，各方格对角线长度误差不应超过0.3 mm。

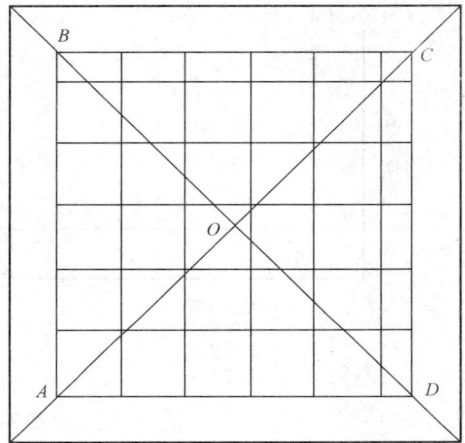

图8-17　坐标格网的绘制

8.3.3　控制点展绘

将测区内控制点按测图比例尺展绘到图纸上的工作，称为展点。展点前根据地形图的图幅和编号，标出图廓线相应坐标值。展点时，首先确定所展控制点的坐标值所在方格，如图8-18所示，测图比例尺为1:1 000，A点的坐标值是$x=1$ 162.78 m，$y=636.56$ m，即A点确定位置在$MHTN$方格内，用1:1 000的比例尺，分别从M和N点各沿MH、NT线向上量取62.78 m，得b、c两点，再由M和H点沿MN、NT线点向右量取36.56 m，得e、f两点，连接bc和ef，其交点为控制点A的位置。同样方法展绘其他各点。展点完成后，用比例尺检查相邻控制点间的距离，与相应的距离比较，其差值不应超过图上0.3 mm为合格。按照《国家

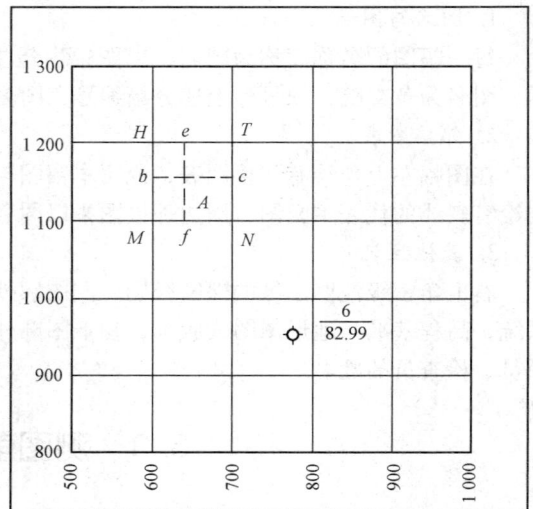

1 : 1 000

图8-18　控制点的展绘

基本比例尺地图图式》（GB/T 20257—2017）标注点号和高程，如图 8-18 所示，在点的右侧画一横线，横线以上书写点号，横线以下书写高程。

8.4　解析测图法

8.4.1　图根控制测量

图根控制测量是碎步测量之前的一个重要步骤。其主要任务是布设足够密度的测站点，图根点是直接供测图使用的平面和高程依据，宜在各级国家等级控制点、城市等级控制点下加密。

图根控制测量分为图根平面控制测量和图根高程控制测量。图根平面控制测量和图根高程控制测量可以同时进行，也可以分别施测。目前，图根平面控制测量主要采用测距导线（网）或 RTK 两种方式，图根高程控制测量主要采用水准网的方式。在山区，也常采用布设全站仪三角高程导线（网）的方式来测定图根点的坐标和高程。

1. 图根点的埋设

图根控制点应埋设在土质坚实、便于长期保存、便于仪器安置、通视良好、视野开阔、便于测角和测距、便于施测碎部点的地方，避免将图根点选在道路中间。图根控制布设的主要形式是附合导线和结点导线，个别无法附合的地区，可采用支导线的形式补充。图根点选定后，应立即打桩并在桩顶钉一小钉或画"＋"作为标志；或用油漆在地面上画"⊕"作为临时标志并编号。当测区内高级控制点稀少时，应适当埋设标石，埋石点应选在第一次附合的图根点上，并应做到至少能与另一个埋石点互相通视。

图根点的密度应根据测图比例尺和地形条件而定，使用传统测图方法，平坦开阔地区图根点的密度不宜小于表 8-6 的规定；数字化测图图根点的密度不宜小于表 8-7 的规定。地形复杂、隐蔽以及城市建筑区，应以满足测图需要并结合具体情况加大密度。

表 8-6　平坦开阔地区图根点的密度　　　　　　　　　　　　　点/km²

测图比例尺	1∶500	1∶1 000	1∶2 000
图根点密度	150	50	15

表 8-7　数字化测图图根点的密度　　　　　　　　　　　　　点/km²

测图比例尺	1∶500	1∶1 000	1∶2 000
图根点密度	64	16	4

2. 图根平面控制测量

图根平面控制点的布设，可采用图根导线、图根三角锁（网）方法，不宜超过两次附合，图根导线在个别极困难的地区可附合三次；局部地区可采用光电测距极坐标法和交会点等方法，也可以采用 GPS 测量方法布设。

图根导线测量的技术要求应符合表 8-8 的规定。因地形限制，图根导线无法附合时，可布设支导线。支导线不多于 4 条边，长度不超过 450 m，最大边长不超过 160 m。边长可单程观测 1 测回。水平角观测，首站应联测两个已知方向，采用 DJ6 光学经纬仪观测 1 测回，其他站水平角应分别测左、右角各 1 测回，其固定角不符值与测站圆周角闭合差均不应超过 ±40″。

表 8-8 图根电磁波测距附合导线的技术要求

比例尺	平均边长/m	导线全长/m	导线全长相对闭合差/m	方位角闭合差/″	水平角测回（DJ6）	测距	
						仪器类型	方法与测回数
1:500	80	900					
1:1 000	150	1 800	≤1/4 000	≤ ±40$\sqrt{n}$	1	Ⅱ级	单程观测 1
1:2 000	250	3 000					

图根三角锁（网）的平均边长不宜超过测图最大视距的 1.7 倍。转距角不宜小于 30°，特殊情况下个别转距角也不宜小于 20°。线形锁三角形的个数不应超过 12 个。图根三角锁（网）的水平角，应使用 DJ6 级仪器并采用方向观测法观测 1 测回。当观测方向多于 3 个时应归零。图根三角锁（网）水平角观测各项限差应符合表 8-9 的规定。

表 8-9 图根三角锁（网）的技术要求

仪器类型	测回数	测角中误差	半测回归零差	三角形闭合差	方位角闭合差
DJ6	1	≤ ±20″	24″	≤ ±60″	≤ ±40$\sqrt{n}$

采用交会测量时，其交会角度应为 30°～150°。前、侧方交会应有三个方向；后方交会（$\alpha+\beta+\delta$）不应为 160°～200°。交会边长不宜大于 0.5M（m）（M 为测图比例尺分母），点位应避免落在危险圆范围内。

当局部地区图根点密度不足时，可在等级控制点或一次附合图根点上，采用光电测距极坐标法布点加密，平面位置测量的技术要求应符合表 8-10 的规定。采用光电测距极坐标法所测的图根点，不应再行发展，且一幅图内用此法布设的点不得超过图根点总数的 30%。条件许可时，宜采用双极坐标测量，或适当检测各点的间距；当坐标、高程同时测定时，可变动棱镜高度两次测量，进行校核。两组坐标较差、坐标反算间距较差均不应大于图上 0.2 mm。

表 8-10 光电测距极坐标法测量技术要求

项目	仪器类型	方法	测回数	最大边长			固定角不符值
				1:500	1:1 000	1:2 000	
测距	Ⅱ级	单程观测	1	200	400	800	—
测角	DJ6	方向法，连测两个已知方向	1	—	—	—	≤ ±40″

注：1. 边长不宜超过定向边长的 3 倍；
2. 采用双极坐标测量时，每测站只联测一个已知方向，测角、测距均为 1 测回，两组坐标较差不超限时，取其中数。

图根三角锁（网）和图根导线均可采用近似平差。计算时角值取至秒，边长和坐标取至厘米。

单三角锁坐标闭合差，不应大于图上 ±0.1$\sqrt{n_t}$（mm）（n_t 为三角形个数）。线形锁重合点或测角交会点的两组坐标较差，不应大于图上 0.2 mm。实量边长与计算边长较差的相对误差，不应大于 1/1 500。

3. 图根高程控制测量

当基本等高距为 0.5 m 时，图根点的高程应用图根水准、图根光电测距三角高程或 GPS 测量方法测定；当基本等高距大于 0.5 m 时，可用图根经纬仪三角高程测定。

图根水准测量应起闭于高等级高程控制点上，可沿图根点布设为附合路线、闭合环或结点网，对起闭于一个水准点的闭合环，必须先行检测该点高程的正确性。高级点间附合路线或闭合环线长度不得大于 8 km，结点间路线长度不得大于 6 km，支线长度不得大于 4 km。使用不低于 DS10 级的水准仪（i 角应小于 30″），按中丝读数法单程观测（支线应往返测），估读至毫米。水准测量技术要求应符合表 8-11、表 8-12 的规定。图根水准计算可简单配赋，高程应取至厘米。

表 8-11　水准测量的主要技术要求

等级	每千米高差全中误差/mm	路线长度/km	水准仪的型号	水准尺	观测次数		往返较差、附合或环线闭合差	
					与已知点联测	附合或环线	平地/mm	山地/mm
三等	6	≤50	DS1	因瓦	往返各一次	往一次	$12\sqrt{L}$	$4\sqrt{n}$
			DS3	双面		往返各一次		
四等	10	≤16	DS3	双面	往返各一次	往一次	$20\sqrt{L}$	$6\sqrt{n}$
五等	15	—	DS3	单面	往返各一次	往一次	$30\sqrt{L}$	

注：L 为附合路线或环线长度，n 为测站数。

表 8-12　水准测量测站限差

等级	视线长度/m	前后视距差/m	前后视距累积差/m	黑红面读数差/mm	黑红面高差之差/mm
四	80	5	10	3	5
等外	100	20	100	4	6

图根三角高程导线应起闭于高等级控制点上，其边数不应超过 12 条，边数超过规定时，应布设成结点网。图根三角高程导线垂直角应对向观测；光电测距极坐标法图根点垂直角可单向观测 1 测回，变换棱镜高度后再测 1 次；独立交会点亦可用不少于 3 个方向（对向为两个方向）单向观测的三角高程推求，其中测距要求同图根导线。图根三角高程测量的技术要求应符合表 8-13 的规定。

表 8-13　电磁波测距高程导线的主要技术指标

仪器类型	中丝法测回数		指标差较差、垂直角较差/″	对向观测高差、单程两次高差较差/m	各方向推算的高程较差/m	附合或环形闭合差	
	经纬仪三角高程测量	光电测距三角高程测量				经纬仪三角高程测量	光电测距三角高程测量
DJ6	1	对向 1 单向 2	≤25	≤0.4×S	≤0.2×H_C	≤±0.1$H_C$$\sqrt{n_S}$	≤40$\sqrt{[D]}$

注：1. S 为边长（km），H_C 为基本等高距（m），n_S 为边数，D 为测距边边长（km）；
　2. 仪器高和目标高应准确量取至毫米，高差较差或高程较差在限差内时，取其中数。

当边长大于 400 m 时，应考虑地球曲率和折光差的影响。计算三角高程时，角度取至秒，高差应取至厘米。

8.4.2 碎部测量

碎部测量就是以控制点为测站，测定其周围碎部点的平面位置和高程，并按规定的图式符号绘制成图。下面分别介绍碎部点的选择和碎部测量的方法。

1. 碎部点选择

碎部点分为地物点和地貌点。碎部测量的精度和速度与司（立）尺员能否合理地选择碎部点有着密切的关系，司尺员必须了解测绘地形图有关的技术要求，掌握地形的变化规律，并能根据测图比例尺的大小和用图目的等，对碎部点进行综合取舍，然后立尺，如图 8-19 所示。

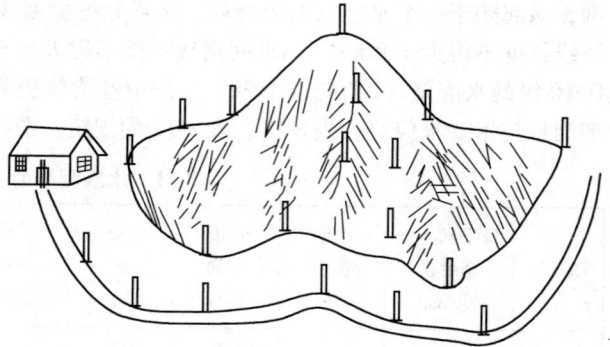

图 8-19　碎部点的选择

（1）地物点的选择。反映地物轮廓和几何位置的点称为地物特征点，简称地物点。如独立地物的中心点、线状和带状地物的中心线或边线以及块状地物的边界线上的起点、终点、转折（弯）点、坡度变化点、交（分）叉点等都是地物点。在地形图测绘中，应根据地物轮廓线的情况，做到"直稀、曲密"，正确、合理地选择地物点，现结合各类地物予以说明。

①居民地。测绘居民地根据所需测图比例尺的不同，在综合取舍方面也不一样。对于居民区的外轮廓，应准确测绘，其内部的主要街道以及较大的空地应区分出来。对散列式的居民地、独立房屋，应分别测绘。

测绘房屋时，由于房角一般是 90°，所以仅需在长边的两个房角立尺，再量出房宽即可。但为了校核，有时还需要在第三个房角上立尺。如房屋有凸凹情况，可根据测图比例尺进行取舍，小于图上 0.4 mm 的凸凹部分可以舍去不测。若凸凹部分较大，也仅需要在几个角点上立尺，再直接量取有关的宽度和长度。

②道路。道路包括铁路、公路、大车路和人行小路等，它们均属于线状地物，除交叉口外，都由直线和曲线组成。特征点主要是直线和曲线的连接点和曲线上的变化点，直线部分立尺点可少些，曲线及道岔部分立尺点就要密一些。当弯曲部分小于图上 0.4 mm 时，不立尺。

铁路和公路一般测其中心线，并测量其实际宽度。根据测图比例尺，如宽度在图上不能按比例表示时，则根据所测中心线的位置按图式符号表示。有时，道路除在图上表示平面位置外，还必须测量、注记适当数量的高程点。

③管线。架空管线，在转折处的支架塔柱应实测，位于直线部分的可用档距长度在图上以图解法确定。塔柱上有变压器时，变压器的位置按其与塔柱的相应位置绘出。电线和管道用规定的符号表示。

④水。水系包括河流、湖泊、水库、沟渠、池塘和井、泉等。河流、湖泊、水库要求测出水涯线（水面与地面的交线）、洪水位（历史上最高水位的位置）或平水位（常年一般水位的位置），应根据用图单位的要求并在调查研究的基础上进行测绘。

当河流、沟渠的宽度在图上不超过 0.5 mm 时，可在其中心线的转折点、弯曲点、会合点、分岔点、变坡点和起点、终点上立尺，并用单线表示；当宽度在图上大于 0.5 mm 时，可在一边的岸线上立尺，并量取宽度用双线表示；当宽度较大时，则应在两边岸线的特征点上立尺。

泉眼、水井应测出其中心位置，并用相应的符号表示；水系的主要附属物，如水闸、水坝、堤岸等，应逐一立尺测绘；所有河流均应注明水流方向，较大的还应注记名称。

⑤植被。植被包括森林、苗圃、果园、竹林、草地和耕地等。植被的测绘主要是测定各类植被边界线上的轮廓点，按实地形状用地类界符号描绘其范围大小，再加注植物符号和说明。如果地类界与道路、河流等重合时，则可不绘出地类界，但与境界、高压线等重合时，地类界应移位绘出。

（2）地貌点的选择。地貌虽千姿百态、错综复杂，但其基本形态可归纳为山地、丘陵地、盆地、平地。地貌可近似地看作由许多形状、大小、坡度方向不同的斜面所组成，这些斜面的交线称为地貌特征线，通常称为地性线，如山脊线、山谷线是主要的地性线。山脊线或山谷线上变换方向的点为方向变换点，方向变换点之间的连线称为方向变换线；两个倾斜度不同坡面的交线称为倾斜变换线。地性线上的坡度变化点和方向改变点、峰顶、鞍部的中心、盆地的最低点等都是地貌特征点，简称地貌点。

为了能详尽地表示地貌形态，除对明显的地貌特征点必须选测外，还需在其间保持一定的立尺密度，使相邻立尺点间的最大间距不超过表 8-14 的规定。

表 8-14 地貌点间距表

测图比例尺	立尺点最大间隔/m
1:500	15
1:1 000	30
1:2 000	50
1:5 000	100

2. 经纬仪测图

经纬仪测图是将经纬仪安置在测站上，测定测站到碎部点与导线边的夹角及其距离和高差；测图时，绘图板安置在旁边，边测边绘，方法简单、灵活，不受地形限制，适用于各类测区。具体操作方法如下：

（1）安置仪器。如图 8-20 所示，经纬仪安置在测站（控制点）A 上，量取仪器高 i，记入碎部测量记录手簿（见表 8-15）。绘图板安置在旁边。

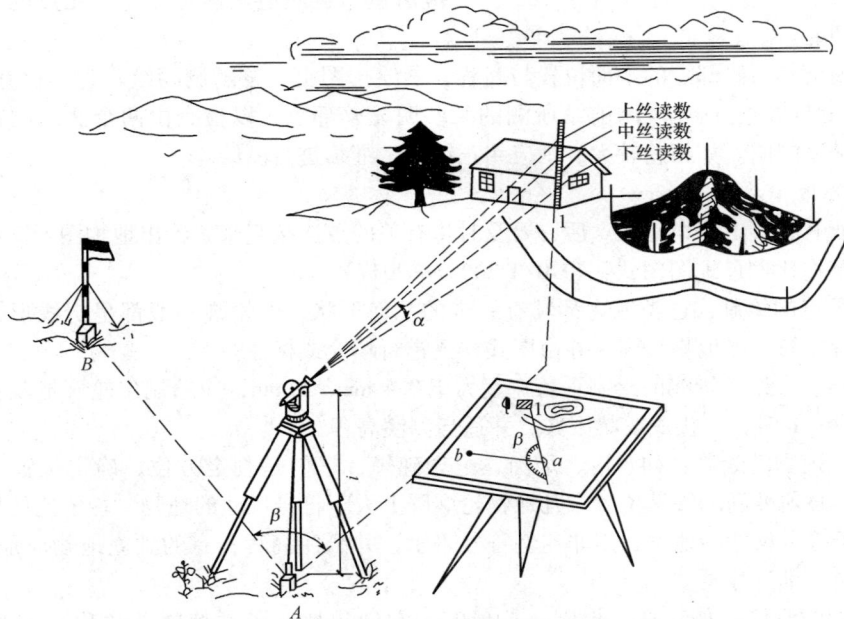

图 8-20 经纬仪测图

表 8-15 碎部测量记录手簿

仪器号_____ 班组_____ 天气_____ 日期_____ 观测者_____ 记录者_____

仪器高_____1.41 m_____ 定向点_____B_____ 测站高程_____78.93 m_____

测站	碎部点	视距尺读数/m			竖盘读数	竖角	高差/m	水平角	水平距离/m	高程/m	备注
		中丝	下丝	上丝							
A	1	1.35	1.768	0.932	90°24′	−0°24′	−0.52	45°23′	83.60	78.41	
	2	1.52	1.627	1.413	89°39′	+0°21′	+0.01	47°34′	19.70	78.94	
	3	1.55	1.810	1.490	90°01′	−0°01′	−0.15	56°25′	32.00	78.78	

（2）定向。经纬仪瞄准另一控制点 B，调整水平度盘读数为 0°00′00″，作为起始方向即零方向。

（3）跑尺。在地形特征点（碎部点）上立尺的工作通称为跑尺。跑尺点的位置、密度、远近及跑尺的方法影响着成图的质量和功效。跑尺前，跑尺员应弄清实测范围和实地情况，并与观测员、绘图员共同商定跑尺路线，依次将视距尺立置于地物、地貌特征点上。

（4）观测。转到照准部，瞄准碎部点上的视距尺，读取上中下三丝的读数，转动竖盘指标水准管微动螺旋，使竖盘指标水准管气泡居中，读取竖盘读数，最后读取水平度盘读数，分别记入碎部测量记录手簿（见表 8-15）。对于有特殊作用的碎部点，如房角、山头、鞍部等，应在备注中加以说明。

（5）计算。根据上下丝读数算得视距间隔 l，由竖盘读数算得竖角 α，利用视距公式计算水平视距 D 和高差 h，并根据测站的高程算出碎部点的高程，分别记入碎部测量记录手簿（见表 8-15）。

（6）展绘碎部点。用细针将量角器的圆心插在图上测站点 A 处，如图 8-20 所示，转动量角器，将量角器上等于水平角值的刻划线对准起始方向线，此时量角器的底边便是碎部点方向，然后用测图比例尺按测得的水平距离在该方向上定出碎部点的位置。当水平角值小于 180°时，应沿量角器底边右面定点；水平角大于 180°时，应沿量角器底边左面定点，并在点的右侧注明其高程，字头朝北。

同法，测出其余碎部点的平面位置与高程，展绘于图上，并随测随绘。为了检查测图质量，仪器搬到下一测站时，应先观测前站所测的某些明显碎部点，以检查由两个测站测得该点平面位置和高程是否相同。如相差较大，则应纠正错误，继续进行测绘。

3. 绘制地物

当在图纸上展绘出多个地物点后，要及时将有关的点连接起来，绘出地物图形。绘制时，要依据《国家基本比例尺地图图式》（GB/T 20257—2017）。

（1）居民点的绘制：这类地物都具有一定的几何形状，外轮廓一般都呈折线形，应根据测定点和地物特性勾绘出地物轮廓，并由图式样式进行填充或标注。

（2）道路、水系、管线的绘制：若宽度大于 0.4 mm × Mmm，应绘制出轮廓形状；若宽度小于 0.4 mm × Mmm 时，连接成线状图式，并适当测注高程。

（3）独立地物的绘制：如水塔、烟囱、纪念碑等，它们是判定方位、确定位置、指出目标的重要标志，必须准确测绘其位置。凡地物轮廓图上大于符号尺寸的地物，均依比例尺表示，加绘符号；小于符号尺寸的地物，用非比例符号表示，并测注高程；有的独立地物应加注其性质，如油井应加注"油"字样。

（4）植被的测绘：如森林、果园、草地等，它们是地面各类植物的总称，主要是测绘各种植被的边界，并在其范围内配置相应的符号；对耕地的轮廓测绘，还应区别是旱田还是水田等。

4. 勾绘地貌

碎部测量中，当图纸上有足够数量的地貌特点时，要及时将山脊线、山谷线勾绘出来，如图 8-21 所示；用细实线表示山脊线，用细虚线表示山谷线。但地貌点的高程不一定恰好符合等高线的要求，等高线的高程必须是等高距的整数倍。所以勾绘等高线时，首先必须根据这些标注高程的地貌点位，按内插法求出符合等高线高程的点位，最后将高程相等的相邻点用平滑的曲线连接起来。内插等高线高程的点位有以下三种方法。

（1）解析法。如图 8-21 所示，已知几个地貌点的平面位置和高程，要在图上绘出等高距为 1 m 的等高线。首先，用解析法确定各相邻两地貌点间的等高线通过点。

例如，A、B 两点，根据 A 点和 B 点的高程可知，在 $A-B$ 连线上有 67 m、66 m、65 m、64 m 和 63 m 的等高线通过，求出 A、B 两点的高差为 4.4 m（67.3－62.9＝4.4），在图上量出 AB 两点间的长度为 30.8 mm；然后，计算出相邻两条等高线间的平距为 7 mm（30.8/4.4＝7），那么 A、B 两点间的等高线通过点分别距离 A 点为 2.1 mm、9.1 mm、16.1 mm、23.1 mm 和 30.1 mm，用直尺自 A 点沿 AB 方向量出这些长度，即得相应高程的等高线通过点。同法解析内插出其他相邻两地貌点间的等高线通过点。最后，根据实际地貌情况，把高程相同的相邻点用圆滑的曲线连接起来，勾绘成等高线图，如图 8-22 所示。

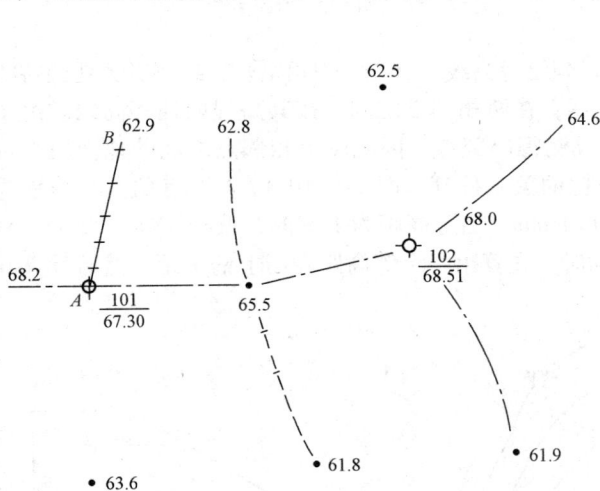

图 8-21　勾绘山脊线、山谷线　　　　　　　图 8-22　等高线勾绘

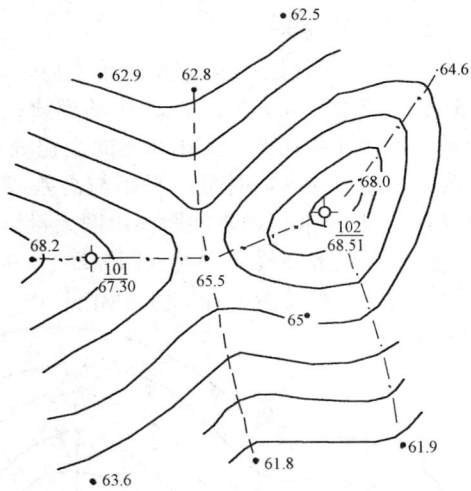

（2）图解法。如图 8-23 所示，在一张透明纸上绘出若干条等间隔平行线，覆盖在等待勾绘等高线的图上，转动透明纸，使 A、B 两点分别位于平行线间的 0.3 和 0.1 的位置上，则直线 $A-B$ 和 5 条平行线的交点，便是高程为 67 m、66 m、65 m、64 m 和 63 m 的等高线位置。

（3）目估法。根据解析法的原理，用目估来确定等高线通过位置，其要领为"取头定尾，中间等分"。如图 8-24 所示，经图上量取可知，A、B 两点间平距为 30.8 mm，又知高差为 4.4 m，两等高线间的平距为 7 mm，勾绘等高距为 1 m 的等高线，则 $A-B$ 两点间共有 5 条等高线通过。而 A 点至 67 m 等高线的高差为 0.3 m，并非是 1 m，按高差 1 m 的平距 7 mm 为标准，适当缩短（将 7 mm 分为 10 份，取 3 份），目估定出 67 m 的点；同法，在 B 点处定出 63 m 的点。然后，将首尾点间的平距 4 等分，定出 66 m、65 m、64 m 各点。

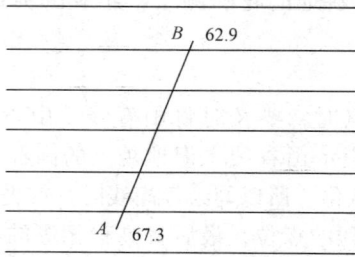

图 8-23　图解法内插等高线

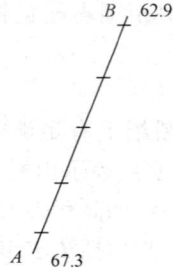

图 8-24　目估法勾绘等高线

8.4.3　地形图的绘制

在外业工作中，将碎部点展绘在图上后，就可对照实地随时描绘地物和等高线。如果测区较大，由多幅图拼接而成，还应及时对各图幅衔接处进行拼接检查，经过检查与整饰，才能获得合乎要求的地形图。

1. 地物描绘

地物要按地图图式规定的符号表示。房屋轮廓需用直线连接起来，而道路、河流的弯曲部分则是逐点连成光滑的曲线。不能依比例描绘的地物，应按规定的非比例符号表示。

2. 等高线勾绘

在图纸上测得一定数量的地形点后，即可勾绘等高线。首先，用铅笔轻轻地将有关地貌特征点连起勾出地性线，如图 8-25 中的虚线；然后，在两相邻点之间，按其高程内插等高线。由于测量时沿地性线在坡度变化和方向变化处立尺测得碎部点，因此图上相邻点之间的地面坡度可视为均匀的，在内插时可按平距与高差成正比的关系处理。图 8-25 中 A、B 两点的高程分别为 53.7 m 及 49.5 m，两点间距离由图上量得为 21 mm，当等高距为 1 m 时，就有 53 m、52 m、51 m、50 m 四条等高线通过（见图 8-26）。内插时，先算出一个等高距在图上的平距，然后计算其余等高线通过的位置，计算方法如下。

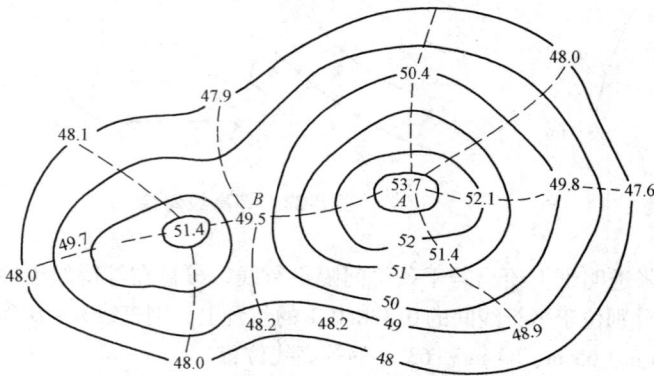

图 8-25　等高线的勾绘

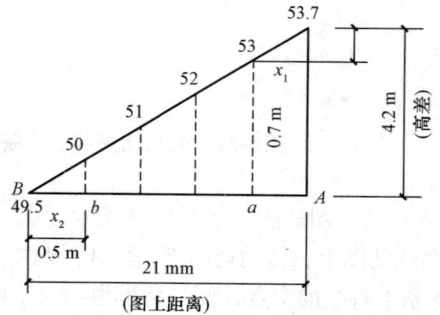

图 8-26　等高线内插原理

等高距 1 m 的平距 d 为

$$d = \frac{21}{4.2} = 5 \text{（mm）}$$

而后计算 53 m 及 50 m 两根等高线至 A 及 B 点的平距 x_1 及 x_2，定出 a 及 b 两点，$x_1 = 0.7 \times 5$

$=3.5$（m），$x_2 = 0.5 \times 5 = 2.5$（m）；再将 ab 分为 3 等份，等分点即为 52 m 及 51 m 等高线通过的位置。同法，可定出其他各相邻碎部点间等高线的位置。将高程相同的点连成平滑曲线，即为等高线（见图 8-25）。

实际工作中，根据内插原理一般采用目估法勾绘。首先按比例关系估计 A 点附近 53 m 及 B 点附近 50 m 等高线的位置，然后 3 等分求得 52 m、51 m 等高线的位置，如发现比例关系不协调时，可进行适当的调整。

3. 地形图的拼接、整饰、检查与验收

地形测量完毕后，应按测量规范要求进行拼接和整饰，还要根据质量的检查制度进行检查，合格后所测的图才能使用。

（1）拼接。当测区较大，采用分块、分幅测图时，所测的几幅图就需要进行拼接。为了拼接方便，测图时每幅图的西南两边应测出图框以外 2 cm 左右。

拼接方法是，将相邻两幅图衔接边处的地形蒙绘于一张透明纸条上，就可以看出相应地物与等高线衔接的情况（见图 8-27）。若地物位置相差不到 2 mm，等高线相差不大于相邻等高线的平距时，则可在透明纸上做合理的修正（一般取平均位置做修正），使图形和线条衔接，然后按透明纸上衔接好的图形转绘到相邻的图纸上去。如发现漏测或有错误，必须补测或重测。

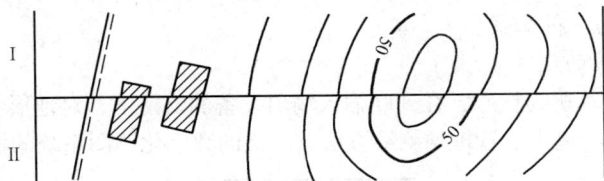

图 8-27 地形图的拼接

地形图的接边限差，不应大于规定的碎部点平面、高程中误差的 $2\sqrt{2}$ 倍。在大比例尺测图中，关于碎部点（地物点与等高线内插点）的中误差按规定执行。

（2）整饰。每幅图拼接好以后，擦去图上不需要的线条与注记，修饰地物轮廓线与等高线，使其清晰、明了。最后，整饰图框并注记图名、图号、比例尺、测图单位、测图时间等。

（3）检查。当地形图野外观测任务完成后，应首先完成图纸与地形的校对工作，在准确无误后，还应进行必要的检查工作，保证地形图观测的现势性。检查工作包括图面检查、野外巡视检查、测站校核和验收等。

①图面检查。检查观测区域内的图纸上的地物线条连接合理与否、表示地貌的等高线连接是否合理、连接有无矛盾、区域内涉及的地物和地貌的名称注记有无错误或遗漏。如果发现与测图区域不相符合的地方，应及时修改；对不能确定正确与否的地方，应在检查和核对后及时修改，确保测定区域内的地形图准确无误。

②野外巡视检查。在图面检查的基础上，将图纸带到测定区域与测区实地核对，检查测区内的地物、地貌有无遗漏，图纸上的地物、地貌连接是否与实际相符合。野外巡视检查中，对于发现的问题应及时处理，必要时应重新安置仪器进行检查并予以修正。

③测站校核。在完成上述工作的基础上，应对测区内每幅图纸进行部分（约占测定区域的十分之一）校核，即对测定区域内的主要地物和地貌重新测量，如果发现问题应及时修改，确保测图准确无误。

（4）验收。上述工作完成后，将地形图观测过程中所涉及的有关测量原始记录、计算资料、手稿等整理好，待交付图纸时便于相关单位审核、评定质量，并作为测区测图的原始档案和资料予以妥善保管，作为以后用图和使用中的技术依据。

8.5 数字化测图法

8.5.1 数字化测图概述

传统的地形测图（白纸测图）主要是利用测量仪器对测区范围内的地物、地貌特征点的空间位置进行测定，然后以一定的比例尺并按图示符号绘制在图纸上。其实质是将测得的观测值用模拟或图解的方法转化为图形，这种转化使得所测数据的精度大大降低，而且工序多，劳动强度大，质量管理难。一纸之图难以承载诸多图形信息，变更、修测也极为不便。

随着科学技术的发展，计算机及各种先进的数据采集和输出设备得到广泛应用。它们促进了测绘技术向自动化、数字化的方向发展，也促进了地形测量从白纸测图向数字化测图变革，测量的成果不再是绘制在纸上的地图，而是以数字形式存储在计算机中，可以传输、处理、共享的数字地图。数字化测图作为一种先进的测量方法，其自动化程度和测量精度均是其他方法难以达到的。数字化测图是大比例尺测图理论与实践的进步。目前，数字化测图已经替代了传统的白纸测图，成为一门新的学科体系。

1. 数字化测图系统的组成

数字化测图是以计算机为核心，在外联输入输出设备的支持下，对地形和地物空间数据进行采集、输入、成图、绘图、输出、管理的测绘方法。广义的数字化测图系统的框图如图 8-28 所示。

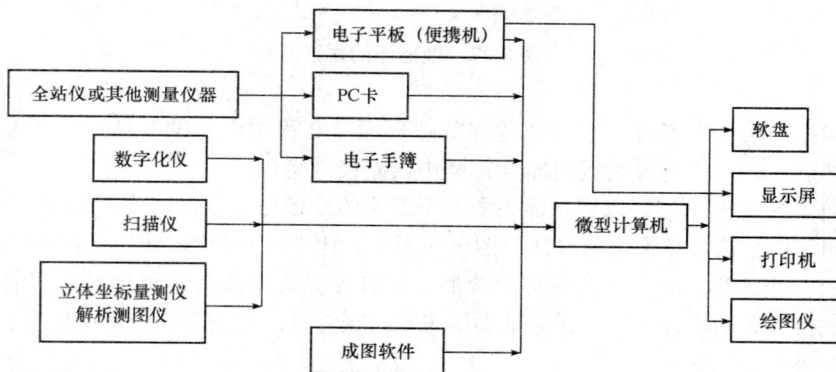

图 8-28 数字化测图系统框图

数据采集设备采集地形数据并输入计算机，由计算机内的成图软件进行处理、编辑生成人们所需要的地图，并控制绘图仪输出可视的图件。在实际工作中，大比例尺数字化测图一般指地面数字化测图，也称全野外数字化测图。全野外数字化测图与白纸测图定点的基本原理是一样的，同样要进行控制测量和碎部测量。全野外数字化测图是应用全站型电子速测仪等测量仪器在实地采集数据，然后用计算机处理，与绘图仪或打印机联机，自动绘图和打印测量成果，最后将图形数据和属性数据存盘。地图数字化是利用数字化仪对已有的图件进行数字化，将图件上的各种要素以一定的规则输入计算机进行编辑处理。数字化测图是一种先进的测量方法，与白纸测图相比具有明显的优势，是近年来主要的成图方法。它具有自动化程度高，现势性强，整体性强，运用性强，精度高的特点。

2. 数字化测图的特点

数字化测图是将图形模拟量转换为数字量，经过电子计算机及相关软件编辑、处理得到内容丰富的电子地图，也可通过数控绘图仪输出数字地形图。其实质上是一种全解析、计算机辅助测图方法。其与传统的白纸测图相比有以下特点：

（1）点位精度高。传统的白纸测图，地物点平面位置的误差主要受展绘误差、视距误差、方向误差、高程误差的综合影响，实际的图上点位误差可达到 ±0.47 mm（1:1 000），其地形点的高程误差（平坦地区，视距为 150 m）可达到 ±0.06 m。而数字化测图，碎部点一般采用全站仪测量其坐标，测量精度较高。如果距离在 450 m 以内，测定地物点平面位置的误差为±22 mm，地形点的高程误差为 ±21 mm；如果距离在 300 m 以内，平面位置误差为 ±15 mm，高程误差为 ±18 mm。

（2）自动化程度高。传统的白纸测图，从外业观测到内业计算，基本上是手工操作。而数字化测图从野外数据采集、数据处理到数据输出，在整个测图过程实现了测量工作的一体化，劳动强度小，绘制的地形图精确、规范、美观；同时，也避免了因图纸伸缩而带来的误差。

（3）成果更新快。当测区发生大的变化时，可以随时进行重测、补测，通过数据处理对原有的数字地图进行更新，以保持图面的可靠性与现势性。

（4）输出成果多样化。由于数字化测图以数字的形式存储了地物地貌的各类图形信息和属性信息，可以根据用户的需要，输出各种不同图幅和不同比例尺的地形图，也可以绘制各类专题图，如房产图、管网图、人口图、交通图等。

（5）可作为 GIS 的信息源。数字化测图能及时准确地提供各类基础信息，经过一定的格式转换，其成果可直接进入并更新 GIS 数据库，以保证地理信息的可靠性与现势性。

3. 数字化测图系统的硬件环境和软件系统

数字化测图系统的软件包括系统软件和应用软件两部分。系统软件包括操作系统和操作计算机所需的其他软件，而应用软件常用的有清华山维技术开发公司研制的 EPSW 电子平板测图软件、南方测绘仪器公司的 CASS 成图软件、武汉瑞得 RDMS 数字测图软件等。

（1）数字化测图系统硬件。数字化测图系统是以计算机为核心的，它的硬件由计算机主机、全站型电子速测仪、数据记录器（电子手簿）、数字化仪、打印机、绘图仪及其他输出输入设备组成。

全站型电子速测仪采集野外数据通过数据记录器（电子手簿、PC 卡）输入计算机。功能较全的全站型电子速测仪可以直接与计算机进行数据传输。计算机包括台式机、便携式 PC 等。若用便携式 PC 作电子平板，则可将其带到现场，直接与全站仪通信、记录数据、实时成图。

绘图仪和打印机是数字化成图系统不可缺少的输出设备。数字化仪通常用于现有地图的数字化工作。其他输入输出设备还有图像/文字扫描仪、磁带机等。计算机与外接输出设备的连接，可通过自身的串行接口、并行接口及计算机网络接口实现。

（2）数字化测图系统软件。数字化测图系统软件是数字化测图系统的关键，一个功能比较完善的数字化测图系统软件，应集数据采集、数据处理（包括图形数据的处理和属性数据以及其他数据格式的处理）、图形编辑与修改、成果输出与管理于一身，且通用性强、稳定性好，并提供与其他软件进行数据转换的接口。用于数字测图的应用软件很多，不同的软件各有其特点，即使是同一种软件，由于版本不同，其功能也有差异。

南方地形地籍成图软件 CASS 是广州南方测绘仪器公司基于 AutoCAD 平台开发的 GIS 前端数据采集系统，主要应用于地形成图、地籍成图、工程测量应用三大领域。它全面面向 GIS，彻底打通了数字化成图系统与 GIS 的接口，使用骨架线实时编辑、简码用户化、GIS 无缝接口等先进技术。自 CASS 软件推出以来，在我国大部分地区已经成为主流成图软件。

4. 数字化测图的发展

数字化测图的发展大约经历了两个阶段：

（1）数字测记模式阶段。用全站仪或测距仪配合经纬仪测量，电子手簿记录，同时人工配合画草图，标注符号，然后交由内业，依据草图人工编辑图形文件，自动成图。

（2）电子平板模式阶段。在该阶段，野外现场测图，实时成图。尤其是便携式 PC 的出现，给数字化测图提供了发展机遇。它利用便携式 PC 现场读取数据，用高分辨率计算机的显示屏作为图画，即测即显，外业实时成图，实时编辑，纠正错误，使成图的质量与精度大大超过了白纸测图，从硬件意义上讲，完全代替了图板、图纸等绘图工具。随着人类社会的不断进步和科学技术的进一步发展，测绘技术也不断地向前发展。全站仪自动跟踪测量模式、GPS 测量模式，必将成为数字测图的主流。

8.5.2　数字化测图作业过程

数字化测图作业可分为数据采集、数据编码、数据处理、数据输出及检查验收等几个阶段。

1. 数据采集

数据采集是整个数字化测图的基础和依据，数据采集的方法有 GPS 法、航测法、数字化仪法、大地测量仪器法等。其中，最常用的是大地测量仪器法，它利用全站仪或半站仪进行实地测量，将采集的数据存储在存储器或存储卡中，也可以存储在电子手簿或便携式 PC 中，然后通过外接电缆输入计算机。数据采集包括图根控制测量、碎部测量以及其他专业测量。

2. 数据编码

利用全站仪测得的每个点的记录通常有点号、点的三维坐标、点的属性等。点的属性通常是用编码来表示的。编码一般是根据测量的需要、作业习惯、数据处理方法等制定的。如南方测绘仪器公司开发的 CASS 地形地籍成图系统，采用应用程序内部码、野外操作码和无码三种作业方式。

3. 数据处理

数据处理主要是将采集的数据进行转换、分类、计算、编辑，为图形处理提供必要的绘图信息数据文件。数据处理分为数据的预处理、地物点的图形处理和地貌点的等高线处理。数据的预处理主要是检查原始记录、删除作废的记录和修改有错误的记录、数据预处理后生成点文件，记录点号、点的坐标，以及点之间的连接关系。根据点文件，进一步生成图块文件，与地物有关的点记录生成地物图块文件，与地形有关的点记录生成等高线图块文件。根据图块文件可进行人机交互方式下的地图编辑，编辑后形成数字地图的图形文件。

4. 数据输出

图形文件形成后，即可根据用户的需要，绘制不同比例、不同幅面的地形图以及各种专题图。

5. 检查验收

按照数字化测图的规范要求，对数字化地图及绘图仪输出的图形进行检查验收。检查分内业和外业两部分。内业主要检查信息是否丰富，图层是否符合要求，能否满足不同的要求；外业主要检查地物、地形点是否满足精度要求等。

8.5.3　野外数据采集

1. 测图前的准备工作

（1）图根控制测量。野外数据采集包括两个阶段，即图根控制测量和地形特征点采集。如高级控制点的密度不能满足大比例尺数字测图的需求时，应加密适当数量的图根控制点，直接供测图使用。如果利用全站仪采集碎部点，就常规成图方法而言，一般以在 500 m 以内能测到碎部点为原则。一般来说，平坦而开阔地区每平方千米图根点的密度，对于 1∶2 000 比例尺测图不少于 4 个，对于 1∶1 000 比例尺测图不少于 16 个，对于 1∶500 比例尺测图不少于 64 个。

图根平面控制点的布设，可采用图根导线、图根三角、交会方法和 GPS RTK 等方法，还可采用"辐射法"和"一步测量法"。辐射法就是在某一通视良好的等级控制上，用极坐标测量方法，按全圆方向观测方式，一次测定周围几个图根点。这种方法无须平差计算，直接测出坐标。为了保证图根点的可靠性，一般要进行两次观测（另选定向点）。"一步测量法"如图 8-29 所示，就是将图根导线与碎部测量同时作业。利用全站仪采集数据时，效率非常高，可少设一次站，少跑一遍路，适合数字测图，现在有很多测图软件都支持。

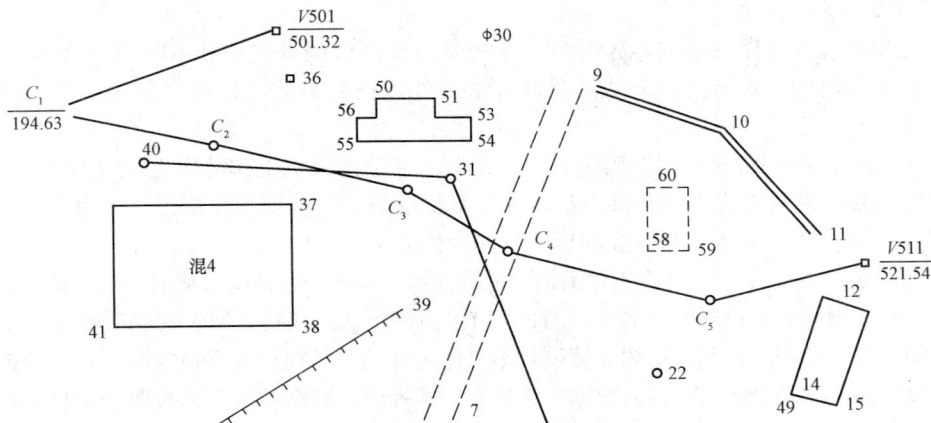

图 8-29　"一步测量法"示意图

（2）测站点的测定。数字化测图时，应尽量利用各级控制点作为测站点，但由于地表上的地物、地貌有时是极其复杂、零碎的，要在各级控制点上采集到所有的碎部点往往比较困难，因此除了利用各级控制点外，还要增设测站点。尤其是在地形琐碎、分水线地形复杂地段，小沟、小山脊转弯处，房屋密集的居民地，以及雨水冲沟繁多的地方，对测站点的数量要求会多一些，但是不能用增设测站点做大面积的测图。

增设测站点是在控制点或图根点上，采用极坐标法、支导线法、辐射法等方法测定测站点的坐标和高程。数字化测图时，测站点的点位精度，相对于附近图根点的中误差不应大于图上 0.2 mm，高程中误差不应大于测图基本等高距的 1/6。

2. 仪器器材、资料准备以及人员安排

实施野外数据采集前，应准备好仪器、器材、控制成果和技术资料，合理配备测量人员。

（1）仪器器材的准备。仪器器材主要包括全站仪、对讲机、便携式 PC、备用电池、通信电缆、标杆、反光棱镜、钢尺等。全站仪、对讲机应提前充电。在数字化测图中，由于测站到镜站的距离一般都比较远，每组都应配备对讲机。

（2）资料的准备。在数据采集之前，最好提前将测区的全部已知点成果通过计算机输入全站仪的内存，以方便调用。多数数字化测图系统在野外进行数据采集时，要求绘制较详细的草图。如果测区有相近比例尺的地图，则可利用旧图或影像图并适当放大复制，裁成合适的大小（如 A4 幅面）作为工作草图。在这种情况下，作业员可先进行测区调查，对照实地将变化的地物反映在草图上，同时标出控制点的位置，这种工作草图也能起到工作计划图的作用。在没有合适的地图可作为工作草图的情况下，应在数据采集时绘制工作草图。工作草图应绘制地物的相关位置、地貌的地性线、点号、丈量距离记录、地理名称和说明注记等。工作草图可按地物的相互关系分块绘制，也可按测站绘制，地物密集处可绘制局部放大图。工作草图上点号标注应清楚、正确，并与全站仪内存或电子手簿记录的点号对应。

（3）外业作业人员的组织。外业作业对数字化测图而言，着重指碎部测量及其人员的组织。数字图的施测方式不同，人员的配备也有所不同。测记法施测时，作业人员一般配置为：观测员 1 人，领尺员 1 人，跑尺员 1~3 人（依测量作业熟练情况而定）。领尺员负责绘草图和室内成图，是核心成员，一般外业 1 天，内业 1 天，2 人轮换，也可根据实际情况自由安排（任务紧时，白天进行外业工作，晚上进行内业工作）。

3. 野外数据采集方式

数字化测图野外数据采集按碎部点测量方法分为全站仪测量方法和 GPS RTK 测量方法。根据提供图形信息码的方式不同，全站仪测量方法野外数据采集的工作程序分为两种：测记法和电子平板法。

（1）测记法。测记法是在观测碎部点时，绘制工作草图，在工作草图上记录地形要素名称、碎部点连接关系，然后在室内将碎部点显示在计算机屏幕上。根据工作草图，采用人机交互方式连接碎部点，输入图形信息码和生成图形。具体操作如下：

进入测区后，领镜（尺）员首先对测站周围的地形、地物分布情况大概看一遍，认清方向，制作含主要地物、地貌的工作草图（若在原有的旧图上标明会更准确），便于观测时在草图上标明所测碎部点的位置及点号。观测员指挥立镜员到事先选定好的某已知点上立镜定向；自己快速架好仪器，量取仪器高，启动全站仪，进入数据采集状态。选择保存数据的文件，按照全站仪的操作设置测站点、定向点，记录完成后，照准定向点完成定向工作。为确保设站无误，可选择检核点，测量检核点的坐标。若坐标差值在规定的范围内，即可开始采集数据，不通过检核则不能继续测量。

上述工作完成后，通知立镜员开始跑点。每观测一个点，观测员都要核对观测点的点号、属性、镜高并存入全站仪的内存。在野外数据采集中，测站与测点两处作业人员必须时时联络。每观测完一点，观测员要告知绘草图者被测点的点号，以便及时对照全站仪内存中记录的点号和绘草图者标注的点号，保证两者一致。若两者不一致，应查找原因，是漏标、多标或一个位置测重复了等，必须及时更正。测记法数据采集通常区分为有码作业和无码作业。有码作业需要现场输入野外操作码；无码作业现场不输入数据编码，而用草图记录绘图信息，绘草图人员在镜站把所测点的属性及连接关系在草图上反映出来，以供内业处理、图形编辑时使用。

在野外采集时，能测到的点要尽量测，实在测不到的点可利用皮尺或钢尺量距，将丈量结果记录在草图上，室内用交互编辑方法成图。在进行地貌采点时，可以用一站多镜的方法进行。在地性线上要有足够密度的点，特征点也要尽量测到。例如，在山沟底测一排点，也应该在山坡边再测一排点，这样生成的等高线才真实。测量陡坎时，最好在坎上、坎下同时测点，这样生成的等高线才没有问题。在地形变化较小的地方，可以适当放宽采点密度。

当一个测站上所有的碎部点测完后，要找一个已知点重测进行检核，以检查施测过程中是否存在误操作、仪器碰动或因故障等原因造成的错误。检查完毕，确定无误后，关机、装箱搬站。到下一测站，重新按上述采集方法、步骤施测。

（2）电子平板法。电子平板法采用笔记本电脑和 PDA（掌上电脑）作为野外数据采集记录器，可以在观测碎部点之后，对照实际地形输入图形信息码和生成图形。基本操作过程如下：

①利用计算机将测区的已知控制点及测站点的坐标传输到全站仪的内存中，或手工输入控制点及测站点的坐标到全站仪的内存中。

②在测站点上架好仪器，并把笔记本电脑或 PDA 与全站仪使用相应的电缆连接好，开机后进入测图系统；设置全站仪的通信参数；选定所使用的全站仪类型。分别在全站仪和笔记本电脑或 PDA 上，完成测站、定向点的设置工作。

③全站仪照准碎部点，利用笔记本电脑或 PDA 控制全站仪的测角和测距，每测完一个点，屏幕上都会及时地展绘显示出来。

④根据被测点的类型，在测图系统上找到相应的操作，将被测点绘制出来，现场成图。

（3）Trimble 5700 GPS RTK 地形测量。GPS RTK 流动站初始化完成后，进入测量菜单，就可以进行测量。测量一般有两种形式：独立点测量和连续采集地形点。

①独立点测量。

a. 将流动站天线测杆放在一个待测点上，如果点上空有障碍物（如山、树），测量精度受影响。

b. 从 TSC1 主菜单选择测量菜单。

c. 在测量类型中选择 RTK 测量形式。

d. 在测量菜单选择测量点。

e. 在点属性类型中输入地形点，在点名一栏输入数字点名、要素代码和天线高，注意天线高类型要正确。

f. 按"选项"键：将"自动结束测量点"设置为"否"（No），这样可以手工存储点；按测量任务的精度要求，改变精度设置、记录次数设置等。

g. 当天线对中点位，安放垂直后，等待初始化完成，这时屏幕显示"RTK＝固定"。按"测量"键，再按 Enter 键。数据采集器记录数据，显示出静态图标。数据记录过程中，保持测杆垂直。

h. TSC1 控制软件为每一种类型的测点预设了测量次数，测量次数与跟踪的卫星个数、几何精度和精度要求有关。当预设次数测完，"记录"命令显示时，检查精度：如果精度满意，按"记录"键记录；如果精度不满意，等待精度提高或选择"退出"键，出现"是否放弃?"提问，选择"是"。

i. 将测杆移到另一个点上继续测量，直到按需要测完待测点，结束测量。

②连续采集地形点。

a. 将流动站天线测杆放在一个待测点上，如果点上空有障碍物（如山、树），测量精度受影响。

b. 从 TSC1 主菜单选择测量菜单。

c. 在测量类型中选择"RTK 测量形式"。

d. 在测量菜单中选择"连续测量"。

e. 在点属性类型中输入地形点，在点名一栏输入数字点名、要素代码和天线高，注意天线高类型要正确。

f. 按"选项"键：将自动结束测量点设置为"是"，这样可以自动存储点；按测量任务的精度要求改变精度设置、记录次数设置等；设置按时间记录的时间间隔，或按距离记录的距离间隔。

g. 当天线对中点位，放置垂直后，等待初始化完成时显示"RTK＝固定"。按"测量"键，再按 Enter 键。数据采集器自动记录存储数据，测量一个点后，TSC1 发出清脆的声音，点名自动累加。测量员可以按连续地形方向不断运动，TSC1 自动测量和记录。连续动态图标显示。测量过程中，保持 GPS 天线杆垂直。

h. 如果 TSC1 发出低沉的声音，提示精度低时，检查：一般情况是卫星个数少，周围环境有障碍物，则等待精度提高，自动记录，或移到环境较好的位置，初始化完成后，再回来测量或放弃此处测量；按"选项"键适当调整自动记录精度要求等。

i. 连续沿测量地形边走边测，直到按需要测完待测点，结束测量。

8.5.4　数字化测图内业

CASS 地形地籍成图系统为数字化测图提供了多种成图方法：测点点号定位成图法、简编码自动成图法、引导文件自动成图法、屏幕坐标定位成图法和电子平板测图法等。在上述方法中，除电子平板测图法外，其余均为测记式成图法，即把野外采集的数据存储在电子手簿或全站仪的内存中，同时绘制草图，回到室内后再将数据传输到计算机，对照草图完成各种绘制编辑工作，最后形成地形图。

1. 测点点号定位成图法

利用该法绘制平面图，只需把上述"坐标数据文件"中的碎部点点号展现在屏幕上，利用屏幕测点点号，对照草图上标明的点号、地物属性和连接关系，将每个地物绘出。

（1）定显示区。进入 CASS 7.1 后移动光标至"绘图处理"项，按左键，即出现图 8-30 所示下拉菜单。然后移至"定显示区"项，使之以高亮显示，单击，即出现一个对话窗，如图 8-31 所示。这时，需要输入坐标数据文件名。可参考 Windows 选择打开文件的方法操作，也可直接通过键盘输入，在"文件名（N）："（即光标闪烁处）输入 C：\ CASS 7.1 \ DEMO \ STUDY. DAT，再移动光标至"打开（O）"处，单击。这时，命令区显示：

最小坐标（米）：X = 31 056. 221，Y = 53 097. 691
最大坐标（米）：X = 31 237. 455，Y = 53 286. 090

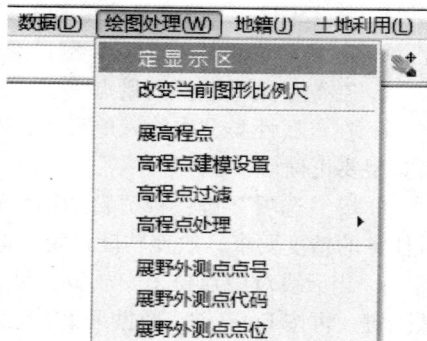

图 8-30　定显示区菜单

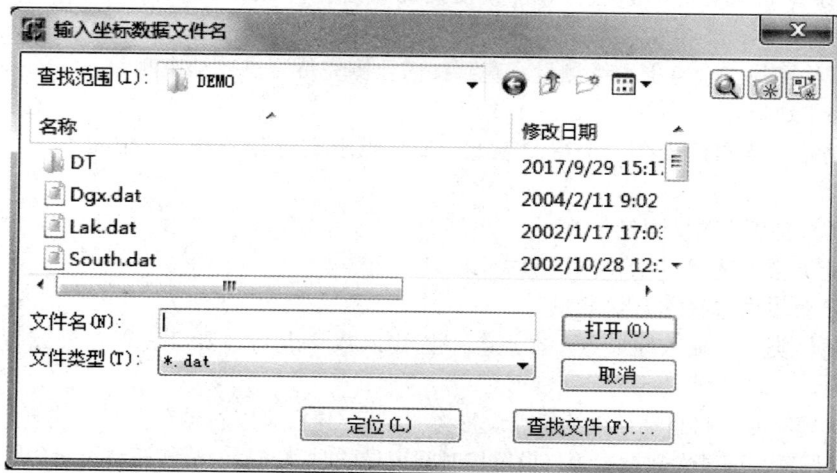

图 8-31　执行"定显示区"操作的对话框

（2）选择测点点号定位成图法。移动光标至屏幕右侧菜单区之"测点点号"项，单击，即出现图 8-32 所示的对话框。输入点号坐标数据文件名 C：\ CASS 7.1 \ DEMO \ STUDY.DAT 后，命令区提示：

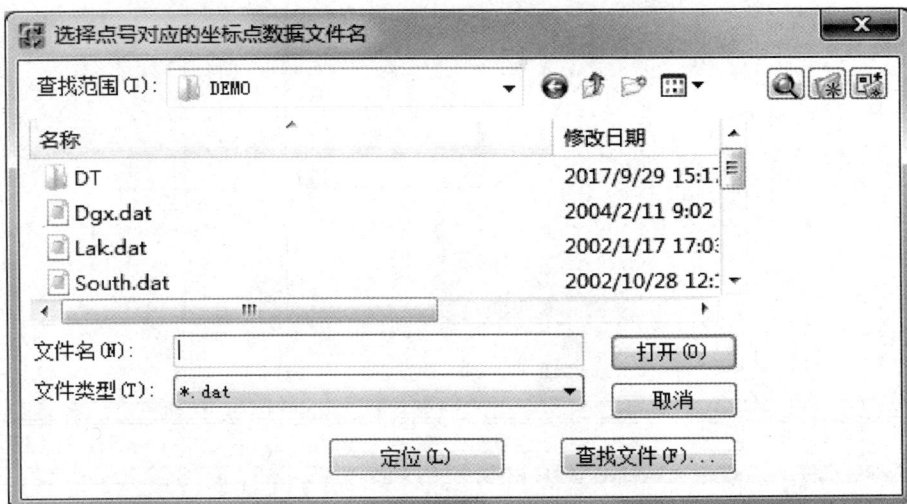

图 8-32　选择测点点号定位成图法的对话框

读点完成！共读入 106 个点

（3）展野外测点点号。"展点"将坐标数据文件中的各个碎部点点位及其属性（如点号、代码或高程等）显示在屏幕上。操作方法是在"绘图处理"菜单中选择"展点"下的"展野外测点点号"（见图 8-33）选项。按照系统提示输入要展出的坐标数据文件名。输入后单击"打开"按钮，则数据文件中所有点以注记点号（见图 8-34）形式展现在屏幕上。若没有输入测图比例尺，命令行窗口将要求输入测图比例尺，输入比例尺分母后按 Enter 键即可。

（4）根据草图绘制相应的图式符号。软件将所有地物要素细分为文字注记、控制点、界址点、居民地等菜单，此时即可按照其分类分别绘制，单击右侧屏幕菜单的"交通设施"按钮，弹出图 8-35 所示的界面。通过 Next 按钮找到"平行等外公路"并选中，再单击 OK 按钮，命令区提示：

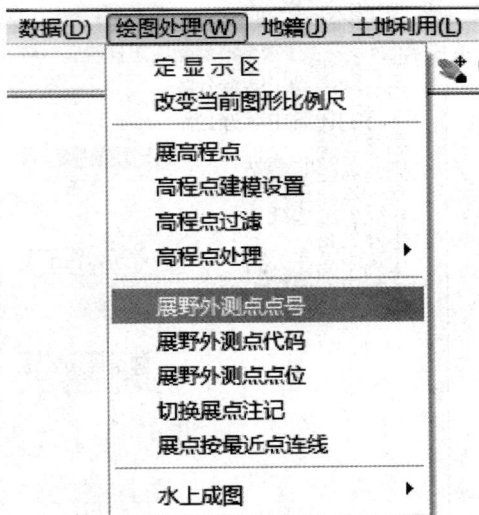

图 8-33　选择"展野外测点点号"选项

"绘图比例尺 1："输入"500"，按 Enter 键。

"点 P/ < 点号 >"：输入"92"，按 Enter 键。

"点 P/ < 点号 >"：输入"45"，按 Enter 键。

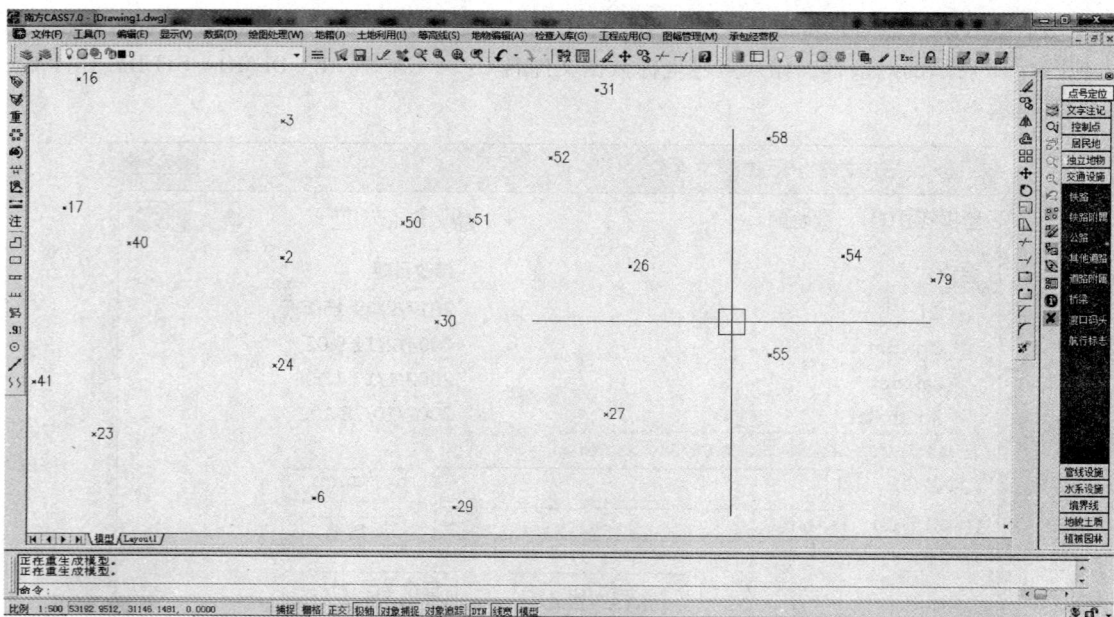

图 8-34　STUDY. DAT 展点图

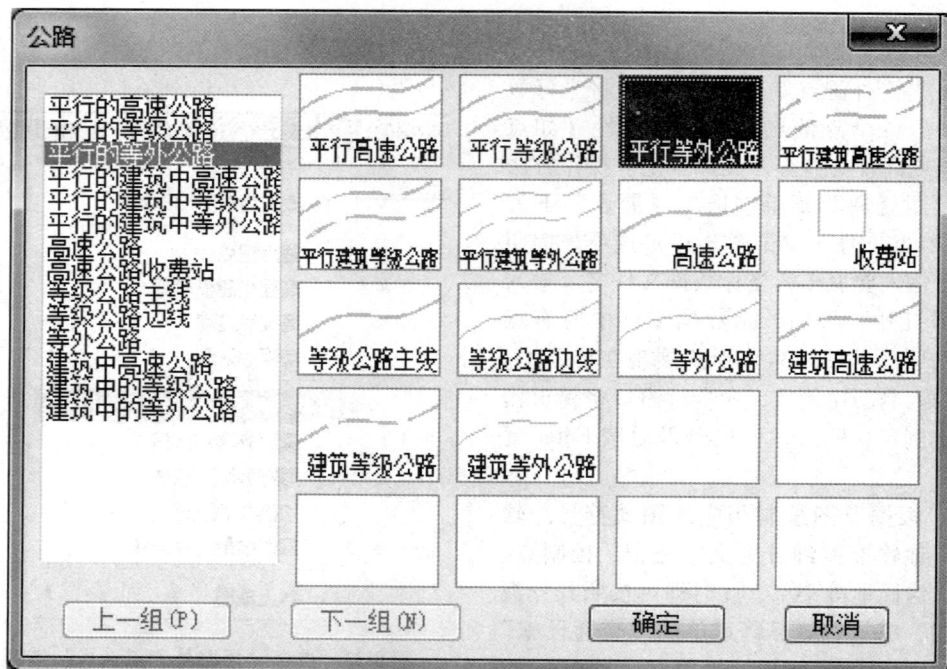

图 8-35　单击屏幕菜单"交通设施"按钮

"点 P/ <点号 >"：输入"46"，按 Enter 键。

"点 P/ <点号 >"：输入"13"，按 Enter 键。

"点 P/ <点号 >"：输入"47"，按 Enter 键。

"点 P/＜点号＞"：输入"48"，按 Enter 键。

"点 P/＜点号＞"：按 Enter 键

"拟合线＜N＞?"：输入"Y"，按 Enter 键。[输入 Y，将该边拟合成光滑曲线；输入 N（默认为 N），则不拟合该线]

"1. 边点式/2. 边宽式＜1＞"：按 Enter 键（默认 1）。[选 1，将要求输入公路对边上的一个测点；选 2，要求输入公路宽度]

对面一点

"点 P/＜点号＞"：输入"19"，按 Enter 键。这时，平行等外公路就做好了，如图 8-36 所示。

如草图中由 34、33、35 号点连成一间普通房屋。因为所有表示房屋的符号都放在"居民地"这一层，这时便可移动光标至右侧菜单"居民地"处单击，系统便弹出图 8-37 所示的对话框。再移动光标到"四点房屋"的图标处单击，图标变亮表示该图标已被选中，然后移光标至"OK"处单击。这时，命令区提示：

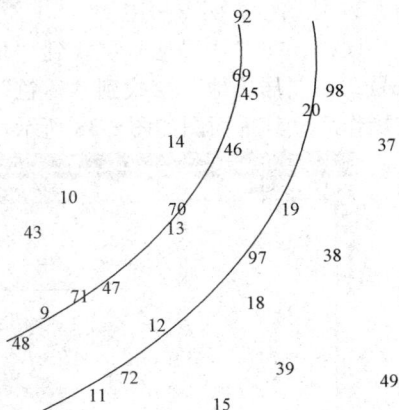

图 8-36　平行等外公路

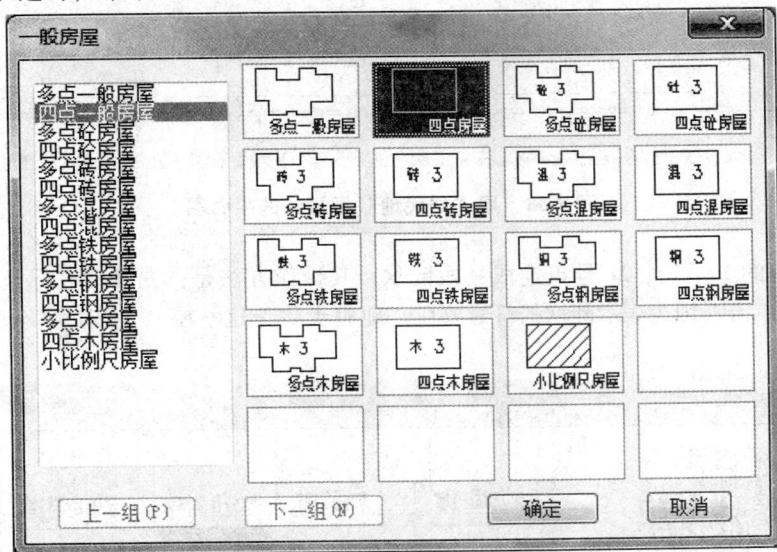

图 8-37　选择"居民地"图层的对话框

"绘图比例尺 1："：输入"500"，按 Enter 键。

"1. 已知三点/2. 已知两点及宽度/3. 已知四点＜1＞"：输入 1，按 Enter 键。（或直接按 Enter 键默认选 1）（已知三点是指测矩形房子时测了三个点；已知两点及宽度则是指测矩形房子时测了两个点及房子的一条边；已知四点则是指测了房子的四个角点）

"点 P/＜点号＞"：输入"34"，按 Enter 键。（点 P 是指操作者根据实际情况在屏幕上指定一个点；点号是指绘地物符号定位点的点号，与草图的点号对应）

"点 P/＜点号＞"：输入"33"，按 Enter 键。

"点 P/＜点号＞"：输入"35"，按 Enter 键。（输入的点号必须按顺时针或逆时针的顺序输入，如上例的点号按 34、33、35 或 35、33、34 的顺序输入，否则就会绘出错误图形）

重复上述操作，将 37、38、41 号点绘成四点棚房；60、58、59 号点绘成四点破坏房子；12、14、15 号点绘成四点建筑中房屋；50、51、53、54、55、56、57 号点绘成多点一般房屋；27、28、29 号点绘成四点房屋。

同样，在"居民地"层找到"依比例围墙"的图标，将 9、10、11 号点绘成依比例围墙的符号；在"居民地"层找到"篱笆"的图标，将 47、48、23、43 号点绘成篱笆的符号。完成这些操作后，其平面图如图 8-38 所示。

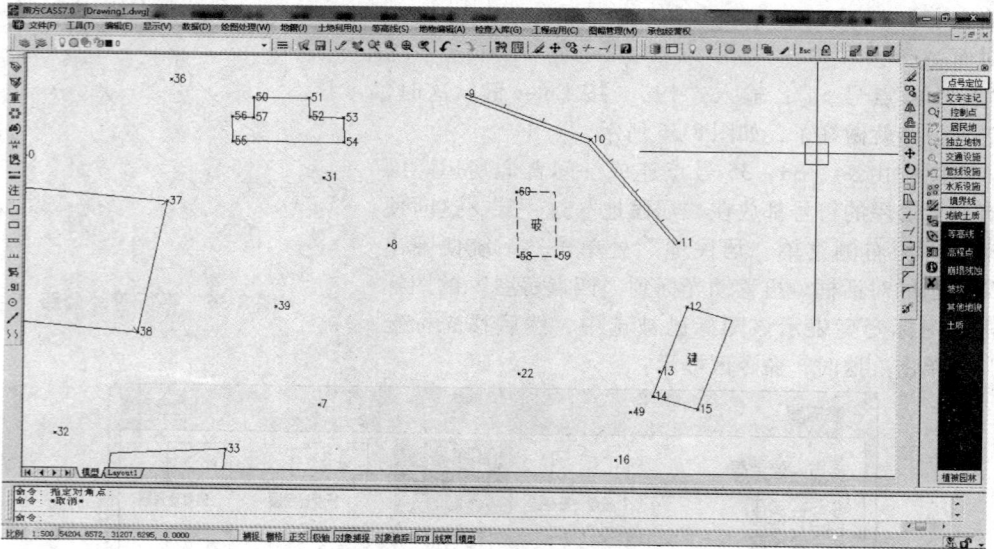

图 8-38　用"居民地"图层绘的平面图

再把草图中的 19、20、21 号点连成一段陡坎，其操作方法是：先移动光标至右侧屏幕菜单"地貌土质"处单击（因为表示陡坎的符号放在"地貌土质"这一层），这时系统便弹出如图 8-39 所示的对话框。

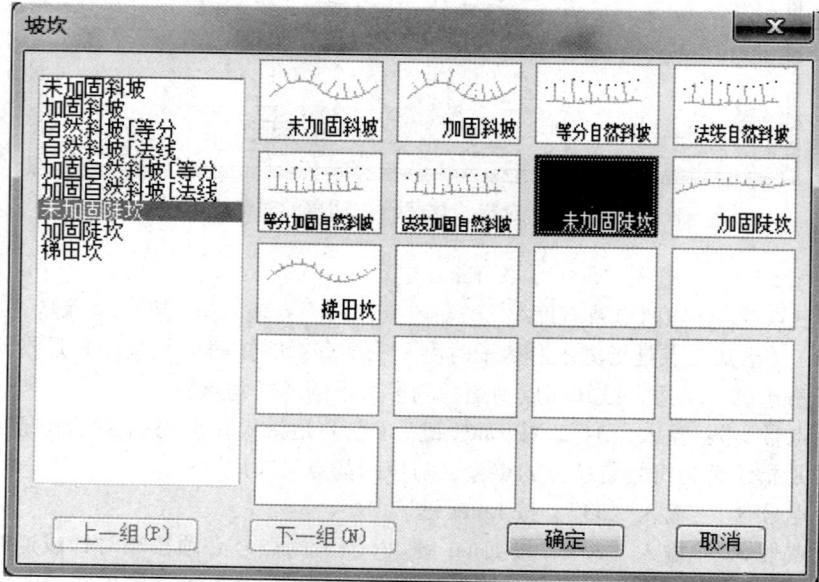

图 8-39　选择"地貌土质"图层的对话框

移动光标到表示未加固陡坎符号的图标处单击，再移动光标到"OK"处单击确认所选择的图标。命令区便分别出现以下的提示：

"请输入坎高，单位：米 < 1.0 >"：输入坎高，按 Enter 键（直接按 Enter 键默认坎高 1 m）。在这里输入坎高（实测得的坎顶高程），系统将坎顶点的高程减去坎高得到坎底点高程，这样在建立数字地面模型（DTM）时，坎底点便参与组网的计算。

"点 P/ < 点号 >"：输入"19"，按 Enter 键。

"点 P/ < 点号 >"：输入"20"，按 Enter 键。

"点 P/ < 点号 >"：输入"21"，按 Enter 键。

"点 P/ < 点号 >"：按 Enter 键或右键，结束输入。

"拟合吗？< N >"：按 Enter 键或右键，默认输入 N。（拟合的作用是对复合线进行圆滑）

这时，便在 19、20、21 号点之间绘成陡坎的符号，如图 8-40 所示。

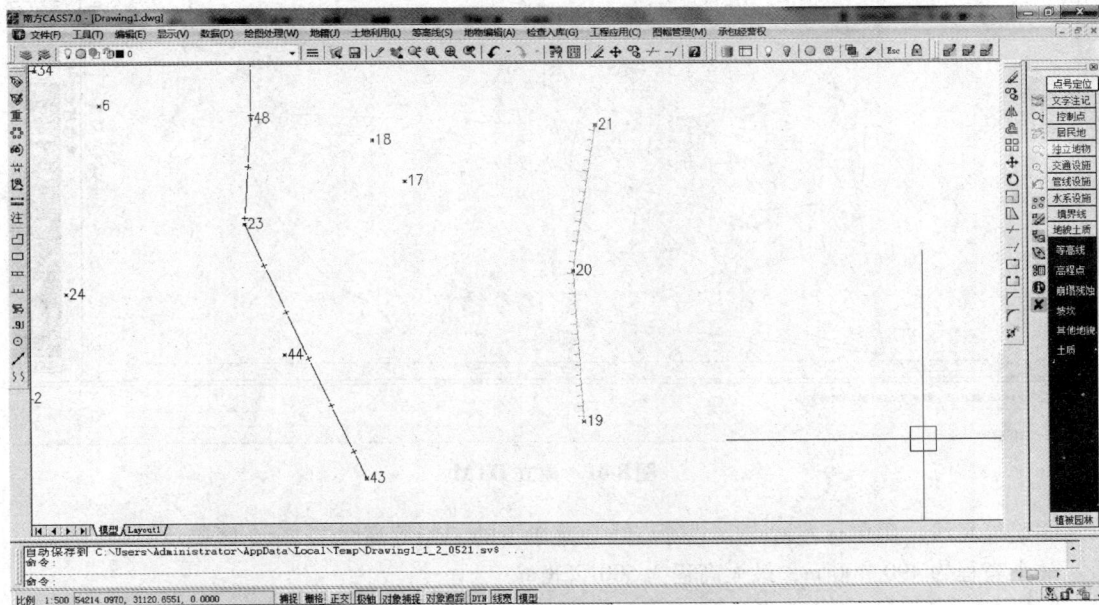

图 8-40 加绘陡坎后的平面图

这样，重复上述的操作便可以将所有测点用地图图式符号绘制出来。在操作的过程中，可以套用别的命令，如放大显示、移动图纸、删除、文字注记等。

（5）绘制等高线。在数字化自动成图系统中，等高线是由计算机自动勾绘，生成的等高线精度相当高。CASS 7.1 在绘制等高线时，充分考虑到等高线通过地性线和断裂线的处理，如陡坎、陡崖等。CASS 7.1 能自动切除通过地物、注记、陡坎的等高线。由于采用了轻量线来生成等高线，CASS 7.1 在生成等高线后，文件容量比其他软件小了很多。在绘等高线之前，必须先将野外测的高程点建立 DTM，然后在其上勾绘出等高线。

①展高程点。用鼠标左键点取"绘图处理"菜单下的"展高程点"，将会弹出数据文件的对话框，找到 C：\ CASS 7.1 \ DEMO \ STUDY. DAT，选择"OK"，命令区提示：注记高程点的距离（米）：直接按 Enter 键，表示不对高程点注记进行取舍，全部展出来。

②建立 DTM。用鼠标左键点取"等高线"菜单下的"用数据文件生成 DTM"，将会弹出数据文件的对话框，找到 C：\ CASS7.1 \ DEMO \ STUDY. DAT，选择"OK"，命令区提示：

"请选择：1. 不考虑坎高 2. 考虑坎高 <1>"：按 Enter 键（默认选 1）。

"请选择地性线"：（地性线应过已测点，如不选则直接按 Enter 键）

"Select objects"：按 Enter 键（表示没有地性线）。

"请选择：1. 显示建三角网结果　2. 显示建三角网过程　3. 不显示三角网　<1>"：按 Enter 键（默认选 1）。

这样，左部区域的点连接成三角网，其他点在 STUDY. DAT 数据文件里高程为 0，故不参与建立三角网。如图 8-41 所示。

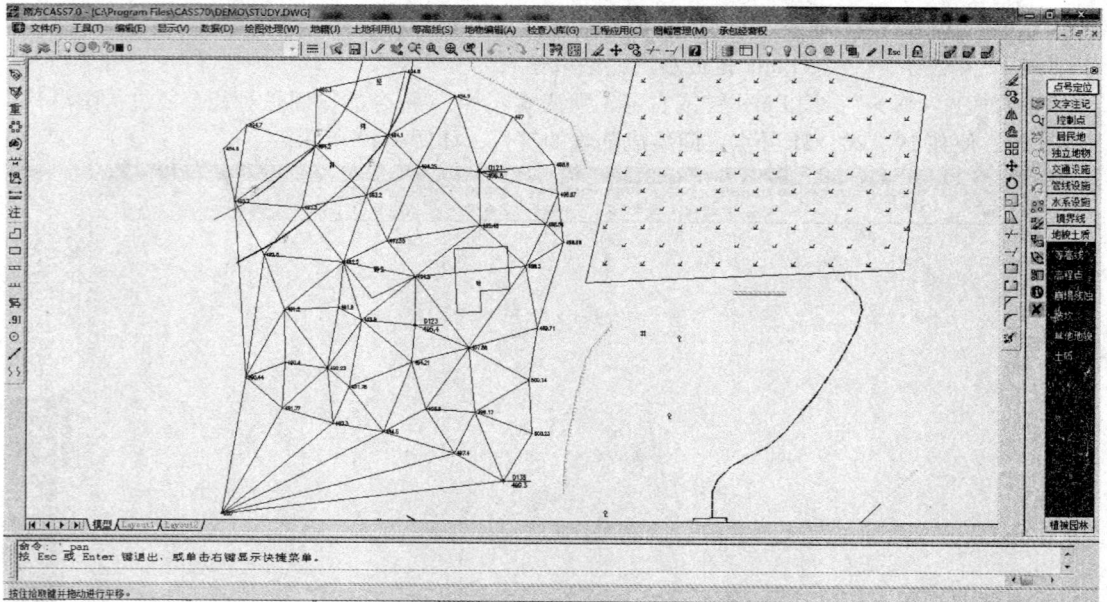

图 8-41　建立 DTM

③绘等高线：用鼠标左键点取"等高线"菜单下的"绘等高线"，命令区提示：

最小高程为 490.400 m，最大高程为 500.228 m

"请输入等高距 <单位：米>"：输入 1，按 Enter 键。

"请选择：1. 不光滑　2. 张力样条拟合　3. 三次 B 样条拟合　4. SPLINE　<1>"：输入 3，按 Enter 键。

这样等高线就绘好了。

再选择"等高线"菜单下的"删三角网"，这时屏幕显示如图 8-42 所示。

④等高线的修剪。利用"等高线"菜单下的"等高线修剪"二级菜单进行修剪，如图 8-43 所示。

用鼠标左键点取"切除穿建筑物等高线"，软件将自动搜寻穿过建筑物的等高线并将其进行整饰。点取"切除指定二线间等高线"，按提示依次用鼠标左键选取左上角的道路两边，CASS 7.1 将自动切除等高线穿过道路的部分。点取"切除穿高程注记等高线"，CASS 7.1 将自动搜寻，把等高线穿过注记的部分切除。

（6）加注记。在平行等外公路上加"经纬路"三个字。用鼠标左键点取右侧屏幕菜单的"文字注记"项，弹出图 8-44 所示的界面。单击"注记文字"项，然后点取"OK"，命令区提示：

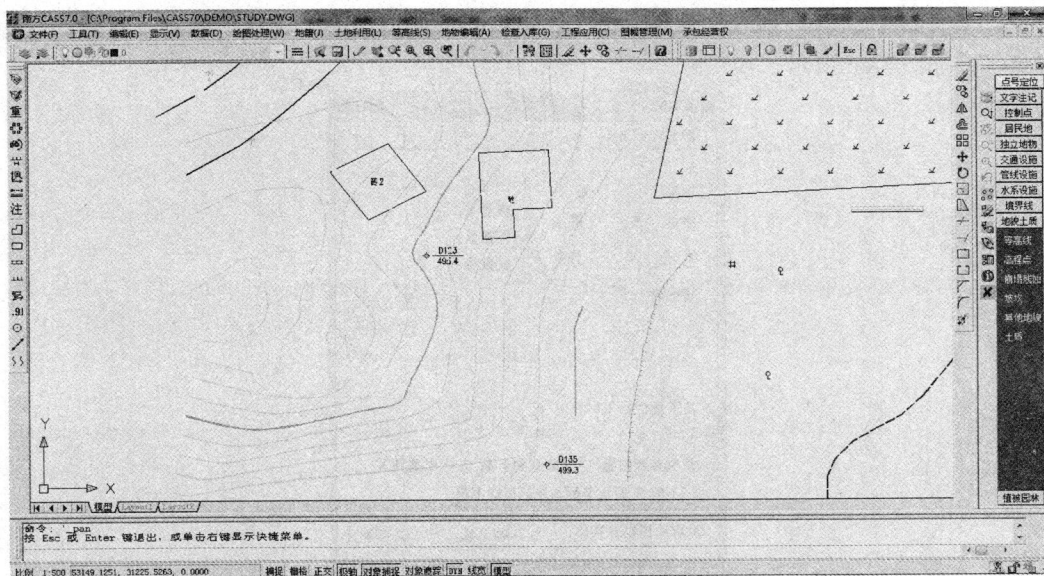

图 8-42　绘制等高线

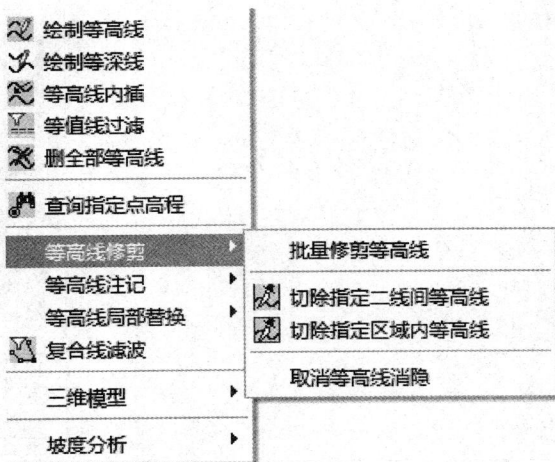

图 8-43　"等高线修剪"菜单

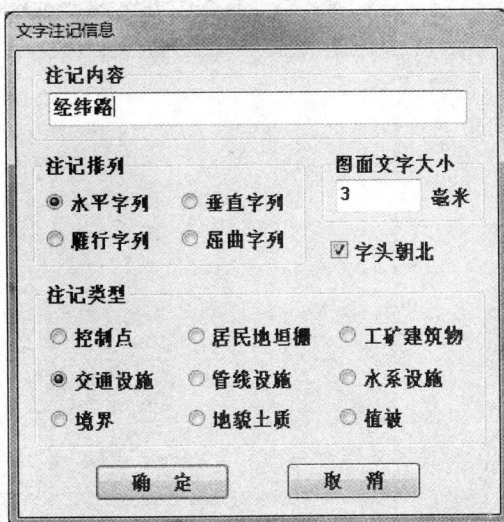

图 8-44　"文字注记"对话框

"请输入图上注记大小（mm）＜3.0＞"：按 Enter 键（默认 3 mm）。

"请输入注记内容"：输入"经"，按 Enter 键。

"请输入注记位置（中心点）"：在平行等外公路两线之间的合适位置单击。

用同样的方法在合适的位置输入"纬""路"二字。经过以上各步，生成图 8-42 所示经纬路平行等外公路。

（7）加图框。执行"绘图处理"菜单下的"标准图幅（50×40）"命令，弹出如图 8-45 所示的界面。在"图名"栏里，输入"建设新村"；在"测量员""绘图员""检查员"各栏里分别输入"张三""李四""王五"；在"左下角坐标"的"东""北"栏内分别输入

"53 073""31 050";在"删除图框外实体"栏前打钩，然后单击"确认"按钮。这样，这幅图就做好了，如图 8-46 所示。

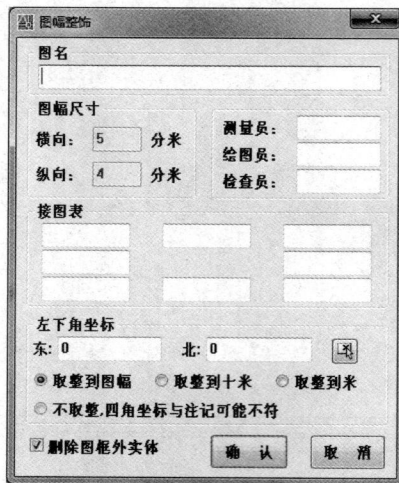

图 8-45　输入图幅信息

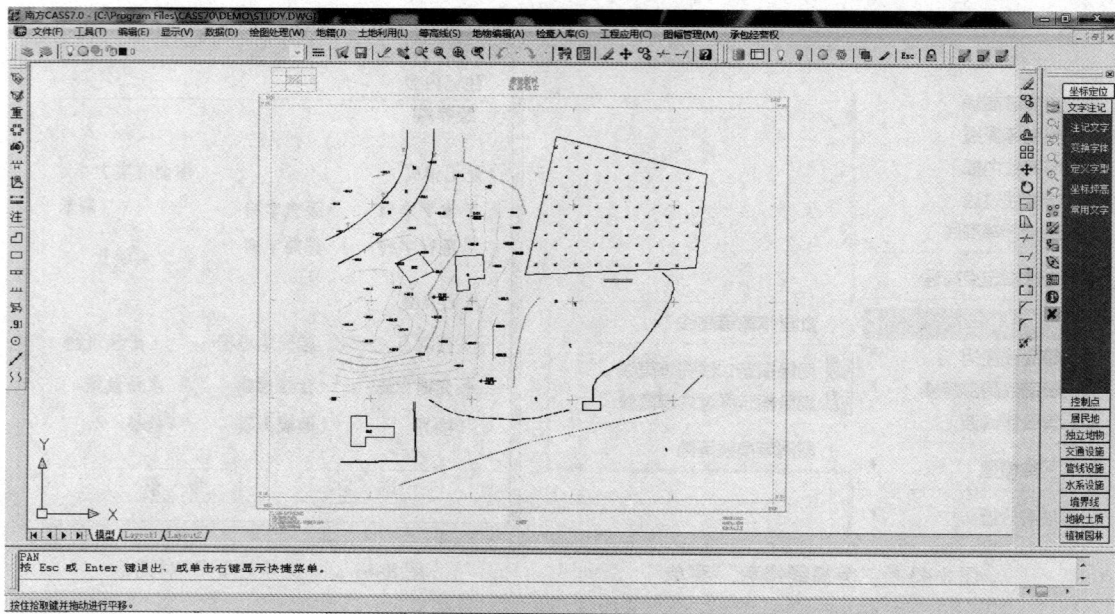

图 8-46　加图框

（8）绘图。用鼠标左键点取"文件"菜单下的"用绘图仪或打印机出图"，进行绘图。选好图纸尺寸、图纸方向之后，单击"窗选"按钮，用光标圈定绘图范围。将"打印比例"一项选为"2∶1"（表示满足 1∶500 比例尺的打印要求），通过"部分预览"和"全部预览"可以查看出图效果，满意后就可单击"确定"按钮进行绘图。

2. 简编码自动成图法

简编码自动成图法是在野外采集数据时，输入简编码，数据传入计算机后，经简单操作自动成图。

（1）定显示区。操作同前所述。

（2）简码识别。简码识别的功能是把简编码坐标文件中各点点位、连接关系和属性分文件归类，按照点结构、线结构、圆结构、注记等生成 12 个不同层的 ".DTA" 文件和一个 "PMT.CAS" 文件，保存在指定的目录中，同时将简编码转换为其内部码，以便自动成图。

操作时，在下拉菜单 "绘图处理" 栏中选择 "简码识别"，按系统提示输入简编码坐标数据文件名，随后根据系统提示，输入规则地物调整限差值，对不规则地物的图形进行调整。

（3）绘平面图。在下拉菜单 "绘图处理" 中选择 "绘平面图"，屏幕上自动显示平面图。利用简编码自动成图法绘制的平面图，通常还要利用野外绘制的草图完成图形编辑。

3. 引导文件自动成图法

引导文件自动成图法作业时，需要在内业人工编辑一个 "引导文件"。引导文件是一个包含地物编码、地物的连接点号和连接顺序的文本文件，它是根据草图在室内由人工编辑而成的。作业时将引导文件和坐标数据文件合并，生成一个包含地物全部信息的 "简编码数据文件"。利用 "简编码数据文件"，即可把各种地物自动绘制成图。

（1）编辑引导文件。在绘图之前应编辑一个编码引导文件，该文件的主文件名一般取与坐标数据文件相同的文件名，后缀一般用 "＊YD"，以区别其他文件项。

（2）定显示区。操作同前所述。

（3）编码引导。编码引导的功能是自动将坐标数据文件（如 CXKT.DAT）和前面编辑好的引导文件（如 CXKT.YD）合并，生成简码坐标文件。合并主要以点号为纽带，以点号建立联系。该简码坐标数据文件名为了便于记忆可为 "＊YD.DAT"，其中 "＊" 用坐标数据文件名所代替。

编码引导时，在下拉菜单 "绘图处理" 中选择 "编码引导"，根据对话框提示，依次输入引导文件名、坐标数据文件名、简编码坐标数据文件名。当命令提示 "引导完毕" 时，就表示编码引导成功。

（4）简码识别。操作同前所述。

（5）绘平面图。操作同前所述，即可自动绘出平面图。

4. 屏幕坐标定位成图法

屏幕坐标定位成图法原理类似于测点点号定位成图法。所不同的仅仅是绘图时点位的获取不是通过点号而是利用 "捕捉" 功能直接在屏幕上捕捉所展的点。其具体的操作步骤与测点点号定位成图法一样，依次为定显示区、展点、利用右侧菜单的屏幕坐标定位法成图。

5. 数字地形图的检查验收与质量评定

测绘产品的检查验收与质量评定是生产过程必不可少的环节。为了控制测绘产品的质量，测绘工作者必须具有较高的质量意识和管理才能。完成数字地形图成图后，也必须做好检查验收和质量评定工作。

（1）检查验收。

①选择检测点的一般规定与检测方法。

a. 选择检测点的一般规定。数字地形图平面检测点应是均匀分布、随机选取的明显地物点。平面和高程检测点的数量视地物复杂程度、比例尺等具体情况确定，每幅图一般各选取 20~50 个点。

b. 检测方法。野外测量采集数据的数字地形图，当比例尺大于 1:5 000 时，检测点的平面坐标和高程采用外业散点法按测站点精度施测。用钢尺或测距仪量测相邻地物点间距离，量测边数量每幅一般不少于 20 处。通过量取两相邻图幅接边处要素端点的距离 Δd 是否等于 0 来检查接边精度，未连接的记录其偏差值；检查接边要素几何上自然连接情况，避免生硬；检查面域属性、线画属性的一致情况，记录属性不一致的要素实体个数。

②检查工作的实施。

a. 作业人员经自查，确认无误后方可按规定整理上交资料成果。各级单位进行过程检查和最终检查，二级均为100%的成果全面检查。

b. 在过程、最终检查时，如发现有不符合质量要求的产品，应退给作业单位进行处理，然后进行检查，直到检查合格为止。

③验收工作的实施。

a. 验收工作应在测绘产品经最终检查合格后进行。

b. 检验批一般应由同一区域、同一生产单位的测绘产品组成。同一区域范围较大时，可以按生产时间不同分别组成检验批。

c. 验收部门在验收时，一般按检验批中的单位产品数量 N 的10%抽取样本 n。

当检验批单位产品数量 $N \leqslant 10$ 时，$n = 2$；当 $N > 10$，且 $N \times 10\%$ 不为整数时，则取整加 1 作为抽检样本数。

d. 抽样方法可采用简单随机抽样法或分级随机抽样法。对困难类别、作业方法等大体一致的产品，可采用简单随机抽样法；否则，应采用分级随机抽样法。

e. 对样本进行详查，并按规定进行产品质量核定。对样本以外的产品一般进行概查。如样本中经验收有质量不合格产品时，须进行二次抽样详查。

f. 根据规定判定检验批的质量。经验收判为合格的检验批，被检单位要对验收中发现的问题进行处理；经验收判为一次检验未通过的批，要将检验批全部或部分退回被检单位，令其重新检查、处理，然后重新复检。

g. 验收工作完成后，按规定编写验收报告，验收报告经验收单位上级主管部门审核（委托验收的验收报告送委托单位审核）后，随产品归档并送生产单位一份。

（2）质量评定。数字测绘产品质量实行优级品、良级品、合格品、不合格品评定制；检验批质量实行合格批、不合格批评定制。产品质量由生产单位评定，验收单位则对检验批进行核定。

8.6 航空摄影测量简介

航空摄影测量是利用航空摄影相片（航片）来绘制地形图。这种方法可把大量野外工作变为室内作业，具有速度快、成本低、精度均匀、不受季节限制等优点。国家 1:100 000～1:10 000 的基本图，各专业部门工程规划设计使用的 1:5 000 和 1:2 000 等大比例尺地形图，均采用航空摄影测量绘制。

8.6.1 航空摄影相片的基本知识

航空摄影相片是利用航空摄影机在飞机上对地面进行摄影所得，它是测图的基本资料。航片影像要覆盖整个测区面积，在天气晴朗条件下，按选定的航高和航线连续飞行摄影。相邻两航片之间要有影像重叠，规定航向重叠不小于60%，旁向重叠不小于30%（见图8-47）。航片影像范围的大小称为像幅，目前常用像幅为 23 cm×23 cm。航片四边的中点设有框标，对边框标的连线构成直角坐标系的轴线，依据框标可量测像点坐标。航片与地形图相比有以下特点：

1. 投影方式的差别

地形图是地物、地貌在水平面上的垂直投影，地形图比例尺为一常数；航片是中心投影。如

图 8-48 所示，地面点 A 发出光线经摄影镜头 S 交于底片 a 上。摄影镜头 S 到底片的距离为摄影机焦距 f，S 到地面的垂直距离称为航高，以 H 表示。由图 8-48 可得航片的比例尺为

$$\frac{1}{M} = \frac{ab}{AB} = \frac{f}{F} \tag{8-3}$$

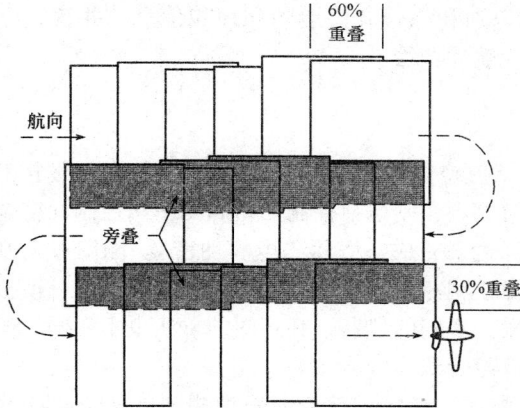

图 8-47 航片的航向与旁向重叠

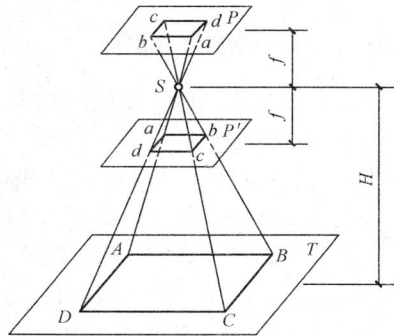

图 8-48 航片中心投影

2. 地面起伏引起的像点位移

由图 8-48 及航片比例尺的公式可知，只有当航片严格水平且地面也绝对平坦时，中心投影图才会与地形图所要求的垂直投影保持一致。当航片水平而地面起伏时，如图 8-49 所示，地面两等长线段 AB 和 CD 位于不同的高度，它们在像片上的构象 ab、cd 也有不同的长度和比例尺。即使在地面同一水平位置而高度不同的 D、D' 点，在航片上也有着不同的影像 d、d'，dd' 即因地面起伏引起的像点位移产生的误差，称为投影误差。

投影误差的大小，与地面点相对于选定的基准面 T_0 的高程 h 成正比。

3. 航片倾斜误差

如图 8-50 所示，P 和 P' 分别为水平和倾斜航片，水平面上等长线段 AB、CD 在水平航片上构象为 ab、cd，在倾斜航片上构象为 $a'b'$、$c'd'$，$ab < a'b'$，$cd > c'd'$，可见倾斜航片上各处的比例尺都不相同。由于航片倾斜引起像点位移产生的误差称为倾斜误差，为此，航片内业利用地面已知控制点，采取航片纠正的方法来消除倾斜误差。

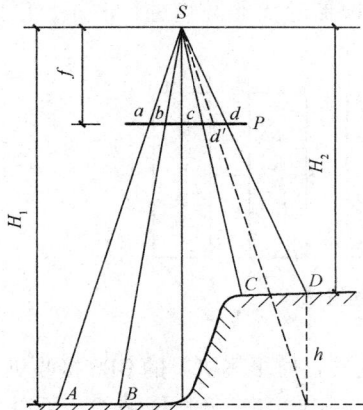

图 8-49 地形起伏产生投影误差

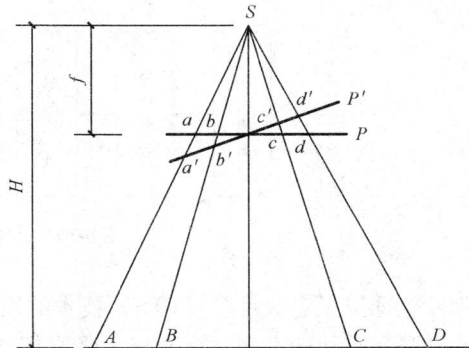

图 8-50 航片倾斜误差

4. 表达方式不同

在地形图上，地物、地貌是按确定的地物符号、地貌符号、文字注记等表达。航片上则是物体的自然影像，以相关的形状、大小、色调、阴影等表示地物、地貌。这种表达方式有一定程度的不确定性和局限性。利用航片制作地形图，需要补充地物的属性、关系和地貌的植被等资料。为此，航测通过内业判读和外业调绘的方法来识别和综合有关地物和地貌信息，并按统一的图示符号和文字注记绘注在航片上。这项工作称为航片调绘。

8.6.2 航测成图简介

航空摄影测量是以航片测制地形图，它包括航空摄影、航测外业和航测内业三部分工作内容。航测外业主要包括控制测量和航片调绘。航测内业则包括控制加密和测图。控制加密是在外业控制点基础上由室内进行的，主要由电子计算机来完成，俗称"电算加密"。测图有测制线画地形图、航片平面图、影像地形图以及数字地面模型。航测成图方法已经历全模拟法、模拟－数值法、模拟－解析法及数字－解析法等几个阶段。不同的仪器，其测图的方法也不相同，但其测图的基本原理是一致的。航测成图的常用方法有综合法和全能法。

（1）综合法。综合法测图是航空摄影测量和地形测量相结合的一种测图方法。航片通过航测内业进行纠正和影像镶嵌，获得地面影像点的平面相关位置，镶嵌好的航片平面图拿到野外进行地物调绘和地貌测绘，得到航测地形原图（也称影像地图）。其测图过程如图 8-51 所示。综合法测图主要适用于平坦地区，多用于地形图修测和大型工程的规划设计用图。

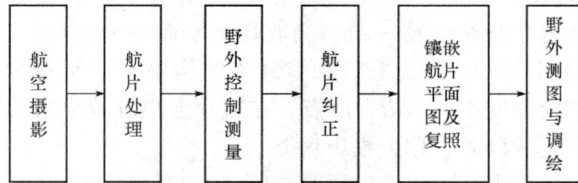

图 8-51　综合法测图过程框图

（2）全能法。它是利用航片和立体测图仪，根据空间交会原理，在室内经过称为相对定向和绝对定向的工作过程，然后建立按比例缩小的且与地面完全相似的光学（或数学）立体模型，用此模型测绘地物和地貌，绘制地形图。其测图过程如图 8-52 所示。全能法是通过测图仪器的机械补偿装置或计算机的内置解算软件对航片的倾斜和地形起伏的影响进行改正，因此它适合各类地形多种比例尺的测图。

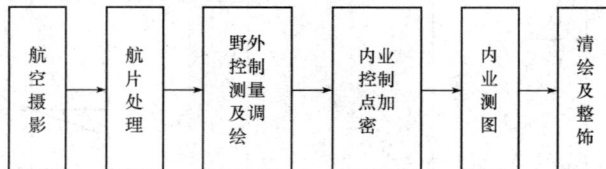

图 8-52　全能法测图过程框图

随着全球卫星定位系统（GPS）技术的发展，利用安装在航摄飞机上的 GPS 接收机，测定摄影中心在曝光瞬间的空间三维坐标，将它们作为观测值参加空中三角测量平差，可以大大减少甚至免除地面控制测量工作。从 20 世纪 80 年代初，美国、德国等西方发达国家率先进行 GPS 辅助空中三角测量的理论和试验研究，无论是在理论上还是在实际应用方面，均取得了举世瞩目的成就。我国自 20 世纪 90 年代开始，先后进行了多次机载 GPS 航测成图的模拟试验和生产性试验，已从理论研究和模拟试验步入实际应用阶段。

思考与练习

1. 何谓地形图及地形图比例尺？

2. 什么是比例尺精度？它对用图和测图有什么作用？

3. 什么是等高线？等高距、等高线平距与地面坡度之间的关系如何？等高线有哪些特性？

4. 西安某地的纬度 $\varphi = 34°10'$，经度 $\lambda = 108°50'$，试求该地区划 1:1 000 000、1:100 000、1:10 000 这三种图幅的图号。

5. 常规测图方法有哪几种？

6. 测绘地形图时，如何选择地形特征点？

7. 在碎部测量时，在测站上安置平板仪包括哪几项工作？

8. 试述经纬仪测绘法测绘地形图的操作步骤。

9. 试述全站仪（经纬仪）测图过程。

10. 如何正确选择地物特征点和地貌特征点？

11. 图幅的拼接与整饰有哪些要求？

12. 用视距测量的方法进行碎部测量时，已知测站点的高程 $H_站 = 400.21$ m，仪器高 $i = 1.532$ m，上丝读数 0.766、下丝读数 0.902、中丝读数 0.830，竖盘读数 $L = 98°32'48''$，试计算水平距离及碎部点的高程。（注：该点为高于水平视线的目标点）

第 9 章

地形图的应用

本章主要讲述地形图的识读，地形图的基本用途，图形面积的量算以及地形图在工程规划设计中的应用等。

1. 能够在地形图上识读地物和地貌。
2. 熟悉地形图的基本用途，掌握图形面积量算的方法。
3. 具备灵活应用地形图解决工程实际问题的能力。

地形图是在工程规划和施工设计阶段不可缺少的重要资料。在工程规划阶段，地形图用于总平面设计，进行各项工程的总体布置；在施工设计阶段，地形图用于工程详细设计，从图上可以获得施工放样数据，用于做剖面图、量取面积、计算土方量等。因此，正确识读和应用地形图，是每个测量工程人员的基本技能。

9.1　地形图的识读

9.1.1　图廓外注记识读

由图廓外注记可了解地形的成图日期、测绘单位、等高距、所采用的坐标系统和高程系统，还可以了解图名、图号、比例尺、图幅范围和接图表等。

9.1.2　地物的识读

在熟悉的地物符号的基础上，了解一幅地形图的地物分布情况，如村庄坐落、道路、河流走向、植被的分布情况，电力线和通信线路的走向，测量控制点的分布情况等。地物主要包括测量控制点、居民地、工业建筑、公路、铁路、管道、管线、水系、境界等。在地形图上，地物是用图例符号加以注记表示的，同一地物在不同比例尺地形图的图例符号可能会不同。为了正确使用地形图，应熟悉图例符号所代表的地物的名称、位置、方向等。地物如图 9-1 中的铁路、公路、村庄、灰窑、河流、测量控制点等。

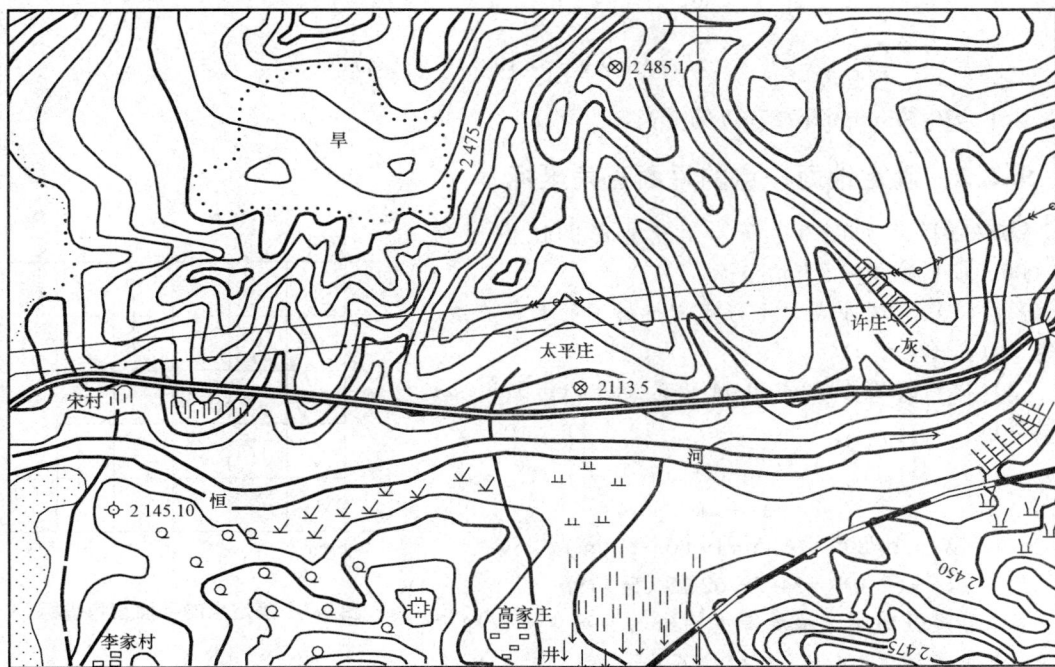

1 : 10 000

图 9-1 地形图判读

9.1.3 地貌的识读

由地形图等高线的疏密程度，可确定地面坡度的大小及地面的起伏情况；由图中的最高处和最低处的高程值可知一幅图内的最大落差，还可以识读出山脊、山谷的走向等。如图 9-1 所示，地面上地貌的变化虽然千差万别，形态不同，但不外乎由山头、洼地、山脊、山谷、鞍部等基本地貌组成。这些基本地貌即地貌要素。判读地貌，必须熟悉各地貌要素的等高线，另外还要善于判读显示地貌轮廓的山脊线和山谷线。地貌复杂时，可在图上先勾绘出山脊线和山谷线形成地貌轮廓，这样就可以很快地看出地形全貌。

9.2 地形图应用的基本内容

地形图的用途十分广泛，人们主要利用地形图等高线解决工程中的实际问题。

9.2.1 确定一点的高程

（1）地面点位于等高线上时，点的高程等于等高线高程。

（2）地面点位于两等高线之间时，按高差与平距成比例的方法求得。

【例 9-1】 如图 9-2 所示，求 p 点的高程。

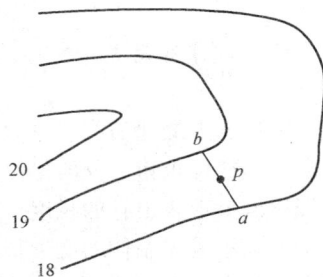

图 9-2 求算点的高程

解：通过 p 点作近似垂直于相邻等高线的直线 ab，量取 ab 长度为 10 mm，ap 的长度为 6 mm，则 p 点的高程按下式计算：

$$H_p = H_a + \frac{ap}{ab} \times h$$

$$H_p = 18.0 + \frac{6}{10} \times 10 = 18.6 \ （m）$$

其中，H_a 为 a 点的高程；h 为等高距。

9.2.2 确定地面一点的平面直角坐标

【例 9-2】 如图 9-3 所示，设地形图比例尺为 1∶1 000，求 A 点的平面直角坐标。

解：（1）通过 A 点作平行于坐标格网的两条直线，交邻近的格网线于 a、b、d、e。

（2）用比例尺量取 eA 和 aA 距离，$eA = 63.5$ m、$aA = 54.5$ m。

$$X_A = X_c + eA$$
$$Y_A = Y_c + aA$$
$$X_A = 19\,800 + 63.5 = 19\,863.5 \ （m）$$
$$Y_A = 62\,100 + 54.5 = 62\,154.5 \ （m）$$

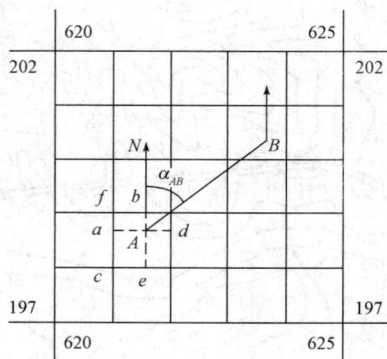

图 9-3 确定点的平面直角坐标

要求精度较高时，就要考虑图纸的伸缩误差，即方格网的长度不等于 10 cm，可以按下式计算：

$$X_A = X_c + \frac{10}{be} \times eA$$

$$Y_A = Y_c + \frac{10}{ad} \times aA$$

$$X_A = 19\,800 + \frac{10}{9.99} \times 63.5 = 19\,863.5 \ （m）$$

$$Y_A = 62\,100 + \frac{10}{9.98} \times 54.5 = 62\,154.6 \ （m）$$

9.2.3 确定两点间的水平距离

【例 9-3】 如图 9-3 所示，地形图比例尺为 1∶M，求 A、B 两点间的水平距离。

解：（1）用比例尺在图上直接量取。

（2）用检验过的直尺量取图上两点间的距离按下式计算实地距离。

$$实地距离 = 图上距离 \times M$$

（3）要求距离更精确时，用解析法，首先从图上求出 A、B 两点的坐标，然后计算两点间的距离。

地形图上的通信线、电力线、上下水管线等都为折线，它们的总长度可分段量取，各线段的长度相加便可求得；分段量测较费事且精度不高，可逐段累加，截取最后累加得到的直线段，在直线比例尺上读出它的长度。量测曲线的长度时，可将曲线近似地看作折线，用量测折线长度的方法量取；或先用伸缩变形很小的细线与曲线重合，然后拉直该细线，用直尺量取长度并计算出其实际距离；也可使用曲线仪量出曲线长度，但精度较低。

9.2.4　确定一直线坐标方位角

【例 9-4】　如图 9-3 所示，求 α_{AB}。

解：（1）过 A 点作平行于坐标格网的直线，用量角器直接量取坐标方位角。

（2）求 AB 两点的坐标，利用坐标反算公式计算坐标方位角，即

$$\alpha_{AB} = \arctan \frac{y_B - y_A}{x_B - x_A}$$

9.2.5　确定地面两点间的坡度

地面两点间坡度（i）是两点高差（h）与该水平距离（D）之比。

$$i = \frac{h}{D} \tag{9-1}$$

【例 9-5】　如图 9-4 所示，地形图比例尺为 1:1 000，求 AB 两点间的平均坡度。

解：

$$i_{AB} = \frac{h_{AB}}{D_{AB}} = \frac{h_{AB}}{d_{AB} \times M} \tag{9-2}$$

式中　h_{AB}——地面上两点高差；

　　　d_{AB}——AB 两点的图上长度；

　　　M——地形图比例尺分母。

A、B 两点的高程按本节确定一点高程的方法求出。$H_A =$ 66 m、$H_B = 69.40$ m，$h_{AB} = 69.40 - 66 = 3.40$（m），量取 $d_{AB} = 193.6$ mm。

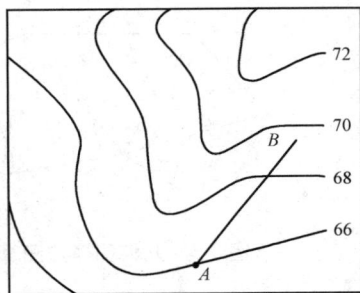

图 9-4　求两点间的地面坡度

$$i_{AB} = \frac{3.40}{0.193\ 6 \times 1\ 000} = 0.017\ 6$$

在工程中，地面坡度常用百分比或千分比表示，上式结果可写成；$i_{AB} = 1.76\%$ 或 $i_{AB} = 17.6\text{‰}$，高差为"－"表示下坡，高差为"＋"表示上坡。地面倾角：$\alpha = \arctan \dfrac{h}{D} = \arctan 0.017\ 6 = 1°00'$。

9.3　图形面积量算

地形图上的面积量算方法有图解法、解析法、求积仪法等。

9.3.1　图解法

1. 几何图形法

如图 9-5 所示，当欲求面积的边界为直线时，可以把该图形分解为若干个规则的几何图形，如三角形、梯形或平行四边形等，然后量出这些图形的边长，就可以利用几何公式计算出每个图形的面积。将所有图形的面积之和乘以该地形图比例尺分母的平方，即实地面积。

2. 透明方格纸法

对于不规则图形，可以采用透明方格纸法求算图形面积。通常使用绘有方格网的透明纸覆盖在待测图形上，统计落在待测图形轮廓线以内的方格数来测算面积。

透明方格纸法通常是在透明纸上绘出边长为 d（可用 1 mm、2 mm、5 mm）的小方格，如图 9-6 所示，测算图上面积时，将透明方格纸固定在图纸上，先数出图形内完整小方格数 n_1，再数出图形边缘不完整的小方格数 n_2，然后按下式计算整个图形的实际面积：

$$S = \left(n_1 + \frac{n_2}{2}\right) \cdot \frac{(d \cdot M)^2}{10^6} \ (\text{m}^2) \tag{9-3}$$

式中　M——地形图比例尺分母；

　　　d——方格边长（mm）。

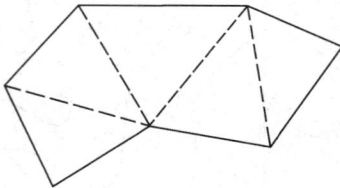

图 9-5　几何图形法测算面积

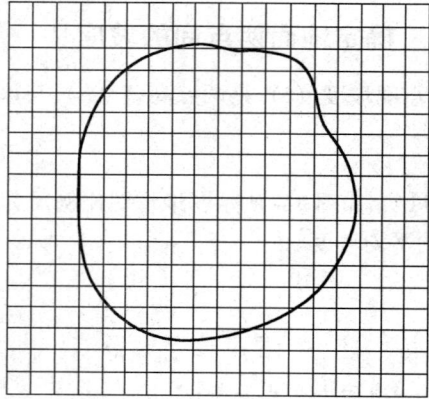

图 9-6　透明方格纸法测算面积

3. 网点法

网点法是利用网点板覆盖在待测图形上，统计落在待测图形轮廓线以内的网点数来测算面积。网点法与透明方格纸法的不同之处是前者数网点数，后者数方格数，但计算方法相同。

为了提高测算精度，图形面积要测算 3 次，每次必须改变方格或网点的位置，最后取其平均值作为结果。

4. 平行线法

透明方格纸法和网点法的缺点是数方格和网点困难，为此，可以使用透明平行线法。在透明膜片上制作相等间隔的平行线，如图 9-7 所示。测算时把透明膜片放在欲量测的图形上，使整个图形被平行线分割成许多等高的梯形，设图中梯形的中线分别为 L_1、L_2、$\cdots$、L_n，量其长度大小，则所测算的面积为

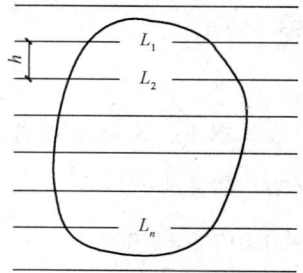

图 9-7　平行线法测算面积

$$S = h(L_1 + L_2 + \cdots + L_n) = h\sum_{i=1}^{n} L_i \tag{9-4}$$

9.3.2　解析法

如果图形为任意多边形，并且各顶点的坐标已知，则可以利用坐标计算法精确求算该图形的面积。如图 9-8 所示，各顶点按照逆时针方向编号，则面积为

$$S = \frac{1}{2}\sum_{i=1}^{n} x_i(y_{i-1} - y_{i+1}) \tag{9-5}$$

式中，当 $i = 1$ 时，y_{i-1} 用 y_n 代替；当 $i = n$ 时，y_{i+1} 用 y_1 代替。

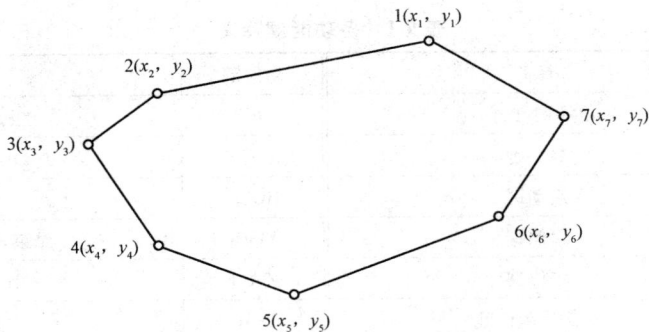

图 9-8 解析法测算面积

9.3.3 求积仪法

求积仪是一种用来测定任意形状图形面积的仪器。图 9-9 所示为 KP – 90N 型电子求积仪，它具有测定快速、结果精确的特点。现将其主要部件及其使用方法介绍如下：

1. 主要部件

求积仪主要部件为动极臂、跟踪臂和微型计算机，如图 9-9 所示。微型计算机各功能键及显示符号在显示屏上的位置如图 9-10 所示，各功能键释义见表 9-1。

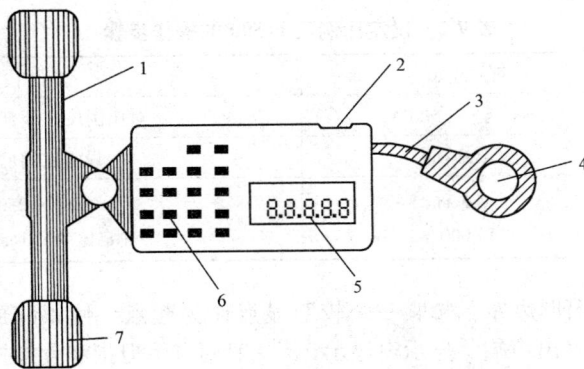

图 9-9 KP – 90N 型电子求积仪示意图

1—动极轴；2—交流转换器插座；3—跟踪臂；4—跟踪放大镜；
5—显示屏；6—功能键；7—动极轮

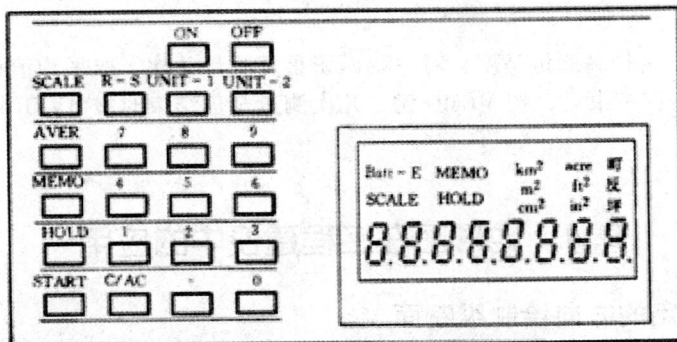

图 9-10 各功能键及显示符号的位置

表 9-1　各功能键释义

功能键	释义	功能键	释义
ON	电源键（开）	OFF	电源键（关）
0 ~ 9	数字键	·	小数点键
START	启动键	HOLD	固定键
MEMO	存储键	AVER	结束及平均值键
UNIT	单位键	SCALE	比例尺键
R – S	比例尺确认键	C/AC	清除键

2. 使用方法

（1）准备工作。将图纸固定在平整的图板上，把跟踪放大镜大致放在图的中央，使动极轴与跟踪臂约成 90°；用跟踪放大镜沿图形轮廓线试绕行 2 ~ 3 周，检查动极轴是否平滑移动。如果转动中出现困难，可调整动极轴位置。

（2）打开电源。按下 ON 键，显示屏上显示 0。

（3）设定面积单位。按下 UNIT 键，选定面积单位。面积单位有米制、英制和日制。

（4）设定比例尺。设定比例尺主要使用数字键、SCALE 键和 R – S 键。例如测图比例尺是 1 : 500，其设定的操作步骤见表 9-2。

表 9-2　设定比例尺 1 : 500 的操作步骤

按键操作	符号显示	操作内容
500	cm² 　　　500.	对比例尺分母 500 进行置数
SCALE	SCALE cm²	设定比例尺 1 : 500
R – S	SCALE cm² 250 000.	$500^2 = 250\ 000$ 确定比例尺 1 : 500 已设定

（5）跟踪图形。在图形边界上选取一个较明显点作为起点，使跟踪放大镜中心与之重合，按下 START 键，蜂鸣器发出声响，显示窗显示 0，一般用右手拇指和食指控制跟踪放大镜，使其中心准确沿图形边界顺时针方向绕行一周，回到起点，按下 AVER 键，即显示所测图形的面积。

（6）累加测量。如果所测图形较大，需分成若干块进行累加测量。即第一块面积测量结束后（回到起点），不按 AVER 键而按 HOLD 键（把已测得的面积固定起来）；当测定第二块图形时，再按 HOLD 键（解除固定状态），同法测定其他各块面积。结束后按 AVER 键，即显示所测大图形的面积。

（7）平均测量。为提高测量精度，对一块面积重复测量几次，取平均值作为最后结果，可进行平均测量。即每次结束后，按 MEMO 键，几次测量全部结束时按 AVER 键，显示几次测量的平均值。

9.4　地形图在工程建设中的应用

9.4.1　按一定的方向绘制纵断面

在各种线路工程中，为了合理地确定线路的纵面坡度，以及进行填、挖土方量计算，需按线路方向绘制纵断面图。如图 9-11 所示，欲画 AB 方向的纵断面图，方法如下：

（1）在图纸上绘制一直角坐标系，以 AB 为横轴，表示水平距离，横轴比例尺一般与地形图比例尺一致。以纵轴 AH 表示高程。一般高程比例尺为水平距离比例尺的 10～20 倍，以便更明显地反映出地面的起伏情况。在纵轴上选择一合适的高程值，使所绘的纵断面图的位置适中，并注明高程。按等高距作与横轴平行的高程线。

（2）设 AB 直线与各等高线相交点分别为 1，2，…，9 点，将各交点至 A 的水平距离截取到横轴上，确定各点在横轴上的位置。

（3）自横轴上的 1，2，…，9 各点作直线，与各点在地形图上的高程值相对应的高程线相交，用光滑的曲线将相邻点连接起来，即为 AB 方向的纵断面图，如图 9-12 所示。

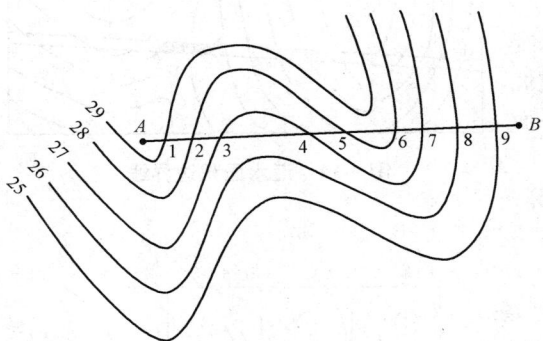

图 9-11　平面图

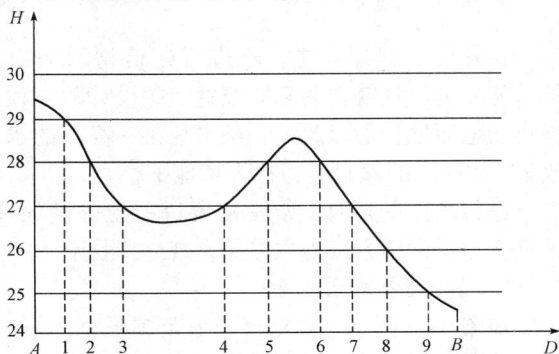

图 9-12　纵断面图

9.4.2　在地形图上按限制坡度选定最短路线

在道路或管线的设计中，往往要求在不超过某一坡度 i 的条件下，选择一条最短的路线或等坡度线。

如图 9-13 所示，设地形图的比例尺为 1 : 2 000，等高距为 1 m，今设计一路线从 M 点到 N 点，其设计坡度不大于 5%。则按给定的设计坡度 i 和高差 h，即可计算出线路通过相邻两等高线的最短距离 d，可由下式计算 d 值：

$$d = h/（i \times M）=1/（5\% \times 2\,000）=0.010（m）=10\ mm$$

在图上以 M 点为圆心，d 为半径作弧，交 61 m 等高线于 1 点，再以 1 为圆心，以 d 为半径作弧，交 62 m 等高线于 2 点，依次类推，直到 N 点附近。然后连接 M，1，2，3，…，N，便得到符合设计坡度的路线。为了选线比较，还需用同样的办法另选一条路线，如 M，1'，2'，3'，…，N。经比较确定路线最佳方案。在选择路线时，如果相邻两等高线之间的平距大于 d，则说明这两条等高线之间的最大坡度小于规定的坡度，在这种情况下，路线方向按最短的距离绘出。

9.4.3　确定汇水面积

修筑道路时有时要跨越河流、山谷，这时就必须修建桥梁或涵洞，而桥梁、涵洞孔径的大小，是根据将来通过桥梁或涵洞的水流量进行设计的。而水流量是根据汇水面

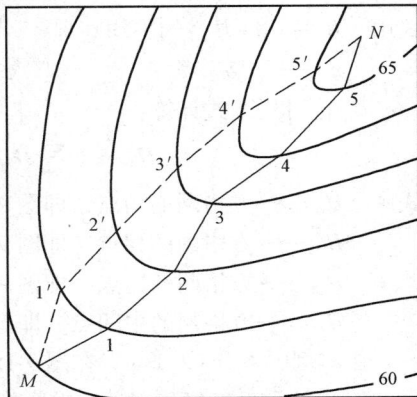

图 9-13　选择最短路线

积计算的。汇集水流的面积称为汇水面积。

为了计算汇水面积，必须先在地形图上确定汇水范围。由于雨水是沿山脊线（分水线）向两侧山坡分流，所以汇水面积的边界线是经过一系列的山脊线、山头和鞍部的曲线，并与河谷的指定断面（道路）闭合。如图 9-14 所示，M 处为拟架桥梁或涵洞处。由山脊线 AB、BC、CD、DE 与道路上的 AE 线段所围成的面积，就是这个山谷的汇水面积。

9.4.4 场地平整

在各种工程建设中，除进行建筑物的平面布置外，还要进行建筑物的竖向布置。按设计的高程或坡度将场地原地貌加以改造，整平为某一高程的水平面或某一坡度 i 的倾斜面，称为场地平整。

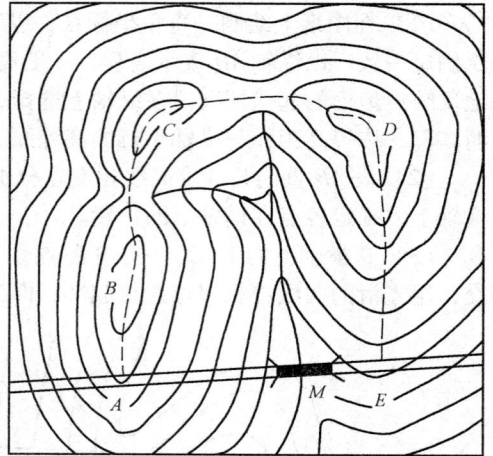

图 9-14 汇水面积边界线

进行场地平整时，常常需要进行土方量的计算，计算土方量常用方法为方格法，现介绍如下。

1. 将场地整理成水平面

如图 9-15 所示，要求将图上范围平整为一水平场地并且要求填、挖土石方量平衡，计算步骤如下：

（1）在地形图上绘制方格网。在地形图上拟建场地内绘制方格网。方格网的边长取决于场地的复杂程度、地形图的比例尺以及土方量概算的精度要求，一般为 10 m 或 20 m（在本例中取 20 m）。方格网绘制完后，用内插法求解每一方格顶点的地面高程，并注记于相应的方格顶点右上方。

（2）计算设计高程。先将每一方格顶点的高程加起来除以 4，得到每一方格的平均高程 H_i，再把每一方格的平均高程相加除以方格数，即得到设计高程 H_0。

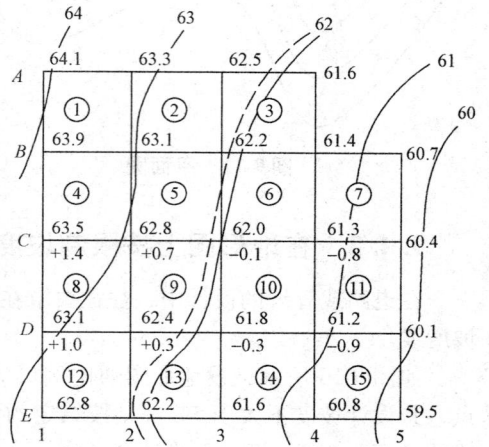

图 9-15 场地平整为水平面

$$H_0 = (H_1 + H_2 + H_3 + \cdots + H_n)/n = \sum H_i/n \qquad (9-6)$$

式中　H_i——每方格的平均高程；

　　　n——方格总数。

H_0 也可用下式计算：

$$H_0 = \left(\sum H_角 + 2 \sum H_边 + 3 \sum H_拐 + 4 \sum H_中 \right)/4n$$

式中　$H_角$——方格网的角点，即图 9-15 中 A_1、A_4、B_5、E_5、E_1；

　　　$H_拐$——方格网的拐点，即图 9-15 中的 B_4；

　　　$H_边$——方格网的边点，即图 9-15 中的 A_2、A_3、B_1、C_1、D_1、E_2、E_3、E_4、C_5、D_5；

　　　$H_中$——方格网的中间点，即图 9-15 中的 B_2、B_3、C_2、C_3、C_4、D_2、D_3、D_4。

在本例中 $H_0 = 62.1$ m。在图 9-15 上绘出 62.1 m 等高线（图中虚线），称为填、挖边界线。

（3）计算各方格顶点填、挖高度。

填、挖高度 = 地面高程 − 设计高程（H_o）

将图中各方格顶点的填、挖高度填于相应方格顶点的右下方。正号为挖深，负号为填高。

（4）计算各方格填、挖土石方量。先计算每一方格的填、挖方量，然后计算总的填、挖方量。现举例说明计算方法。

设 V 为土方量，A 为填挖土的面积，则图中⑧号方格中的全挖土土方量为

$$V_{8挖} = 1/4 \times （1.4+0.7+1.0+0.3）\times A_{8挖} = 0.85\ A_{8挖} = 340（m^3）$$

式中　$A_{8挖}$——方格⑧的面积，本例为 $400\ m^2$。

$$V_{9挖} = 1/4（0.7+0.3+0+0）\times A_{9挖} = 0.25 \times 260 = 65（m^3）$$

$$V_{9填} = 1/4（-0.1-0.3+0+0）\times A_{9填} = -0.1 \times 140 = -14（m^3）$$

式中　$A_{9挖}$、$A_{9填}$——相应填、挖面积，可在地形图上量取。

方格⑩为全填方。则：

$$V_{10填} = 1/4（-0.1-0.8-0.9-0.3）\times A_{10填} = -0.525 \times 400 = -210（m^3）$$

式中　$A_{10填}$——方格⑩的面积。

用同样的方法可计算出其他方格的填、挖方量，然后按填、挖方量分别求和，即得总的填、挖土石方量。

2. 将场地整理成一定坡度的倾斜面

将原地形按设计要求整理成某一坡度的倾斜面，一般可根据填、挖平衡的原则，绘出设计倾斜面的等高线。但有时要求所设计的倾斜面必须经过某些高程控制点，如图 9-16 所示。设 a、b、c 三点为高程控制点，其地面高程分别为 64.6 m、61.3 m、63.7 m。今要求将原地形改造成通过 a、b、c 三点的倾斜面，具体步骤如下：

（1）绘制方格网。在图上绘出方格网，求出各方格顶点的地面高程并注记于相应方格顶点的右上方。

（2）确定设计等高线的平距。过 a、b 两点作直线，用内插法在 ab 上求出高程为 64 m、63 m、62 m 的各点的位置，即设计等高线所经过 ab 上的相应位置，如 d、e、f、g 等点。

（3）确定设计等高线方向及描绘设计倾斜面的等高线。在 ab 上求出一点 k，使其高程等于 c 点的高程。过 kc 连一直线，则 kc 的方向就是设计等高线的方向。过 e、f、g…各点作 kc 的平行线（图中的虚线），即为设计倾斜面的等高线。过设计等高线与原地面等高线高程相同的交点连线，即得到填、挖边界线。如图 9-16 中连接 1、2、3、4、5 等点。

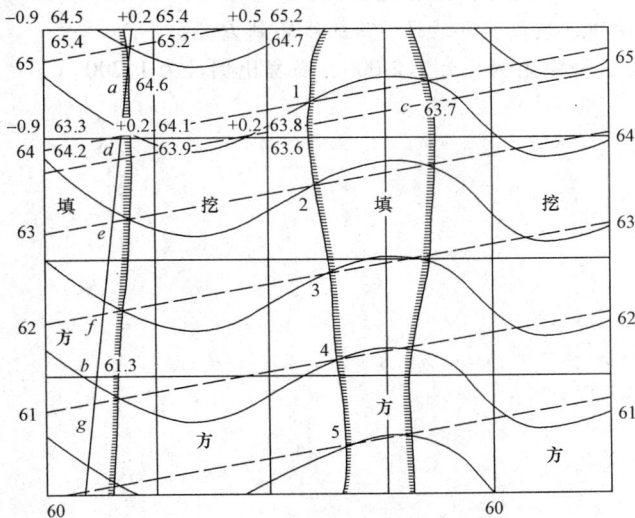

图 9-16　场地平整为倾斜面

（4）在各方格顶点的右上方注记出顶点在原地面的高程，在右下方注记出顶点在设计等高线中的高程，根据每一方格顶点的设计高程和原地面的高程，即可计算各方格顶点填高、挖深。填、挖土石方量的计算方法与整理成水平场地时相同。

思考与练习

1. 面积计算常用哪些方法？
2. 如何确定地形图地面两点间的坡度？
3. 如何绘制指定方向的地面断面图？
4. 在地形图上如何确定汇水面积边界？
5. 在图9-17中（比例尺为1∶2 000），完成下列工作：

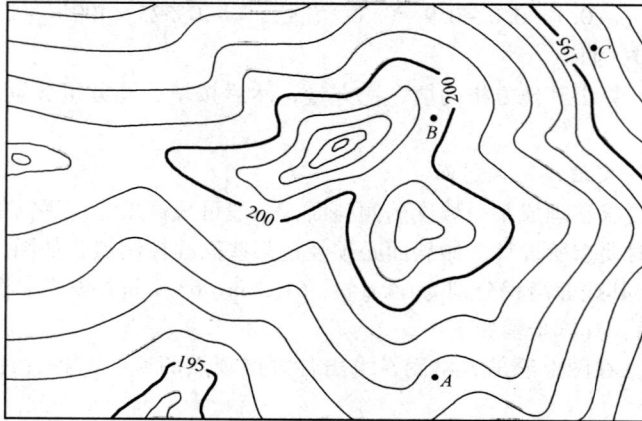

图9-17 习题5附图

（1）在地形图上用符号绘出山顶（△），鞍部的最低点（×），山脊线（—·—·—），山谷线（……）。

（2）B点高程是多少？AB水平距离是多少？

（3）A、B两点间，B、C两点间是否通视？

（4）由A选一条既短、坡度又不大于3%的线路到B点。

（5）绘AB断面图，平距比例尺为1∶2 000，高程比例尺为1∶200。

工业与民用建筑施工测量

本章主要讲述施工测量的任务，建筑场地施工控制网的建立，测设的基本工作内容和方法，工业与民用建筑施工测量内容和方法，建筑物变形观测以及竣工测量的方法，主要施工场地的控制测量和民用建筑及工业建筑放样的基本方法。

1. 了解施工测量的目的、内容、特点、原则等；了解进行施工放样之前的准备工作。

2. 了解建筑基线、建筑方格网以及施工测设的原理，掌握建筑方格网的布设方法，熟悉建筑工程施工控制点坐标转换。

3. 理解建筑物的定位方法和建筑物细部轴线的测设方法，掌握施工平面控制网建立的几种形式及高程控制网的建立。

4. 掌握测设已知水平距离、已知水平角、已知高程等施工测量的基本工作。

5. 掌握民用建筑和高层建筑施工中的测量方法；掌握工业厂房施工中的测量工作内容和方法。

6. 了解建筑物变形观测的基本知识；能够进行工程实际倾斜观测、裂缝观测和位移观测；掌握沉降观测的内容和基本方法。

7. 了解竣工总平面图的编绘步骤，掌握竣工测量的基本方法。

10.1　施工测量概述

10.1.1　施工测量的目的、任务和特点

各种工程建设都要经过规划设计、建筑施工、经营管理等几个阶段，每一阶段都要进行有关的测量工作。在施工阶段所进行的测量工作，称为施工测量。

1. 施工测量的目的

施工测量的目的就是把设计好的建（构）筑物的平面位置和高程，按设计的要求，以一定

的精度测设到地面上，作为施工的依据。

2. 施工测量的主要任务

施工测量贯穿整个施工过程，它的主要任务包括：

（1）施工场地平整测量。各项工程建设开工时，首先要进行场地平整。场地平整时可以利用勘测阶段所测绘的地形图来求场地的设计高程并估算土石方量。如果没有可供利用的地形图或计算精度要求较高，也可采用方格水准测量的方法来计算土石方量。

（2）建立施工控制网。施工测量也按照"从整体到局部""先控制后碎部"的原则进行。为了把规划设计的建（构）筑物准确地在实地标定出来，以及便于各项工作的平行施工，施工测量时要在施工场地建立平面控制网和高程控制网，作为建（构）筑物定位及细部测设的依据。

（3）施工放样与安装测量。施工前，要按照设计要求，进行建（构）筑物定位。方法是利用施工控制网把建（构）筑物外轮廓各轴线的交点和各种管线的平面位置和高程在实地标定出来，根据这些点进行细部放样作为施工的依据；在施工过程中，要及时测设建（构）筑物的轴线和标高位置，并对构件和设备安装进行校准测量。

（4）竣工测量。每道工序完成后，都要通过实地测量检查施工质量并进行验收，同时根据检测验收的记录整理竣工资料和编绘竣工图，为鉴定工程质量和日后维修与扩（改）建提供依据。

（5）建（构）筑物的变形观测。对于高层建筑、大型厂房或其他重要建（构）筑物，在施工过程中及竣工后一段时间内，应进行变形观测，测定其在荷载作用下产生的平面位移和沉降量，以保证建筑物的安全使用，同时也为鉴定工程质量、验证设计和施工的合理性提供依据。

3. 施工测量的特点

施工测量具有如下特点：

（1）与施工过程密切配合。施工测量是直接为工程施工服务的，它必须与施工组织计划相协调。测量人员应与设计、施工部门密切联系，了解设计内容、性质及对测量的精度要求，随时掌握工程进度及现场的变动，使测设精度与速度满足施工的需要。

（2）测设的精度高。建筑测设精度主要取决于建筑物或构筑物的大小、性质、用途、建材和施工方法等因素，一般高于测图精度。建筑物测设的精度可分两种：

①测设整个建筑物（也就是测设建筑物的主要轴线）对周围原有建筑物或与设计建筑物之间相对位置的精度。

②建筑物各部分对其主要轴线的测设精度。对于不同的建筑物或同一建筑物中的各个不同部分，这些精度要求并不一致。例如，高层建筑测设精度高于低层建筑；自动化和连续性厂房测设精度高于一般厂房；钢结构建筑测设精度高于钢筋混凝土结构、砖石结构；装配式建筑测设精度高于非装配式建筑。放样精度不够，将造成质量事故；精度要求过高，则增加放样工作的困难，降低工作效率。因此，应该选择合理的施工测量精度。

（3）保护并及时恢复测量标志。施工现场各工序交叉作业，运输频繁，地面情况变动大，受各种施工机械振动影响。因此，测量标志从形式、选点到埋设均应考虑便于使用、保管和检查，如标志在施工中被破坏，应及时恢复。

现代建筑工程规模大，施工进度快，精度要求高，所以施工测量前应做好一系列准备工作：认真核算图纸上的尺寸、数据；检校好仪器、工具；编制详尽的施工测量计划和测设数据表。放样过程中，应采用不同方法加强外业、内业的校核工作，以确保施工测量质量。

10.1.2 施工控制测量概述

在工业与民用建筑勘测、设计阶段所建立的测图控制网，其控制点的选择是根据地形条件及测图比例尺而定的，不可能考虑到工程的总体布置及施工要求。这些控制点不论是在密度上还是在精度上往往都不能满足施工放样的要求，在工程施工之前应在原有测图控制网的基础上，为建筑物、构筑物的测设另行布设控制网，这种控制网称为施工控制网。施工控制网又分为平面控制网和高程控制网。

1. 控制网

平面控制网的布设应根据设计总平面图和建筑场地的地形条件确定。在一般情况下，工业厂房、民用建筑，基本上是沿着相互平行或垂直的方向布置的，因此在新建的大中型建筑场地上，施工控制网一般布置成正方形或矩形的格网，称为建筑方格网；对于面积不大的居住建筑区，常布置一条或几条建筑轴线组成简单的图形，作为施工放样的依据。建筑轴线的布置形式主要根据建筑物的分布、建筑场地的地形和原有测图控制点的分布情况而定，常见形式如图 10-1 所示。根据建筑轴线的设计坐标和原测图控制点便可将其测设于地面；而对于建筑物较多，且布置比较规则的工业场地，可将控制网布置成与主要建筑物轴线平行或垂直的矩形格网，即建筑方格网。

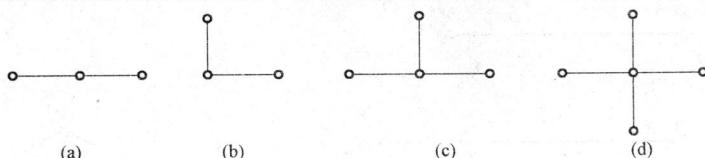

图 10-1　建筑轴线的布设形式
（a）三点直线形；（b）三点直角形；（c）四点丁字形；（d）五点十字形

建筑方格网是根据设计总平面图中建筑物布置情况来布设的，先选定方格网的主轴线，并使其尽可能通过建筑场地中央且与主要建筑物轴线平行，也可选在与主要机械设备中心线一致的位置上。主轴线选定后再全面布设方格网。方格网是厂区建筑物放样的依据，其边长应根据测设对象而定，一般是 50～350 m。图 10-2 所示就是根据建筑物的布置情况而设计的建筑方格网。图中，AOB、COD 为方格网主轴线。下面简要介绍其测设步骤。

（1）施工坐标系与测量坐标系的坐标换算。由于施工坐标系（设计的建筑坐标系）与原测量坐标系往往不一致，所以在测设工作中有时还需要进行坐标换算。换算时，先在设计总平面图上量取施工坐标系坐标原点在测量坐标系中的坐标 x_0、y_0 及施工坐标系纵坐标轴与测量坐标系纵坐标轴夹角 α，再根据 x_0、y_0、α 进行坐标换算。在图 10-3 中，设 x_P、y_P 为 P 点在测量坐标系 xOy 中的坐标，x'_P、y'_P 为 P 点在施工坐标系 $x'O'y'$ 中的坐标，α 为 $x'O'y'$ 坐标系的偏转角（x' 轴的方位角）。则测量坐标系上的 P 点在施工坐标系上的坐标计算公式为

$$x'_p = (x_p - x_o)\cos\alpha + (y_p - y_o)\sin\alpha$$
$$y'_p = (x_p - x_o)\sin\alpha + (y_p - y_o)\cos\alpha$$

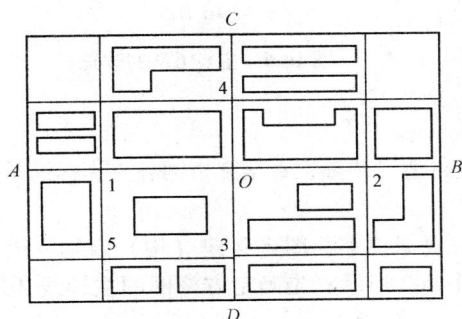

图 10-2　建筑方格网

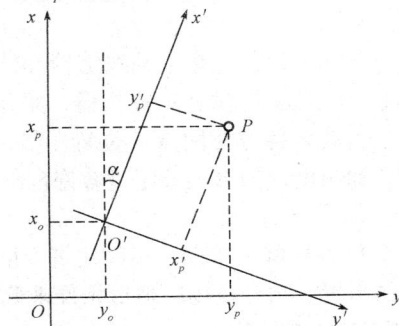

图 10-3　施工坐标系与测图坐标系的转换

反之，施工坐标系上的 P 点在测图坐标系上的坐标为

$$x_p = x_o + x_p'\cos\alpha - y_p'\sin\alpha$$

$$y_p = y_o + x_p'\sin\alpha + y'\cos\alpha$$

（2）建筑方格网主轴线的测设。测设步骤如下：

①确定主轴线的定位点（称主点）的施工坐标。主点 A、O、B 的施工坐标一般由施工单位给出，或在设计图上用图解法求出。

②如图 10-4 所示，将测图控制点（地面已有）M_1、M_2、M_3 的测量坐标换算成施工坐标。

③用坐标反算公式计算放样元素 β_1、D_1、β_2、D_2、β_3、D_3。

④用极坐标法测设三个主点的大概位置 A'、O'、B'，并打桩标定。

⑤在中间点 O' 安置经纬仪，用测回法精确测定 β 角。若它和 $180°$ 之差不超过 $\pm 10''$，则认为此三点成一条直线；否则进行调整，如图 10-5 所示。

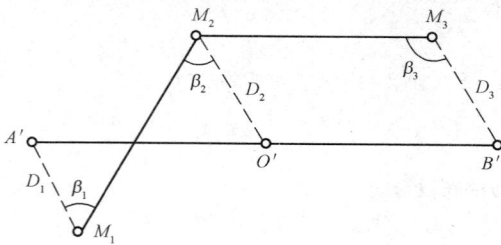

图 10-4　主点测设示意图

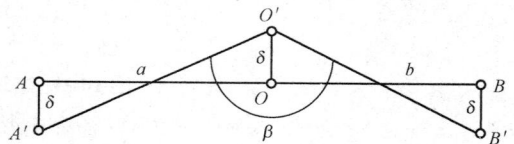

图 10-5　主点 AOB 的改正

调整时各主点应向 A、O、B 的垂线方向移动同一改正值 δ，使三点成一条直线。

$$\delta = \frac{ab}{2(a+b)} \cdot \frac{1}{\rho''}(180° - \beta) \quad \text{或} \quad \delta = \frac{ab}{(a+b)}\left(90° - \frac{\beta}{2}\right) \cdot \frac{1}{\rho''}$$

⑥将仪器安在 O 点，瞄准 A 点，分别向左、右转 $90°$，定出 C' 和 D'。精确测出 $\angle AOC'$ 和 $\angle AOD'$，与 $90°$ 比较，较差为 ε_1 和 ε_2。计算改正值 d_1 和 d_2，沿垂直方向改正 d_1 得 C 点，改正 d_2 得 D 点，如图 10-6 所示。

$$d_i = L_i \times \frac{\varepsilon''}{\rho''}, \quad L_i \text{ 是 } OC' \text{ 或 } OD' \text{ 的距离。}$$

3. 矩形方格网的测设

建筑方格网适用于按矩形布置的建筑群或大型建筑场地。

矩形方格网测设是先在主轴线上精确地定出 1、2、3、4 点，再在这些点上安置仪器，采用适当的方法即可定出其余各方格网点的位置。最后检查方

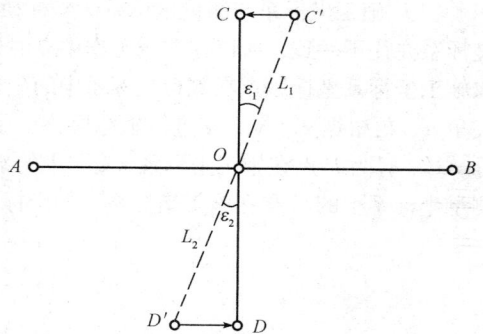

图 10-6　主点 CD 的改正

格网的边长和角度，如果误差超过容许范围，则应进行适当调整，直至方格网各点坐标满足设计要求为止。

（1）建筑方格网的布设。布设建筑方格网时，应根据总平面图上各建（构）筑物、道路及各种管线的布置，结合现场的地形条件来确定。如图 10-2 所示，先确定方格网的主轴线 AOB 和 COD，然后布设方格网。

（2）建筑方格网的测设。测设方法如下：

①主轴线测设。主轴线测设与建筑基线测设方法相似。首先，准备测设数据。然后，测设两条互相垂直的主轴线 *AOB* 和 *COD*。主轴线实质上是由 5 个主点 *A*、*B*、*O*、*C* 和 *D* 组成。最后，精确检测主轴线点的相对位置关系，并与设计值相比较，如果超限，则应进行调整。建筑方格网的主要技术要求如表 10-1 所示。

表 10-1 建筑方格网的主要技术要求

等级	边长/m	测角中误差	边长相对中误差	测角检测限差	边长检测限差
Ⅰ级	100 ~ 300	5″	1/30 000	10″	1/15 000
Ⅱ级	100 ~ 300	8″	1/20 000	16″	1/10 000

②方格网点测设。主轴线测设后，分别在主点 *A*、*B* 和 *C*、*D* 安置经纬仪，后视主点 *O*，向左、右测设 90°水平角，即可交会出田字形方格网点。随后检核，测量相邻两点间的距离，看是否与设计值相等，测量其角度是否为 90°，误差均应在允许范围内，并埋设永久性标志。

建筑方格网轴线与建筑物轴线平行或垂直，因此，可用直角坐标法进行建筑物的定位，计算简单，测设比较方便，而且精度较高。其缺点是必须按照总平面图布置，其点位易被破坏，而且测设工作量也较大。

由于建筑方格网的测设工作量大，测设精度要求高，因此可委托专业测量单位进行。

10.1.3 施工放样基本要求

建筑施工测量是研究利用各种测量仪器和工具对建筑场地地面及建筑物的位置进行度量和测定的科学，它的基本要求有：

（1）对建筑施工场地的表面形状和尺寸按一定比例测绘成地形图，当地势平坦，建（构）筑物布置整齐，应尽量布设建筑方格网作为厂区平面控制网，以便施工工作进行。

（2）建筑场地大于 1 km² 或重要工业厂区，宜建立相当于一级导线精度的平面控制网；小于 1 km² 或一般性建筑区，宜建立二、三级控制网。

（3）收集建筑场地的测量控制网资料，将图纸上已设计好的工程建筑物按设计要求测设到地面上，并用各种标志表示在现场。施工过程控制网的定位，可以利用原区域已建立的平面和高程控制网。建筑物的控制测量，应按设计要求布设，点位应选择在通视良好、利于长期保存的地方。

（4）收集绘有设计的和已有的全部建（构）筑物、交通线路的平面图和管线位置的综合平面图，最好是技术或施工图设计的总平面图，在图上应附有坐标和高程，结合现场条件，确定方位测设方法。

（5）建筑物高程控制的水准点，可单独埋设在建筑物平面控制网的标桩上，也可利用场地附近的水准点，其间距宜在 200 mm 左右。楼层测设按设计的屋面标高逐层引测。

（6）了解定线的精度要求。放样误差符合设计的计量误差，综合考虑影响工程测量精度和引起误差的因素，诸如测角投点判断精度，前视点、后视点设备投点精度，100 m 视线长中测量角精度，测站和后视两点精度，测量仪器的软件、硬件配置等，满足并提高数据的精准度。

10.2 测设基本工作

1. 施工平面控制网

施工平面控制网可以布设成三角网、导线网、建筑方格网和建筑基线四种形式。

（1）三角网：对于地势起伏较大，通视条件较好的施工场地，可采用三角网。

（2）导线网：对于地势平坦，通视又比较困难的施工场地，可采用导线网。

（3）建筑方格网：对于建筑物多为矩形且布置比较规则和密集的施工场地，可采用建筑方格网。

（4）建筑基线：对于地势平坦且又简单的小型施工场地，可采用建筑基线。

2. 施工高程控制网

施工高程控制网采用水准网。

3. 施工控制网的特点

（1）与测图控制网相比，施工控制网控制范围小、控制点密度大、精度要求高。

（2）受干扰大，使用频繁。

施工测量又称为测设或放样，是施工的先导，贯穿整个施工过程，包括施工前的场地平整，施工控制网的建立，建筑物的定位和基础放线；工程施工过程中各道程序的细部测设；工程竣工后的竣工图编绘和变形观测。

10.2.1 已知水平距离的测设

测设已知水平距离是从地面一已知点开始，沿已知方向测设出给定的水平距离以定出第二个端点的工作。根据测设的精度要求不同，其可采用一般测设方法和精确测设方法。

1. 用钢尺测设已知水平距离（一般测设方法）

在地面上，由已知点 A 开始，沿给定方向，用钢尺量出已知水平距离 D 定出 B 点。为了校核与提高测设精度，在起点 A 处改变读数，按同法已知距离 D 定出 B' 点。由于量距有误差，B 与 B' 两点一般不重合，其相对误差在允许范围内时，则取两点的中点作为最终位置。当水平距离的测设精度要求较高时，按照上面一般方法在地面测设出的水平距离，还应加上尺长、温度和高差 3 项改正，但改正数的符号与精确量距时的符号相反。即

$$S = D - \Delta_l - \Delta_t - \Delta_h \tag{10-1}$$

式中　S——实地测设的距离；

　　　D——待测设的水平距离；

　　　Δ_l——尺长改正数，$\Delta_l = \dfrac{\Delta l}{l_0} D$，$l_0$ 和 Δl 分别是所用钢尺的名义长度和尺长改正数；

　　　Δ_t——温度改正数，$\Delta_t = \alpha \cdot D \cdot (t - t_0)$，$\alpha = 1.25 \times 10^{-5}$，为钢尺的线膨胀系数，$t$ 为测设时的温度，t_0 为钢尺的标准温度，一般为 20 ℃；

　　　Δ_h——倾斜改正数，$\Delta_h = -\dfrac{h^2}{2D}$，$h$ 为线段两端点的高差。

测设时，自线段的起点 A 沿给定的 AB 方向量出 S，定出终点 B，即得设计的水平距离 D。为了检核，通常再放样一次，若两次放样之差在允许范围内，则取平均位置作为终点 B 的最后位置。

2. 光电测距仪测设已知水平距离（精确测设方法）

用光电测距仪测设已知水平距离与用钢尺测设方法大致相同。如图 10-7 所示，光电测距仪安置于 A 点，反光镜沿已知方向 AB 移动，使仪器显示的距离大致等于待测设距离 D，定出 B' 点，测出 B' 点反光镜的竖直角及斜距，计算出水平距离 D'。

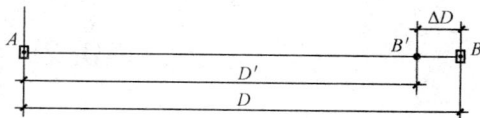

图 10-7　光电测距仪测设水平距离

再计算出 D' 与需要测设的水平距离 D 之间的改正数 $\Delta D = D - D'$。根据 ΔD 的符号在实地沿已知方向用钢尺由 B' 点量 ΔD 定出 B 点，AB 即测设的水平距离 D。

全站仪瞄准位于 B 点附近的棱镜后，能够直接显示出全站仪与棱镜之间的水平距离 D'，因此，通过前后移动棱镜使其水平距离 D' 等于待测设的已知水平距离 D 时，即可定出 B 点。

为了检核，将反光镜安置在 B 点，测量 ABH 的水平距离，若不符合要求，则再次改正，直至在允许范围之内为止。

10.2.2　已知水平角测设

测设已知水平角就是根据一已知方向测设出另一方向，使它们的夹角等于给定的设计角值，按测设精度要求不同分为一般方法和精确方法。

1. 一般方法

当测设水平角精度要求不高时，可采用此法，即用盘左、盘右取平均值的方法。如图 10-8 所示，设 OA 为地面上已有方向，欲测设水平角 β，在 O 点安置经纬仪，以盘左位置瞄准 A 点，配置水平度盘读数为 0。转动照准部使水平度盘读数恰好为 β，在视线方向定出 B_1 点。然后用盘右位置，重复上述步骤定出 B_2 点，取 B_1 和 B_2 中点 B，则 $\angle AOB$ 即测设的 β 角。该方法也称为盘左盘右分中法。

2. 精确方法

当测设精度要求较高时，可采用精确方法测设已知水平角。如图 10-9 所示，安置经纬仪于 O 点，按照上述一般方法测设出已知水平角 $\angle AOB'$，定出 B' 点。然后较精确地测量 $\angle AOB'$ 的角值，一般采用多个测回取平均值的方法，设平均角值为 β'，测量出 OB' 的距离。按下式计算 B' 点处 OB' 线段的垂距 $B'B$。

$$B'B = \frac{\Delta\beta''}{\rho''} \cdot OB' = \frac{\beta - \beta'}{206\ 265''} \cdot OB'$$

然后，从 B' 点沿 OB' 的垂直方向调整垂距 $B'B$，$\angle AOB$ 即为 β 角。如图 10-9 所示，若 $\Delta\beta > 0$，则从 B' 点往内调整 $B'B$ 至 B 点；若 $\Delta\beta < 0$，则从 B' 点往外调整 $B'B$ 至 B 点。

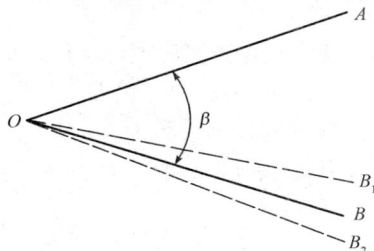

图 10-8　一般方法测设水平角　　　　　**图 10-9　精确方法测设水平角**

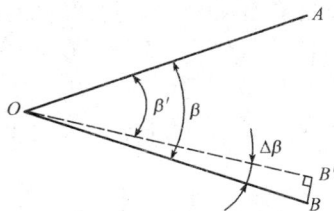

10.2.3　已知高程测设

1. 施工场地高程控制网的建立

建筑施工场地的高程控制测量一般采用水准测量方法，应根据施工场地附近的国家或城市已知水准点，测定施工场地水准点的高程，以便纳入统一的高程系统。

在施工场地上，水准点的密度应尽可能满足安置一次仪器即可测设出所需的高程。而测图时敷设的水准点往往是不够的，因此，还需增设一些水准点。在一般情况下，建筑基线点、建筑方格网点以及导线点也可兼作高程控制点。只要在平面控制点桩面上中心点旁边设置一个突出的半球状标志即可。

为了便于检核和提高测量精度，施工场地高程控制网应布设成闭合或附合路线。高程控制网可分为首级网和加密网，相应的水准点称为基本水准点和施工水准点。

（1）基本水准点。基本水准点应布设在土质坚实、不受施工影响、无振动和便于施测的场地，并埋设永久性标志。一般情况下，按四等水准测量的方法测定其高程，而对于为连续性生产车间或地下管道测设所建立的基本水准点，则需按三等水准测量的方法测定其高程。

（2）施工水准点。施工水准点是用来直接测设建筑物高程的。为了测设方便和减少误差，施工水准点应靠近建筑物。

此外，由于设计建筑物常以底层室内地坪高 ±0 标高为高程起算面，为了施工引测方便，常在建筑物内部或附近测设 ±0 水准点。±0 水准点的位置，一般选在稳定的建筑物墙、柱的侧面，用红漆绘成顶为水平线的"▼"形，其顶端表示 ±0 位置。

2. 测设已知高程

测设已知高程就是根据已知点的高程，通过引测，把设计高程标定在固定的位置上。如图 10-10 所示，已知高程点 A，其高程为 H_A，需要在 B 点标定出已知高程为 H_B 的位置。方法是：在 A 点和 B 点中间安置水准仪，精平后读取 A 点的标尺读数为 a，则仪器的视线高程为 $H_i = H_A + a$，由图可知测设已知高程为 H_B 的 B 点标尺读数应为

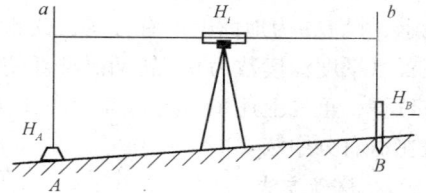

图 10-10　已知高程测设

$$b = H_i - H_B$$

将水准尺紧靠 B 点木桩的侧面上下移动，直到尺上读数为 b 时，沿尺底画一横线，此线即设计高程 H_B 的位置。测设时应始终保持水准管气泡居中。

在建筑设计和施工中，为了计算方便，通常把建筑物的室内设计地坪高程用 ±0.000 标高表示，建筑物的基础、门窗等高程都是以 ±0.000 为依据进行测设。因此，首先要在施工现场利用测设已知高程的方法测设出室内地坪高程的位置。

在地下坑道施工中，高程点位通常设置在坑道顶部。通常规定当高程点位于坑道顶部时，在进行水准测量时水准尺均应倒立在高程点上。如图 10-11 所示，A 为已知高程 H_A 的水准点，B 为待测设高程为 H_B 的位置，由于 $H_B = H_A + a + b$，则在 B 点应有的标尺读数为 $b = H_B - (H_A + a)$。因此，将水准尺倒立并紧靠 B 点木桩上下移动，直到尺上读数为 b 时，在尺底画出设计高程 H_B 的位置。

同样，对于多个测站的情况，也可以采用类似分析和解决方法。如图 10-12 所示，A 为已知高程 H_A 的水准点，C 为待测设高程为 H_C 的点位，由于 $H_C = H_A - a - b_1 + b_2 + c$，则在 C 点应有的标尺读数为 $c = H_C - (H_A - a - b_1 + b_2)$。

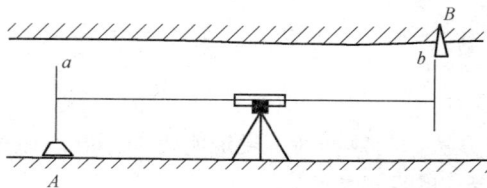

图 10-11　高程点在顶部的测设

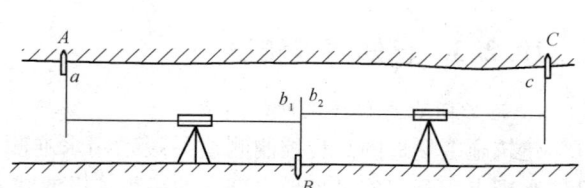

图 10-12　多个测站高程点测设

当待测设点与已知水准点的高差较大时，可以采用悬挂钢尺的方法进行测设。如图 10-13 所示，钢尺悬挂在支架上，零端向下并挂一重物，A 为已知高程为 H_A 的水准点，B 为待测设高程为 H_B 的点位。在地面和待测设点位附近安置水准仪，分别在标尺和钢尺上读数 a_1、b_1 和 a_2。由于 $H_B = H_A + a - (b_1 - a_2) - b_2$，则可以计算出 B 点处标尺的读数 $b_2 = H_A + a - (b_1 - a_2) - H_B$，再画出已知高程为 H_B 的标志线。

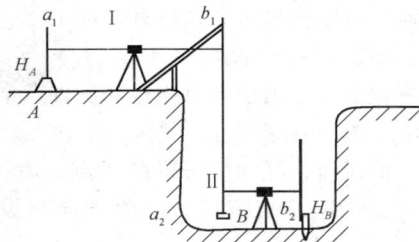

图 10-13　测设建筑基底高程

10.3　点的平面位置测设

点的平面位置测设是根据已布设好的控制点的坐标和待测设点的坐标，反算出测设数据，即控制点和待测设点之间的水平距离和水平角，再利用上述测设方法标定出设计点位。根据所用的仪器设备、控制点的分布情况、测设场地地形条件及测设点精度要求等条件，可以采用以下方法进行测设工作。

10.3.1　常规测设方法

1. 直角坐标法

直角坐标法是建立在直角坐标原理基础上测设点位的一种方法。当建筑场地已建立有相互垂直的主轴线或建筑方格网时，一般采用此法。

如图 10-14 所示，A、B、C、D 为建筑方格网或建筑基线控制点，1、2、3、4 点为待测设建筑物轴线的交点，建筑方格网或建筑基线分别平行或垂直待测设建筑物的轴线。根据控制点的坐标和待测设点的坐标可以计算出两者之间的坐标增量。下面以测设 1、2 点为例，说明测设方法。

首先计算出 A 点与 1、2 点之间的坐标增量，即

$$\Delta x_{A1} = x_1 - x_A, \quad \Delta y_{A1} = y_1 - y_A$$

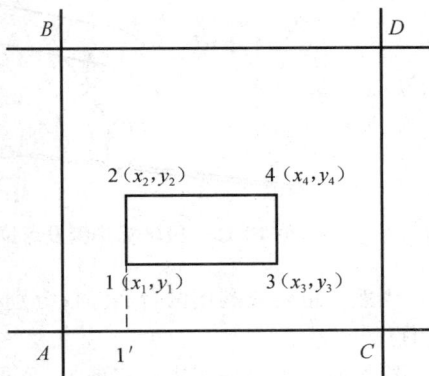

图 10-14　直角坐标法测设点位

测设 1、2 点平面位置时，在 A 点安置经纬仪，照准 C 点，沿此视线方向从 A 沿 C 方向测设水平距离 Δy_{A1} 定出 $1'$ 点。再安置经纬仪于 $1'$ 点，盘左照准 C 点（或 A 点），转 $90°$ 给出视线方向，沿此方向分别测设出水平距离 Δx_{A1} 和 Δx_{12} 定 1、2 两点。同法以盘右位置定出 1、2 两点，取 1、2 两点盘左和盘右的中点即所求点位置。

采用同样的方法可以测设 3、4 点的位置。

检查时，可以在已测设的点上架设经纬仪，检测各个角度是否符合设计要求，并丈量各条边长。

如果待测设点位的精度要求较高，可以利用精确方法测设水平距离和水平角。

2. 极坐标法

极坐标法是根据控制点、水平角和水平距离测设点平面位置的方法。在控制点与测设点间便于钢尺量距的情况下，采用此法较为适宜，而利用测距仪或全站仪测设水平距离，则没有此项

限制，且工作效率和精度都较高。

如图 10-15 所示，A（x_A，y_A）、B（x_B，y_B）为已知控制点，1（x_1，y_1）、2（x_2，y_2）点为待测设点。根据已知点坐标和测设点坐标，按坐标反算方法求出测设数据，即 D_1，D_2，$\beta_1 = \alpha_{A1} - \alpha_{AB}$，$\beta_2 = \alpha_{A2} - \alpha_{AB}$。

测设时，经纬仪安置在 A 点，后视 B 点，置度盘为零，按盘左盘右分中法测设水平角 β_1、β_2，定出 1、2 点方向，沿此方向测设水平距离 D_1、D，则可以在地面标定出设计点位 1、2 两点。

检核时，可以采用丈量实地 1、2 两点之间的水平边长，并与 1、2 两点设计坐标反算出的水平边长进行比较。

如果待测设点 1、2 的精度要求较高，可以利用前述的精确方法测设水平角和水平距离。

3. 角度交会法

角度交会法是在两个控制点上分别安置经纬仪，根据相应的水平角测设出相应的方向，根据两个方向交会定出点位的方法。此法适用于测设点离控制点较远或量距有困难的情况。

如图 10-16 所示，根据控制点 A、B 和测设点 1、2 的坐标，反算测设数据 β_{A1}、β_{A2}、β_{B1} 和 β_{B2} 角值。将经纬仪安置在 A 点，瞄准 B 点，利用 β_{A1}、β_{A2} 角值，按照盘左盘右分中法定出 $A1$、$A2$ 方向线，并在其方向线上的 1、2 两点附近分别打上两个木桩（俗称骑马桩），桩上钉小钉以表示此方向，并用细线拉紧。然后，在 B 点安置经纬仪，同法定出 $B1$、$B2$ 方向线。根据 $A1$ 和 $B1$、$A2$ 和 $B2$ 方向线可以分别交出 1、2 两点，即所求待测设点的位置。

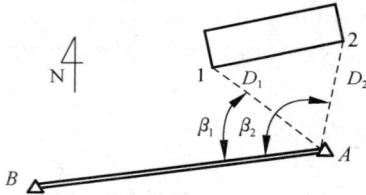

图 10-15　极坐标法测设点位　　　　图 10-16　角度交会法测设点位

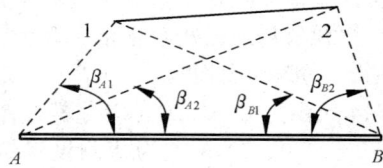

当然，也可以利用两台经纬仪分别在 A、B 两个控制点同时设站，测设出方向线后标定出 1、2 两点。

检核时，可以采用丈量实地 1、2 两点之间的水平边长，并与 1、2 两点设计坐标反算出的水平边长进行比较。

4. 距离交会法

距离交会法是从两个控制点利用两段已知距离进行交会定点的方法。当建筑场地平坦且便于量距时，此法较为方便。

如图 10-17 所示，A、B 为控制点，1 点为待测设点。首先，根据控制点和待测设点的坐标反算出测设数据 D_A 和 D_B，然后用钢尺从 A、B 两点分别测设两段水平距离 D_A 和 D_B，其交点即所求 1 点的位置。

同样，2 点的位置可以由附近的地形点 P、Q 交会出。

检核时，可以实地丈量 1、2 两点之间的水平距离，并与 1、2 两点设计坐标反算出的水平距离进行比较。

5. 十字方向线法

十字方向线法是利用两条互相垂直的方向线相交得出待测设点位的一种方法。如图 10-18 所示，设 A、B、C 及 D 为一个基坑的范围，P 点为该基坑的中心点位，在挖基坑时，P 点则会遭到破坏。为了随时恢复 P 点的位置，可以采用十字方向线法重新测设 P 点。

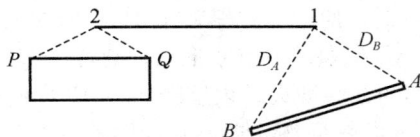

图 10-17　距离交会法测设点位

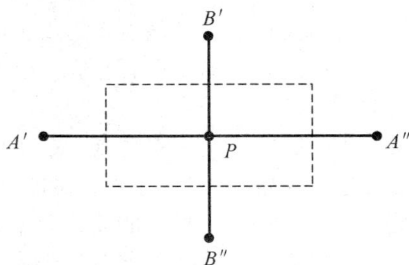

图 10-18　十字方向线法测设点位

首先，在 P 点架设经纬仪，设置两条相互垂直的直线，并分别用两个桩点来固定。当 P 点被破坏后需要恢复时，则利用桩点 $A'A''$ 和 $B'B''$ 拉出两条相互垂直的直线，根据其交点重新定出 P 点。

为了防止由于桩点发生移动而导致 P 点测设误差，可以在每条直线的两端各设置两个桩点，以便能够发现错误。

10.3.2　数字化测设法

现阶段所用的数字化测设法主要是全站仪坐标测设法。全站仪不仅具有测设精度高、速度快的特点，而且可以直接测设点的位置。同时，在施工放样中受天气和地形条件的影响较小，从而在生产实践中得到了广泛应用。

全站仪坐标测设法是根据控制点和待测设点的坐标定出点位的一种方法。首先，将仪器安置在控制点上，使仪器置于测设模式，然后输入控制点和测设点的坐标，一人持反光棱镜立在待测设点附近，用望远镜照准棱镜，按坐标测设功能键，全站仪显示出棱镜位置与测设点的坐标差。根据坐标差值，移动棱镜位置，直到坐标差值等于零，此时，棱镜位置即测设点的点位。

为了能够发现错误，每个测设点位置确定后，可以再测定其坐标作为检核。

10.4　已知坡度直线的测设

已知坡度直线的测设就是在地面上定出一条直线，其坡度值等于已给定的设计坡度。在交通线路工程、排水管道施工和敷设地下管线等项工作中经常涉及该问题。

如图 10-19 所示，设地面上 A 点的高程为 H_A，A、B 两点之间的水平距离为 D，要求从 A 点沿 AB 方向测设一条设计坡度为 δ 的直线 AB，即在 AB 方向上定出 1、2、3、4、B 各桩点，使其各个桩顶面连线的坡度等于设计坡度 δ。

具体测设时，先根据设计坡度 δ 和水平距离 D 计算出 B 点的高程。

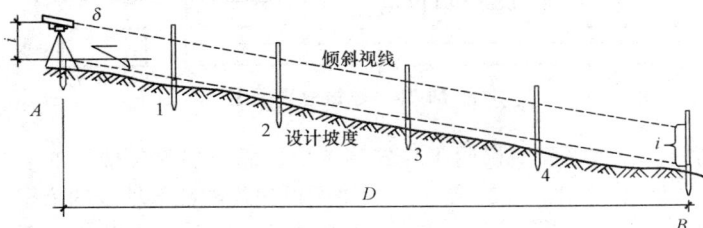

图 10-19　已知坡度直线测设

$$H_B = H_A - \delta \times D$$

计算 B 点高程时，注意坡度 δ 的正、负，在图 10-19 中 δ 应取负值。

然后，按照测设已知高程的方法，把 B 点的设计高程测设到木桩上，则 A、B 两点连线的坡度等于已知设计坡度 δ。

在 AB 间加密 1、2、3、4 等点，在 A 点安置水准仪时，使一个脚螺旋在 AB 方向线上，另两个脚螺旋的连线大致与 AB 线垂直，量取仪器高 i，用望远镜照准 B 点水准尺，旋转在 AB 方向上的脚螺旋，使 B 点桩上水准尺的读数等于 i，此时仪器的视线即设计坡度线。在 AB 中间各点打上木桩，并在桩上立尺使读数皆为 i，这样各桩桩顶的连线就是测设坡度线。当设计坡度较大时，可利用经纬仪定出中间各点。

10.5 民用建筑施工测量

民用建筑是指供人们居住、生活和进行社会活动用的建筑物，如住宅、办公楼、食堂、俱乐部、医院和学校等建筑物。民用建筑分为单层、低层（2~3 层）、多层（4~8 层）和高层（9 层以上）。民用建筑施工测量就是按照设计的要求将民用建筑的平面位置和高程测设出来。民用建筑施工测量的主要任务是建筑物的定位、细部轴线放样、基础工程施工测量、墙体工程施工测量及高层建筑施工测量等。因民用建筑的类型、结构和层数各不相同，施工测量的方法和精度要求也有所不同。

10.5.1 施工测量前的准备工作

1. 熟悉设计图纸

设计图纸是施工测量的主要依据，在测设前，应熟悉建筑物的设计图纸，了解施工建筑物与相邻地物的相互关系，以及建筑物的尺寸和施工要求等，并仔细核对各设计图纸的有关尺寸。测设时必须具备下列图纸资料：

（1）建筑总平面图。如图 10-20 所示，在建筑总平面图上，可以查取或计算设计建筑物与原有建筑物或测量控制点之间的平面尺寸和高差，作为测设建筑物总体位置的依据。

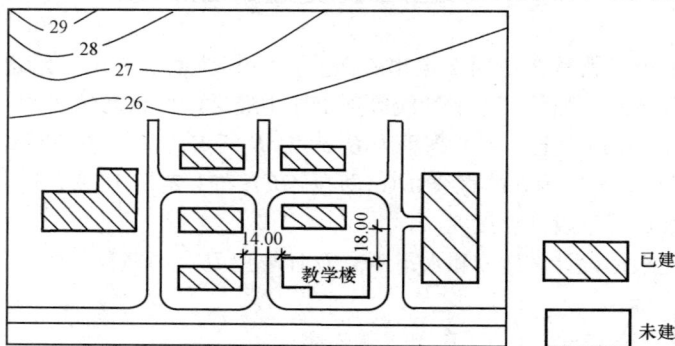

图 10-20 建筑总平面图

（2）建筑平面图。建筑平面图标明了建筑物首层、标准层等各楼层的总尺寸，以及楼层内部各轴线之间的尺寸关系，如图 10-21 所示，它是测设建筑物细部轴线的依据。

（3）基础平面图。在基础平面图上，可以查取基础边线与定位轴线的平面尺寸，这是测设基础轴线的必要数据。

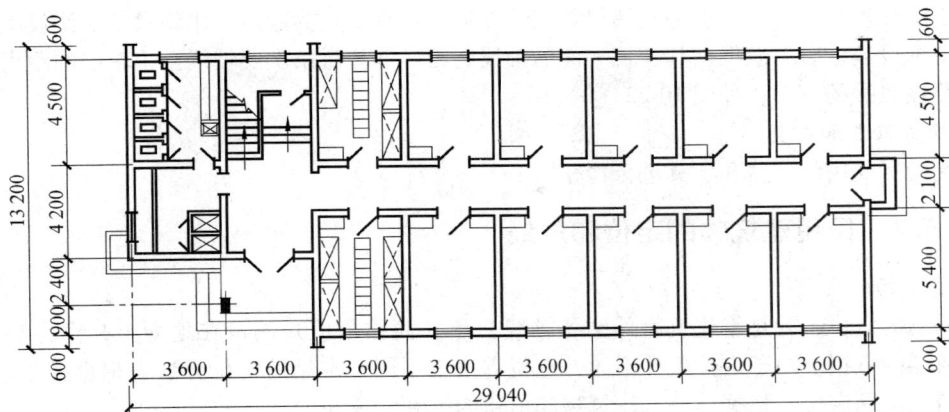

图 10-21　建筑平面图

（4）基础详图。在基础详图中，可以查取基础立面尺寸和设计标高，这是基础高程测设的依据。

（5）建筑物立面图和剖面图。在建筑物立面图和剖面图中，可以查取基础、地坪、门窗、楼板、屋架和屋面等设计高程，这是高程测设的主要依据。

2．踏勘现场

为了解建筑施工现场上地物、地貌以及原有测量控制点的分布情况，应进行现场踏勘，并对建筑施工现场上的平面控制点和水准点进行检核，以便获得正确的测量数据，然后根据实际情况考虑测设方案。

3．整理施工场地

平整和清理施工场地，以便进行测设工作。

4．制定测设方案和准备测设数据

测设方案包括测设方法、测设步骤、采用的仪器工具、精度要求、时间安排等。在每次现场测设之前，应根据设计要求、定位条件、现场地形、设计图纸、施工方案和测量控制点的分布情况等因素，制定测设方案。准备好相应的测设数据，包括测设方法和测设数据计算，并对数据进行检核，需要时还可绘出测设略图，把测设数据标注在略图上，使现场测设更方便快速，并减少出错的可能。

例如，现场已有 A、B 两个平面控制点，欲用经纬仪和钢尺按极坐标法将如图 10-21 所示的设计建筑物测设于实地上。定位测量一般测设建筑物的四个大角，即如图 10-22（a）所示的 1、2、3、4 点，其中第 4 点是虚点，应先根据有关数据计算其坐标；此外，应根据 A、B 点的已知坐标和 1～4 点的设计坐标计算各点的测设角度值和距离值，以备现场测设之用。如果是用全坐标法测设，则只需准备好每个角点的坐标即可。

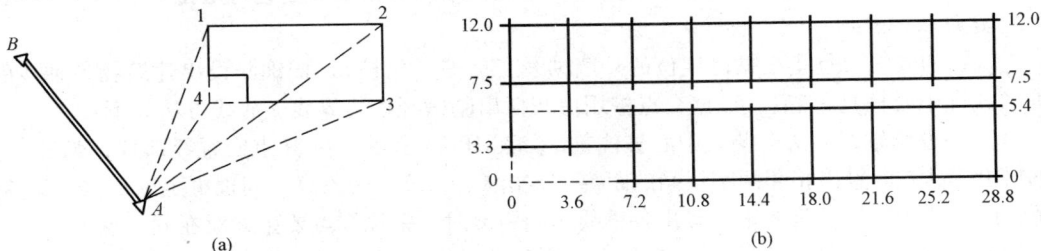

图 10-22　测设数据草图

（a）测设建筑物的四点；（b）绘标有测设数据的草图

测设细部轴线点时，一般用经纬仪定线，然后以主轴线点为起点，用钢尺依次测设次要轴线点。准备测设数据时，应根据其建筑平面的轴线间距，计算每条次要轴线至主轴线的距离，并绘出标有测设数据的草图，如图10-22（b）所示。

5. 检核仪器和工具

对测设所使用的仪器和工具进行检核。

10.5.2 民用建筑物的定位和放线

1. 建筑物的定位

建筑物的定位，就是将建筑物外廓各轴线交点（简称角桩）测设在地面上，作为基础放样和细部放样的依据。由于定位条件不同，定位方法也不同，常见的定位方法有根据控制点定位、根据建筑方格网定位、根据与原有建筑物和道路的关系定位等。

下面介绍根据已有建筑物测设拟建建筑物的方法。

（1）如图10-23所示，用钢尺沿宿舍楼的东、西墙，延长出一小段距离1得a、b两点，作出标志。

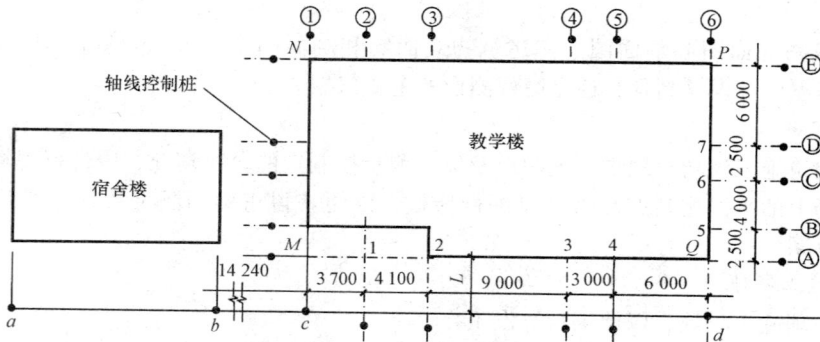

图10-23 建筑物的定位和放线

（2）在a点安置经纬仪，瞄准b点，并从b沿ab方向量取14.240 m（因为教学楼的外墙厚370 mm，轴线偏里，离外墙皮240 mm），定出c点，做出标志，再继续沿ab方向从c点起量取25.800 m，定出d点，做出标志，cd线就是测设教学楼平面位置的建筑基线。

（3）分别在c、d两点安置经纬仪，瞄准a点，顺时针方向测设90°，沿此视线方向量取距离（1+0.240）m，定出M、Q两点，做出标志，再继续量取15.000 m，定出N、P两点，做出标志。M、N、P、Q四点即教学楼外廓定位轴线的交点。

（4）检查NP的距离是否等于25.800 m，$\angle N$和$\angle P$是否等于90°，其误差应在允许范围内。

如施工场地已有建筑方格网或建筑基线，可直接采用直角坐标法进行定位。

2. 建筑物的放线

建筑物的放线，是指根据已定位的外墙轴线交点桩（角桩），详细测设出建筑物各轴线的交点桩（或称中心桩），然后，根据交点桩用白灰撒出基槽开挖边界线。放线方法如下：

（1）在外墙轴线周边上测设中心桩位置。如图10-23所示，在M点安置经纬仪，瞄准Q点，用钢尺沿MQ方向量出相邻两轴线间的距离，定出1、2、3、…各点，同理可定出5、6、7各点。量距精度应达到设计精度要求。量出各轴线之间距离时，钢尺零点要始终对在同一点上。

（2）恢复轴线位置的方法。由于在开挖基槽时，角桩和中心桩要被挖掉，为了便于在施工中恢复各轴线位置，应把各轴线延长到基槽外安全地点，并做好标志。其方法有设置轴线控制桩和设置龙门板两种形式。

①设置轴线控制桩。轴线控制桩设置在基槽外，基础轴线的延长线上，作为开槽后各施工阶段恢复轴线的依据，如图 10-24 所示。轴线控制桩一般设置在基槽外 2 ~ 4 m 处，打下木桩，桩顶钉上小钉，准确标出轴线位置，并用混凝土包裹木桩，如图 10-24 所示。如附近有建筑物，也可把轴线投测到建筑物上，用红漆做出标志，以代替轴线控制桩。

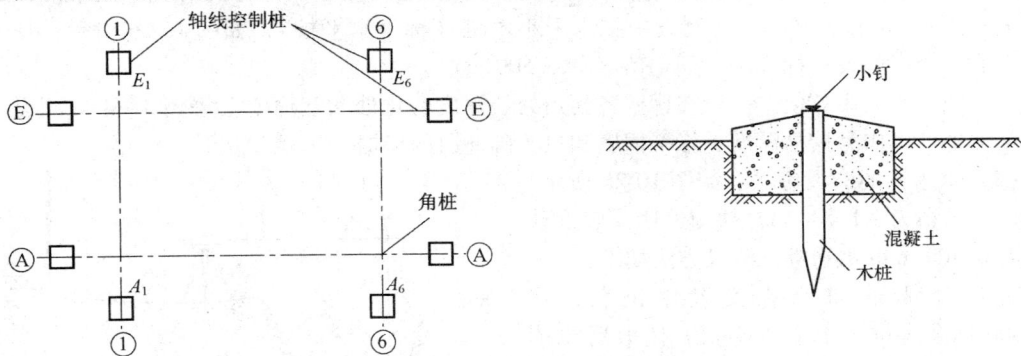

图 10-24　设置轴线控制桩

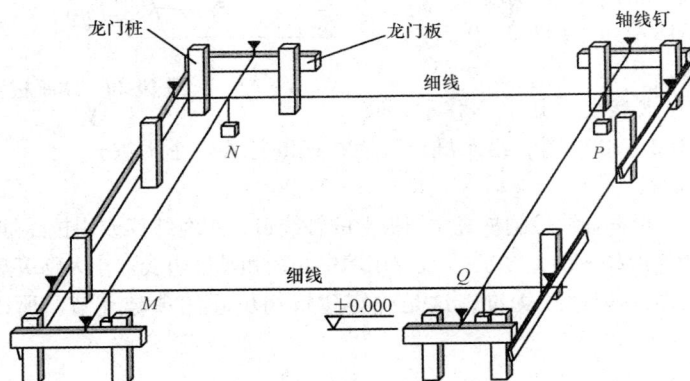

图 10-25　设置龙门板

②设置龙门板。在小型民用建筑施工中，常将各轴线引测到基槽外的水平木板上。水平木板称为龙门板，固定龙门板的木桩称为龙门桩，如图 10-25 所示。设置龙门板的步骤如下：

a. 在建筑物四角与隔墙两端，基槽开挖边界线以外 1.5 ~ 2 m 处，设置龙门桩。龙门桩要钉得竖直、牢固，龙门桩的外侧面应与基槽平行。

b. 根据施工场地的水准点，用水准仪在每个龙门桩外侧，测设出该建筑物室内地坪设计高程线（即 ±0.000 标高线），并做出标志。

c. 沿龙门桩上 ±0.000 标高线钉设龙门板，这样龙门板顶面的高程就同在 ±0 的水平面上。然后，用水准仪校核龙门板的高程，如有差错，应及时纠正，其允许误差为 ±5 mm。

d. 在 N 点安置经纬仪，瞄准 P 点，沿视线方向在龙门板上定出一点，用小钉做出标志，纵转望远镜在 N 点的龙门板上也钉一个小钉。用同样的方法，将各轴线引测到龙门板上，所钉小钉称为轴线钉。轴线钉定位误差应小于 ±5 mm。

e. 用钢尺沿龙门板的顶面检查轴线钉的间距，其误差不超过 1:2 000。检查合格后，以轴线钉为准，将墙边线、基础边线、基础开挖边线等标定在龙门板上。

10.5.3 基础工程施工测量

1. 基槽抄平

建筑施工中的高程测设，又称抄平。

（1）设置水平桩。为了控制基槽的开挖深度，当快挖到槽底设计标高时，应用水准仪根据地面上 ±0.000 m 点，在槽壁上测设一些水平小木桩（称为水平桩），如图 10-26 所示，使木桩的上表面离槽底的设计标高为一固定值（如 0.500 m）。

为了施工时使用方便，一般在槽壁各拐角处、深度变化处和基槽壁上每隔 3～4 m 测设一水平桩。水平桩可作为挖槽深度、修平槽底和打基础垫层的依据。

（2）水平桩的测设方法。如图 10-26 所示，槽底设计标高为 −1.700 m，欲测设比槽底设计标高高 0.500 m 的水平桩，测设方法如下：

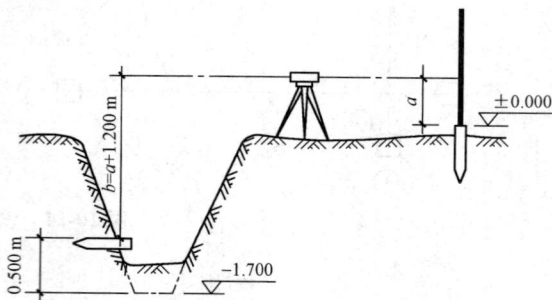

① 在地面适当位置安置水准仪，在 ±0.000 标高线位置上立水准尺，读取后视读数为 1.318 m。

② 计算测设水平桩的应读前视读数 $b_{应}$：

$$b_{应} = a - h = 1.318 - (-1.700 + 0.500)$$
$$= 2.518 \ (m)$$

③ 在槽内一侧立水准尺，并上下移动，直至水准仪视线读数为 2.518 m 时，沿水准尺尺底在槽壁打入一小木桩。

图 10-26　水平桩测设

2. 垫层中线的投测

基础垫层打好后，根据轴线控制桩或龙门板上的轴线钉，用经纬仪或用拉绳挂垂球的方法，把轴线投测到垫层上，如图 10-27 所示，并用墨线弹出墙中心线和基础边线，作为砌筑基础的依据。

由于整个墙身砌筑均以此线为准，这是确定建筑物位置的关键环节，所以要严格校核后方可进行砌筑施工。

3. 基础墙标高的控制

房屋基础墙是指 ±0.000 m 以下的砖墙，它的高度是用基础皮数杆来控制的。

（1）基础皮数杆是一根木制的杆子，如图 10-28 所示，在杆上事先按照设计尺寸，将砖、灰缝厚度画出线条，并标明 ±0.000 m 和防潮层的标高位置。

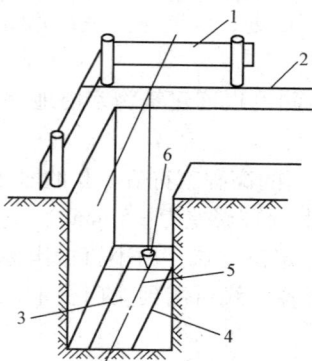

图 10-27　垫层中线的投测

1—龙门板；2—细线；3—垫层；
4—基础边线；5—墙中线；6—垂球

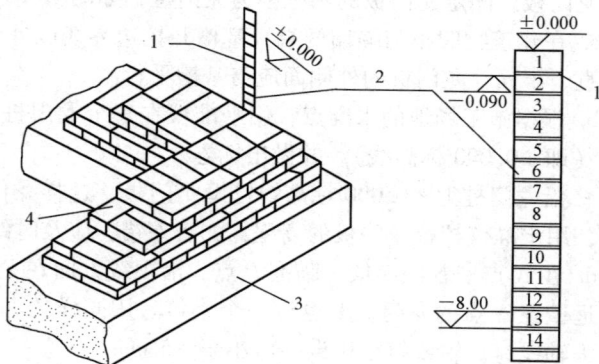

图 10-28　基础墙标高的控制

1—防潮层；2—皮数杆；3—垫层；4—砖

（2）立皮数杆时，先在立杆处打一木桩，用水准仪在木桩侧面定出一条高于垫层某一数值（如 100 mm）的水平线，然后将皮数杆上标高相同的一条线与木桩上的水平线对齐，并用大铁钉把皮数杆与木桩钉在一起，作为基础墙的标高依据。

4. 基础面标高的检查

基础施工结束后，应检查基础面的标高是否符合设计要求（也可检查防潮层）。可用水准仪测出基础面上若干点的高程，与设计高程相比较，允许误差为 ±10 mm。

10.5.4　墙体施工测量

1. 墙体定位

（1）利用轴线控制桩或龙门板上的轴线和墙边线标志，用经纬仪或拉细绳挂垂球的方法将轴线投测到基础面上或防潮层上。

（2）用墨线弹出墙中线和墙边线。

（3）检查外墙轴线交角是否等于 90°。

（4）把墙轴线延伸并画在外墙基础上，如图 10-29 所示，作为向上投测轴线的依据。

（5）把门、窗和其他洞口的边线，也在外墙基础上标定出来。

2. 墙体各部位标高控制

在墙体砌筑施工中，墙身上各部位的标高通常是用皮数杆来控制和传递的。皮数杆应根据建筑物剖面图画有每块砖和灰缝的厚度，并注明墙体上窗台、门窗洞口、过梁、雨篷、圈梁、楼板等构件高度位置。在墙体施工中，用皮数杆可以控制墙身各部位构件的准确位置，并保证每皮砖灰缝厚度均匀，每皮砖都处在同一水平面上。皮数杆一般立在建筑物拐角和隔墙处。

（1）立皮数杆时，先在地面上打一木桩，用水准仪测出 ±0.000 标高位置，并画一横线作为标志；然后，把皮数杆上的 ±0.000 线与木桩上 ±0.000 对齐，钉牢。皮数杆钉好后要用水准仪进行检测，并用垂球来校正皮数杆的垂直。在墙身皮数杆上，根据设计尺寸，按砖、灰缝的厚度画出线条，并标明 0.000 m、门、窗、楼板等的标高位置，如图 10-30 所示。

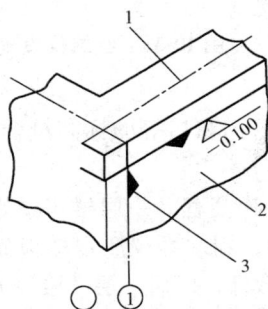

图 10-29　墙体定位

1—墙中心线；2—外墙基础；3—轴线

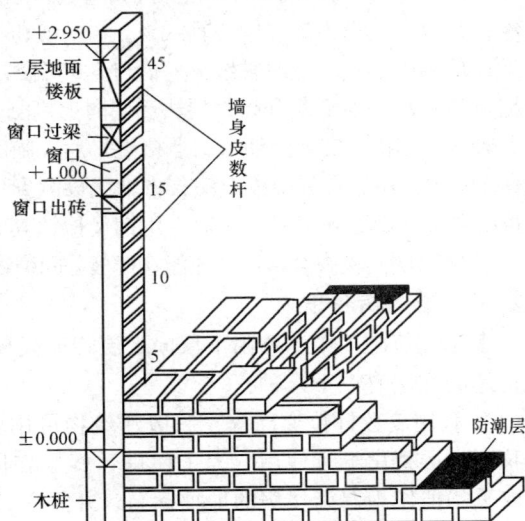

图 10-30　墙体皮数杆的设置

（2）墙身皮数杆的设立与基础皮数杆相同，使皮数杆上的 0.000 m 标高与房屋的室内地坪标高相吻合。在墙的转角处，每隔 10～15 m 设置一根皮数杆。

（3）在墙身砌起 1 m 以后，就在室内墙身上定出 +0.500 m 的标高线，作为该层地面施工和室内装修用。

（4）二层以上楼层轴线和标高的测设。二层以上墙体施工中，为了使皮数杆在同一水平面上，要用水准仪测出楼板四角的标高，取平均值作为地坪标高，并以此作为立皮数杆的标志。

框架结构的民用建筑，墙体砌筑是在框架施工后进行的，故可在柱面上画线，代替皮数杆。

为了施工方便，采用里脚手架砌砖时，皮数杆应立在墙外侧；如采用外脚手架，皮数杆应立在墙内侧。如是框架或钢筋混凝土柱间墙，每层皮数杆可直接画在构件上，而不立皮数杆。

10.5.5 楼层轴线与高程的传递

1. 楼层的轴线投测

在多层建筑墙身砌筑过程中，为了保证建筑物轴线位置正确，可用吊垂球或经纬仪将轴线投测到各层楼板边缘或柱顶上。

（1）吊垂球法。将较重的垂球悬吊在楼板或柱顶边缘，当垂球尖对准基础墙面上的轴线标志时，线在楼板或柱顶边缘的位置即楼层轴线端点位置，并画出标志线，同样可投测出其余各轴线。各轴线的端点投测完后，用钢尺检核各轴线的间距，符合要求后，继续施工，并把轴线逐层自下向上传递。

吊垂球法简便易行，不受施工场地限制，一般能保证施工质量。但当测量时风力较大或楼层建筑物较高时，投测误差较大，此时应采用经纬仪投测法。

（2）经纬仪投测法。墙体砌筑到二层以上时，为了保证建筑物轴线位置正确，通常把经纬仪安置在轴线控制桩上。如图 10-31 所示，经纬仪安置在 A 轴与 B 轴的控制桩上，瞄准底层轴线标志 a、a'、b、b'，用盘左盘右取平均的方法，将轴线投测到上一层楼板边缘，并取中点作为该层中心轴线点，a_1、a_1' 和 b_1、b_1' 两线的交点 o' 即该层的中心点。此时轴线 $a_1 o' a_1'$ 与 $b_1 o' b_1'$ 便是该层细部放样的依据。随着建筑物不断升高，同法逐层向上投测。

在轴线控制桩上安置经纬仪，严格整平后，瞄准基础墙面上的轴线标志，用盘左盘右分中投点法，将轴线投测到楼层边缘或柱顶上。将所有端点投测到楼板上之后，用钢尺检核其间距，相对误差不得大于 1/2 000。检查合格后，才能在楼板分间弹线，继续施工。

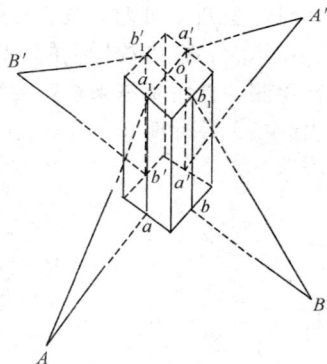

图 10-31　经纬仪投测楼层轴线

2. 建筑物的高程传递

在多层建筑施工中，要由下层向上层传递高程，以便楼板、门窗口等的标高符合设计要求。高程传递的方法有以下几种：

（1）利用皮数杆传递高程。一般建筑物可用墙体皮数杆传递高程。一层楼房砌好后，把皮数杆移到二层楼房继续使用，为了使皮数杆立在同一水平面上，用水准仪测定楼板面四角的标高，取平均值作为二楼楼房的地坪标高，并竖立二层楼房的皮数杆，以后一层一层往上传递。具体方法参照 10.5.4 节"墙体各部位标高控制"。

（2）利用钢尺直接丈量。对于高程传递精度要求较高的建筑物，通常用钢尺直接丈量来传递高程。可用钢尺从墙脚 ±0.000 标高线沿墙面向上直接丈量，把高程传递上去。然后立皮数杆，作为该层墙身砌筑和安装门窗、过梁及室内装修、地坪抹灰时控制标高的依据。对于二层以上的各层，每砌高一层，就从楼梯间用钢尺从下层的"＋0.500 m"标高线，向上量出层高，测出上一层的"＋0.500 m"标高线。

（3）吊钢尺法。用悬挂钢尺代替水准尺，用水准仪读数，从下向上传递高程。在外墙或楼梯间悬吊钢尺，钢尺下端挂一重锤，然后使用水准仪把高程传递上去。一般需 3 个底层标高点向上传递，最后用水准仪检查传递的高程点是否在同一水平面上，误差不超过 ±3 mm。

此外，也可使用水准仪和水准尺按水准测量方法沿楼梯间将高程传递到各层楼面。

10.6　工业建筑施工测量

工业建筑以厂房为主体，一般工业厂房多采用预制构件，以现场装配的方法施工。厂房的预制构件有柱子、吊车梁和屋架等。因此，工业建筑施工测量的主要工作是保证这些预制构件安装到位。具体任务为厂房矩形控制网测设、厂房柱列轴线放样、杯形基础施工测量及厂房预制构件安装测量等。

10.6.1　厂房矩形控制网测设

凡工业厂房或连续生产系统工程，均应建立独立矩形控制网，作为施工放样的依据。厂房控制网分为三级：第一级是机械传动性能较高、有连续生产设备的大型厂房和焦炉等；第二级是有桥式吊车的生产厂房；第三级是没有桥式吊车的一般厂房。

工业厂房一般都应建立厂房矩形控制网，作为厂房施工测设的依据。下面介绍根据建筑方格网，采用直角坐标法测设厂房矩形控制网的方法。

如图 10-32 所示，H、I、J、K 是厂房的房角点，从设计图中已知 H、J 的坐标。S、P、Q、R 为布置在基础开挖边线以外的厂房矩形控制网的 4 个角点，称为厂房控制桩。厂房矩形控制网的边线到厂房轴线的距离为 4 m，厂房控制桩 S、P、Q、R 的坐标，可按厂房角点的设计坐标，加减 4 m 算得。测设方法如下：

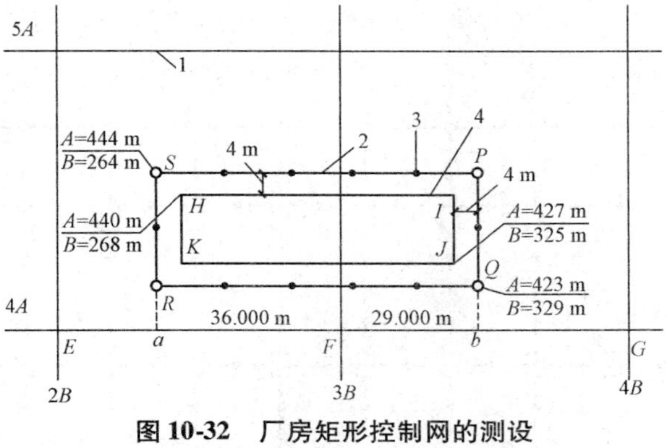

图 10-32　厂房矩形控制网的测设
1—建筑方格网；2—厂房矩形控制网；3—距离指标桩；4—厂房轴线

1. 计算测设数据

根据厂房控制桩 S、P、Q、R 的坐标，计算利用直角坐标法进行测设时所需测设数据，计算结果标注在图 10-32 中。

2. 厂房控制点的测设

（1）从 F 点起沿 FE 方向量取 36 m，定出 a 点；沿 FG 方向量取 29 m，定出 b 点。

（2）在 a 与 b 上安置经纬仪，分别瞄准 E 与 F 点，顺时针方向测设 90°，得两条视线方向，沿视线方向量取 23 m，定出 R、Q 点；再向前量取 21 m，定出 S、P 点。

（3）为了便于进行细部的测设，在测设厂房矩形控制网的同时，还应沿控制网测设距离指标桩，如图 10-32 所示，距离指标桩的间距一般等于柱子间距的整倍数。

3. 检查

（1）检查 $\angle S$、$\angle P$ 是否等于 90°，其误差不得超过 ±10″。

（2）检查 SP 是否等于设计长度，其误差不得超过 1/10 000。

以上这种方法适用于中小型厂房，对于大型或设备复杂的厂房，应先测设厂房控制网的主轴线，再根据主轴线测设厂房矩形控制网。

4. 厂房矩形控制网的精度要求

厂房矩形控制网的允许误差应符合表 10-2 的规定。

表 10-2　厂房矩形控制网的允许误差

矩形网等级	矩形网类别	厂房类别	主轴线、矩形边长精度	主轴线交角允许差/″	矩形角允许差/″
Ⅰ	根据主轴线测设的控制网	大型	1:50 000，1:30 000	±3 ~ ±5	±5
Ⅱ	单一矩形控制网	中型	1:20 000		±7
Ⅲ	单一矩形控制网	小型	1:10 000		±10

10.6.2　厂房柱列轴线和柱基的测设

1. 厂房柱列轴线测设

根据厂房平面图上所注的柱间距和跨距尺寸，用钢尺沿矩形控制网各边量出各柱列轴线控制桩的位置，如图 10-33 中的 1′、2′、…，并打入大木桩，桩顶用小钉标出点位，作为柱基测设和施工安装的依据。丈量时应以相邻的两个距离指标桩为起点分别进行，以便检核。

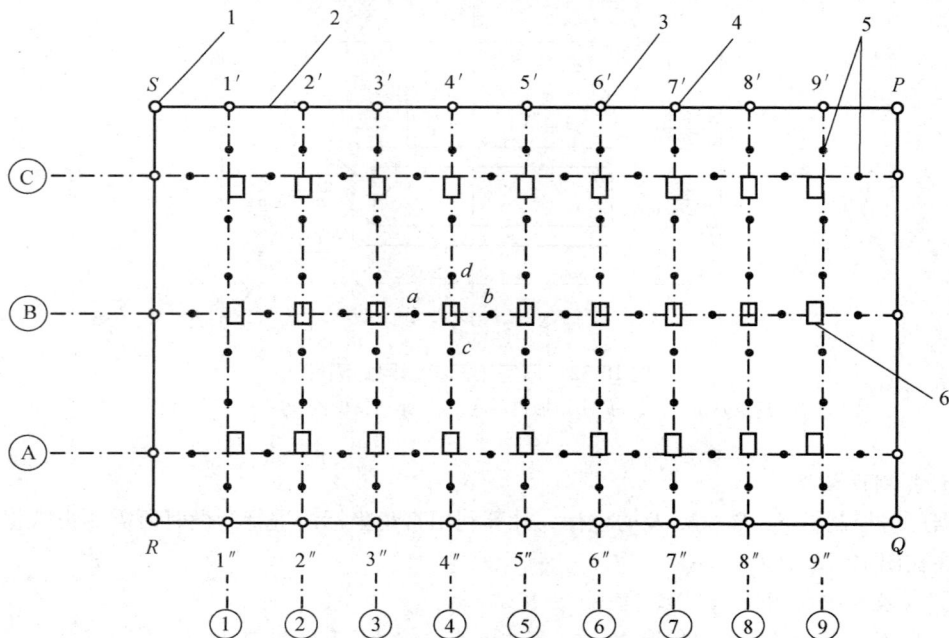

图 10-33　厂房柱列轴线和柱基测量

1—厂房控制桩；2—厂房矩形控制网；3—柱列轴线控制桩；4—距离指标桩；5—定位小木桩；6—柱基础

2. 柱基定位和放线

（1）安置两台经纬仪，在两条互相垂直的柱列轴线控制桩上，沿轴线方向交会出各柱基的位置（即柱列轴线的交点），此项工作称为柱基定位。

（2）在柱基的四周轴线上，打入 4 个定位小木桩 a、b、c、d，如图 10-33 所示，其桩位应在基础开挖边线以外、比基础深度大 1.5 倍的地方，作为修坑和立模的依据。

（3）按照基础详图所注尺寸和基坑放坡宽度，用特制角尺，放出基坑开挖边界线，并撒出白灰线以便开挖，此项工作称为基础放线。

（4）在进行柱基测设时，应注意柱列轴线不一定都是柱基的中心线，而一般立模、吊装等习惯用中心线，此时，应将柱列轴线平移，定出柱基中心线。

3. 柱基施工测量

（1）基坑开挖深度的控制。当基坑挖到一定深度时，应在基坑四壁，离基坑底设计标高 0.5 m 处测设水平桩，作为检查基坑底标高和控制垫层的依据。

（2）杯形基础立模测量。杯形基础立模测量有以下三项工作：

①基础垫层打好后，根据基坑周边定位小木桩，用拉线吊垂球的方法，把柱基定位线投测到垫层上，弹出墨线，用红漆画出标记，作为柱基立模板和布置基础钢筋的依据。

②立模时，将模板底线对准垫层上的定位线，并用垂球检查模板是否垂直。

③将柱基顶面设计标高测设在模板内壁，作为浇灌混凝土的高度依据。

3. 基础施工与竣工测量的允许偏差

（1）基础工程各工序中心线及标高测设的允许偏差，应符合表 10-3 的规定。

表 10-3　基础中心线及标高测设允许偏差　　　　mm

项目	基础定位	垫层面	模板	螺栓
中心线端点测设	±5	±2	±1	±1
中心线投点	±10	±5	±3	±2
标高测设	±10	±5	±3	±3

注：测设螺栓及模板标高时，应考虑预留高度。

（2）基础标高及中心线的竣工测量允许偏差。

①基础标高的竣工测量允许偏差应符合表 10-4 的规定。

表 10-4　基础竣工标高测量允许偏差　　　　mm

杯口底标高	钢柱、设备基础面标高	地脚螺栓标高	工业炉基础面标高
±3	±2	±3	±3

②基础中心线竣工测量的允许偏差应符合下列规定：根据厂房内、外控制点测设基础中心线的端点，其允许偏差为 ±1 mm；基础面中心线投点允许偏差，应符合表 10-5 的规定。

表 10-5　基础面中心线投点允许偏差　　　　mm

连续生产线上设备基础	预埋螺栓基础	预留螺栓孔基础	基础杯口	烟囱、烟道、沟槽
±2	±2	±3	±3	±5

10.6.3 安装测量

1. 柱子安装测量

（1）柱子安装应满足的基本要求。柱子中心线应与相应的柱列轴线一致，其允许偏差为 ±5 mm。牛腿顶面和柱顶面的实际标高应与设计标高一致，其允许误差为 ±（5~8）mm，柱高大于 5 m 时为 ±8 mm。柱身垂直允许误差，当柱高≤5 m 时，为 ±5 mm；当柱高为 5~10 m 时，为 ±10 mm；当柱高超过 10 m 时，则为柱高的 1/1 000，但不得大于 20 mm。

（2）柱子安装前的准备工作。

①在柱基顶面投测柱列轴线。柱基拆模后，用经纬仪根据柱列轴线控制桩，将柱列轴线投测到杯口顶面上，如图 10-34 所示，并弹出墨线，用红漆画出"▶"标志，作为安装柱子时确定轴线的依据。如果柱列轴线不通过柱子的中心线，应在杯形基础顶面上加弹柱中心线。

用水准仪，在杯口内壁，测设一条一般为 -0.600 m 的标高线（一般杯口顶面的标高为 -0.500 m），并画出"▼"标志，如图 10-35 所示，作为杯底找平的依据。

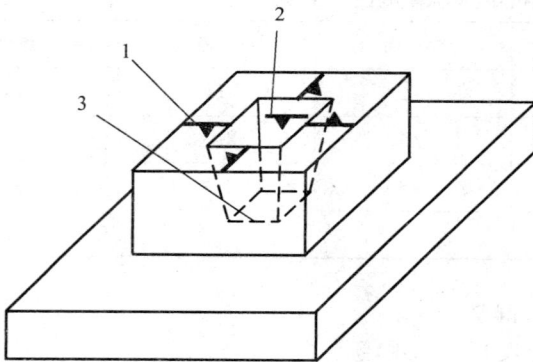

图 10-34　杯形基础	图 10-35　柱身弹线

1—柱中心线；2——0.600 m 标高线；3—杯底

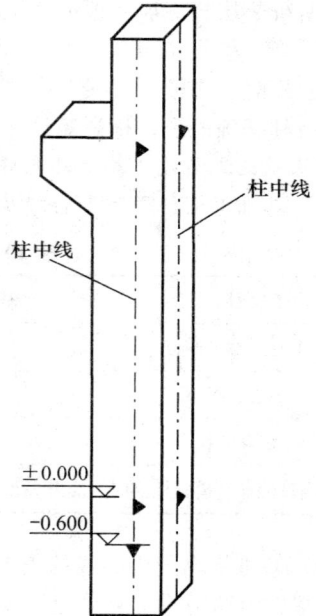

②柱身弹线。柱子安装前，应将每根柱子按轴线位置进行编号。如图 10-35 所示，在每根柱子的 3 个侧面弹出柱中心线，并在每条线的上端和下端近杯口处画出"▶"标志。根据牛腿面的设计标高，从牛腿面向下用钢尺量出 -0.600 m 的标高线，并画出"▼"标志。

③杯底找平。先量出柱子的 -0.600 m 标高线至柱底面的长度，再在相应的柱基杯口内，量出 -0.600 m 标高线至杯底的高度，并进行比较，以确定杯底找平厚度用水泥砂浆根据找平厚度在杯底进行找平，使牛腿面符合设计高程。

（3）柱子的安装测量。柱子安装测量的目的是保证柱子平面和高程符合设计要求，柱身铅直。

①预制的钢筋混凝土柱子插入杯口后，应使柱子三面的中心线与杯口中心线对齐，如图

10-36（a）所示，用木楔或钢楔临时固定。

②柱子立稳后，立即用水准仪检测柱身上的 ±0.000 m 标高线，其容许误差为 ±3 mm。

③如图 10-36（a）所示，将两台经纬仪分别安置在柱基纵、横轴线上，离柱子的距离不小于柱高的 1.5 倍，先用望远镜瞄准柱底的中心线标志，固定照准部后，再缓慢抬高望远镜观察柱子偏离十字丝竖丝的方向，指挥用钢丝绳拉直柱子，直至从两台经纬仪中观测到的柱子中心线都与十字丝竖丝重合为止。

④在杯口与柱子的缝隙中浇入混凝土，以固定柱子的位置。

⑤在实际安装时，一般是一次把许多柱子都竖起来，然后进行垂直校正。这时，可把两台经纬仪分别安置在纵、横轴线的一侧，一次可校正几根柱子，如图 10-36（b）所示，但仪器偏离轴线的角度应在 15° 以内。

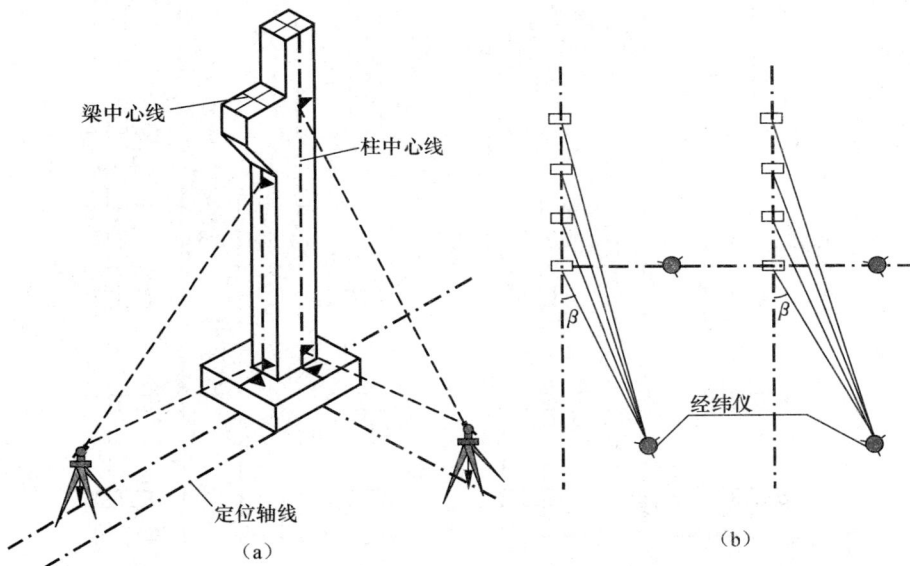

图 10-36　柱子垂直度校正

（4）柱子安装测量的注意事项。所使用的经纬仪必须严格校正，操作时，应使照准部水准管气泡严格居中。校正时，除注意柱子垂直外，还应随时检查柱子中心线是否对准杯口柱列轴线标志，以防柱子安装就位后，产生水平位移。在校正变截面的柱子时，经纬仪必须安置在柱列轴线上，以免产生差错。在日照下校正柱子的垂直度时，应考虑日照使柱顶向阴面弯曲的影响；为避免此种影响，宜在早晨或阴天校正。

2. 吊车梁的安装测量

吊车梁的安装测量主要是保证吊车梁中线位置和吊车梁的标高满足设计要求。

（1）吊车梁安装前的准备工作。

①在柱面上量出吊车梁顶面标高。根据柱子上的 ±0.000 m 标高线，用钢尺沿柱面向上量出吊车梁顶面设计标高线，作为调整吊车梁面标高的依据。

②在吊车梁上弹出梁的中心线。如图 10-37 所示，在吊车梁的顶面和两端面上，用墨线弹出梁的中心线，作为安装定位的依据。

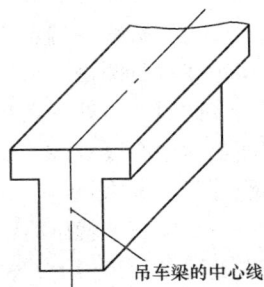

图 10-37　在吊车梁上弹出梁的中心线

③在牛腿面上弹出梁的中心线。根据厂房中心线，在牛腿面上投测出吊车梁的中心线，投测方法如下：

如图 10-38（a）所示，利用厂房中心线 A_1A_1，根据设计轨道间距，在地面上测设出吊车梁中心线（也是吊车轨道中心线）$A'A'$ 和 $B'B'$。在吊车梁中心线的一个端点 A'（或 B'）上安置经纬仪，瞄准另一个端点 A'（或 B'），固定照准部，抬高望远镜，即可将吊车梁中心线投测到每根柱子的牛腿面上，并用墨线弹出梁的中心线。

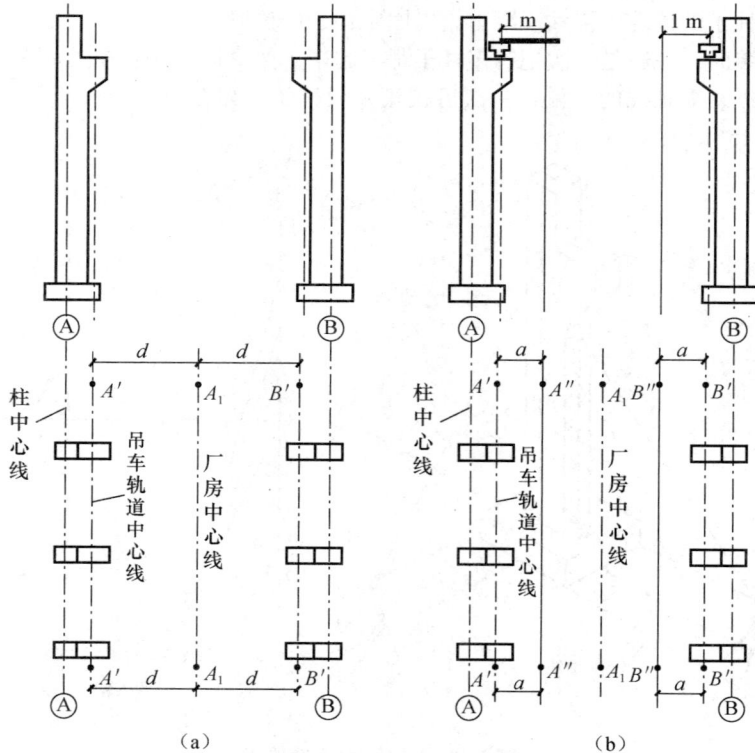

图 10-38　吊车梁的安装测量

（2）吊车梁的安装和校正。安装时，使吊车梁两端的中心线与牛腿面梁中心线重合，吊车梁初步定位。采用平行线法，对吊车梁的中心线进行检测，校正方法如下：

①如图 10-38（b）所示，在地面上，从吊车梁中心线向厂房中心线方向量出长度 a（1 m），得到平行线 $A''A''$ 和 $B''B''$。

②在平行线一端点 A''（或 B''）上安置经纬仪，瞄准另一端点 A''（或 B''），固定照准部，抬高望远镜进行测量。

③此时，另外一人在梁上移动横放的木尺，当视线正对准尺上一米刻划线时，尺的零点应与梁面上的中心线重合。如不重合，可用撬杠移动吊车梁，使吊车梁中心线到 $A''A''$（或 $B''B''$）的间距等于 1 m 为止。

吊车梁安装就位后，先按柱面上定出的吊车梁设计标高线对吊车梁面进行调整，然后将水准仪安置在吊车梁上，每隔 3 m 测一点高程，并与设计高程比较，误差应在 3 mm 以内。

3. 屋架的安装测量

（1）屋架安装前的准备工作。屋架吊装前，用经纬仪或其他方法在柱顶面上测设出屋架定位轴线。在屋架两端弹出屋架中心线，以便进行定位。

（2）屋架的安装和检校。屋架吊装就位时，应使屋架的中心线与柱顶面上的定位轴线对准，允许误差为 5 mm。屋架的垂直度可用垂球或经纬仪进行检查。采用经纬仪检校的方法如下：

①如图 10-39 所示，在屋架上安装 3 把卡尺，一把卡尺安装在屋架上弦中点附近，另外两把分别安装在屋架的两端。自屋架几何中心沿卡尺向外量出一定距离，一般为 500 mm，做出标志。

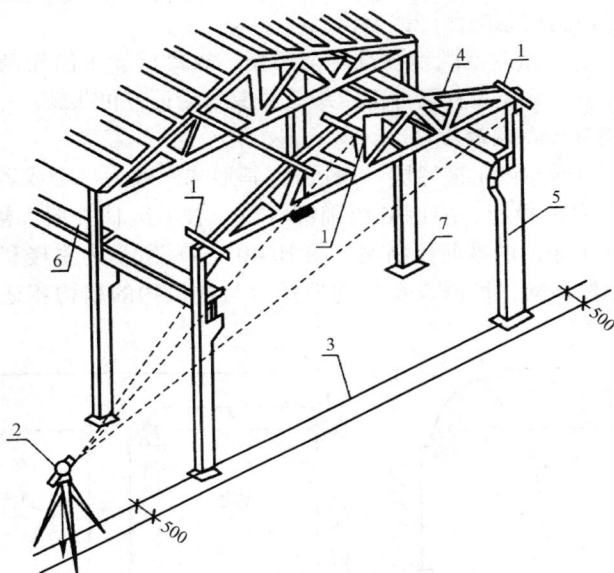

图 10-39　屋架的安装测量

1—卡尺；2—经纬仪；3—定位轴线；4—屋架；5—柱；6—吊车梁；7—柱基

②在地面上，距屋架中线同样距离处，安置经纬仪，观测 3 把卡尺的标志是否在同一竖直面内，如果屋架竖向偏差较大，则用机具校正，最后将屋架固定。

垂直度允许偏差：薄腹梁为 5 mm；桁架为屋架高的 1/250。

10.7　高层建筑施工测量

10.7.1　高层建筑施工测量概述

随着城市建设发展的需要，多层或高层建筑越来越多。在高层建筑工程施工测量中，由于高层建筑的体形大、层数多、高度大、造型多样化、建筑结构复杂、设备和装修标准高，高层施工部分场地较小，测量工作条件受到限制，并且容易受到施工干扰，所以施工测量的方法和所用的仪器与一般建筑施工测量有所不同，在施工过程中对建筑物各部位的水平位置、轴线尺寸、垂直度和标高的要求都十分严格，对施工测量的精度要求也高。为确保施工测量符合精度要求，应事先认真研究和制定测量方案，选用符合精度要求的测量仪器，拟定出各种误差控制和检核措施，并密切配合工程进度，以便及时、快速、准确地进行测量放线，为下一步施工提供平面和标高依据。

高层建筑施工测量的工作内容很多，本书主要介绍建筑物定位、基础施工、轴线投测和高程传递等几方面的测量工作。

1. 高层建筑施工测量的特点

（1）由于建筑层数多、高度大，结构竖向偏差直接影响工程受力情况，故施工测量中要求竖向投点精度高，所选用的仪器和测量方法要适应结构类型、施工方法和场地情况。

（2）由于建筑结构复杂，设备和装修标准较高，特别是高速电梯的安装等，因此对施工测量精度要求也高。一般情况下，在设计图纸中对总的允许偏差值有说明，且由于施工时有误差产生，为此测量误差只能控制在总的允许偏差值之内。

（3）由于建筑平面、立面造型既新颖且复杂多变，故要求开工前先制定施测方案，做好仪器配备和测量人员的分工，并经工程指挥部组织有关专家论证方可实施。

2. 平面控制网和高程控制网的布设

高层建筑的平面控制网布设于地坪层（底层），其形式一般为一个或若干个矩形，且布设于建筑物内部，以便逐层向上投影，控制各层细部（墙、柱、电梯井筒、楼梯等）的施工放样。图 10-40（a）所示为一个矩形的平面控制网，图 10-40（b）所示为主楼和裙房布设有一条轴线相连的两个矩形的平面控制网，控制点点位的选择应与建筑物的结构相适应，选择点位的条件如下：

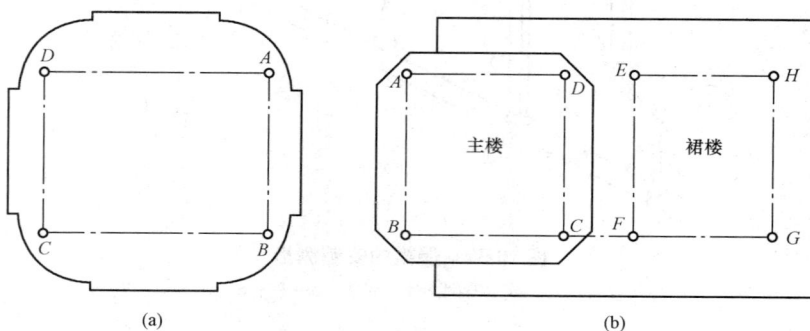

图 10-40　高层建筑平面矩形控制网
（a）一个矩形的平面控制网；（b）两个矩形的平面控制网

（1）矩形控制网的各边应与建筑轴线相平行；

（2）建筑物内部的细部结构（主要是柱和承重墙）不妨碍控制点之间的通视；

（3）控制点向上层作垂直投影时要在各层楼板上设置垂准孔，因此通过控制点的铅垂线方向，应避开横梁和楼板中的主钢筋。

平面控制点一般为埋设于地坪层地面混凝土上面的一块小铁板，上面画以十字线，交点上冲一小孔，代表点位中心。控制点在结构外墙（包括幕墙）时，施工期间应妥善保护。

平面控制点之间的距离测量精度不应低于 1/10 000，矩形角度测设的误差不应大于 ±1″。

高层建筑施工的高程控制网，为建筑场地内的一组水准点（不少于 3 个）。待建筑物基础和地坪层建造完成后，从水准点测设"一米标高线"（标高为 +1.000 m）或"半米标高线"（标高为 +0.500 m）标定于墙上或柱上，作为向上各层测设设计高程之用。

3. 平面控制点的垂直投影

在高层建筑施工中，平面控制点的垂直投影是将地坪层的平面控制网点沿铅垂线方向逐层向上测设，使在建造中的各层都有与地坪层在平面位置上完全相同的控制网，如图 10-41 所示。据此可以测设该层面上建筑物的细部（墙、柱等结构物）。

高层建筑平面控制点的垂直投影方法有多种，用哪一种方法较合适，要视建筑场地的情况、楼层的高度和仪器设备而定。用经纬仪作平面控制点的垂直投影时，与工业厂房施工中柱子的垂直校正相类似，将经纬仪安置于尽可能远离建筑物的点上，盘左瞄准地坪层的平面控制点后水平制动，抬高视准轴将方向线投影至上层楼板上；盘右同样操作。盘左、盘右方向线取其中线（正倒镜分中）；然后在大致垂直的方向上安置经纬仪。在上层楼板上同样用正倒镜分中法得到另一方向线。两方向线的交点即垂直投影至上层的控制点点位。当建筑楼层增加至相当高度时，经纬仪视准轴向上投测的仰角增大，点位投影的精度降低，且操作也很不方便。此时需要在经纬仪上加装直角目镜以便于向上观测，或将经纬仪移置于邻近建筑物上，以减小瞄准时视准轴的倾角。用经纬仪作控制点的垂直投影，一般用于 10 层以下的高层建筑。

　　垂准仪可以用于各种层次的平面控制点的垂直投影。平面控制点的上方楼板上，应设有垂准孔（又称预留孔，面积为 30 cm×30 cm），如图 10-42 所示，垂准仪安置于底层平面控制点上，精确置平仪器上的两个水准管气泡后，仪器的视准轴即处于铅垂线位置，在上层垂准孔上，用压铁拉两根细麻线，使其交点与垂准仪的十字丝交点相重合，然后在垂准孔旁楼板面上弹墨线标记，如图 10-42 右下角所示。在使用该平面控制点时，仍用细麻绳恢复其中心位置。

　　楼板上留有垂准孔的高层建筑，也可以用细钢丝吊大垂球的方法测设铅垂线投影平面控制点。此方法较为费时费力，只是在缺少仪器而不得已时才采用。

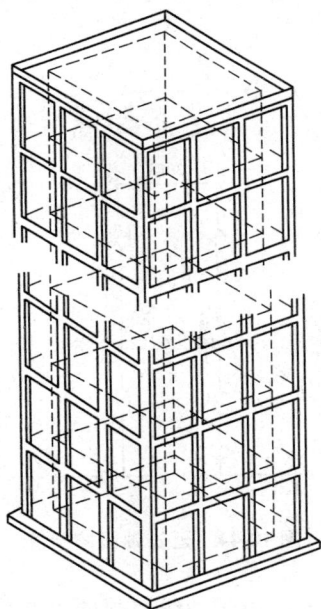

图 10-41　平面控制点的垂直投影

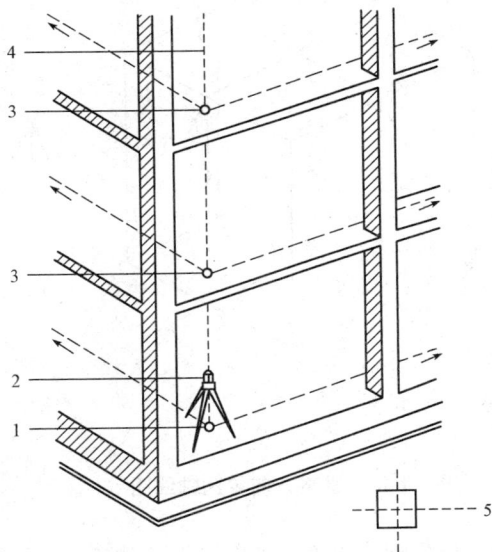

图 10-42　垂准仪进行垂直投影
1—底层平面控制点；2—垂准仪；3—垂准孔；
4—铅垂线；5—垂准孔边弹墨线

10.7.2　高层建筑物轴线竖向投测

　　高层建筑物施工测量中的主要问题是控制垂直度，就是将建筑物的基础轴线准确地向高层引测，并保证各层相应轴线位于同一竖直面内，控制竖向偏差，使轴线向上投测的偏差值不超限。轴线向上投测时，国家规范规定：竖向偏差在本层内不得超过 ±5 mm，全楼累计误差值不应超过 $2H/10\ 000$（H 为建筑物总高度），且不应大于：

30 m < H≤60 m 时，10 mm；60 m < H≤90 m 时，15 mm；90 m < H 时，20 mm。

高层建筑物轴线的竖向投测，主要有外控法和内控法两种，下面分别介绍这两种方法。

1. 外控法

外控法是在建筑物外部，利用经纬仪，根据建筑物轴线控制桩来进行轴线的竖向投测，也称作"经纬仪引桩投测法"。具体操作方法如下：

（1）在建筑物底部投测中心轴线位置。高层建筑的基础工程完工后，将经纬仪安置在轴线控制桩 A_1、A_1'、B_1 和 B_1' 上，把建筑物主轴线精确地投测到建筑物的底部，并设立标志，如图 10-43 中的 a_1、a_1'、b_1 和 b_1'，作为向上逐层传递轴线的依据。当建筑物第一层工程结束后，再安置经纬仪于控制桩 A_1、A_1'、B_1 和 B_1' 点上，分别瞄准 a_1、a_1'、b_1 和 b_1' 点，用正倒镜投点法在第二层定出 a_2、a_2'、b_2 和 b_2'，并依据 a_2、a_2'、b_2 和 b_2' 精确定出中心点 O_2，此时轴线 $a_2O_2a_2'$ 及 $b_2O_2b_2'$ 即第二层细部放样的依据。同法依次逐层升高。

（2）向上投测中心线。随着建筑物不断升高，要逐层将轴线向上传递，如图 10-44 所示（图中只表示了 A 轴线的投测），将经纬仪安置在中心轴线控制桩 A_1、A_1'、B_1 和 B_1' 上，严格整平仪器，用望远镜瞄准建筑物底部已标出的轴线 a_1、a_1'、b_1 和 $b_1'X$ 点，用盘左和盘右分别向上投测到每层楼板上，并取其中点作为该层中心轴线的投影点。

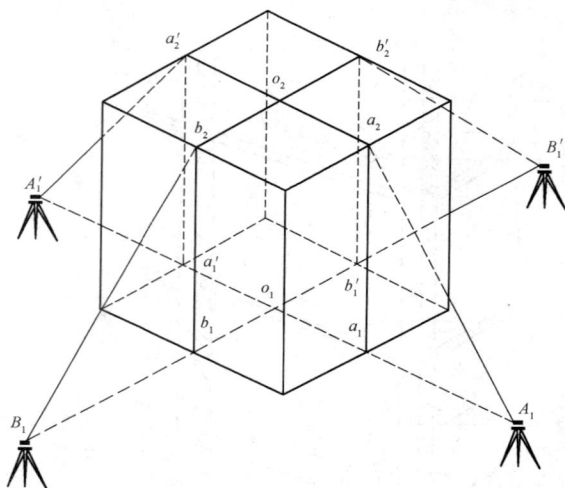

图 10-43　垂直方向传递轴线图

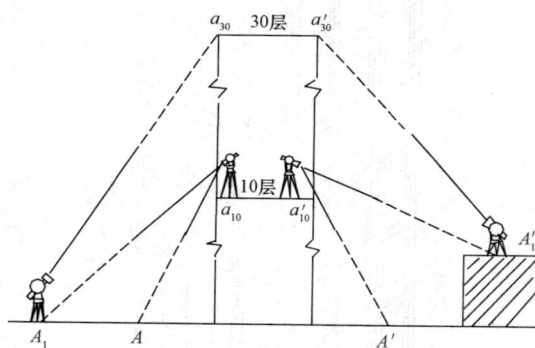

图 10-44　延长轴线控制桩

（3）增设轴线引桩。当楼房逐渐增高，上升到较高楼层时，由于轴线控制桩离建筑物较近，望远镜的仰角太大，所以再用原控制桩投点极为不便，投测精度也会降低。为此，要将原中心轴线控制桩引测到更远处的稳固地点或安全地方，或者附近大楼的屋面，以减小仰角。

具体做法是：

将经纬仪安置在已经投测上去的较高层（如第 10 层）楼面轴线 $a_{10}a_{10}'$ 上，如图 10-44 所示，瞄准地面上原有的轴线控制桩 A_1 和 A_1' 点，用盘左盘右分中投点法，将轴线延长到远处 A_2 和 A_2' 点，并用标志固定其位置，A_2、A_2' 即为新投测的 A_1A_1' 轴控制桩。

更高各层的中心轴线，可将经纬仪安置在新的引桩上，按上述方法类似逐层投测，直至工程结束。

为了保证投点的正确性，必须对所用仪器做严格的检验校正；观测时采用正倒镜进行投点，同时还应特别注意照准部水准管气泡要严格居中。为保证各细部尺寸的准确性，在整个施工过程中应使用经过检定的钢尺和使用同一把钢尺。

2. 内控法

内控法是在建筑物内 ±0.00 平面设置轴线控制点，并预埋标志，以后在各层楼板相应位置上预留 200 mm×200 mm 的传递孔，在轴线控制点上直接采用吊线坠法或激光铅垂仪法，通过预留孔将其点位垂直投测到任一楼层。现代多用激光铅垂仪投测法。

（1）内控法轴线控制点的设置。在基础施工完毕后，在 ±0.00 首层平面适当位置设置与轴线平行的辅助轴线。辅助轴线距轴线 500~800 mm 为宜，并在辅助轴线交点或端点处埋设标志，如图 10-45 所示。

（2）吊线坠法。吊线坠法是利用钢丝悬挂垂球的方法，进行轴线竖向投测，如图 10-46 所示。此种方法一般适用于高度为 50~100 m 的高层建筑施工中，垂球的质量为 10~20 kg，钢丝的直径为 0.5~0.8 mm。投测方法如下：

在预留孔上面安置十字架，挂上垂球，对准首层预埋标志。当垂球线静止时，固定十字架，并在预留孔四周做出标记，作为以后恢复轴线及放样的依据。此时，十字架中心即轴线控制点在该楼面上的投测点。

用吊线坠法实测时，要采取一些必要措施，如用铅直的塑料管套着坠线或将垂球沉浸于油中，以减少摆动。

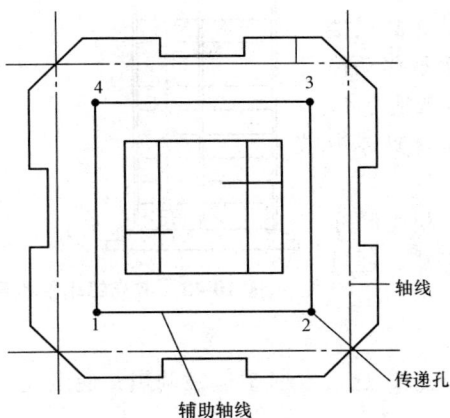

图 10-45　轴线控制桩

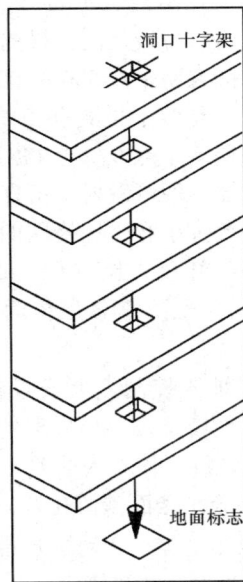

图 10-46　吊线坠法投测

（3）激光铅垂仪法。

①激光铅垂仪简介。激光铅垂仪是一种专用的铅直定位的仪器，适用于烟囱、塔架和高层建筑的竖直定位测量。它主要由氦氖激光管、精密竖轴、发射望远镜、水准器、基座、激光电源及接收屏等部分组成。激光铅垂仪法基本构造如图 10-47 所示。仪器竖轴是空心筒轴，将激光器安在筒轴的下端，望远镜安在上方，构成向上发射的激光铅垂仪。也可以反向安装，成为向下发射的激光铅垂仪。仪器上有两个互成 90° 的管水准器，并配有专用激光电源，使用时，利用激光器底端所发射的激光束进行对中，通过调节脚螺旋使气泡严格居中。接通激光电源便可铅直发射激光束。

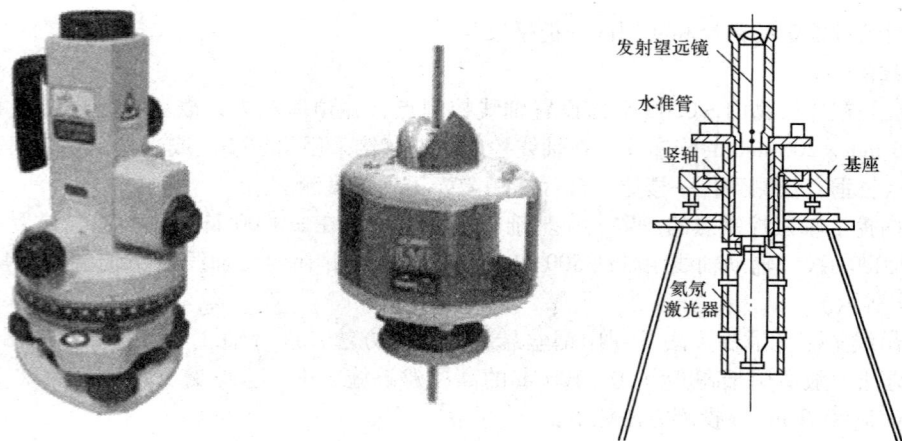

图 10-47　激光铅垂仪

②激光垂准仪投测轴线方法。为了把建筑物首层轴线投测到各层楼面上，使激光束能从底层直接打到顶层，各层楼板上应预留孔洞约 300 mm × 300 mm，有时也可利用电梯井、通风道、垃圾道向上投测。注意不能在各层轴线上预留孔洞，应在距轴线 500～800 mm 处，投测一条轴线的平行线，至少有两个投测点。如图 10-48 所示，激光铅垂仪安置在底层测站点 C_0，严格对中、整平，接通激光电源，启动激光器，即可发射出铅直的激光直线，在高层楼板孔洞上水平放置绘有坐标格网的接收靶 C，水平移动接收靶，使靶心与红色光斑重合，此靶心位置即测站点 C_0 铅垂投测位置，C 点作为该层楼面的一个控制点。具体步骤如下：

a. 在首层轴线控制点上安置激光铅垂仪，利用激光器底端（全反射棱镜端）所发射的激光束进行对中，通过调节基座整平螺旋，使管水准器气泡严格居中。

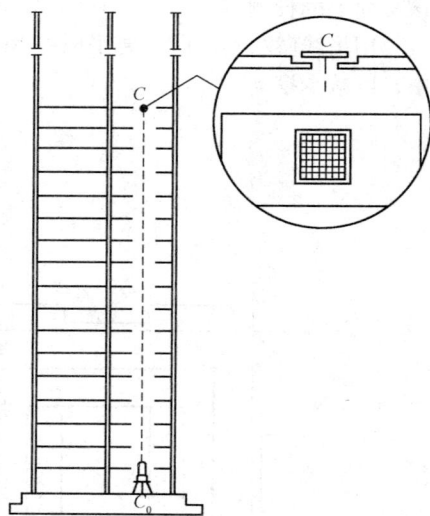

图 10-48　激光铅垂仪投测轴线

b. 在上层施工楼面预留孔处，放置接受靶。

c. 接通激光电源，启动激光器发射铅直激光束，通过发射望远镜调焦，使激光束会聚成红色耀目光斑，投射到接受靶上。

d. 移动接受靶，使靶心与红色光斑重合，固定接受靶，并在预留孔四周做出标记，此时，靶心位置即轴线控制点在该楼面上的投测点。

10.7.3　高层建筑的高程传递

高层建筑施工中，要从地坪层测设的一米标高线逐层向上传递高程（标高），使上层的楼板、窗台、梁、柱等在施工时符合设计标高。高程传递有以下方法。

1. 皮数杆传递高程法

在皮数杆上自 ±0.000 m 标高线起，门窗口、过梁、楼板等构件的标高都已注明。一层楼砌好后，则从一层皮数杆起逐层往上接。

2. 钢卷尺垂直丈量法

在标高精度要求较高时，用水准仪将底层一米标高线联测至可向上层直接丈量的竖直墙面或柱面，用钢卷尺沿某一墙角或柱面自 ±0.000 m 标高处起向上直接向上丈量至某一层，量取两层之间的设计标高差，得到该层的一米标高线（离该层地板的设计结构标高的高差为 +1.000 m），把高程传递上去，如图 10-49 所示。然后根据由下面传递上来的高程立皮数杆，作为该层墙身砌筑和安装门窗、过梁及室内装修、地坪抹灰等控制标高的依据。

3. 悬吊钢尺法

在楼梯间悬吊钢尺，钢尺下端挂一垂球，使钢尺处于铅垂状态，用水准仪在下面与上面楼层分别读数，按水准测量原理把高程传递上去，如图 10-50 所示。

4. 全站仪天顶测距法

高层建筑中的垂准孔（或电梯井等）为光电测距提供了一条从底层至顶层的垂直通道，利用此通道在底层架设全站仪，将望远镜指向天顶，在各层的垂直通道上安置反射棱镜，即可测得仪器横轴至棱镜横轴的垂直距离，加仪器高，减棱镜常数，即可算得高差，如图 10-51 所示。

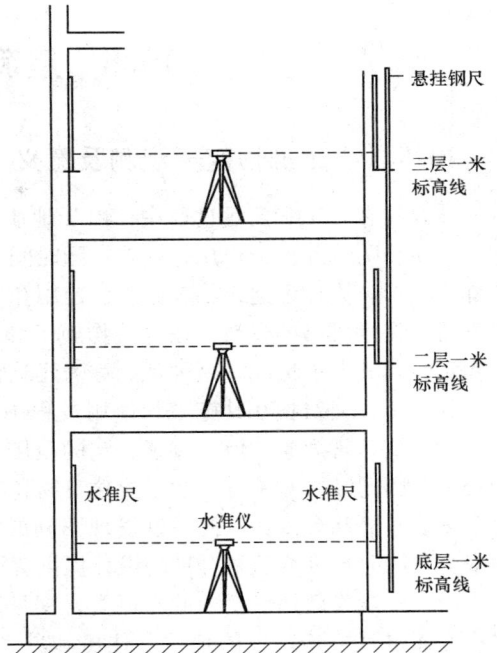

图 10-49　钢卷尺垂直丈量法高程传递

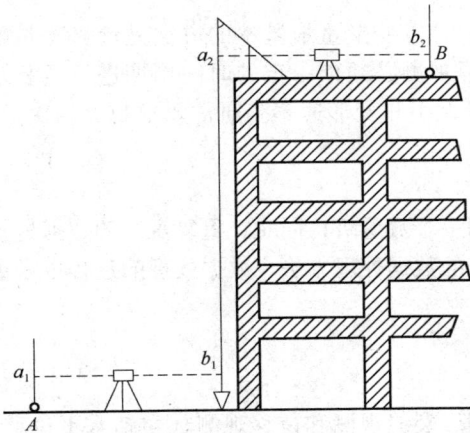

图 10-50　悬吊钢尺法传递高程

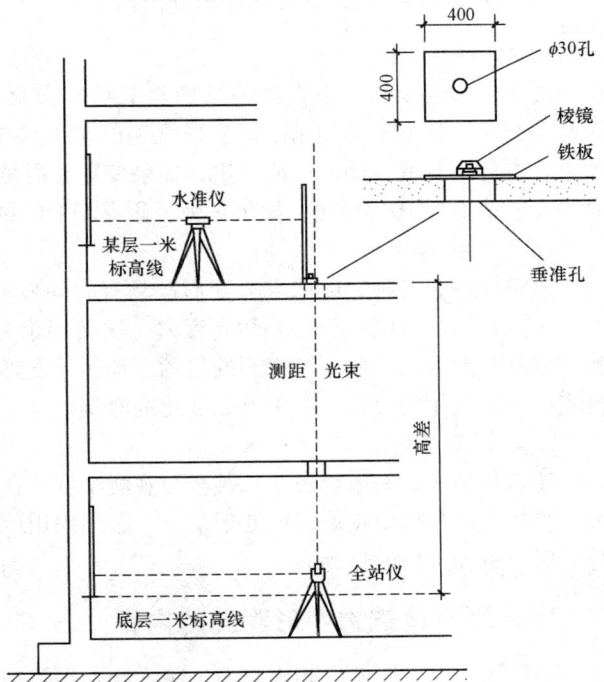

图 10-51　全站仪天顶测距法传递高程

10.8 建筑物变形观测概述

10.8.1 建筑物变形观测及意义

建筑物在施工和营运过程中，由于地质条件和土壤性质的不同，地下水位和大气温度的变化，建筑物荷载和外力作用等影响，随时间发生的垂直升降、水平位移、挠曲、倾斜、裂缝等，统称为变形。为保证建筑物在施工、使用和运行中的安全，以及为建筑物的设计、施工、管理及科学研究提供可靠的资料，在建筑物施工和运行期间，需要用测量仪器定期测定建筑物的变形或稳定性及其发展情况，这种观测称为建筑物变形观测。

各种工程建筑物在其施工和使用过程中，都会产生一定的变形，当这种变形在一定限度内时可认为属正常现象，但超过了一定的范围就会影响建筑物正常使用并危及建筑物自身及人身的安全，因此需要对施工中的重要建筑物和已发现变形的建筑物进行变形观测，掌握其变形量、变形发展趋势和规律，以便一旦发现不利的变形可以及时采取措施，以确保施工安全和建筑物的安全，同时也为今后更合理的设计提供资料。

由于建筑物破坏性变形危害巨大，变形观测的作用逐步为人们所了解和重视，因此在建筑立法方面也赋予其一定的地位，住房和城乡建设部已修订并颁布了中华人民共和国行业标准《建筑变形测量规范》（JGJ 8—2016），自 2016 年 12 月 1 日起施行。国内许多大中城市已经提出要求和做出决定：新建的高层、超高层，重要的建筑物必须进行变形观测，否则不予验收。同时要求，把变形观测资料作为工程验收依据和技术档案之一，呈报和归档。

10.8.2 建筑物变形观测的特点

1. 观测精度高

由于变形观测的结果直接关系到建筑物的安全，影响对变形原因和变形规律的正确分析，因此观测必须具有较高的精度。变形观测的精度要求，取决于该工程建筑物预计允许变形值的大小和进行观测的目的。一般来讲，如果变形观测是为了确保建筑物的安全，则测量精度应小于允许变形值的 $1/10 \sim 1/20$；如果是为了研究变形的过程，则观测精度还应更高。

2. 重复观测量大

建筑物由于各种原因产生的变形都具有时间效应，计算变形量最基本的方法是计算建筑物上同一点在不同时间的坐标差和高程差。这就要求变形观测必须依一定的时间周期进行重复观测。重复观测的频率取决于观测的目的、预计的变形量大小和变形速率。通常要求观测的次数，既能反映出变化的过程，又不遗漏变化的时刻。

3. 数据处理严密

建筑物的变形一般都较小，甚至与观测精度处在同一个数量级；同时，重复观测的数据量较大。要从大量数据中精确提取变形信息，必须采用严密的数据处理方法。数据处理的过程也是进行变形分析和预报的过程。

10.8.3 建筑物变形观测的内容

建筑物变形观测的主要内容有沉降观测、倾斜观测、裂缝观测和位移观测（包括水平位移、沉降、倾斜、挠度、裂缝等）。建筑物应从基础施工开始，在整个施工阶段按规定进行定期的变形观测，直到建成之后的一定使用阶段，如有必要应延续到变形趋于稳定为止。变形观测常规方法主要包括精密水准测量、三角高程测量、三角（边）测量、导线测量、交会法等。测量仪器主要有经纬仪、水准仪、电磁波测距仪以及全站仪等。这类方法的测量精度高，应用灵活，适用于不同变形体和不同的工作环境。

10.8.4　建筑物沉降观测

建筑物沉降观测是用水准测量的方法，周期性地观测建筑物上的沉降观测点和水准基点之间的高差变化值。

1. 沉降产生的主要原因

在荷载影响下，建筑基础下土层的压缩是逐步实现的，因此，基础的沉降量也是逐渐增加的。一般认为，建筑在砂性土层上的建筑物，其沉降在施工期间已完成大部分；而建筑在黏性土层上的建筑物，其沉降在施工期间只完成了一部分。

对于砂性土层上的建筑，基础的沉降过程可分为四个阶段：第一阶段是在施工期间，随着地基上荷载的增加，沉降速度很大，年沉降量为 20 ~70 mm；第二阶段沉降速度显著变慢，年沉降量大约为 20 mm；第三阶段为平稳下沉阶段，其速度为每年 1 ~ 2 mm；第四阶段沉降曲线几乎是水平的，也就是说到了沉降停止的阶段。相反，黏性土层上的建筑物，其沉降会有一个快速发展并逐渐收敛的缓慢过程。因此，变形观测应贯穿整个兴建工程建筑物的全过程，即建筑之前、之中及运营期间。

归结起来，建筑物沉降产生的原因主要有两方面：一是自然条件及其变化，即建筑物地基的工程地质、水文地质、大气温度、土壤的物理性质等；二是与建筑物本身相联系的因素，即建筑物本身的荷重、建筑物的结构和形式及动荷载（如风力、振动等）的作用。

2. 沉降观测的目的

沉降观测是监测建筑物在竖直方向上的位移（沉降），以确保建筑物及其周围环境的安全。建筑物沉降观测应测定建筑物地基的沉降量、沉降差及沉降速率并计算基础倾斜、局部倾斜、相对弯曲及构件倾斜。

3. 沉降观测的基本原理和要求

定期地测量观测点相对于稳定的水准点的高差以计算观测点的高程，并将不同时间所得同一观测点的高程加以比较，从而得出观测点在该时间段内的沉降量，即

$$\Delta H = H_i^{(j+1)} - H_i^j \tag{10-2}$$

式中　i——观测点点号；

　　　j——观测期数。

沉降变形观测的实施应符合下列程序和要求：

（1）应按测定沉降的要求分别选定沉降测量点，埋设相应的标石标志，建立高程网。高程测量宜采用测区原有高程系统。

（2）应按确定的观测周期与总次数对监测网进行观测。新建的大型和重要建筑应从施工开始时就进行系统的观测，直至变形达到规定的稳定程度为止。

（3）对各周期的观测成果应及时处理。对重要的监测成果应进行变形分析，并对变形趋势做出预报。

4. 沉降观测的实施

（1）水准基点的布设。建筑物的沉降观测是根据建筑物附近的水准基点进行的，水准基点是沉降观测的基准，它应埋设在沉降影响范围以外，距沉降观测点 20 ~ 100 m。这些水准点必须坚固稳定、观测方便，且处于不受施工影响的地方。为了相互校核并防止由于某个水准点的高程

变动造成差错，水准点的数目应尽量不少于 3 个，以组成水准网。对水准点要定期进行高程检测，以保证沉降观测成果的正确性。

布设水准点时应考虑下列因素：

①水准点应尽量与观测点接近，其距离不应超过 100 m，以保证观测的精度；

②水准点要有足够的稳定性，应布设在受振区域以外的安全地点，以防止受到振动的影响；

③离开公路、铁路、地下管道和滑坡至少 5 m，避免埋设在低洼易积水处及松软土地带；

④为防止水准点受到冻胀的影响，水准点的埋设深度至少要在冰冻线以下 0.5 m。

在一般情况下，可以利用工程施工时使用的水准点，作为沉降观测的水准基点。如果由于施工场地的水准点离建筑物较远或条件不好，为了便于进行沉降观测和提高精度，可在建筑物附近另行埋设水准基点。

（2）沉降观测点的布设。进行沉降观测的建筑物，应埋设沉降观测点，观测点的位置和数量，应根据基础的构造、荷重以及工程地质和水文地质的情况而定。沉降观测点的布设应满足以下要求：

①沉降观测点的位置。沉降观测点应布设在能全面反映建筑物沉降情况的部位，本身应牢固，且能长期保存，如建筑物四角、沉降缝两侧、荷载有变化的部位、大型设备基础、柱子基础和地质条件变化处。观测点的上部必须为突出的半球形状或有明显的突出之处，与柱身或墙身保持一定的距离，要保证在点上能垂直置尺和良好的通视条件。

②沉降观测点的数量。一般沉降观测点是均匀布置的，它们之间的距离一般为 10 ~ 20 m。高层建筑物应沿其周围每隔 15 ~ 30 m 设一观测点，房角、纵横墙连接处以及沉降缝的两旁均应设置观测点。工业厂房的观测点可布置在基础、柱子、承重墙及厂房转角处。点的密度视厂房结构、吊车起重量及地基土质情况而定。厂房扩建时，应在连接处两侧布置观测点。大型设备基础及较大动荷载的周围、基础形式改变处及地质条件变化之处，皆容易产生沉降，必须布设适量的观测点。烟囱、水塔、高炉、油罐、炼油塔等圆形构筑物，则应在其基础的对称轴线上布设观测点。总之，观测点应设置在能表示出沉降特征的地点。

③沉降观测点的设置形式。沉降观测点的形式和设置方法应根据工程性质和施工条件来确定或设计。一般利用铆钉或钢筋来制作，然后将其埋入混凝土内，其形式如下：

a. 垫板式：用长 60 mm、直径 20 mm 的铆钉，下焊 40 mm × 40 mm × 5 mm 的钢板 [见图 10-52 （a）]。

b. 弯钩式：将长约 100 mm、直径 20 mm 的铆钉一端弯成直角 [见图 10-52 （b）]。

c. 燕尾式：将长 80 ~ 100 mm、直径 20 mm 的铆钉，在尾部中间劈开，做成夹角为 30° 左右的燕尾形 [见图 10-52 （c）]。

d. U 形：用直径 20 mm、长约 220 mm 左右的钢筋弯成 U 形，倒埋在混凝土之中 [见图 10-52 （d）]。

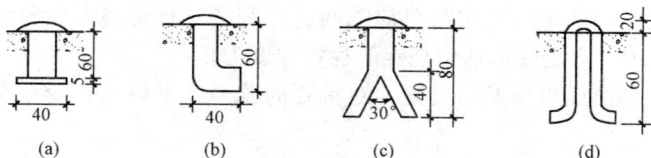

图 10-52　沉降观测点设置形式

（a）垫板式；（b）弯钩式；（c）燕尾式；（d）U 形

如观测点使用期长，应埋设有保护盖的永久性观测点 [见图 10-53 （a）]。对于一般工程，如因施工紧张而观测点加工不及时，可用直径 20～30 mm 的铆钉或钢筋头（上部锉成半球状）埋置于混凝土中作为观测点［见图 10-53（b）］。

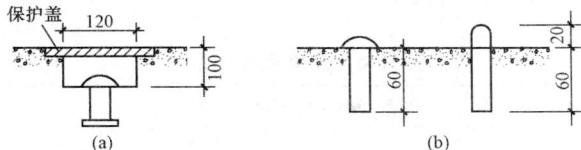

图 10-53　永久性观测点
（a）设有保护盖；（b）无保护盖

在埋设观测点时应注意下列事项：

①铆钉或钢筋埋在混凝土中露出的部分，不宜过高或太低，高了易被碰斜撞弯；低了不易寻找，而且水准尺置在点上会与混凝土面接触，影响观测质量。

②观测点应垂直埋设，与基础边缘的间距不得小于 50 mm，埋设后将四周混凝土压实，待混凝土凝固后用红油漆编号。

③埋点应在基础混凝土将要达到设计标高时进行。如混凝土已凝固须增设观测点时，可用钢凿在混凝土面上确定的位置凿一洞，将标志埋入，再以 1∶2 水泥砂浆灌实。

（3）沉降观测。

①观测周期。观测的时间和次数，应根据工程的性质、施工进度、地基地质情况及基础荷载的变化情况而定。

a. 当埋设的沉降观测点稳固后，在建筑物主体开工前，进行第一次观测。

b. 在建（构）物主体施工过程中，一般每盖 1～2 层观测一次。如中途停工时间较长，应在停工时和复工时进行观测。

c. 当发生大量沉降或严重裂缝时，应立即或几天一次连续观测。

d. 建筑物封顶或竣工后，一般每月观测一次，如果沉降速度减缓，可改为 2～3 个月观测一次，直至沉降稳定为止。

②观测方法。观测时先后视水准基点，接着依次前视各沉降观测点，再次后视该水准基点，两次后视读数之差不应超过 ±1 mm。另外，沉降观测的水准路线（从一个水准基点到另一个水准基点）应为闭合水准路线。

③精度要求。沉降观测的精度应根据建筑物的性质而定。

a. 多层建筑物的沉降观测，可采用 DS3 水准仪，用普通水准测量的方法进行。

b. 高层建筑物的沉降观测，则应采用 DS1 精密水准仪，用二等水准测量的方法进行。

④工作要求。沉降观测是一项长期、连续的工作，为了保证观测成果的正确性，应尽可能做到四定，即固定观测人员，使用固定的水准仪和水准尺，使用固定的水准基点，按固定的实测路线和测站进行。

（4）沉降观测的成果整理。

①整理原始记录。每次观测结束后，应检查记录的数据和计算是否正确，精度是否合格，然后调整高差闭合差，推算出各沉降观测点的高程，并填入沉降观测成果表（见表 10-6）。

②计算沉降量。计算内容和方法如下：

a. 计算各沉降观测点的本次沉降量：

沉降观测点的本次沉降量＝本次观测所得的高程－上次观测所得的高程

b. 计算累积沉降量：

累积沉降量 = 本次沉降量 + 上次累积沉降量

将计算出的沉降观测点本次沉降量、累积沉降量和观测日期、荷载情况等记入沉降观测成果表中（见表10-6）。

表10-6　沉降观测成果表

观测次数	观测时间	各观测点的沉降情况						3…	施工进展情况	荷载情况 /（t·m⁻²）
		1			2			…		
		高程/m	本次下沉/mm	累积下沉/mm	高程/m	本次下沉/mm	累积下沉/mm			
1	2016.01.10	50.454	0	0	50.473	0	0	…	一层平口	
2	2016.02.23	50.448	−6	−6	50.467	−6	−6		三层平口	40
3	2016.03.16	50.443	−5	−11	50.462	−5	−11		五层平口	60
4	2016.04.14	50.440	−3	−14	50.459	−3	−14		七层平口	70
5	2016.05.14	50.438	−2	−16	50.456	−3	−17		九层平口	80
6	2016.06.04	50.434	−4	−20	50.452	−4	−21		主体完	110
7	2016.08.30	50.429	−5	−25	50.447	−5	−26		竣工	
8	2016.11.06	50.425	−4	−29	50.445	−2	−28		使用	
9	2017.02.28	50.423	−2	−31	50.444	−1	−29			
10	2017.05.06	50.422	−1	−32	50.443	−1	−30			
11	2017.08.05	50.421	−1	−33	50.443	0	−30			
12	2017.12.25	50.421	0	−33	50.443	0	−30			

注：水准点的高程　BM_1：49.538 mm；

　　　　　　　　　　BM_2：50.123 mm；

　　　　　　　　　　BM_3：49.776 mm；

③绘制沉降曲线。沉降曲线分为两部分，即时间与沉降量关系曲线和时间与荷载关系曲线。

a. 绘制时间与沉降量关系曲线。首先，以沉降量 s 为纵轴，以时间 t 为横轴，组成直角坐标系。其次，以每次累积沉降量为纵坐标，以每次观测日期为横坐标，标出沉降观测点的位置。最后，用曲线将标出的各点连接起来，并在曲线的一端注明沉降观测点号码，这样就绘制出了时间与沉降量关系曲线。

b. 绘制时间与荷载关系曲线。首先，以荷载为纵轴，以时间为横轴，组成直角坐标系。其次根据每次观测时间和相应的荷载标出各点，将各点连接起来，即可绘制出时间与荷载关系曲线。

两种关系曲线合画在同一图上，以便能更清楚地表明每个观测点在一定时间内，所受到的荷重及沉降量，如图10-54所示。

10.8.5　建筑物倾斜观测

建筑物地基的不均匀沉降将引起上部主体结构倾斜，对于高宽比很大的高耸建筑物而言，其倾斜

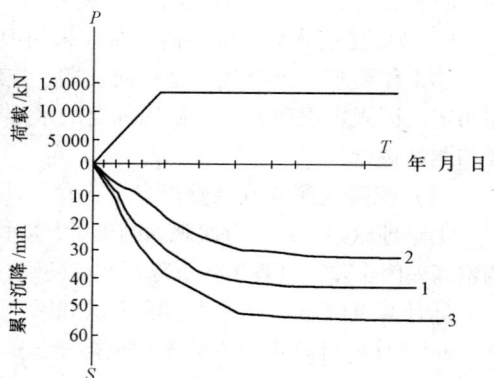

图10-54　沉降曲线

变形较沉降变形更为明显，轻微倾斜将影响其美观及功能的正常使用，当倾斜过大时，将导致建筑物安全性降低甚至倒塌，因此，对该类建筑物则以倾斜变形为主。

用测量仪器来测定建筑物的基础和主体结构倾斜变化的工作，称为倾斜观测。

1. 一般建筑物主体的倾斜观测

建筑物主体的倾斜观测，应测定建筑物顶部观测点相对于底部观测点的偏移值，再根据建筑物的高度，计算建筑物主体的倾斜度，即

$$i = \tan\alpha = \frac{\Delta D}{H} \tag{10-3}$$

式中　i——建筑物主体的倾斜度；

ΔD——建筑物顶部观测点相对于底部观测点的偏移值（m）；

H——建筑物的高度（m）；

α——倾斜角（°）。

由上式可知，倾斜测量主要是测定建筑物主体的偏移值 ΔD。偏移值 ΔD 的测定一般采用经纬仪投影法。具体观测方法如下：

（1）如图 10-55 所示，将经纬仪安置在固定测站上，该测站到建筑物的距离，为建筑物高度的 1.5 倍以上。瞄准建筑物 X 墙面上部的观测点 M，用盘左盘右分中投点法，定出下部的观测点 N。用同样的方法，在与 X 墙面垂直的 Y 墙面上定出上观测点 P 和下观测点 Q。M、N 和 P、Q 即所设观测标志。

（2）相隔一段时间后，在原固定测站上安置经纬仪，分别瞄准上观测点 M 和 P，用盘左盘右分中投点法，得到 N' 和 Q'。如果 N 与 N'、Q 与 Q' 不重合，说明建筑物发生了倾斜。

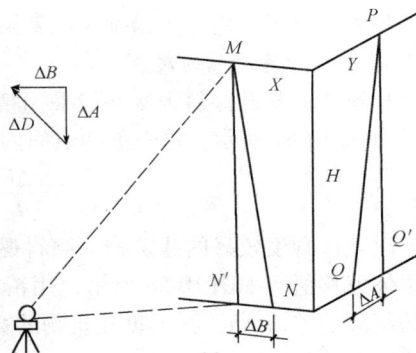

图 10-55　一般建筑物的倾斜观测

（3）用尺子量出在 X、Y 墙面的偏移值 ΔA、ΔB，然后用矢量相加的方法，计算出该建筑物的总偏移值 ΔD，即：$\Delta D = \sqrt{\Delta A^2 + \Delta B^2}$。

根据总偏移值 ΔD 和建筑物的高度 H，用式（10-2）即可计算出其倾斜度 i。

2. 圆形建（构）筑物主体的倾斜观测

对圆形建（构）筑物的倾斜观测，是在互相垂直的两个方向上，测定其顶部中心对底部中心的偏移值。具体观测方法如下：

（1）如图 10-56 所示，在烟囱底部横放一根标尺，在标尺中垂线方向上安置经纬仪，经纬仪到烟囱的距离为烟囱高度的 1.5 倍。

（2）用望远镜将烟囱顶部边缘两点 A、A' 及底部边缘两点 B、B' 分别投到标尺上，得读数为 y_1、y_1' 及 y_2、y_2'，如图 10-57 所示。烟囱顶部中心 O 对底部中心 O' 在 y 方向上的偏移值 Δy 为：

$$\Delta y = \frac{y_1 + y_1'}{2} - \frac{y_2 + y_2'}{2} \tag{10-4}$$

（3）用同样的方法，可测得在 x 方向上，顶部中心 O 的偏移值 Δx 为：

$$\Delta x = \frac{x_1 + x_1'}{2} - \frac{x_2 + x_2'}{2} \tag{10-5}$$

（4）用矢量相加的方法，计算出顶部中心 O 对底部中心 O' 的总偏移值 ΔD，即

$$\Delta D = \sqrt{\Delta x^2 + \Delta y^2} \tag{10-6}$$

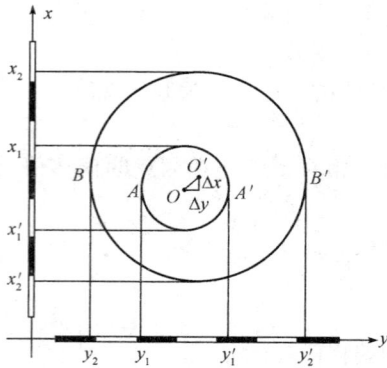

图 10-56　圆形建（构）筑物的倾斜观测

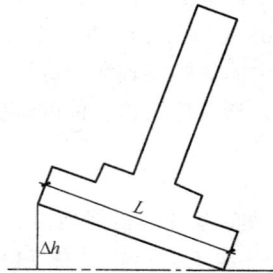

图 10-57　基础倾斜观测

根据总偏移值 ΔD 和圆形建（构）筑物的高度 H 用式（10-2）即可计算出其倾斜度 i。另外，也可采用激光铅垂仪或悬吊垂球的方法，直接测定建（构）筑物的倾斜量。

3. 建筑物基础倾斜观测

建筑物的基础倾斜观测一般采用精密水准测量的方法，定期测出基础两端点的沉降量差值 Δh，如图 10-57 所示，再根据两点间的距离 L，即可计算出基础的倾斜度：

$$i = \frac{\Delta h}{L} \tag{10-7}$$

对整体刚度较好的建筑物的倾斜观测，也可采用基础沉降量差值推算主体偏移值。如图 10-58 所示，用精密水准测量测定建筑物基础两端点的沉降量差值 Δh，再根据建筑物的宽度 L 和高度 H，推算出该建筑物主体的偏移值 ΔD，即

$$\Delta D = \frac{\Delta h}{L} H \tag{10-8}$$

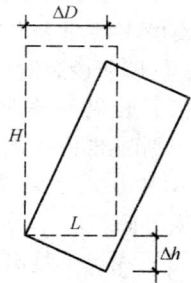

图 10-58　基础倾斜观测测定建筑物的偏移值

10.8.6　建筑物裂缝观测

当建筑物出现基础不均匀沉降、施工方法不当、设计有误等方面的问题时，都会使上部主体结构产生裂缝。为了分析裂缝产生的原因，以便采取正确的处理方法，除了要增加沉降观测外，还应立即进行裂缝观测。

为了观测裂缝的发展情况，要在裂缝处设置观测标志。对标志设置的基本要求是：当裂缝开裂时标志就能相应地开裂或变化，能正确反映建筑物裂缝发展的情况。下面介绍两种常用的裂缝观测方法。

1. 石膏板标志

用厚 10 mm，宽 50 ~ 80 mm 的石膏板（长度视裂缝大小而定），固定在裂缝的两侧。当裂缝继续发展时，石膏板也随之开裂，从而观察裂缝继续发展的情况。

2. 镀锌薄钢板标志

（1）如图 10-59 所示，用两块镀锌薄钢板，

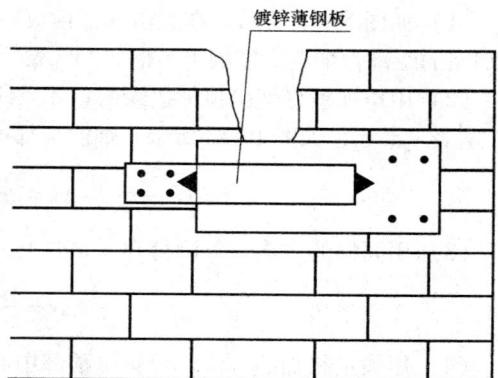

图 10-59　建筑物的裂缝观测

一片取 150 mm×150 mm 的正方形，固定在裂缝的一侧；另一片为 50 mm×200 mm 的矩形，固定在裂缝的另一侧，使两块镀锌薄钢板的边缘相互平行，并使其中的一部分重叠。

（2）在两块镀锌薄钢板的表面涂上红色油漆。

（3）如果裂缝继续发展，两块镀锌薄钢板将逐渐拉开，露出正方形上原被覆盖没有油漆的部分，其宽度即为裂缝加大的宽度，可用尺子量出。

10.8.7　建筑物位移观测

根据平面控制点测定建筑物的平面位置随时间而移动的大小及方向，称为位移观测。位移观测首先要在建筑物附近埋设测量控制点，再在建筑物上设置位移观测点。位移观测的方法有以下两种。

1. 角度前方交会法

利用前述角度前方交会法，对观测点进行角度观测，按前方交会计算观测点的坐标，利用两点之间的坐标差值，计算该点的水平位移量。

2. 基准线法

某些建筑物只要求测定某特定方向上的位移量，如大坝在水压力方向上的位移量，这种情况可采用基准线法进行水平位移观测。

观测时，先在位移方向的垂直方向上建立一条基准线，如图 10-60 所示。A、B 为控制点，P 为观测点。只要定期测量观测点 P 与基准线 AB 的角度变化值 $\Delta\beta$，即可测定水平位移量，$\Delta\beta$ 测量方法如下：

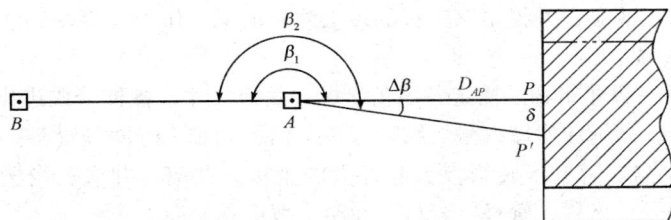

图 10-60　基准线法观测水平位移

在 A 点安置经纬仪，第一次观测水平角 $\angle BAP = \beta_1$，第二次观测水平角 $\angle BAP' = \beta_2$，两次观测水平角的角值之差即 $\Delta\beta$：

$$\Delta\beta = \beta_2 - \beta_1 \tag{10-9}$$

其位移量可按下式计算：

$$\delta = \frac{\Delta\beta \times D_{AP}}{\rho} \tag{10-10}$$

式中　$\rho = 206\ 265''$。

位移测量的允许偏差为 ±3 mm，进行重复观测评定。

3. 构件的挠度观测

建筑物的结构构件在施工和使用阶段随着荷载的增加会产生挠曲，挠曲的大小对建筑物结构构件受力状态的影响很大。因此，结构构件的挠度不应超过某一限值，否则将危及建筑物的安全。

挠度观测是通过测量观测点的沉降量来进行计算的。A、B、C 是某构件同一轴线上的三个沉降观测点（A、C 为支座处，B 为跨中），测得其沉降量分别为 ΔA、ΔB、ΔC，则该构件的跨中

挠度为

$$f_B = \Delta B - \frac{\Delta A + \Delta C}{2} \tag{10-11}$$

10.9 竣工总平面图编绘

10.9.1 编制目的

工业与民用建筑工程是根据设计总平面图施工的。在施工过程中，由于场地环境影响、设计变更等种种原因，建（构）筑物竣工后的施工位置与原设计位置不完全一致，所以，在每一个单项工程完成后，必须由施工单位进行竣工测量，给出工程的竣工测量成果，编绘竣工总平面图。

编制竣工总平面图的目的：一是全面反映竣工后的现状；二是为建筑物内各种设施，特别是各种管道等隐蔽工程的检查和维修以及以后建（构）筑物的管理、维修、扩建、改建及事故处理提供依据；三是为工程验收提供资料依据。

竣工总平面图的编绘包括竣工测量和资料编绘两方面内容。

10.9.2 竣工测量

建（构）筑物竣工验收时进行的测量工作，称为竣工测量。在每一个单项工程完成后，必须由施工单位进行竣工测量，并提出该工程的竣工测量成果，作为编绘竣工总平面图的依据。

1. 竣工测量的内容

（1）工业厂房及一般建筑物。测定各房角坐标、几何尺寸，各种管线进出口的位置和高程，室内地坪及房角标高，并附注房屋编号、结构层数、面积和竣工时间等资料。

（2）地下管线。测定窨井、转折点、起终点的坐标，井盖、井底、沟槽和管顶等的高程，附注管道及窨井的编号、名称、管径、管材、间距、坡度和流向。

（3）架空管线。测定转折点、结点、交叉点和支点的坐标，支架间距、基础面标高等。

（4）交通线路。测定线路起终点、转折点和交叉点的坐标，曲线元素、桥涵等构筑物的位置和高程，以及路面、人行道、绿化带界线等。

（5）特种构筑物。测定沉淀池、筒仓、塔架等建筑物的外形和四角坐标，圆形构筑物的中心坐标，基础面标高，构筑物的高度或深度等。

（6）其他。竣工后，应提交完整的资料，包括工程名称、施工依据、施工成果，作为编绘竣工总平面图的依据。

2. 竣工测量的方法与特点

竣工测量的基本测量方法与地形测量相似，区别在于以下几点：

（1）图根控制点的密度。一般竣工测量图根控制点的密度，要大于地形测量图根控制点的密度。

（2）碎部点的实测。地形测量一般采用视距测量的方法测定碎部点的平面位置和高程；而竣工测量一般采用经纬仪测角、钢尺量距的极坐标法测定碎部点的平面位置，采用水准仪或经纬仪视线水平测定碎部点的高程，也可用全站仪进行测绘。

（3）测量精度。竣工测量的测量精度要高于地形测量的测量精度。地形测量的测量精度要求满足图解精度，而竣工测量的测量精度一般要满足解析精度，应精确至厘米。

（4）测绘内容。竣工测量的内容比地形测量的内容更丰富。竣工测量不仅测地面的地物和地貌，还要测地下各种隐蔽工程，如上、下水及热力管线等。

10.9.3　资料编绘

1. 编绘竣工总平面图的依据

（1）设计总平面图，单位工程平面图，纵、横断面图，施工图及施工说明。

（2）施工放样成果、施工检查成果及竣工测量成果。

（3）更改设计的图纸、数据、资料（包括设计变更通知单）。

2. 竣工总平面图的编绘方法

（1）在图纸上绘制坐标方格网。绘制坐标方格网的方法、精度要求，与地形测量绘制坐标方格网的方法、精度要求相同。

（2）展绘控制点。坐标方格网画好后，将施工控制点按坐标值展绘在图纸上。展点对所临近的方格而言，其容许误差为 ± 0.3 mm。

（3）展绘设计总平面图。根据坐标方格网，将设计总平面图的图面内容，按其设计坐标，用铅笔展绘于图纸上，作为底图。

（4）展绘竣工总平面图。对凡按设计坐标进行定位的工程，应以测量定位资料为依据，按设计坐标（或相对尺寸）和标高展绘。对原设计进行变更的工程，应根据设计变更资料展绘。对凡有竣工测量资料的工程，若竣工测量成果与设计值之比差，不超过所规定的定位容许误差，按设计值展绘；否则，按竣工测量资料展绘。

3. 竣工总平面图的整饰

（1）竣工总平面图的符号应与原设计图的符号一致。有关地形图的图例应使用国家地形图图示符号。

（2）对于厂房应使用黑色墨线，绘出该工程的竣工位置，并应在图上注明工程名称、坐标、高程及有关说明。

（3）对于各种地上、地下管线，应用各种不同颜色的墨线，绘出其中心位置，并应在图上注明转折点及井位的坐标、高程及有关说明。

（4）对于没有进行设计变更的工程，用墨线绘出的竣工位置，与按设计原图用铅笔绘出的设计位置应重合，但其坐标及高程数据与设计值比较可能稍有出入。

（5）随着工程的进展，逐渐在底图上将铅笔线都绘成墨线。

4. 实测竣工总平面图

对于直接在现场指定位置进行施工的工程、以固定地物定位施工的工程及多次变更设计而无法查对的工程，或者施工单位较多，多次转手，造成竣工测量资料不全，图面不完整或与现场情况不符等情形时，只好进行现场实测，这样测绘出的竣工总平面图，称为实测竣工总平面图。

竣工总平面图绘制完成后，应经原设计及施工单位技术负责人审核、会签。

思考与练习

1. 在进行民用建筑施工测设前应做好哪些准备工作？

2. 建筑总平面图的作用是什么？

3. 设置龙门板或引桩的作用是什么？如何设置？

4. 在放样中，设置轴线控制桩的作用是什么？轴线控制桩如何测设？其优点有哪些？

5. 一般民用建筑条形基础施工过程中要进行哪些测量工作？

6. 一般民用建筑墙体施工过程中如何投测轴线？如何传递标高？

7. 在高层建筑施工中，如何控制建筑物的垂直度和传递标高？

8. 如图 10-50 所示，在外墙或楼梯间悬吊一根钢尺，分别在地面和楼面上安置水准仪，将标高传递到楼面上。根据图中的相互位置关系：

第二层的 b_2 为 $b_2 = a_2 - l_1 - (a_1 - b_1)$

第三层的 b_3 为 $b_3 = a_3 - (l_1 + l_2) - (a_1 - b_1)$

第六层的 b_6 为多少？

9. 试述工业厂房控制网的测设方法。

10. 如何进行柱子的竖直校正工作，且应注意哪些问题？

11. 试述建筑变形观测的目的、意义和作用。

12. 建筑物为什么要进行沉降观测？它的特点是什么？

13. 确定建筑沉降变形测量的精度和周期时应考虑哪些因素？

14. 如何判断沉降观测进入稳定阶段？

15. 简述用观测水平角测定建筑物倾斜程度的要点。

16. 如何用经纬仪投影法测定建筑物的倾斜？

17. 对建筑物变形引起的裂缝如何进行观测？

18. 编绘竣工总平面图的意义是什么？

线路工程测量

本章主要讲述线路工程测量的主要任务和内容；线路工程测量的特点和基本程序；线路中线的交点和转点测设方法；路线桩和加桩的设置；线路圆曲线、缓和曲线、复曲线主点和详细点的测量方法，线路纵、横断面测量的方法；道路施工测量的方法。

1. 了解线路工程测量的主要任务和工作内容。
2. 理解线路纵、横断面测量和道路施工测量的方法。
3. 掌握线路中线的交点和转点的测设、圆曲线主点的测设和详细测设。

线路工程是指长宽比很大的工程，包括公路、铁路、运河、供水明渠、输电线路、各种用途的管道工程等。这些工程的主体一般是在地表，但也有在地下或在空中的，工程可能延伸十几千米以至几百千米，它们在勘测设计及施工测量方面有不少共性。它们的中线称为线路。

各种线路工程在勘测设计阶段、施工阶段及运营管理阶段需要进行的测量工作，称为线路工程测量，简称线路测量。

11.1 线路工程测量概述

11.1.1 线路工程测量的主要任务和内容

1. 线路工程测量的主要任务

一是为工程项目方案选择、立项决策、设计等提供地形图、断面图及相关数据资料；

二是按设计要求提供点、线、面指导施工进行施工测量以及编制竣工图的竣工测量，例如，线路中线的标定、桥梁基础定位、地下建筑贯通测量等；

三是为保证施工质量、安全以及运营过程中的管理，对工程项目或构筑物进行施工监测和变形测量。

2. 线路工程测量的内容

线路工程测量的内容包括中线测量（包括曲线测设），纵、横断面测量和施工测量。具体内容如下：

（1）收集规划设计区域内各种比例尺地形图、平面图和断面图资料，收集沿线水文、地质以及控制点等有关资料。

（2）根据工程要求，利用已有地形图，结合现场勘察，在中小比例尺图上确定规划路线走向、编制比较方案等初步设计。

（3）根据设计方案在实地标出线路的基本走向，沿着基本走向进行控制测量，包括平面控制测量和高程控制测量。

（4）结合线路工程的需要，沿着基本走向测绘带状地形图或平面图，在指定地点测绘地形图。

（5）根据定线设计把线路中心线上的各类点位测设到实地，称为中线测量。中线测量包括线路起止点、转折点、曲线主点和线路中心里程桩、加桩等的测量工作。

（6）根据工程需要测绘线路纵断面图和横断面图。

（7）根据线路工程的详细设计进行施工测量。

（8）工程竣工后，对照工程实体进行竣工测量，编制竣工图。

11.1.2 线路工程测量的特点和基本程序

线路工程测量具有全局性、阶段性和渐近性的特点。全局性是指测量工作贯穿线路工程建设的全过程，如公路工程在项目立项、决策、勘测设计、施工、竣工图编制、营运监测等各阶段都需进行必要的测量工作；阶段性体现了测量技术的自我特点，在不同的实施阶段，所进行的测量工作内容与要求也不同，并要反复进行，而且各阶段之间测量工作不连续；渐近性说明了线路工程测量在项目建设的全过程中，历经由粗到细、由高到低的过程。线路工程测量的基本程序如表 11-1 所示。

表 11-1　线路工程测量的基本程序

阶段	规划选线阶段	勘测设计阶段		施工放样阶段	竣工及运营阶段
		初测	定测		
工作内容	图上选线 实地勘察 方案比较与论证	平面控制测量 高程控制测量 地形测量 特殊用途地形测量	实地定线 中线测量 曲线测量 纵、横断面测量 纵、横断面图绘制	恢复定线 线路边线放样 施工放样 施工监测 验收测量	竣工测量 竣工图编制 工程营运状况监测 安全性评价

1. 规划选线阶段

规划选线阶段的一般内容包括图上选线、实地勘察和方案比较与论证。

（1）图上选线。根据建设单位提出的工程建设基本思路，选用合适比例尺的地形图（1:5 000～1:50 000），在图上比较、选取线路方案。

（2）实地勘察。根据图上选线的多种方案，进行野外实地视察、踏勘、调查，进一步掌握线路沿途的实际情况，收集沿线的实际资料。

（3）方案比较与论证。根据图上选线和实地勘察的全部资料，结合建设单位的意见进行方案比较与论证，确定规划线路方案。

2. 勘测设计阶段

线路工程的勘测阶段通常分为初测和定测阶段。

（1）初测阶段。在确定的规划线路上进行勘测、设计工作。主要技术工作有：控制测量和带状地形图、纵断面图的测绘，收集沿线地质、水文等资料，做纸上定线或现场定线，编制比较方案，为线路工程设计、施工和运营提供完整的控制基准及详细的地形信息。进行图上定线设计，在带状地形图上确定线路中线直线段及其交点位置，标明直线段连接曲线的有关参数。《公路勘测规范》（JTG C10—2007）将先获取大比例尺地形图，然后在地形图上选定路线方案的方法，称为"纸上定线法"。采用现场直接测量路线导线或中线，然后据以测绘地形图等以确定路线线位的方法，称为"现场定线法"。"现场定线法"主要用于受地形条件限制或地形、方案较简单的路线。

路线地形图的比例尺为 1/2 000 ~ 1/5 000，当采用"纸上定线法"初测时，路线中线两侧应各测绘 200 ~ 400 m；当采用"现场定线法"初测时，路线中线两侧测绘宽度可减窄为 150 ~ 250 m。

高速公路和一级公路采用分离式路基时，地形图测绘宽度应覆盖两条分离路线及中间带的全部地形；当两条路线相距很远或中间带为大河与高山时，中间地带的地形可不初测。

（2）定测阶段。定测阶段主要的技术工作内容是，将定线设计的公路中线（直线段及曲线）测设于实地；进行线路的纵、横断面测量，线路竖曲线设计，桥涵、路线交叉、沿线设施、环境保护等测量和资料调查，为施工图设计提供资料。

高速公路、一级公路采用分离式路基时，应按各自的中线分别进行定测。

3. 施工放样阶段

根据施工设计图纸及有关资料，在实地放样线路工程的边桩、边坡及其他的有关点位，指导施工，保证线路工程建设的顺利进行。

4. 竣工及运营阶段

线路工程竣工后，对已竣工的工程，要进行竣工验收，测绘竣工平面图和断面图，为工程运营做准备。在运营阶段，还要监测工程的运营状况，评价工程的安全性。

11.2　线路中线测量

线路的平面是由直线和曲线组成的。将直线和曲线的中心线（中线）标定在实地，并测出其里程，所进行的测量工作称为线路中线测量。线路中线测量工作应按照《公路勘测规范》（JTG C10—2007）的规定执行。

线路中线测量的主要工作是：测设中线交点 JD 和转点 ZD、量距和钉桩、测量转点上的转角 Δ、测设曲线等。测量符号可采用英文（包括国家标准或国际通用）或汉语拼音字母。如图 11-1 所示。

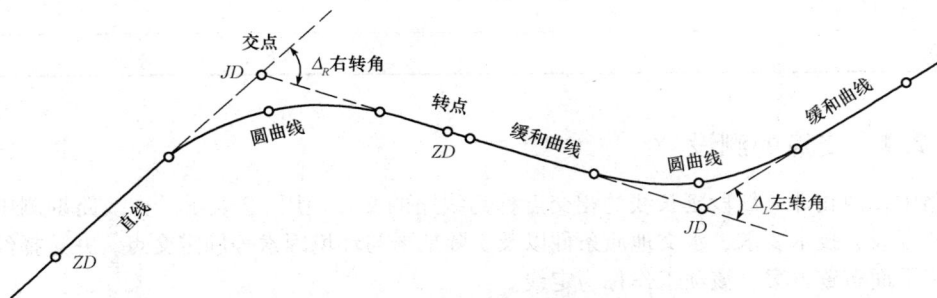

图 11-1　道路中线测量

当工程需要引进外资或为国际招标项目时，应采用英文字母；为国内招标时，可采用汉语拼音字母。一条公路宜使用一种符号。《公路勘测规范》（JTG C10—2007）对公路测量符号有统一规定，常用符号列于表11-2中。

表11-2　公路测量符号

名称	中文简称	汉语拼音或国际通用符号	英文符号
交点	交点	JD	LP
转点	转点	ZD	TP
导线点	导点	DD	RP
水准点		BM	BM
圆曲线起点	直圆	ZY	BC
圆曲线中点	曲中	QZ	MC
圆曲线终点	圆直	YZ	EC
复曲线公切点	公切	GC	PCC
第一缓和曲线起点	直缓	ZH	TS
第一缓和曲线终点	缓圆	HY	SC
第二缓和曲线终点	圆缓	YH	CS
第二缓和曲线起点	结直点	HZ	ST
公里标		K	K
转角		Δ	
左转角		Δ_L	
右转角		Δ_R	
缓和曲线角		β	
缓和曲线参数		A	A
平、竖曲线半径		R	R
曲线长（包括缓和曲线长）		L	L
圆曲线长		L_C	L_Y
缓和曲线长		L_S	L_S
平、竖曲线切线长（包括设置缓和曲线长所增切线长）		T	T
平曲线外距（包括设置缓和曲线所增外距）、竖曲线外距		E	E
方位角		θ	

11.2.1　交点的测设

线路中线两相邻直线段延长线的相交点称为线路的交点，用 JD 表示。在线路勘测中，要根据线路的等级、技术要求、水文地质条件以及实际地形与环境因素等确定交点，并选择经济、合理的线路平面布置方案，该项工作称为定线。

确定交点的方法如下：

一是通过图上选线后，量测出图上交点的坐标或相关数据，然后通过测量手段在实地标定；

二是现场选线定位，属于线路勘测设计的内容。

本节介绍图上设计线路的交点测设到实地上的交会法、穿线交点法、解析法。

1. 交会法

JD_8 已在地形图上选定，可先在图上量测出建筑物两角点和 JD_8 的距离 d_i，在现场依据相应的地物点，用距离交会法测设出 JD_8，如图 11-2 所示。

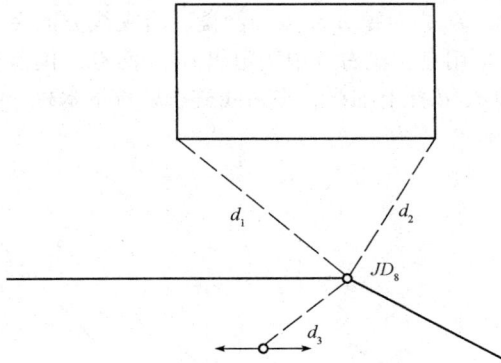

图 11-2　距离交会法定点

2. 穿线交点法

以带状地形图上附近的导线点为依据，按照地形图上设计的路线与导线点间的角度和距离关系，将线路直线段测设到实地，相邻两直线段延长线相交的点即交点。

（1）支距法放点。设 P_i 为直线段上要测定的临时点，1、2、3、4 为附近的导线点。以导线边的垂线 l_i 与线段相交用支距法标定 P_i 称为放点。先在图上量测支距 l_i，而后在现场以相应的导线点为垂足，用经纬仪或方向架和卷尺，按支距法测设 P_i，如图 11-3 所示。

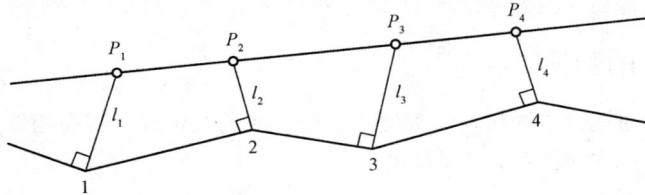

图 11-3　支距法放点

（2）极坐标法放点。P_i 为图上用极坐标法定出的直线段上的临时点。首先在图上用量角器或六分仪和比例尺分别量测出水平角 β_i 和支距 l_i。实地放点时，分别在导线点 i（1、2 等）设站，用经纬仪和钢卷尺按极坐标法定出各点的位置，如图 11-4 所示。

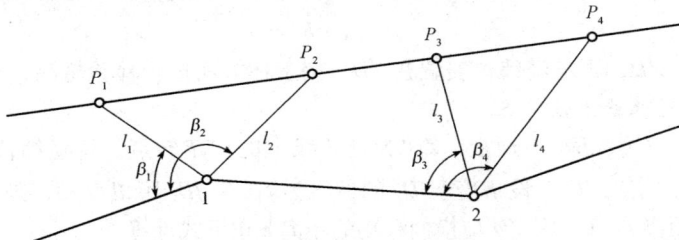

图 11-4　极坐标法放点

（3）穿线。放出的临时各点理论上应在一条直线上，由于图解数据和测设误差的影响而不在一条直线上，根据现场实际情况，采用目估法穿线或经纬仪视准法穿线，通过比较和选择，定出一条尽可能多地穿过或靠近临时点的直线 AB，最后在 A、B 或其方向上打下两个以上的转点桩，确定直线后取消临时桩点。这一工作称为穿线，如图 11-5 所示。

（4）延长直线交会定交点。当相邻两直线测设于实地后，即可延长直线交会定交点。如图 11-6 所示，将经纬仪安置在 ZD_2，后视 ZD_1 点，倒镜后沿视线方向在交点 JD 概略位置前后各打下一个木桩（称骑马桩），采用盘左盘右分中法定出 c、d 两点；仪器移至 ZD_4，后视 ZD_3，同法定出 a、b 两点。沿 a、b 和 c、d 挂上细线，在两线交点处打下木桩，并钉上小钉，即为交点 JD。

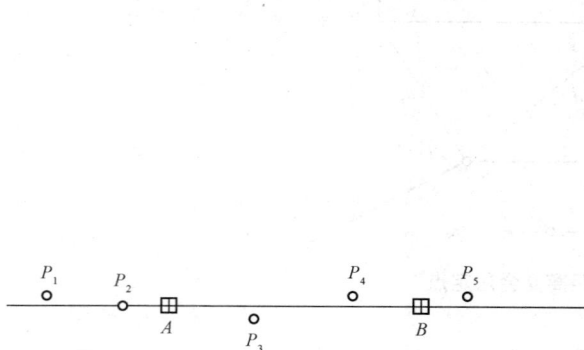

图 11-5　穿线

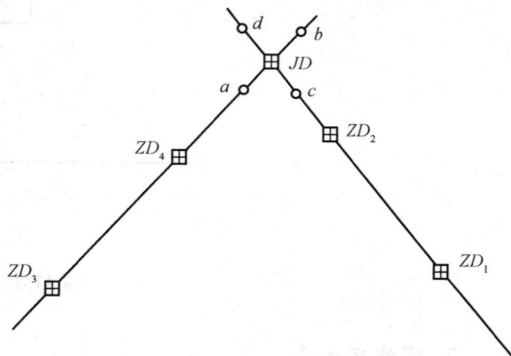

图 11-6　延长直线交会定点

3. 解析法

在图上量测出 JD 的坐标或在数字地形图上定线，由于 JD 和导线点的坐标均已知，可反算出导线点与线路交点的距离与方向，然后在实地把它们标定出来，也可用全站仪直接采取坐标法施放交点，可大大提高放线效率。

11.2.2　转点的测设

相邻两交点互不通视或直线较长，为便于量距、测角及定线，需在相邻交点的连线或延长线上设置若干点，这种点称为转点，用 ZD 表示。

1. 在两交点间设转点

如图 11-7 所示，JD_5、JD_6 不通视，ZD' 为初定转点。为检查 ZD' 是否在两交点的连线上，将经纬仪安置于 ZD'，用正倒镜分中法延长直线 JD_5ZD' 至 JD_6'。设 JD_6' 至 JD_6 的偏距为 f，若 JD_6 允许移位，则以 JD_6' 代替 JD_6。否则，用视距法测定距离 a、b，则 ZD' 应横向移动的距离 e 按下式计算：

$$e = \frac{a}{a+b} f \qquad (11-1)$$

将 ZD' 横移 e 至 ZD，再把经纬仪安置在 ZD，按上述方法进行检验施测，直到符合要求为止。

2. 在两点交点延长线上设转点

如图 11-8 所示，JD_8、JD_9 不通视，ZD' 为延长线上的初定转点。将经纬仪安置于 ZD'，照准 JD_8，用正倒镜分中法定出 JD_9'。设 JD_9' 至 JD_9 的偏距为 f，若 JD_9 可以变动，则以 JD_9' 替换 JD_9。否则，用视距法测定距离 a、b，则 ZD' 应横向移动的距离 e 按下式计算

$$a = \frac{a}{a-b} f \qquad (11-2)$$

将 *ZD'* 横移 *e* 至 *ZD*，再将仪器置于 *ZD'*，按上述方法检验施测，直至符合要求为止。

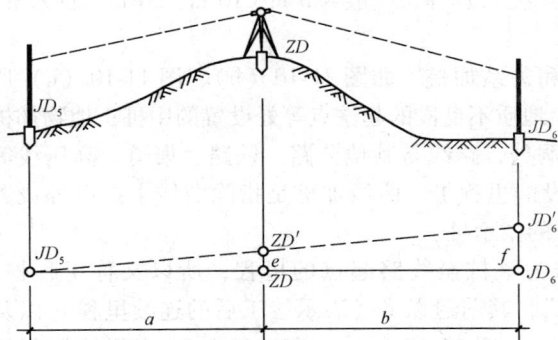

图 11-7　两交点间设转点

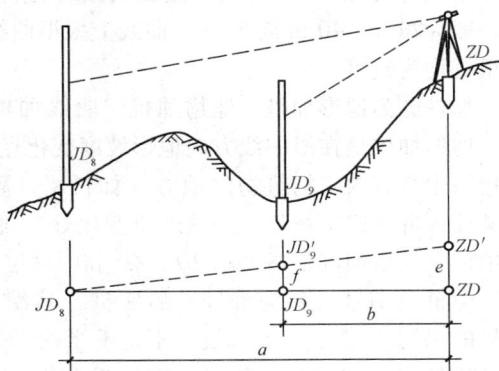

图 11-8　延长线上设转点

11.2.3　线路转角测定

线路从一个方向转向另一个方向时，其间的偏转角称为转角（或偏角），用 α 表示。通常是用 DJ6 型经纬仪观测线路前进方向的右角 β 一个测回，较差满足规范规定后，再根据 β 算出 α。

当 $\beta < 180°$ 时，线路右转，其转角为右转角，用 α_y 表示；

当 $\beta > 180°$ 时，线路左转，其转角为左转角，用 α_z 表示。

转角按下式计算

$$\alpha_y = 180° - \beta$$
$$\alpha_z = \beta - 180° \tag{11-3}$$

由于曲线中点 *QZ* 的测设需要，在测定右角 β 后，不变动水平度盘位置，测定 β 的分角线方向。如图 11-9 所示，设观测时后视水平度盘读数为 a，前视水平度盘数为 b，分角线方向的读数为 c，则 $c = (a + b) / 2$。

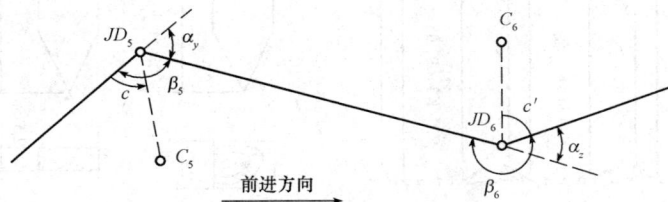

图 11-9　线路转角与分角线

然后在分角线方向上定出 C_i 点并钉桩标定。若线路左转，分角线应将水平度盘设置读数为 c 后，倒镜在线路左侧视线方向上标定 C_i，以便后续工作测设曲线中点。

11.2.4　中桩设置

线路交点、转点测定之后，确定了线路的方向与位置，但仍不能满足线路设计和施工的需要，还需沿线路中线以一定距离在地面上设置一些桩来标定中心线位置和里程，称为线路中线桩，简称中桩。中桩分为控制桩、整桩和加桩，中桩是线路纵、横断面测量和施工测量的依据。

控制桩是线路的骨干点，包括线路的起点、终点、转点、曲线主点和桥梁与隧道的端点等。

里程桩分为整桩和加桩两种，每个桩的桩号表示该桩距道路起点的里程。

整桩［见图 11-10（a）］是由线路的起点开始，间隔规定的桩距 l_0 设置的中桩，l_0 对于直线段一般为 20 m、40 m 或 50 m，曲线上根据曲线半径 R 选择，一般为 5 m、10 m、20 m。百米桩、公里桩均为整桩。

加桩分为地形加桩、地物加桩、曲线加桩和关系加桩，如图 11-10（b）、图 11-10（c）所示。地形加桩是在沿中线方向地形坡度变化点、地质不良段的起讫点等处设置的中桩；地物加桩是指沿中线有人工构筑物的地方（如桥梁、涵洞处，路线与其他公路、铁路、渠道、高压线等交叉处，拆迁建筑物处，土壤地质变化处）加设的里程桩；曲线加桩是指除曲线主点以外设置的中桩；关系加桩是指表示 JD、ZD 和中桩位置的指示桩。

中桩应编号（称为桩号）后钉桩，其编号为该桩至线路起点的里程，所以又称里程桩。桩号的书写方式是"千米数＋不足千米的米数"，其前冠以 K（表示竣工后的连续里程）以及控制桩的点名缩写，线路起点桩号为 K0＋000。如图 11-10 所示，K1＋234.56 表示该桩距线路起点 1 234.56 m，K4＋752.8 涵表示该涵洞中心距起点 4 752.8 m。

中桩的设置是在线路中线标定的基础上进行的，由线路起点开始，用经纬仪定线，距离测量可使用测距仪、全站仪或钢卷尺，低等级线路也可用皮尺，边丈量直线边长边设置。钉桩时，对于控制桩均打下边长为 6 cm 的方桩［见图 11-10（d）］，桩顶距地面约 2 cm，顶面钉一小钉表示点位，并在方桩一侧约 20 cm 处用写明桩名和桩号的板桩（2.5 cm×6 cm）［见图 11-10（e）］设置指示桩。其他中桩一律用板桩钉在点位上，高出地面约 15 cm，露出桩号，桩号字面朝向线路起点。

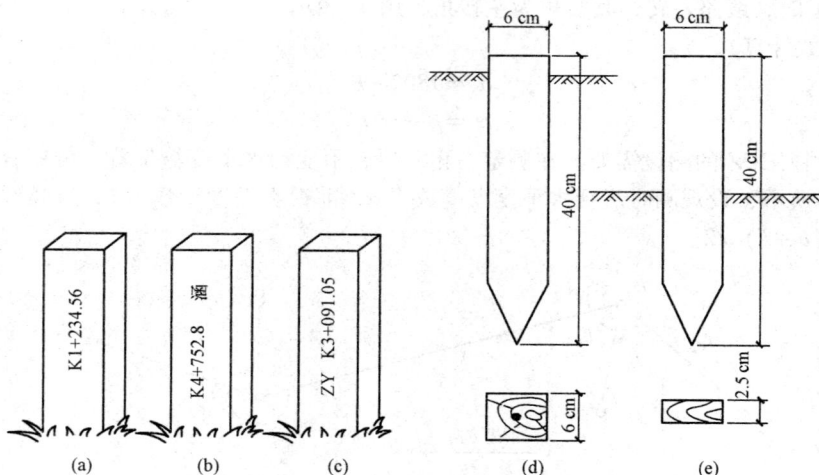

图 11-10 中桩及其桩号
（a）整桩；（b）、（c）加桩；（d）方桩；（e）板桩

11.3 曲线测设

11.3.1 曲线测设概述

线路从一个方向转向另一个方向时，相邻直线的交点处必须设置曲线。最常用的平面曲线为单一半径的圆曲线（又称单曲线），同一段曲线具有两个及其以上半径的同向曲线称为复曲线。为了使离心力渐变而符合车辆的行驶轨迹，在直线与圆曲线间或两圆曲线间设置一段曲率

半径渐变的曲线，这种曲线称为缓和曲线。缓和曲线可采用螺旋线（回旋曲线）、三次抛物线、双曲线等空间曲线来设置。

11.3.2　圆曲线及其测设

圆曲线的测设分主点测设和详细测设。标定曲线起点（ZY）、曲线中点（QZ）、曲线终点（YZ）称为圆曲线的主点测设；在主点间按一定桩距施测加桩称为圆曲线的详细测设。

1. 圆曲线的主点测设

（1）圆曲线主点元素的计算。

$$T = R \cdot \tan\frac{\alpha}{2}$$
$$L = \alpha \cdot R$$
$$E = R\left(\sec\frac{\alpha}{2} - 1\right)$$
$$q = 2T - L$$

(11-4)

T、E 用于主点测设，T、L、q 用于里程计算。主点元素 T、L、E、q 也可以以 R、α 为引数，从曲线测设用表中查得。

（2）主点桩号的计算。圆曲线的主点为直圆点 ZY、曲中点 QZ、圆直点 YZ（见图 11-11）。

各主点里程的计算如下：

$$ZY\ 里程 = JD\ 里程 - T$$
$$QZ\ 里程 = ZY\ 里程 + L/2$$
$$YZ\ 里程 = QZ\ 里程 + L/2$$
$$JD\ 里程 = QZ\ 里程 + q/2\ （检核）$$

(11-5)

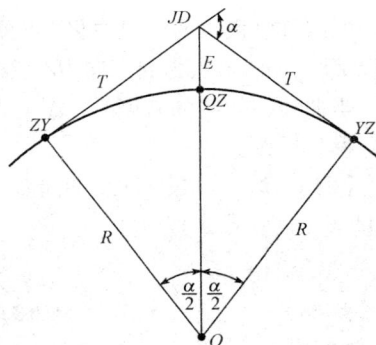

图 11-11　圆曲线主点元素

上式仅为单个曲线主点里程计算。由于交点桩里程在线路中线测量时已由测定的 JD 间距离推定，所以从第二条曲线开始，其主点桩号计算应考虑前面曲线的切曲差 q，否则会导致线路断链。

【例 11-1】　某线路 JD_3 的里程桩号为 K3 + 528.75，转角 α_y 为 40°24′，半径 $R = 200$ m，计算的主点元素为：$T = 73.59$ m，$L = 141.02$ m，$E = 13.11$ m，$q = 6.16$ m，主点里程计算如下。

```
JD          K3 + 528.75
 - ) T            73.59
ZY          K3 + 455.16
 + ) L           141.02
YZ          K3 + 596.18
 - ) L/2       141.02/2
QZ          K3 + 525.67
 + ) D/2          3.08
JD          K3 + 528.75
```

经校核，计算无误。

（3）主点测设。将经纬仪安置在 JD 上，照准后方向的 ZD 或 JD 点，自 JD 沿视线方向量取

切线长 T，桩钉曲线起点 ZY；再照准前方向的 ZD 或 JD 点，又沿视线方向量取切线长 T，桩钉曲线起点 YZ；然后沿分角线方向量取外矢距 E，桩钉曲线中点 QZ。

2. 圆曲线的详细测设

（1）偏角法。如图 11-12 所示，偏角法是以曲线的 ZY（或 YZ）至曲线上任一待定点 P_i 的弦线与切线间的弦切角 Δ_i（称为偏角）和相邻桩间的弦长 C_i 用边角交会的方式测设 P_i。根据几何学原理，偏角 Δ_i 等于相应弧（弦）所对圆心角 φ_i 的一半，即

$$\Delta_i = \frac{1}{2} \cdot \frac{l_i}{R} \cdot \frac{180°}{\pi} \qquad (11\text{-}6)$$

式中　l_i——P_i 点至 ZY 点间的曲线弧长。

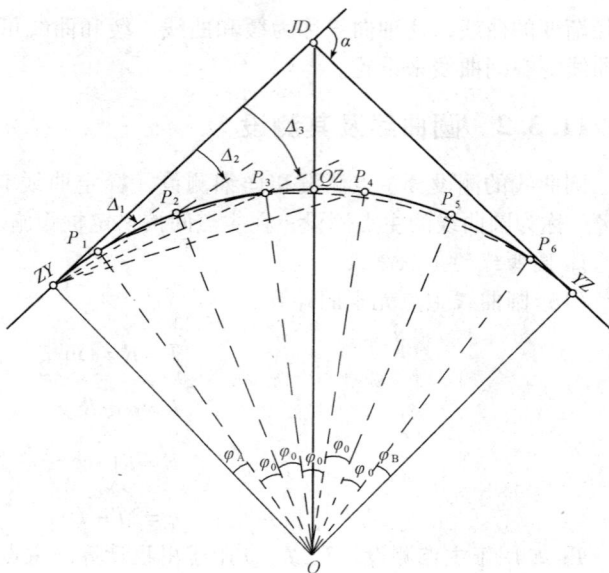

图 11-12　圆曲线细部点测设

曲线详细测设时，可由 ZY 点测设至 YZ 点。为避免过长的距离测设，通常采用对称式，分别以 ZY 点和 YZ 点为起点向 QZ 点进行。所以在测设和计算过程中，Δ_i 分为正拨与反拨。

当曲线在切线的右侧时，Δ_i 应顺时针方向拨角，称为正拨；在左侧时，Δ_i 应逆时针方向拨角，称为反拨。

【例 11-2】　按例 11-1 的曲线元素及主点桩号，桩距 $l_0 = 20$ m，该曲线的偏角法测设数据见表 11-3（整桩号法）。

表 11-3　偏角法测设数据

仪器型号：＿＿＿＿＿　　　观测日期：＿＿＿＿＿　　　观测：＿＿＿＿＿　　　计算：＿＿＿＿＿

仪器编号：＿＿＿＿＿　　　天　　气：＿＿＿＿＿　　　记录：＿＿＿＿＿　　　复核：＿＿＿＿＿

桩号	曲线长/m	偏角值 (° ′ ″)	拨角读数 (° ′ ″)	相邻点间 弧长/m	相邻点间 弦长/m
ZY K3 + 455.16	0.00	0　00　00	0　00　00	4.84	4.84
+460	4.84	0　41　36	0　41　36	20.00	19.99
+480	24.84	3　33　29	3　33　29	20.00	19.99
+500	44.84	6　25　22	6　25　22	5.67	19.99
+520	64.84	9　17　16	9　17　16	14.33	5.67
QZ K3 + 525.67	70.51	10　06　00	10　06　00 349　54　00	20.00	14.33
+540	56.18	8　02　49	351　57　11	20.00	19.99
+660	36.18	5　10　56	354　49　04	20.00	19.99
+580	10.16	2　19　03	357　40　57	16.18	16.18
YZ K3 + 596.18	0.00	0　00　0	0　00　0		

本例测设步骤如下。

①在 ZY 点安置经纬仪，瞄准 JD 点，并使水平度盘读数为 0°00′00″，拨角（正拨）Δ_i，使度盘读数为 0°41′36″。从 ZY 点沿视线方向测设距离（弦长）4.84 m，定出 K3+460 桩。

②转动照准部，使水平度盘读数为 3°33′29″，由 K3+460 点测设距离（弦长）19.99 m 与视线方向相交，定出 K3+480 桩。同法拨角、测设距离，定出其他各点直至 QZ 点，并与 QZ 点校核其位置。

③将经纬仪安置在 YZ 点，瞄准 JD 点，使水平度盘读数为 0°00′00″，拨角（反拨）Δ_i，使水平度盘读数为 360° − Δ_i（357°40′57″）。从 YZ 点沿视线方向测设距离（弦长）16.18 m，定出 K3+580 桩。

④转动照准部拨角，使水平度盘读数为 354°49′04″，由 K3+580 点测设距离（弦长）19.99 m 与视线方向相交，定出 K3+560 桩。同法定出其他各点直至 QZ，并与 QZ 点校核其位置。

（2）切线支距法。切线支距法也称直角坐标法，是以 ZY 或 YZ 为坐标原点，以切线方向为 x 轴，以过原点半径方向为 y 轴，建立直角坐标系，用曲线上任意一点 P_i 的坐标 x_i、y_i 来标定 P_i。一般采用对称法测设，如图 11-13 所示。

设 l_i 为待定点 P_i 至原点间的弧长，φ_i 为 l_i 所对的圆心角，R 为曲线半径，则 P_i 的坐标为

$$x_i = R\sin\varphi_i$$
$$x_i = R(1 - \cos\varphi_i) \qquad (11\text{-}7)$$
$$\varphi_i = \frac{l_i}{R} \cdot \frac{180°}{\pi}$$

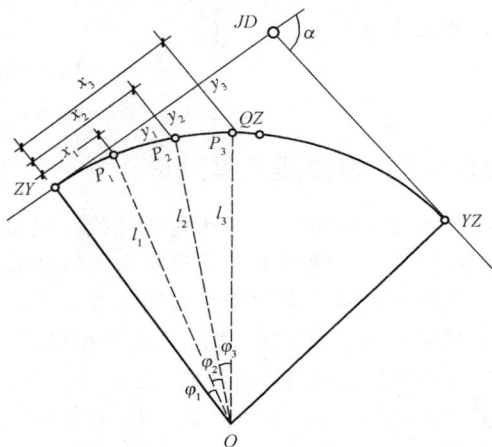

图 11-13　切线支距法详细测设圆曲线

（3）极坐标法。极坐标法是先计算圆曲线主点和细部点的坐标，然后根据控制点和细部点的坐标，利用全站仪或 GPS RTK 进行测设，不需要计算测设数据。

下面介绍圆曲线主点和细部点坐标的计算方法。

①圆曲线主点坐标计算。以图 11-14 为例，根据路线交点 JD 及转点 ZD_1、ZD_2 的坐标，反算出切线 $ZD_1 \rightarrow JD$ 的方位角 θ_1，按路线的转角 Δ，推算出切线 $JD \rightarrow ZD_2$ 的方位角 $\theta_2 = \theta_1 + \Delta$，分角线 $JD \rightarrow QZ$ 的方位角 $\theta_3 = \theta_1 + 90° + \Delta/2$，根据 JD 的坐标及方位角 θ_1、θ_2、θ_3 和切线长 T、矢距 E 计算出 ZY、YZ 和 QZ 的坐标，其公式为

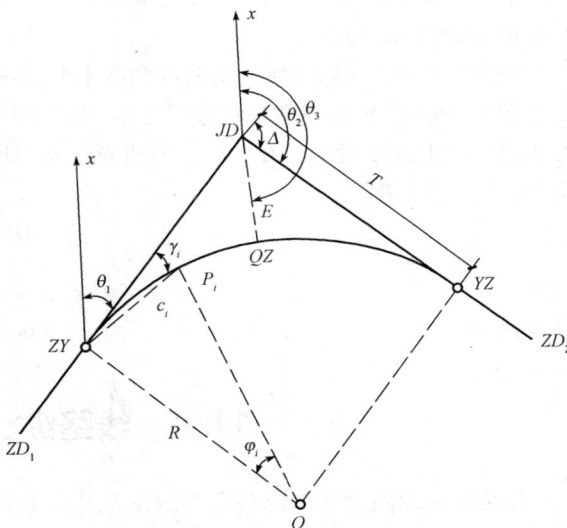

图 11-14　极坐标法测设圆曲线

$$X_{ZY} = X_{JD} - T\cos\theta_1$$
$$Y_{ZY} = Y_{JD} - T\sin\theta_1$$
$$X_{YZ} = X_{JD} - T\cos\theta_2$$
$$Y_{YZ} = Y_{JD} + T\sin\theta_2 \tag{11-8}$$
$$X_{QZ} = X_{JD} - E\cos\theta_3$$
$$Y_{QZ} = Y_{JD} + E\sin\theta_3$$

②圆曲线细部点坐标计算。根据图中第一条切线的方位角 θ_1 及偏角 γ_i（$\gamma_i = \varphi_i/2$），可知圆曲线起点 ZY 至细部点 P_i 的方位角 θ_{P_i}（$\theta_{P_i} = \theta_1 + \gamma_i$），再根据弦长 c_i 和 ZY 的坐标计算细部点的坐标，其公式为

$$X_{P_i} = X_{ZY} - c_i\cos\theta_{P_i}$$
$$Y_{P_i} = Y_{ZY} + c_i\sin\theta_{P_i} \tag{11-9}$$

11.3.3 复曲线及其测设

两圆曲线之间可以用缓和曲线连接，也可以直接连接。当单曲线无法满足技术等级或线路平面线形要求时，需用两个或两个以上不同半径的同向曲线直接连接进行平面线型设计，即采用复曲线过渡到另一直线段。

如图 11-15 所示，半径为 R_1、R_2 的复曲线的交点为 JD、起点为 ZY、终点为 YZ 及公共切点为 YY（或 GQ）。在设计确定 R_1、R_2 及 α_1、α_2 后，可计算得曲线主点元素 T_1、L_1、E_1 及 T_2、L_2、E_2。

此时，$AB = T_1 + T_2$。由 $\triangle ABC$ 中可求得 A、B 到 JD 的距离 AC 与 BC。

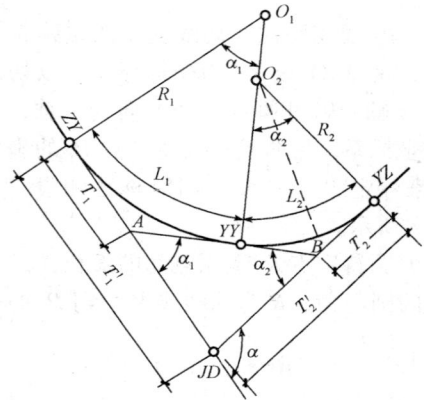

图 11-15 复曲线及其主点元素

实地测设时，关键是按地形条件和技术要求在现场选定交点 A、B 的位置，并测定偏角 α_1、α_2 及距离 AB。依据观测数据和设计半径 R_1 算得 T_1、L_1、E_1，并按下式反算 T_2、R_2，再按 α_2、R_2 可求得复曲线要素 T_2、L_2、E_2。若使 $R_1 = R_2$ 即成为单曲线，测设时可使 $T_1 = T_2$。复曲线的测设方法与圆曲线相同。

$$T_2 = AB - T_1$$
$$R_2 = \frac{T_2}{\tan\dfrac{\alpha_2}{2}} \tag{11-10}$$

11.4 线路纵、横断面测量

线路纵断面测量又称线路水准测量，其任务是测定中线上各里程桩的地面高程，绘制路线纵断面图，供路线纵坡设计使用。线路横断面测量是测定中线各里程桩两侧垂直于中线方向的地面各点距离和高程，绘制横断面图，供线路工程设计、计算土石方量及施工时放边桩使用。

为了保证成果的精度和检核的需要，根据"由整体到局部"的测量原则，纵断面测量一般

分两步进行：

一是高程控制测量（也称基平测量），即沿路线方向设置水准点，使用水准测量的方法测量点位的高程；

二是中桩高程测量（也称中平测量），即利用基平测量布设的水准点，分段进行附合水准测量，测定各里程桩的地面高程。

11.4.1　基平测量

《公路勘测规范》（JTG C10—2007）对高程控制测量的一般规定是：公路高程系统，宜采用1985 国家高程基准。同一条公路应采用同一高程系统，不能采用同一系统时，应给定高程系统的转换关系。

独立工程或三级以下公路联测有困难时，可采用假定高程；公路高程测量采用水准测量；在水准测量确有困难的山岭地带以及沼泽、水网地区，四、五等水准测量可用光电测距三角高程测量代替。各级公路及构造物的水准测量等级应按表 11-4 选定，各等水准测量的精度也应符合表 11-4的规定。

表 11-4　公路及构造物的水准测量等级

测量项目	等级	水准路线最大长度/km
4 000 m 以上特长隧道、2 000 m 以上特大桥	三等	50
高速公路、一级公路、1 000 ~ 2 000 m 特大桥、2 000 ~ 4 000 m 长隧道	四等	16
二级及二级以下公路、1 000 m 以下桥梁、2 000 m 以下隧道	五等	10

水准测量的精度				
等级	每公里高差中数中误差/mm		往返较差、附合或环线闭合/mm		检测已测测段高差之差/mm
	偶然中误差 M_h	全中误差 M_W	平原微丘区	山岭重丘区	
三等	±3	±6	$±12\sqrt{L}$	$±3.5\sqrt{n}$ 或 $±15\sqrt{L}$	$±20\sqrt{L_i}$
四等	±5	±10	$±20\sqrt{L}$	$±6.0\sqrt{n}$ 或 $±25\sqrt{L}$	$±30\sqrt{L_i}$
五等	±8	±16	$±30\sqrt{L}$	$±45\sqrt{L}$	$±40\sqrt{L_i}$

注：计算往返较差时，L 为水准点间的路线长度（km）；计算附合或环线闭合差时，L 为附合或环线的路线长度（km），n 为测站数，L_i 为检测测段长度（km）。

1. 水准点的设置

水准点是线路高程测量的控制点，在勘测阶段、施工阶段甚至在竣工后的很长一段时期内都要使用，因此，应在地基稳固、易于引测以及施工时不易受破坏的地方设置。

水准点分永久性水准点和临时性水准点两种，永久性水准点布设密度应视工程需要而定，在线路起点和终点、大桥两岸、隧道两端，以及需要长期观测高程的重点工程附近均应布设。永久性水准点要埋设标石，也可以设在永久性建筑物上或用金属标志嵌在基岩上。临时性水准点的布设密度，根据地形复杂程度和工程需要来定。在山岭重丘区，每隔 0.5 ~ 1.0 km 设置一个，在平原和微丘陵地区，每隔 1 ~ 2 km 埋设一个。此外，在中小桥，涵洞以及停车场等工程集中的地段均应设点。

2. 施测方法

基平测量时，应先将起始水准点与附近的国家水准点进行联测，以获得绝对高程。在沿线测量中，也尽量与就近国家水准点联测以获得检核条件。当引测有困难时，可参考地形图选定一个明显地物点的高程作为起始水准点的假定高程。基平测量应使用不低于 DS3 级的水准仪，采用往返或两次单程观测。

11.4.2　中平测量

中平测量一般以相邻两水准点为一测段，从一水准点开始，用视线高法逐点施测中桩的地面高程，直至附合到下一个水准点上。相邻两转点间观测的中桩，称为中间点。为了削弱高程传递的误差，观测时应先观测转点，后观测中间点。转点传递高程，因此转点水准尺应立在尺垫、稳固的固定点或坚石上，尺上读数至 mm，视线长度不大于 150 m。中间点不传递高程，尺上读数至 cm。观测时，水准尺应立在紧靠中桩的地面上。

如图 11-16 所示，水准仪置于 I 站，后视水准点 BM_1，读数 a_0；前视转点 ZD_1，读数 b_0，记入表 11-5 中"后视"和"前视"栏内；而后扶尺员依次在中桩点 0+000、…、0+080 等各中桩点立尺，逐个观测中桩，将中视读数 b_i 分别记入"中视"栏。将仪器搬到 II 站，后视转点 ZD_1，前视转点 ZD_2，然后观测 ZD_1 与 ZD_2 之间各中间点。用同法继续向前观测，直到附合到下一个水准点 BM_2，完成测段观测。高差闭合差限差：一级公路为 $\pm 30\sqrt{L}$ mm，二级以下公路为 $\pm 50\sqrt{L}$ mm（L 以 km 计）。在容许范围内，即可进行中桩地面高程的计算；否则应重测。

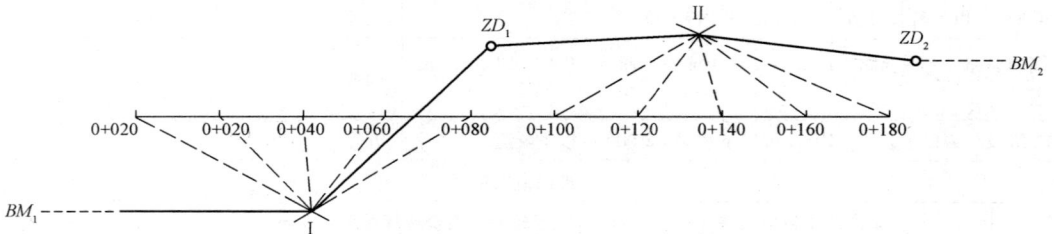

图 11-16　中平测量

表 11-5　中线水准测量手簿

仪器型号：＿＿＿＿＿　　观测日期：＿＿＿＿＿　　观测：＿＿＿＿＿　　计算：＿＿＿＿＿

仪器编号：＿＿＿＿＿　　天　　气：＿＿＿＿＿　　记录：＿＿＿＿＿　　复核：＿＿＿＿＿

点号	水准尺读数/m			视线高程/m	高程/m	备注
	后视	中视	前视			
BM_1	2.191			57.606	55.415	$H_{BM_1}=55.415$ m
K0+000		1.61			55.99	
+020		1.90			55.71	
+040		0.62			56.99	
+060		2.03			55.58	
+080		0.90			56.71	
ZD_1	2.162		1.006	88.762	56.600	
+100		0.50			58.26	
+120		0.52			58.24	
+140		0.82			57.94	

点号	水准尺读数/m			视线高程/m	高程/m	备注
	后视	中视	前视			
+160		1.20			57.56	
+180		1.01			57.75	
ZD_2	2.246		1.521		57.241	
…	…	…	…	…	…	
K1+380		1.65			66.98	
BM_2			0.606		68.024	$H_{BM_2} = 68.062$ m
检核	$\sum a - \sum b = 12.609$ m $H_{BM_2测} - H_{BM_1} = 68.024 - 55.415 = 12.609$（m） $f_h = 68.024 - 68.062 = -38$（mm） $f_{h允} = \pm 50\sqrt{L} = \pm 50\sqrt{1.4} = \pm 59$（mm） $f_h < f_{h允}$，符合精度要求。					

每一测站转点及各中桩的高程按下列公式计算：

$$视线高程 = 后视点高程 + 后视读数$$
$$转点高程 = 视线高程 - 前视读数 \qquad (11\text{-}11)$$
$$中桩高程 = 视线高程 - 中视读数$$

如图 11-17 所示，当路线经过沟谷时，为了减少测站数，以提高施测速度和保证测量精度，一般采用沟内外分开测量，当测到沟谷边沿时，先前视沟谷两边的转点 ZD_A、ZD_{16}，将高程传递至沟谷对岸，通过 ZD_{16} 可沿线继续设站（如Ⅳ）施测，即为沟外测量。施测沟内中桩时，迁站下沟，于测站Ⅱ后视 ZD_A，观测沟谷内两边的中桩及转点 ZD_B，再设站于Ⅲ后视 ZD_B，观测沟底中桩。

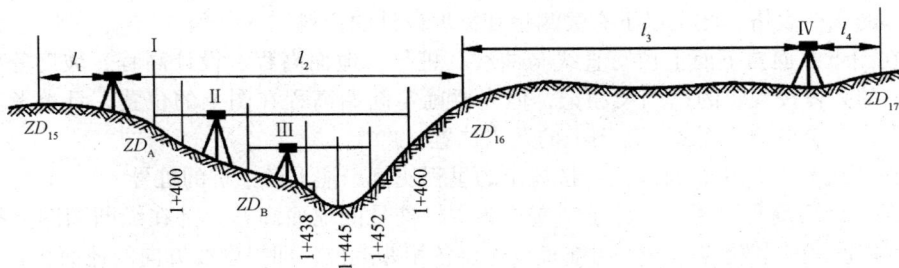

图 11-17　跨沟谷中平测量

沟内各桩测量实际上是以 ZD_A 为起始点的单程支水准路线的测量，缺少检核条件，故施测时应多加注意。为了减少Ⅰ站前后视距不等所引起的误差，仪器设置于Ⅳ站时，尽可能使 $l_2 = l_3$，$l_1 = l_4$。

11.4.3 纵断面图的绘制

纵断面图既表示中线方向的地面起伏，又可在其上进行纵坡设计，是线路设计和施工的重要资料。

纵断面图以中桩的里程为横坐标、其高程为纵坐标进行绘制。常用的里程比例尺有1:5 000、1:2 000、1:1 000 几种。为了明显地表示地面起伏，一般取高程比例尺为里程比例尺的 10～20 倍。

纵断面图一般自左至右绘制在透明毫米方格纸的背面，可防止用橡皮修改时把方格擦掉。图 11-18 所示为路线设计纵断面图，图的上半部从左至右绘有贯穿全图的两条线，细折线表示中线方向的地面线，是根据中平测量的中桩地面高程绘制的；粗折线表示纵坡设计线。此外，上部还注有以下资料：水准点编号、高程和位置；竖曲线示意图及其曲线元素；桥梁的类型、孔径、跨数、长度、里程桩号和设计水位；涵洞的类型、孔径和里程桩号；其他道路、铁路交叉点的位置、里程桩号和有关说明等。

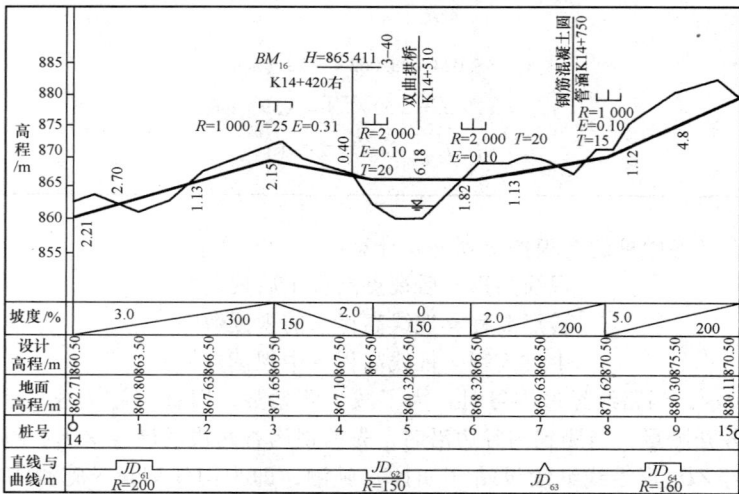

图 11-18 公路纵断面图

图下部的几栏表格，注记以下有关测量和纵坡设计的资料。

（1）在图纸左面自下而上填写直线与曲线、桩号、地面高程、设计高程、坡度等栏，上部纵断面图上的高程按规定的比例尺注记，但先要确定起始高程在图上的位置，且参考其他中桩的地面高程，使绘出的地面线处于图上的适当位置。

（2）在"桩号"栏中，自左至右按规定的里程比例尺注上各中桩的桩号。

（3）在"地面高程"栏中，注上对应于各中桩桩号的地面高程，并在纵断面图上按各中桩的地面高程依次展绘其相应位置，用细直线连接各相邻点位，即得中线方向的地面线。

（4）在"直线与曲线"栏中，应按桩号标明路线的直线部分和曲线部分。曲线部分用直角折线表示，上凸表示路线右偏，下凹表示路线左偏，并注明交点编号及其桩号，注明 R、T、L、E 等曲线元素。

（5）在上部地面线部分进行纵坡设计。设计时，要考虑施工时土石方量最小、填挖方尽量平衡及小于限制坡度等道路有关技术规定。

（6）在"坡度"一栏内，分别用斜线或水平线表示设计坡度的方向，线上方注记坡度数值

（以百分比表示），下方注记坡长，水平线表示平坡。不同的坡段以竖线分开。某段的设计坡度值按下式计算：

$$设计坡度 = （终点设计高程 - 起点设计高程）/ 平距$$

（7）在"设计高程"一栏内，分别填写相应中桩的设计路基高程。

某点的设计高程按下式计算：

$$设计高程 = 起点高程 + 设计坡度 × 起点至该点的平距 \tag{11-12}$$

11.4.4　横断面的测量

线路横断面测量的主要任务是在各中桩处测定垂直于道路中线方向的地面起伏，然后绘成横断面图。横断面图是设计路基横断面、计算土石方量和施工时确定路基填挖边界的依据。

横断面测量的宽度，由路基宽度及地形情况确定，一般在中线两侧各测 10 ~ 50 m，除每个中桩均应施测外，在大、中桥头，隧道口，挡土墙等重点工程地段，可根据需要加密。高程、距离的读数取位至 0.1 m。

1. 横断面方向的测定

横断面的方向，可用方向架、经纬仪、全站仪等及其辅助工具或仪器测定。

（1）直线横断面方向的确定（见图 11-19）。直线路段的横断面方向指垂直于中心线的方向。故要确定横断面的方向，首先要标定出道路中心线。一般用两个中桩标定，在此方向上再找出垂直方向，这种方法称直接法。另外一种方法是由横断面中桩的坐标计算边桩的坐标，外业放样中桩和边桩点，这两点连线方向即横断面方向，这种方法称为间接法。

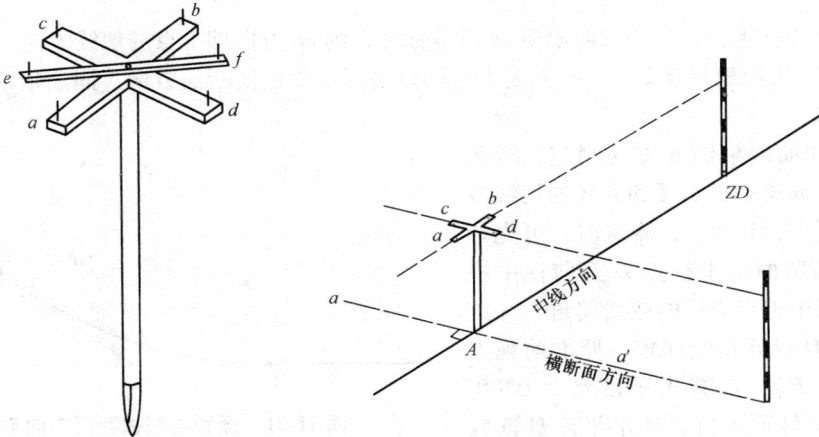

图 11-19　直线横断面方向测定

①直接法。直接法是利用方向架、经纬仪或全站仪测得。一般用简易直角方向架测定，将方向架置于中桩点上，以其中一方向 ab 对准路线前方（或后方）某一中桩，则另一方向 cd 即横断面施测方向。

②间接法。间接法是利用全站仪来完成的。

a. 内业：根据直线方位角 α，计算某断面方位角 $\alpha_1 = \alpha \pm 90°$，在中线左或右侧取一定距离 L（或为半幅路宽度），计算坐标值，由中线一点坐标（x_0，y_0）推算边桩坐标。

b. 外业：由两已知导线点，一点安置全站仪，一点作为后视点，放样（x_0，y_0）及（x_1，

y_1）两点，这两点连线即为横断面的方向。

（2）圆曲线横断面方向的测定。圆曲线某中桩横断面方向为过该桩点指向圆心的半径方向，如图 11-20（a）所示，设 B 至 A、C 点的桩距相等，欲测定 B 点的横断面方向，可在 B 点置方向架，以其一方向瞄准 A，则另一方向定出 D_1 点。同法瞄准 C 点，定出 D_2 点。取 D_1、D_2 的中点 D，BD 即 B 点横断面方向。

如图 11-20（b）所示，当欲测断面处 1 与前后桩间距不等时，可采用安装有活动定向杆的方向架（求心方向架）测定。ab 和 cd 为相互垂直的十字杆，ef 为活动定向杆。观测时先将方向架立在 ZY 点上，用 ab 对准 JD 点（切线方向），cd 方向即 ZY 点处的横断面方向；转动定向杆 ef 对准曲线上前视中桩 1，固定活动杆 ef；移动方向架至 1 点，用 cd 对准 ZY 点，按同弧切角相等原理，则定向杆 ef 方向即 1 点处的横断面方向。

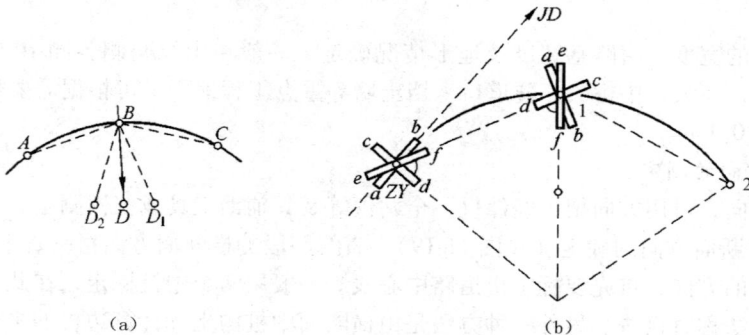

图 11-20　圆曲线横断面方向测定

在该方向竖立标杆，转动方向架使 cd 对准标杆，则 ab 方向即 1 点的切线方向。松开 ef 对准 2 点，固紧后将方向架移至 2 点，按测定 1 点的方法测定 2 点横断面方向。同法依次测定其他各点横断面方向。

（3）缓和曲线横断面方向测定。缓和曲线横断面方向与中桩点缓和曲线的切线方向垂直。如图 11-21 所示，测定时，可先计算出欲测定横断面的中桩点 D 至前视中桩点 Q（或后视中桩点 H）的弦线偏角 δ_q（或 δ_h），然后在 D 点架设经纬仪，照准前视点 Q（或后视点 H），配置水平度盘为 $0°00'00''$，顺时针旋转照准部，使水平度盘读数为 $90° + \delta_q$（或 $90° - \delta_h$），则望远镜视线所指方向即为缓和曲线上 D 点横断面方向。

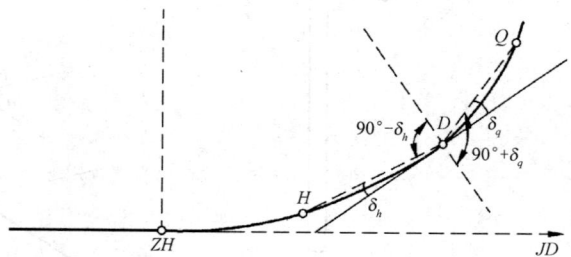

图 11-21　缓和曲线横断面方向测定

2. 横断面测量方法

（1）标杆皮尺法。如图 11-22 所示，A、B、C 等为横断面方向上所选定的变坡点，施测时，将标杆立于 A 点，从中桩地面将皮尺拉平，量出至 A 点的平距，皮尺截取标杆的高度即两点间的高差。同法可测出 A 至 B、B 至 C 各测段的距离 d_i 和高

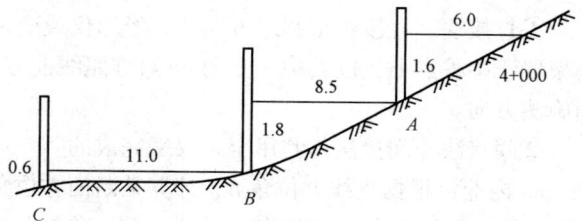

图 11-22　标杆皮尺法图

差 h_i，直至所需宽度为止。此法简便，但精度较低。横断面测量记录如表 11-6 所示，按路线前进方向分左侧与右侧，分母表示测段水平距离 d_i，分子表示测段高差 h_i，正号表示上坡，负号表示下坡。

表 11-6　横断面测量记录表

左测			桩　号	右　侧			
...			...	...			
$\dfrac{-0.6}{11.0}$	$\dfrac{-1.8}{8.5}$	$\dfrac{-1.6}{6.0}$	4 + 000	$\dfrac{+1.1}{4.6}$	$\dfrac{+0.7}{4.4}$	$\dfrac{+1.6}{7.0}$	$\dfrac{+1.6}{7.0}$
$\dfrac{-0.5}{7.8}$	$\dfrac{-1.2}{4.2}$	$\dfrac{-0.8}{6.0}$	3 + 960	$\dfrac{+0.7}{7.2}$	$\dfrac{+1.1}{4.8}$	$\dfrac{-0.4}{7.0}$	$\dfrac{-0.9}{6.5}$

（2）水准仪法。当横断面测量精度要求较高，横断面方向高差变化较小时，采用此法。施测时用钢卷尺（或皮尺）量距，水准仪后视中桩标尺，求得视线高程后，分别在横断面方向的坡度变化点上立标尺，视线高程减去各点前视读数，即得各测点高程。施测时，若仪器位置安置得当，一站可观测多个横断面。

（3）经纬仪法。在地形复杂、横坡较陡的地段，可采用此法。施测时，将经纬仪安置在中桩上，用视距法测出横断面方向各变坡点至中桩间的水平距离 d_i 与高差 h_i。

11.4.5　横断面图的绘制

根据横断面测量成果，在毫米方格纸上绘制横断面图，距离和高程采用同一比例尺（通常取 1 : 100 或 1 : 200）。一般是在野外边测边绘，以便及时对横断面图进行检核。绘图时，先在图纸上标定中桩位置，然后在中桩左右两侧按各测点间的距离和高程逐点绘于图纸上，并用直线连接相邻点，即得该中桩处横断面地面线。

图 11-23 所示为一横断面图，并绘有路基横断面设计线。每幅图的横断面图应从下至上，由左到右依桩号顺序绘制。

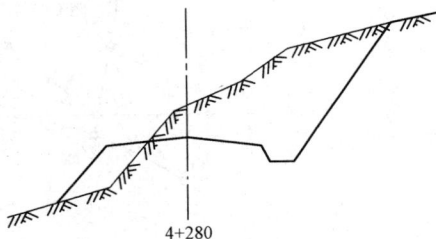

4+280

图 11-23　横断面图

11.5　道路施工测量

道路施工测量的主要工作包括恢复中线测量，测设施工控制桩、路基边桩，测设竖曲线，测设路面和路拱，竣工测量。

11.5.1　恢复中线测量

从道路勘测，经过工程设计到开始施工这段时间里，往往有一部分中线桩点被碰动或丢失。为了确保路线中线位置的正确无误，施工前，应进行一次复核测量，将已经丢失或被碰动过的交点桩、里程桩等恢复和校正好，其方法与中线测量基本相同，只不过恢复中线测量是局部性的工作。

11.5.2　测设施工控制桩

由于路线中线桩在施工中要被挖掉或堆埋，为了在施工中控制中线位置，需要在不易受施工破坏、便于引测、易于保存桩位的地方测设施工控制桩。测设方法通常有平行线法和延长线法两种。

1. 平行线法

平行线法是在设计的路基宽度以外，测设两排平行于中线的施工控制桩，如图 11-24 所示。控制桩的间距一般取 10 ~ 20 m。平行线法多用于地势平坦、直线段较长的道路。

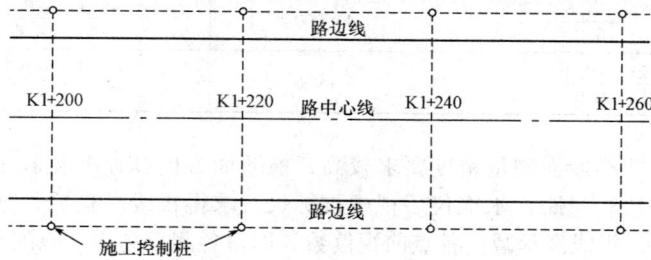

图 11-24　平行线法测设施工控制桩

2. 延长线法

延长线法是在道路转折处的延长线上以及曲线中点 QZ 至交点 JD 的延长线上测设施工控制桩，如图 11-25 所示。每条延长线上应设置两个以上的控制桩，量出其间距及与交点的距离，做好记录，据此恢复中线交点。延长线法多用于地势起伏较大、直线段较短的道路。

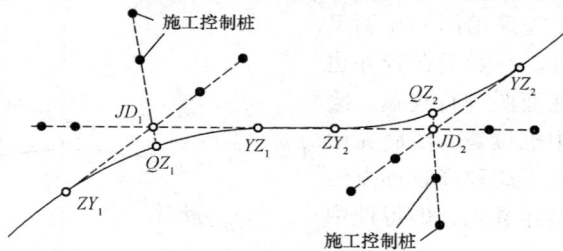

图 11-25　延长线法测设施工控制桩

11.5.3　测设路基边桩

路基的形式主要有三种，即填方路基（称为路堤），如图 11-26（a）所示；挖方路基（称为路堑），如图 11-26（b）所示；半填半挖路基。

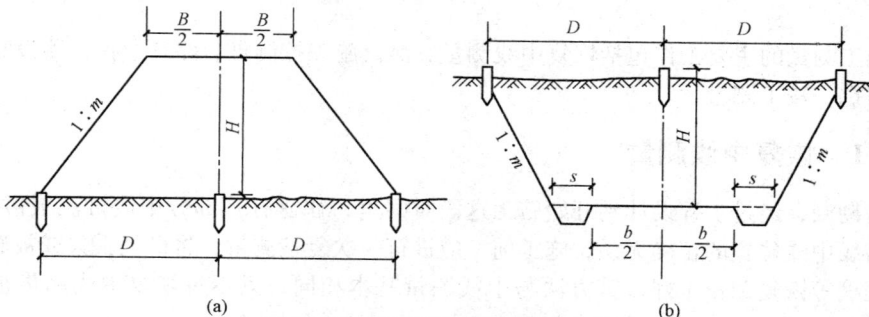

（a）　　　　　　　　　　　　　　　　（b）

图 11-26　平坦地面的填、挖路基

（a）填方路基；（b）挖方路基

1. 图解法

在线路工程设计时，地形横断面及设计标准断面都已绘制在横断面图上，边桩的位置可用图解法求得，即在横断面图上量取中线桩至边桩的距离，然后到实地在横断面方向上用卷尺量出其位置。在填挖土石方不大时，使用此法较多。

2. 解析法

解析法就是根据路基填挖高度、边坡率、路基宽度和横断面地形情况，先计算出路基中心桩至边桩的距离，然后在实地沿横断面方向按距离将边桩放出来。具体方法按下述两种情况进行：

（1）平坦地段路堤和路堑边桩计算。

图 11-27（a）为填土路基，坡脚桩至中桩的距离 D 应为：

$$D = \frac{B}{2} + m \cdot H \tag{11-13}$$

图 11-27（b）为挖方路堑，坡顶桩至中桩的距离 D 为：

$$D = \frac{B}{2} + s + m \cdot H \tag{11-14}$$

沿横断面方向放出求得的坡脚（或坡顶）至中桩的距离，定出路基边坡。

（2）山坡地段路基边桩测设。如图 11-27（a）所示，填方路基边桩测设与平坦地面相似，现以图 11-27（b）为例。

左、右边桩距中桩的距离为

$$l_{左} = B/2 + S + m \cdot h_{左}$$
$$l_{右} = B/2 + S + m \cdot h_{右} \tag{11-15}$$

B、m、S 均为设计时确定，因此 $l_{左}$、$l_{右}$ 随 $h_{左}$、$h_{右}$ 而变，而 $h_{左}$、$h_{右}$ 为左、右边桩地面与路基设计高程的高差，由于边桩位置是待定的，故 $l_{左}$、$l_{右}$ 均不能事先确定。

如图 11-27（b）所示，设路基宽度为 8 m，路堑边沟顶宽度为 2 m，中心桩挖深为 4 m，边坡坡度为 1∶1，测设步骤如下：

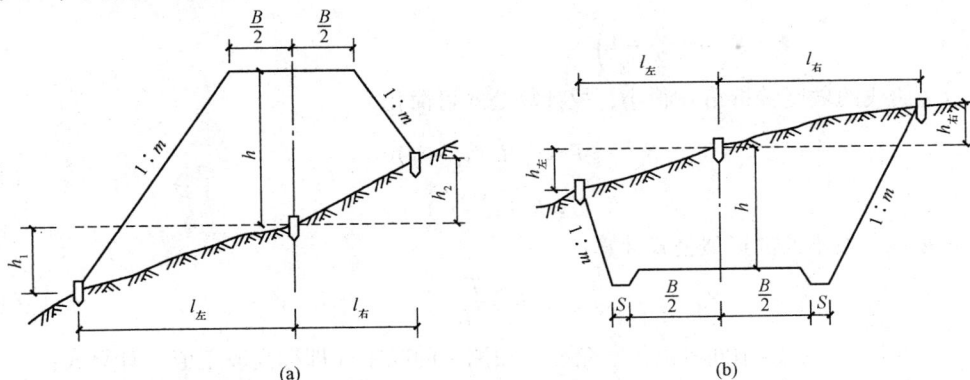

（a）　　　　　　　　　　　　（b）

图 11-27　山坡地段的填、挖路基

（a）填方路基；（b）挖方路基

①估计边桩位置。根据地形情况，估计左边桩处地面比中桩地面低 1 m，即 $h_{左} = 3$ m，则代入式（11-15）得左边桩的近似距离

$$l_{左} = B/2 + S + m \cdot h_{左} = 8/2 + 2 + 1 \times 3 = 9.0 \text{ （m）}$$

在实地沿横断面方向往左测量 9 m，在地面上定出 1 点。

②实测高差。用水准仪实测 1 点与中桩之高差为 1.5 m，则 1 点距中桩的平距为

$$l_左 = B/2 + S + m \cdot h_左 = 8/2 + 2 + 1 \times 2.5 = 8.5 \ (m)$$

此值比初次估算值小，故正确的边桩位置应在 1 点的内侧。

③重估边桩位置。正确的边桩位置应在距离中桩 8.5~9 m 处，重新估计边桩距离为 8.8 m，在地面上定出 2 点。

④重测高差。测出 2 点与中桩的实际高差为 1.2 m，则 2 点与中桩的平距为

$$l_左 = B/2 + S + m \cdot h_左 = 8/2 + 2 + 1 \times 2.8 = 8.8 \ (m)$$

此值与估计值相符，故 2 点即左侧边桩位置。同法测右边桩位置。

11.5.4 测设竖曲线

竖曲线是在道路纵坡的变化处竖向设置的曲线，它是道路建设中在竖直面上连接相邻不同坡度的曲线。线路的纵断面是由不同数值的坡度线相连而成的，为了行车安全，当相邻坡度值的代数差超过一定数值时，必须以竖曲线连接，使坡度逐渐改变。

竖曲线可分为凸形竖曲线和凹形竖曲线，其线型通常为圆曲线。

如图 11-28 所示，测设竖曲线时，根据路线纵断面图设计中所设计的竖曲线半径 R 和相邻坡道的坡度 i_1、i_2 计算测设数据。竖曲线元素的计算可用平曲线的计算公式

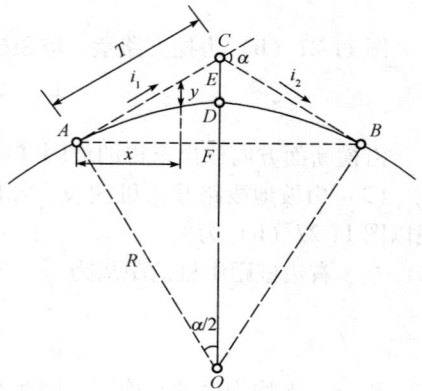

图 11-28　竖曲线

$$T = R \cdot \tan \frac{\alpha}{2}$$
$$L = \alpha \cdot R \qquad\qquad (11\text{-}16)$$
$$E = R\left(\sec \frac{\alpha}{2} - 1 \right)$$

由于竖曲线的坡度转折角 α 很小，故计算公式可简化为

$$T = \frac{1}{2}R \ (i_1 - i_2)$$
$$L = R \ (i_1 - i_2) \qquad\qquad (11\text{-}17)$$

对于 E 也可按下面的近似公式计算：

$$E = \frac{T^2}{2R} \qquad\qquad (11\text{-}18)$$

同理，可导出竖曲线中间各点按直角坐标法测设的纵距（即标高改正值）计算式：

$$y_i = \frac{x_i^2}{2R} \qquad\qquad (11\text{-}19)$$

上式中，y_i 在凹形竖曲线中为正值，在凸形竖曲线中为负值。

11.5.5 路面施工测量

1. 路面测设

在铺设公路路面时，应先测设路槽，方法如下。

从最近的水准点出发，用水准仪测出各桩的路基设计标高，然后在路基的中线上按施工要

求每隔一定的间距设立高程桩，使各桩桩顶高程为路面设计标高，如图 11-29 所示。

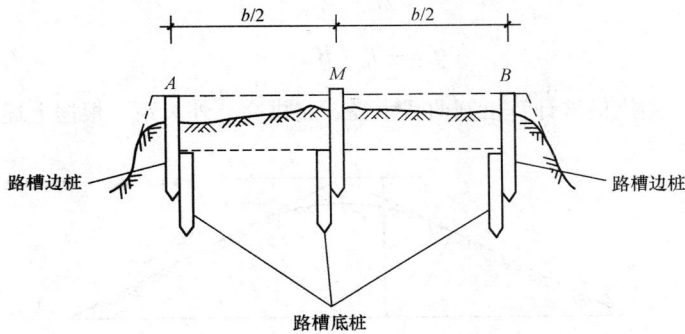

图 11-29　路槽测设

用钢卷尺或仪器由高程桩 M 沿横断面方向左、右各量路槽宽度的一半，定出路槽边桩 A、B，使其桩顶高程为铺设路面的设计标高。在 A、B、M 桩设立小木桩，使其桩顶高程为路槽的设计标高，即可开挖路槽。

2. 路拱测设

路拱是为了使行车安全平稳，有利于路面排水，使路中间按一定的曲线形式加高并向两侧倾斜而形成的拱。其形式多采用抛物线或圆曲线。

（1）抛物线形式的路拱测设。如图 11-30 所示，先由路面宽度 B 和横坡 i_0 计算出路拱高度 f。然后计算中桩左右两侧 $0.1B$、$0.2B$、$0.3B$、$0.4B$、$0.5B$ 各点处的加高值。

$$f = B \cdot i_0 / 2$$
$$y = \frac{x^2}{2p} = \frac{4f}{B^2} x^2 \tag{11-20}$$

测设方法为从中桩沿横断面左右两侧 $0.1B$、$0.2B$、$0.3B$、$0.4B$、$0.5B$ 处打木桩，使桩顶高程为计算出的值。

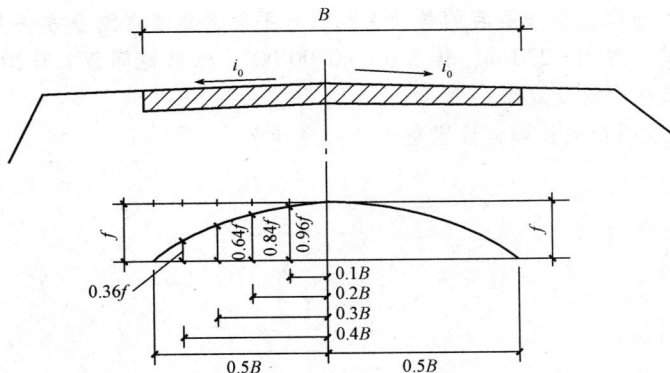

图 11-30　抛物线形式的路拱测设

（2）圆曲线形式的路拱测设。如图 11-31 所示，L 为圆曲线长度，一般为 2.0 m，则 $R = \dfrac{1}{i_0}$，即圆曲线半径是路拱横坡的倒数。然后按式（11-21）计算路拱高和外矢距。

$$E = \frac{T^2}{2R} = \frac{1}{2} i_0^2 \cdot R$$

(11-21)

$$f = \frac{1}{2} i_0^2 \cdot B$$

依据路面宽度和路拱横坡计算出圆曲线半径、路拱高、外矢距，根据上述参数制作路拱模板进行测设。

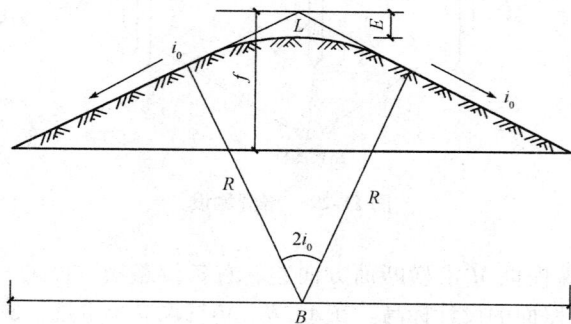

图 11-31　圆曲线形式的路拱测设

思考与练习

1. 线路工程测量工作的内容有哪些？

2. 线路中线测量的主要工作有哪些？

3. 试述线路测量的初测和定测的内容。

4. 线路的加桩有哪些？

5. 圆曲线主点测设的元素有哪些？

6. 道路施工测量的主要工作包括哪些内容？

7. 里程桩和加桩有何不同？什么情况下需要设置加桩？

8. 何谓竖曲线？设立竖曲线的目的是什么？它与平面圆曲线在测设方法上有何不同？

9. 已知圆曲线的半径 $R = 230$ m，转角 $\alpha = 40°00'00''$，细部桩间距 $l_0 = 20$ m，试用偏角法计算圆曲线主点及细部点的测设数据。

10. 用偏角法测设圆曲线，如何设置整桩号？为什么？

第 12 章

管道、桥梁和隧道工程测量

本章主要讲述管道、桥梁、隧道工程的测量内容以及方法。

1. 了解管道、桥梁和隧道工程测量的重要作用。
2. 掌握管道中线以及纵、横断面的测量及绘制方法。
3. 掌握桥梁施工控制测量、桥梁墩台定位及细部放样方法。
4. 掌握隧道控制测量、竖井联系测量、隧道贯通测量的方法。

12.1 管道工程测量

12.1.1 概述

管道包括给水、排水、煤气、暖气、电缆、通信、输油、输气等管道。管道工程测量是为各种管道的设计和施工服务的。它的任务有两个方面：一是为管道工程的设计提供地形图和断面图；二是按设计要求将管道位置标定于实地。管道工程测量的工作内容包括下列各项：

（1）准备资料。收集规划设计区域的 1∶10 000 （或 1∶5 000）、1∶2 000 （或 1∶1 000）地形图以及原有管道平面图、断面图等资料；

（2）图上定线。利用已有地形图，结合现场勘察，进行规划和图上定线；

（3）地形图测绘。根据初步规划的线路，实地测量管线附近的带状地形图，如该区域已有地形图，则需要根据实际情况对原有地形图进行修测；

（4）管道中线测量。根据设计要求，在地面上定出管道的中心线位置；

（5）纵、横断面图测量。测绘管道中心线方向和垂直中心线方向的地面高低起伏情况；

（6）管道施工测量。根据设计要求，将管道敷设于实地所需进行的测量工作；

（7）管道竣工测量。将施工后的管道位置，通过测量绘制成图，以反映施工质量，并作为使用期间维修、管理以及今后管道扩建的依据。

测量工作必须采用城市或厂区的同一坐标和高程系统，严格按设计要求进行，并要做到"步步有校核"，这样才能保证施工质量。

12.1.2　管道中线测量

测设管道中线测量的任务是将设计管道中心线的位置在地面测设出来。中线测量的内容有主点、测定中线转折角、测设里程桩。

1. 测设主点

管道的起点、交点（转折点）、终点称为管道的三个主点。主点的位置及管道方向是设计时给定的，管道方向一般与道路中心线或大型建筑物轴线平行或垂直。

在测设中线时，应先定出中线的转折点，这些转折点称为交点（包括起点和终点），用 JD 表示，它是中线测量的控制点。

在定线测量中，当相邻两交点互不通视或直线较长时，需要在其连线或延长线上测定一点或数点，以供交点、测角、量距或延长直线瞄准使用，这样的点称为转点，用 ZD 表示。

（1）测设中线交点。测设中线交点时，由于定位条件和实地情况不同，交点测设方法有以下几种。

①根据地物测设交点。如图 12-1 所示，可利用与地物（道路、建筑物等）之间的关系直接测设交点。如井$_1$、井$_2$，从图右上角放大图可看出它们与办公楼的关系，井$_6$ 由平行办公楼的井$_2$ ～井$_6$ 线与平行展览中线的井$_{13}$ ～井$_6$ 线交出。在主点测设的同时，根据需要，可将检查井或其他附属构筑物位置一并标定。

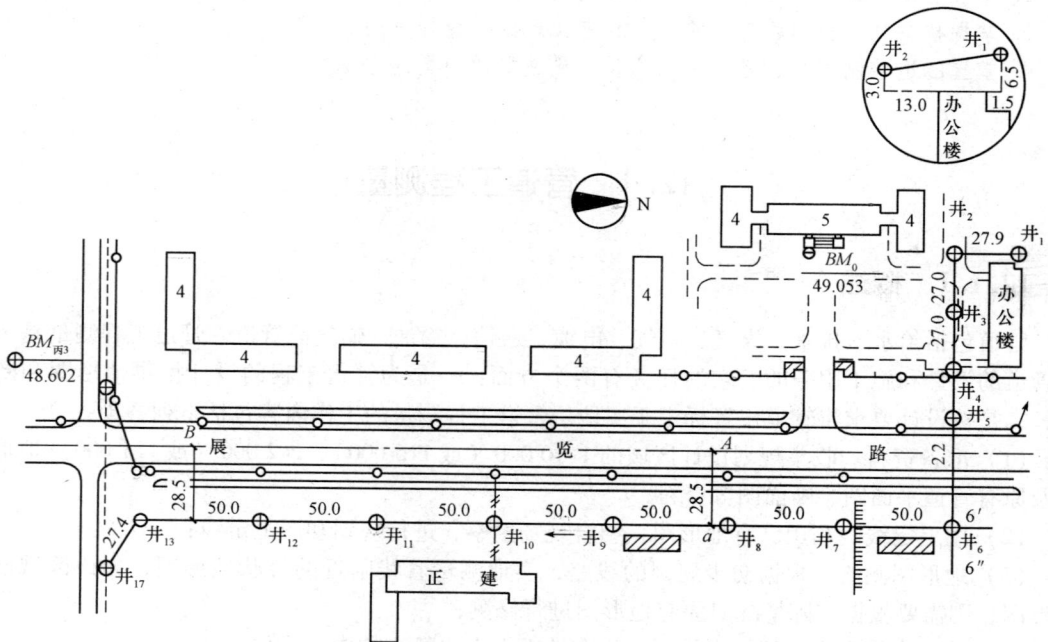

图 12-1　管道主点的测设

②直接测设法。当中线定位条件是提供的交点坐标，且这些交点可直接由控制点测设时，可事先算出有关测设数据，按极坐标法、角度交会法或距离交会法测设交点。

③穿线交点法。穿线交点法是利用图上就近的导线点或地物点，把中线的直线段独立地测设到地面上，然后将相邻直线延长相交，定出地面交点桩的位置，具体测设步骤如下。

a. 放点。放点的方法有极坐标法和支距法。如图 12-2 所示，P_1、P_2、P_3、P_4 为图样上定线的某直线段欲放的临时点，先在图上以附近的导线点 D_7、D_8 为依据，用量角器和比例尺分别量出 β_1、l_1、β_2、l_2 等放样数据，然后在现场用极坐标法将 P_1、P_2、P_3、P_4 标定出来。

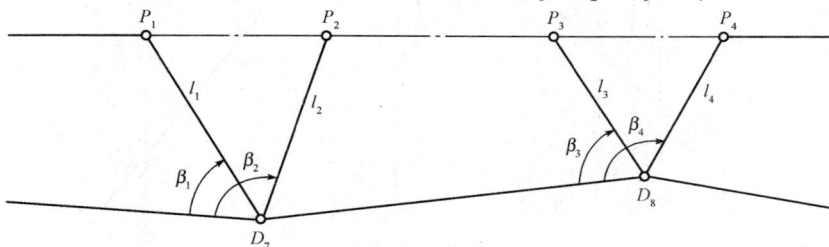

图 12-2　极坐标法放点

按支距法放点时，如图 12-3 所示，先在图上从导线点 D_6、D_7、D_8、D_9 作导线边的垂线，分别与中线相交得 P_1、P_2、P_3、P_4 各临时点，用比例尺量取相应的支距 l_1、l_2、l_3、l_4，然后在现场以相应导线点为垂足，用方向架定垂线方向，用钢尺量支距，测设出 P_1、P_2、P_3、P_4 各临时点。

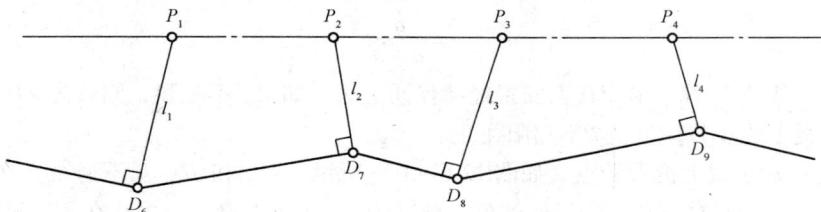

图 12-3　支距法放点

b. 穿线。放出的临时各点，由于图解数据和测设工作中存在误差，实际上并不严格在一条直线上，如图 12-4 所示。这时可根据现场实际情况，采用目估法穿线或用经纬仪视准法穿线，定出一条尽可能多地穿过或靠近临时点的直线 AB，最后在 A、B 点或其方向线上打下两个以上转点桩，随即取消临时点。若钉的临时桩偏差不大，则只需调整其桩位使其在一条直线上即可。

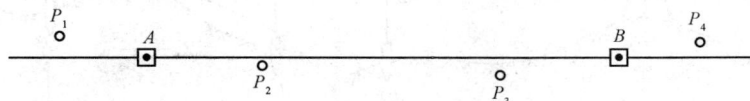

图 12-4　实际各点位置

c. 交点。如图 12-5 所示，当两条相交直线 AB、CD 在地面上确定后，即可进行交点。在 B 点安置经纬仪，瞄准 A 点，倒转望远镜，在视线方向上接近交点 JD_2 的概略位置前后打下两个骑马桩，采用盘左盘右分中法在这两个骑马桩上定出 a、b 两点，并钉以小钉，挂上细线。在 CD

方向上，同法定出 c、d 两点，挂上细线。在两细线的相交处打下木桩，并钉以小钉，得 JD_2。

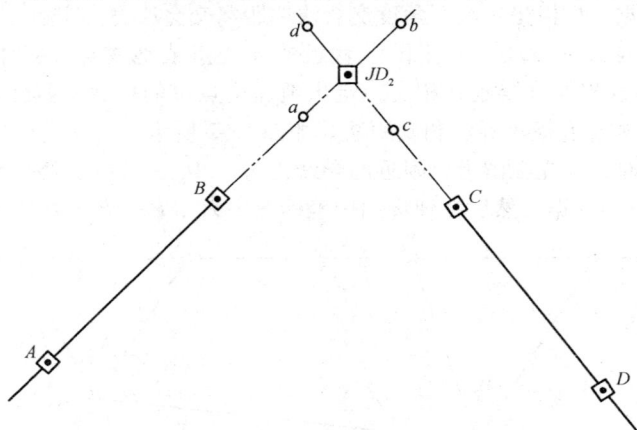

图 12-5　交点

（2）测设中线转点。

①在两点间设置转点。如果两点间互相通视，通常采用盘左盘右分中法测定转点，定点横向偏差每 100 m 不超过 10 mm，在限差内取中点作为所求转点。

如图 12-6（a）所示，如果 JD_5、JD_6 两点不通视，应先置仪器于任意点 ZD' 点，在 JD_6 附近定出 $JD_5 \sim ZD'$ 的延长线上点 JD_6'，并量偏差 f，用视距法测定 a、b，则

$$e = \frac{a}{a+b}f \tag{12-1}$$

将 ZD' 按 e 移动至 ZD，在 ZD 上安置经纬仪同上法，如果 f 不超限，则认为 ZD 为正确位置；若 f 超限，重复上述步骤，直至 f 不超限为止。

②在两交点延长线上设置转点。如图 12-6（b）所示，JD_8 和 JD_9 互不通视，在其延长线方向附近选一点 ZD'，并在该点上安置经纬仪，瞄准 JD_8，用盘左盘右分中法在 JD_9 附近投点得 JD_9' 点，量出 f，用视距法测定 a、b，则

$$e = \frac{a}{a-b}f \tag{12-2}$$

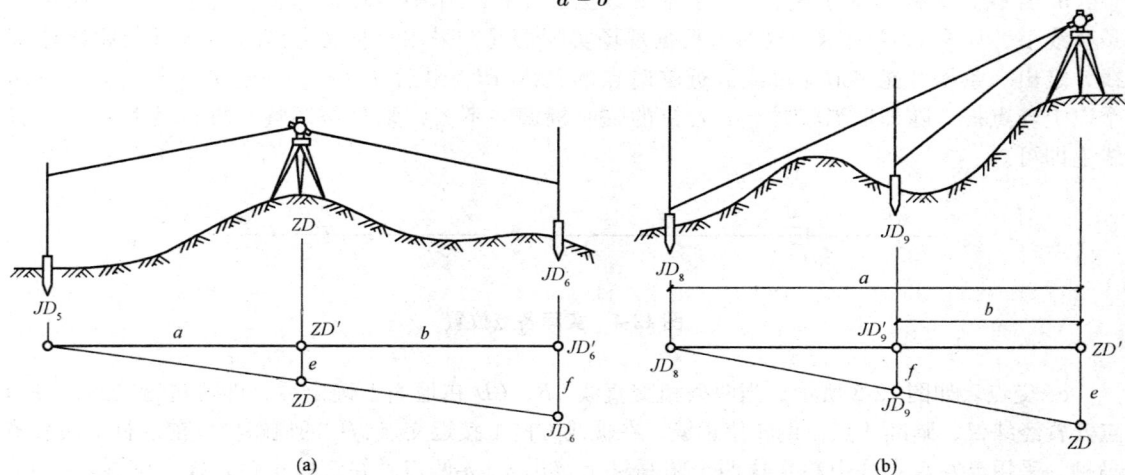

<table>
<tr><td>（a）</td><td>（b）</td></tr>
</table>

图 12-6　中线转点的测设

将 ZD' 按 e 移动至 ZD，在 ZD 上安置经纬仪，重复上述工作，直至 f 符合要求后桩钉 ZD 点位，即所求转点。交点和转点桩钉完后，均应做好标志，以备施工时恢复和查找之用。

2. 测定中线转折角

中线由一个方向偏转为另一方向时，偏转后的方向与原方向延长线的夹角称为转折角，又称转角或偏角，用 α 表示。转折角有左、右之分，如图 12-7 所示。当偏转后的方向位于原方向右侧时，称右转角 α_R；当偏转后的方向位于原方向左侧时，称左转角 α_L。在中线测量中，习惯上通过观测中线的右角 β 计算转角 α。右角 β 的观测角常用 DJ6 按测回法观测一测回，当 $\beta <$ 180°时为右转角，当 $\beta > 180°$ 时为左转角。右转角和左转角的计算公式为

$$\alpha_R = 180° - \beta$$
$$\alpha_L = \beta - 180° \tag{12-3}$$

3. 测设里程桩

（1）里程桩。里程桩也称中桩，分为整桩和加桩两种。桩上写有桩号（也称里程），表示该桩距路线起点的里程，如某加桩距路线起点的距离为 1 366.50 m，其桩号为 K1 + 366.50。

①整桩。整桩是由路线起点开始，每隔 20 m 或 50 m 设置一桩，百米桩和公里桩均属于整桩。整桩的书写实例如图 12-8 所示。

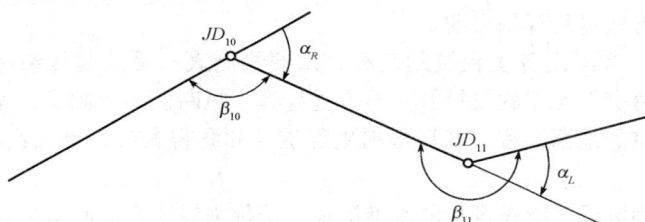

图 12-7　中线转折角

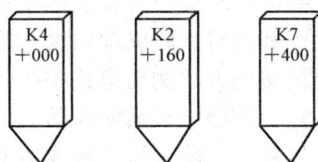

图 12-8　整桩

②加桩。加桩分为地形加桩、地物加桩、曲线加桩和关系加桩。地形加桩是于中线上地面坡度变化处和中线两侧地形变化较大处设置的桩；地物加桩是在中线遇到河流、沟渠等人工构筑物处，以及与道路等相交处设置的桩；曲线加桩是在曲线的起点、中点、终点和细部点设置的桩；关系加桩是在转点和交点上设置的桩。

在书写曲线加桩和关系加桩时，应在桩号之前加写其缩写名称。

里程桩和加桩一般不钉中心钉，但在距线路起点每隔 500 m 的整倍数桩、重要地物加桩处钉中心钉。

（2）里程桩的钉设。钉设里程桩一般用经纬仪定向，距离丈量视精度要求而定，高速路用测距仪或全站仪；城镇规划路用钢尺丈量，精度应高于 1/3 000；一般情况下用钢尺丈量，但其精度不得低于 1/1 000。

桩号一般用红漆写在木桩朝向线路起始方向的一侧或附近明显地物上，字迹要工整、醒目。对重要里程桩（如交点桩等）应设置护桩，同时对里程桩和护桩要做好点之记工作，如图 12-9 所示。

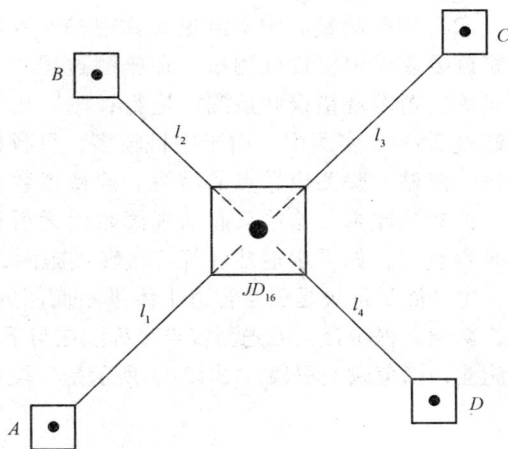

图 12-9　交点桩的护桩

（3）断链及其处理。如遇局部地段改线或分段测量，以及事后发现丈量或计算错误等，均会造成中线里程桩的不连续，即断链。桩号重叠的叫长链；桩号间断的叫短链。发生断链时，应在测量成果和有关设计文件中注明，并在实地钉断链桩，断链桩不要设在曲线内或建筑物上，桩上应注明线路来向去向的里程和应增减的长度。一般在等号前后分别注明来向、去向里程，如 $1 + 856.43 = 1 + 900.00$，即断链为 43.57m。

12.1.3 管道纵、横断面测量

1. 纵断面测量

管道纵断面测量要注意以下几点：

（1）有些管线（如下水管道）精度要求较高，容许闭合差为 $\pm 5\sqrt{n}\,\text{mm}$。

（2）在实测中，应特别注意做好与其他地下管线交叉的调查工作，要求准确测出管线交叉处的桩号、原有管线的高程和管径，如图 12-10 所示。

（3）管道纵断面图上部，要把本管线与旧管线交叉处的高程和管径，按比例绘在图上。

（4）由于管线起点方向不同，有时为了与线路地形图的注记方向一致，往往要倒展。

（5）纵断面图横向比例尺尽量与线路带状图比例一致。

下面就管道纵断面测量的步骤和方法进行详细说明。

线路的平面位置在实地测设之后，应测出各里程桩的高程，以便绘制表示沿线起伏情况的断面图和进行线路纵向坡度、新旧管道交汇位置的设计及土石方量计算。纵断面图的测量，是用水准测量的方法测出道路中线各里程桩的地面高程，然后根据里程桩号和测得相应的地面高程，按一定比例绘制成纵断面图。

铁路、公路、管道等线形工程在勘测设计阶段进行的水准测量，统称为线路水准测量。线路水准测量一般分两部分进行：一是在线路附近每隔一定距离设置一水准点，并按四等水准测量方法测定其高程，称为基平测量；二是根据水准点高程按图根水准测量要求测量线路中线各里程桩的高程，称中平测量。

（1）基平测量。水准点高程测量时首先应与国家高等级水准点联测，以获得绝对高程，然后按四等水准测量的方法测定各水准点的高程。在沿线水准测量中也应尽量与附近的国家水准点进行联测，作为校核。

（2）中平测量。中平测量又称中桩水准测量，测量时应起闭于水准点上，按图根水准测量精度要求沿中桩逐桩测量。在施测过程中，应同时检查中桩、加桩是否恰当，里程桩号是否正确，若发现错误和遗漏需进行补测。相邻水准点的高差与中桩水准测量检测的较差，不应超过 2 cm。实测中，由于中桩较多，且各桩间距一般均较小，因此可相隔几个桩设一测站，在每一测站上除测出转点的后视、前视读数外，还需测出两转点之间所有中桩地面的前视读数，读数到厘米，这些只有前视读数而无后视读数的中桩点，称为中间点。设计所依据的重要高程点位，如下水道井底等应按转点施测，读数到毫米。

中平测量记录是展绘管道中线纵断面图的依据。若设站点所测中间点较多，为防止仪器下沉，影响高程闭合，可先测转点高程。在与下一个水准点闭合后，应以原测水准点高程起算，继续施测，以免误差积累。图 12-11 所示是一段中平测量示意图。

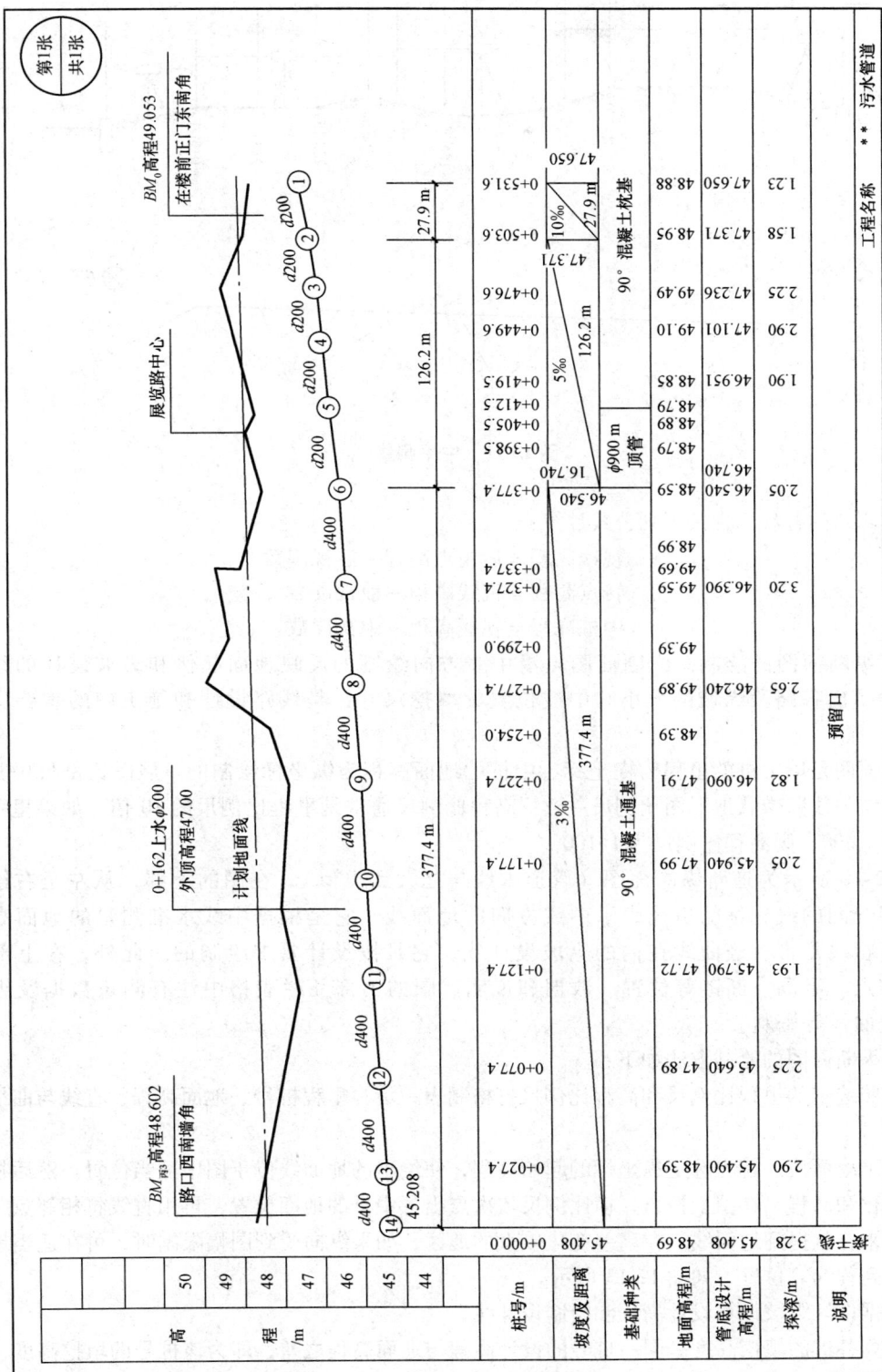

图 12-10　管道纵断面图

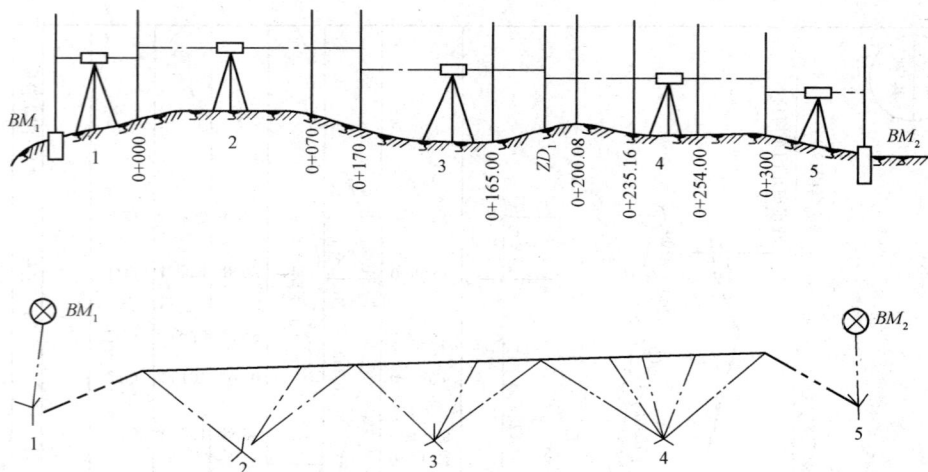

图 12-11 中平测量

每一测站的各项高程按下列公式计算：

$$视线高程 = 后视点高程 + 后视读数$$
$$转点高程 = 视线高程 - 前视读数$$
$$中桩高程 = 视线高程 - 中视读数$$

（3）纵断面图的绘制。纵断面图是沿中线方向绘制的反映地面起伏和纵坡设计的线状图，它表示出各路段纵坡的大小和中线位置的填挖尺寸，是线路设计和施工中的重要文件资料。

纵断面图是以中桩的里程为横坐标、中桩的地面高程为纵坐标绘制的。展图比例尺中其里程比例尺应与线路带状地形图比例尺一致，高程比例尺通常是里程比例尺的 10 倍，如果里程比例尺为 1∶1 000，则高程比例尺为 1∶100。

图 12-12 所示为道路纵断面图（管道中线与之大致类似），在图的上部，从左至右绘有两条贯穿全图的线，细的折线表示中线方向的地面线，它是根据中线水准测量的地面高程绘制的；粗线是带有竖曲线在内的纵坡设计线，它是按设计要求绘制的。此外，在上部还注有水准点、涵洞、断链等位置、数据和说明。图的下部几栏表格中注有测量数据及纵坡设计、竖曲线等资料。

管道纵断面图的绘制方法如下：

①按照选定的里程比例尺和高程比例尺打格制表，填写里程桩号、地面高程、直线与曲线等资料。

②绘出地面线。首先选定纵坐标的起始高程，使绘出的地面线位于图中适当位置。然后根据中桩的里程和高程，在图上按纵、横比例尺依次点出各中桩的地面位置，再用直线将相邻点一个个连接起来，就得到地面线。在高差变化较大的地区，如果纵向受到图幅限制时，可在适当地段变更图上高程起算位置，如图 12-13 所示。

③根据设计纵坡计算设计高程和绘制设计线。

④计算各桩的填挖高度。同一桩号的设计高程与地面高程之差，即为该桩号的填挖高度，正号为填高，负号为挖深。

⑤在图上注记有关资料，如水准点、竖曲线等。

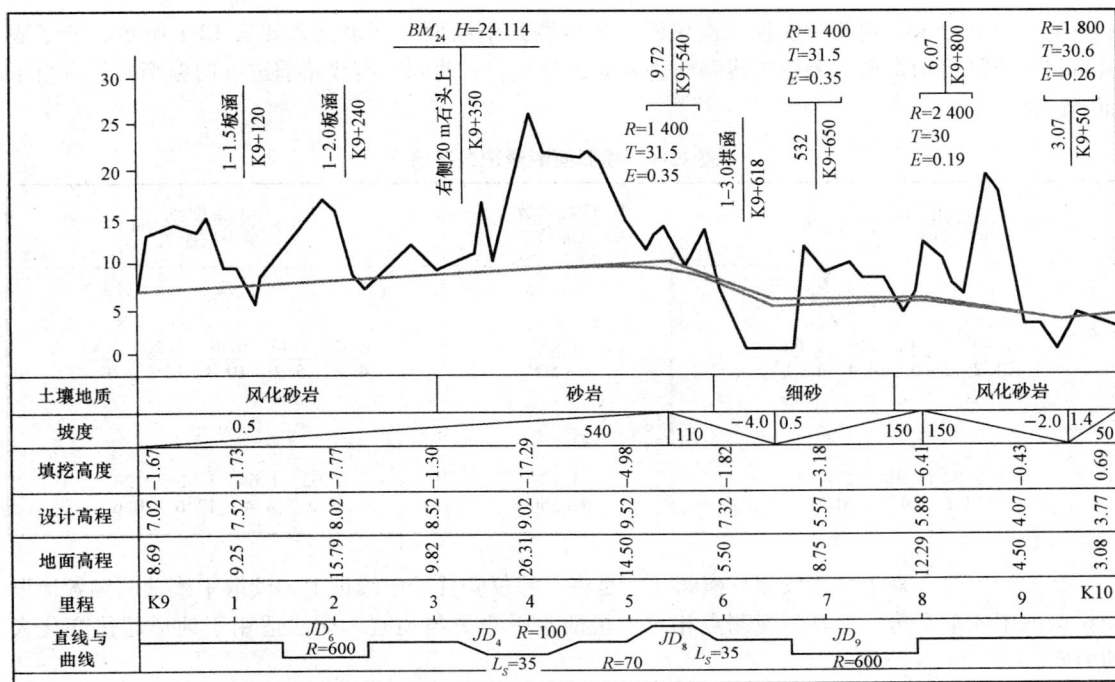

图 12-12　道路纵断面图

土壤地质	风化砂岩		砂岩		细砂		风化砂岩		
坡度	0.5		540	110	−4.0 0.5		150 150	−2.0 1.4	50
填挖高度	−1.67	−1.73 −7.77	−1.30 −17.29	−4.98	−1.82	−3.18	−6.41	−0.43	0.69
设计高程	7.02	7.52 8.02	8.52 9.02	9.52	7.32	5.57	5.88	4.07	3.77
地面高程	8.69	9.25 15.79	9.82 26.31	14.50	5.50	8.75	12.29	4.50	3.08
里程	K9	1　2	3　4	5	6	7	8	9	K10
直线与曲线		JD₆ R=600	JD₄ R=100 Lₛ=35 R=70	JD₈ Lₛ=35		JD₉ R=600			

图 12-13　高程起算位置的变换

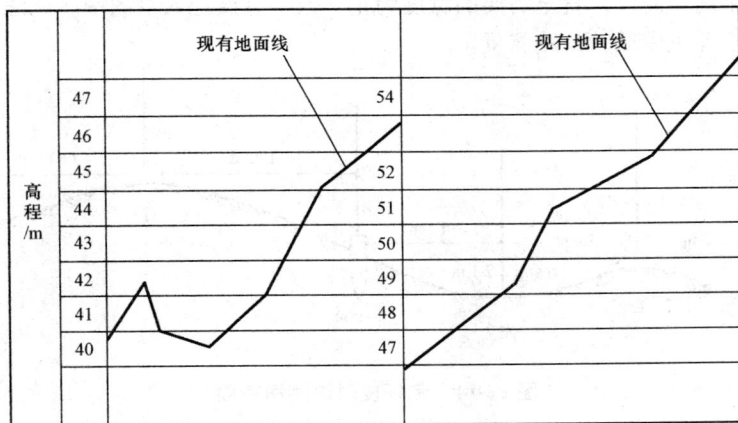

2. 横断面测量

若管道工程对横断面图精度要求较高，可利用测绘大比例尺地形图的方法，绘制横断面图。若管径较小，地面变化不大或埋管较浅，开挖边界较窄时，可不测量横断面，计算土方量时用中桩高程即可。

（1）横断面的测量方法。横断面施测的宽度应满足工程需要，一般要求在中线两侧各测15 ~ 30 m。当用十字定向架定出横断面方向后，即可用下述方法测出。

①水准仪法。此法适用于施测断面较窄的平坦地区。安置水准仪后，以中桩地面高程为后视，以中线两侧横断面方向地面特征点为前视，读数到厘米，并用皮尺量出各特征点到中桩的水

平距离，量到分米。观测时安置一次仪器一般可测几个断面。记录格式如表 12-1 所示，分子表示高程，分母表示距离，表中按线路前进方向，分左、右两侧。沿线路前进方向施测时，应自下而上记录。

表 12-1 横断面测量记录手簿

$\dfrac{\text{前视读数}}{\text{至中柱距离}}$（左）/m				$\dfrac{\text{后视读数}}{\text{桩号}}$	（右）$\dfrac{\text{前视读数}}{\text{至中柱距离}}$/m				
...				...	...				
$\dfrac{1.40}{21.2}$	$\dfrac{1.72}{18.3}$	$\dfrac{2.60}{14.4}$	$\dfrac{1.63}{12.1}$	$\dfrac{1.48}{0+500}$	$\dfrac{1.30}{4.7}$	$\dfrac{1.12}{5.9}$	$\dfrac{0.81}{10.8}$	$\dfrac{1.26}{13.5}$	$\dfrac{1.45}{20.3}$
...				...	...				
$\dfrac{1.77}{21.3}$	$\dfrac{2.08}{14.5}$	$\dfrac{2.44}{10.7}$		$\dfrac{1.62}{0+350}$	$\dfrac{1.02}{3.2}$	$\dfrac{1.64}{4.4}$	$\dfrac{1.79}{12.6}$	$\dfrac{2.23}{20.6}$	

②经纬仪法。采用经纬仪测量横断面，是将经纬仪安置于中线桩上，读取中线桩两侧各地形变化点视距和垂直角，计算各观测点相对中桩的水平距离与高差。此法适用于地形起伏变化大的山区。

③测杆皮尺法。如图 12-14 所示，测量时将一根测杆立于横断面方向的某特征点上，另一根杆立在中桩上。用皮尺截于测杆的红白格数（每格 20 cm），即为两点的高差。同法连续地测出每两点间的水平距离与高差，直至需要的宽度为止，数字直接记入草图中。此法简便、迅速，但精度较低，适用于等级较低的公路测量。

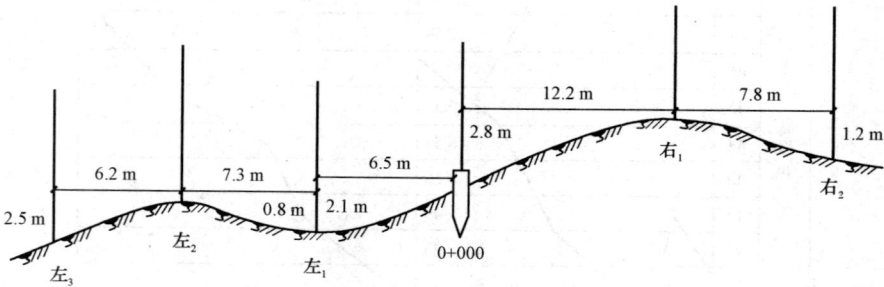

图 12-14 测杆皮尺法测横断面

（2）横断面图的绘制。

①建立坐标系。绘制横断面图时均以中桩地面坐标为原点，以平距为横坐标，高差为纵坐标，将各地面特征点绘在毫米方格纸上。

②确定比例尺。为了计算横断面面积和确定管道的填、挖边界，横断面的水平距离和高差的比例尺应是相同的，通常用 1∶100 或 1∶200。

③绘制方法。先在毫米方格上，由下而上以一定间隔定出各断面的中心位置，并注上相应的桩号和高程，然后根据记录的水平距离和高差，按规定的比例尺绘出地面上各特征点的位置，再用直线连接相邻点即绘出断面图的地面线，最后标注有关的地物和数据等，如图 12-15 所示。横断面图绘制简单，但工作量大，发现问题应即时纠正。

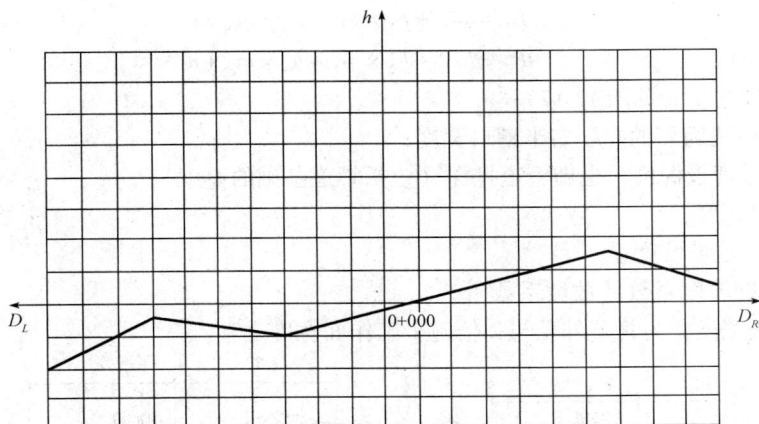

图 12-15　横断面

12. 1. 4　管道施工测量

1. 地下管道的定线测量

地下管道的定线测量主要是将设计管道中心线平面位置放样于地面，定出管道起、终及转折点（包括各井的中心）位置。方法有以下三种：

（1）利用控制点放样；

（2）利用与原有建筑物位置关系放样；

（3）做引点引线的方法进行放样；

2. 地下管道的施工测量

除对中心线进行检查验收外，地下管道的施工测量尚需做下列工作：

（1）设立控制桩。由于管道中心桩及井位中心桩在施工时要被挖掉，为了便于恢复中心线和其他附属构筑物的位置关系，应在不受施工干扰、引测方便并易于保存桩位的地方测设施工控制桩，包括中线控制桩（见图 12-16）和附属构筑物（包括井位中心）位置控制桩两种。

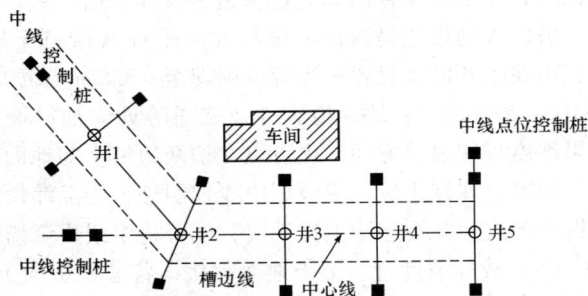

图 12-16　地下管道中心桩布设

中线控制桩一般钉在管道中线的延长线上。井位控制桩是在垂直于中线的方向上钉出两个控制桩，一般设在槽口边外 0.5 m 处，最好是整米数。桩位多数是跨槽设置，也可同侧设置。

（2）加密临时水准点。为了便于施工中引测高程，应根据原有水准点加密临时水准点（每100～150 m 一个），精度应满足设计要求。

（3）槽口放线。管道中线定出以后，就可根据中线位置、管径大小、埋设深度和土质情况，决定开槽宽度，并在地面上定出槽边线位置，作为开槽的依据。

若横断面坡度比较平缓，开槽宽度 B 可按下式计算：

$$B/2 = b/2 + mh \text{ 或 } B = b + 2mh \tag{12-4}$$

若横断面坡度比较陡峻，开槽宽度（$B_1 + B_2$）可按下式计算：

$$B_1 = b/2 + h_1 \times m_1 + h_3 \times m_3 + c$$

$$B_2 = b/2 + h_2 \times m_2 + h_3 \times m_3 + c$$

式中　B——槽口宽度（见图 12-17）；

　　　B_i——以中线为界的左、右半槽口宽度；

　　　h_i——管道埋设深度，也即管道挖深（包括管道基础的厚度）；

　　　c——槽肩宽度；

　　　m——沟槽边坡坡度；

　　　m_i——槽壁坡度系数（放坡系数）；

　　　b——槽底宽度，为管节外径与 2 倍施工工作面宽度之和。

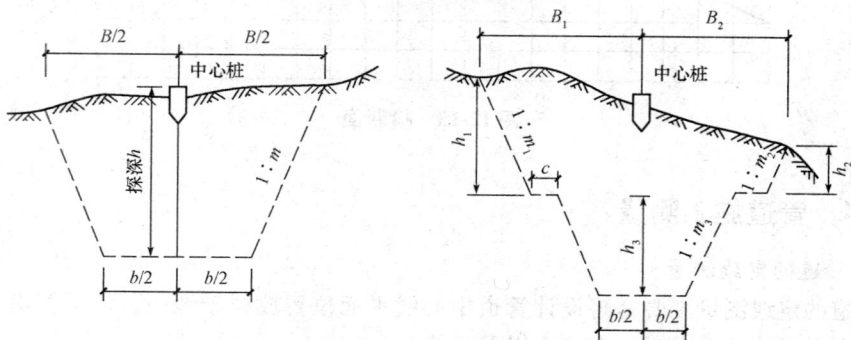

图 12-17　槽口宽度

（4）埋设坡度板。坡度板的作用类似于龙门板，是控制管道中线、高程及附属构筑物的基本标志，也是开挖管槽和埋设管道的放样依据。

坡度板的设置是跨槽埋设与地面平齐（或钉于地面），采用刨平的板方。当管道埋设不深时，可在刚开槽就设置；当管道须埋至 >3.5 m 深度时，可在 2 m 时埋设坡度板。坡度板一般每隔 10~15 m 埋设一块，检查井及三通等处应加设坡度板。若机械开挖，须待管槽挖完后埋设。如果坡度板埋设不方便，也可以在槽两边钉上与地面平齐的小木桩来进行控制。

坡度板埋好之后，应根据中线控制桩，用经纬仪将管道中心线投到坡度板上，钉上小钉，在小钉间连线，并在连线上挂垂线，就可将中线投至槽底，便于安装管道。

（5）放样坡度钉。由于地面起伏，各坡度板向下开挖深度不一致。为了掌握管底、槽底以及各基础面高程和坡度，一般在坡度板中心钉的一侧钉一个高程板，高程板侧面钉上无头的小钉，称坡度钉。利用水准仪，按坡度板及管底设计高程，放样出坡度钉在高程板上的位置。各坡度钉的连线为一条平行于槽底设计坡度线的直线，该直线距管底的距离为下返数，依据此线即可控制管道的安装高程和坡度（见图 12-18）。

放样坡度钉的方法很多，一般采用放样高程点的方法，即求得坡度板上面高程板所钉的钉子位置上前视尺应有的读数，也称"应读前视法"。放样步骤如下：

①后视水准点，求出视线高。

②选定下返数，一般为整米或整分米（1.5~2.0 m），计算出坡度钉的"应读前视"。

$$应读前视 = 视线高 - （管底设计高程 + 下返数）$$

管底的设计高程可从纵断面图上查出，也可用已知点高程按坡度及距离推算而得。

③在坡度板上，沿高程板移动标尺，使之为应读前视；也可以测定坡度板顶面的前视读数，求出高程板上应钉小钉位置。

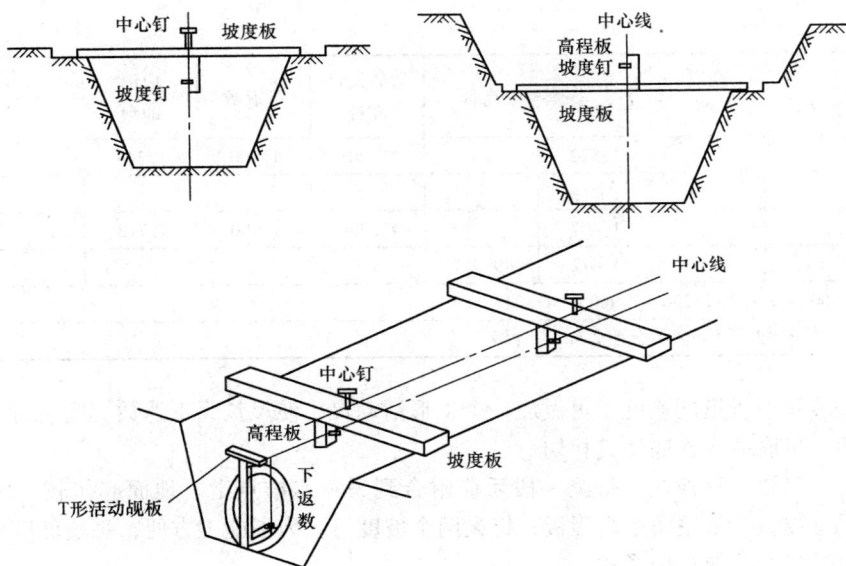

图 12-18　放样坡度钉

$$改正数 = 板顶前视 - 应读前视$$

式中，改正数为正时，向上量钉；改正数为负时，向下量钉。

钉好后应立尺检查，容许误差 ± 2 mm。

④第一块坡度板上的坡度钉钉好后，即可按管道的设计坡度及坡度板间距推算出其他各坡度板上的应读前视，以上述方法放样出各板上的坡度钉。

$$视线高 = 49.053 + 1.796 = 50.849 （m）$$

$$桩号 0 + 419.6 处的应读前视 = 50.841 - （46.951 + 1.900） = 1.998 （m）$$

下面各板坡度钉的应读前视可利用前面板上坡度钉的应读前视、设计坡度及距离来推算。

各板上坡度钉的连线就是一条与管道设计坡度平行，相距为下返数（1.900 m）的坡度线（见表 12-2）。

表 12-2　坡度钉测设手簿

工程名称：××污水　　　　日期：2016.7.39　　　　观测：李××
仪器型号：S3 - 722295　　　天气：晴　　　　　　　记录：张××

测站（桩号）	后视读数	视线高	前视读数	高程	管底设计高程	下返数	应读前视	改正数 +	改正数 -
BM_0	1.796	50.849		49.053					
#5									
0 + 419.6			2.012		46.951 $i=5‰$	1.900	1.998	0.014	
0 + 429.6			2.050		47.001	1.900	1.948	0.102	
0 + 439.6			1.748		47.051	1.900	1.898		0.150
#4									
0 + 449.6			1.693		47.101	1.900	1.848		0.150
0 + 459.6			1.579		47.151	1.900	1.798		0.219

续表

测站 （桩号）	后视 读数	视线 高	前视 读数	高程	管底设计 高程	下返数	应读 前视	改正数	
								+	−
0 + 469.6			1.522		47.201	1.900	1.748		0.226
#3									
0 + 476.6			1.407		47.236	1.900	1.713		0.306
BM_1			1.472	49.377					
计算检核	50.489 − （47.236 + 1.900）= 1.713								
已知 BM_1 点高程为 49.375 m，闭合差 2 mm 合格									

为控制安装每节管道的坡度，可做成一个 T 形活动尺，使尺长为下返数。安装时让尺顶与坡度钉连线相切，尺底插入管底使其相切。

放样坡度钉时要注意检核，每测一段后应附合到另一水准点上。地面起伏较大的地方要分段选合适的下返数，并采用两个高程板，钉设两个坡度钉。为了施工方便，每块坡度板上应标出高程牌，下面是高程牌的一种形式。

0 + 419.6 高程牌

管底设计高程	46.951
坡度钉高程	48.851
坡度钉至管底设计高	1.900
坡度钉至基础面	1.930
坡度钉至槽底	2.030

3. 地下管道的施测精度

管线定位测量的平面控制精度：厂区内不得低于 Ⅱ 级；厂区外不得低于 Ⅲ 级。

管线的起点、终点、转折点的定位容许误差见表 12-3。

表 12-3　管线的起点、终点、转折点的定位容许误差

测量内容	定位容差/mm
厂房内部管线	7
厂区内地上、地下管道	30
厂区外地下管道	200

管线沟挖土中心线的投点容许误差为 ±10 mm；量距往返相对闭合差不得大于1/2 000。地槽竣工后，根据定位点所投测的误差不能大于 ±5 mm。

管线的高程控制，一般不低于四等水准精度。地槽面及垫层面标高的容许误差为 ±10 mm。

各类管线安装标高容许误差见表 12-4。

表 12-4　各类管线安装标高容许误差

管线类别	标高容差/mm
自流管	±3
气体压力管	±5
液体压力管	±10
精尾矿管和电缆地物	±10

当有些管道坡度很小、管径很大时，要求不利用坡度板而直接利用水准点放样高程。

4. 地下管道的竣工测量

管道工程竣工后，在回填土前，为了如实反映施工成果、评定施工质量，以备将来与扩建、改建管道的连接和维护、检修，必须进行竣工测量。

地下管道的竣工测量主要内容是编绘竣工平面图和断面图。应实测管道起、终点及转折点和各井的中心坐标，并且施测出与建筑物或构筑物的关系位置，并在平面图上表示出来；还应注明管径及井的编号、井间距和井底、井沿或管底的设计标高。在断面图上应全面反映管道的高程位置及坡度、地面起伏形状。对于压力管道，除编制竣工图外，尚需敷设管道节头承受压力的试验资料等有关文件。

12.2　桥梁工程测量

12.2.1　桥梁工程测量概述

1. 测量内容

桥梁按其轴线长度一般分为小型桥（小于 30 m）、中型桥（30～100 m）、大型桥（100～500 m）、特大型桥（大于 500 m）；按平面形状可分为直线桥和曲线桥；按结构形式可分为简支梁桥、连系梁桥、拱桥、斜拉桥、悬索桥等。对于不同长度、不同类型的桥梁，桥梁施工测量的内容和方法也有所不同。

桥梁施工测量是把图纸上所设计的结构物的位置、形状、大小和高低，在实地进行标定，作为施工的依据。在桥梁施工的整个过程中，都需要通过施工测量来保证施工质量。施工测量的任务是精确地放样桥墩、桥台的位置和跨越结构的各个部分，并随时检查施工质量。一般来讲，对于中小型桥，可直接丈量桥台与桥墩之间的距离来进行放样，或者利用桥址勘测阶段的测量控制作为放样的依据；对于大型桥或特大型桥来说，利用勘察阶段的测量控制来进行放样一般不能满足要求，因而必须建立平面和高程控制网，作为放样工作的依据。概括起来，桥梁施工阶段的测量工作主要包括轴线长度测量、平面控制测量、高程控制测量、桥址地形及纵断面测量、墩台中心定位、墩台基础及其细部放样等。

2. 桥梁控制测量

平面控制测量和高程控制测量是桥梁控制测量的两个组成部分。桥梁控制测量的目的是确保桥梁轴线、墩台位置在平面和高程位置上符合设计的精度要求。按观测要素不同，桥梁控制网可以布设成三角网、边角网、精密导线网、GPS 网等，其中主要采用的布设形式为三角网。常用的三种桥梁三角网图形为双三角形、大地四边形和双大地四边形。

桥梁高程控制测量有两个作用：一是统一桥梁高程基准面；二是在桥址附近设立基本高程控制点和施工高程控制点，以满足施工中高程放样和监测桥梁墩台垂直变形的需要。桥梁高程测量一般采用水准测量的方法。水准点应埋设在桥址附近的安全稳定、便于观测之处，桥址两岸至少各设一个水准点。水准点的高程一般采用国家水准点高程，如相距太远，联测有困难时，可引用桥位附近其他单位的水准点，也可使用假定高程。跨河水准测量必须按照有关国家水准测量规范的规定，采用精密水准测量方法进行观测。

3. 墩、台中心定位

在桥梁施工测量中，测设墩、台中心位置的工作称为桥梁墩、台定位。桥梁的墩、台定位所依据的原始资料为桥址轴线控制桩的里程和桥梁墩、台的设计里程。根据里程可以算出墩、台之间的距离，由此定出墩、台的中心位置。

4. 地形测量

桥梁工程的地形测量有桥址地形测量、河床地形测量、桥轴线纵断面测量。桥址地形测量为桥梁设计提供 1:2 000 ~ 1:500 的工点地形图。河床地形测量为桥梁设计提供河道水下地形图。河床地形测量又称为水下地形测量，其点位平面位置测量用经纬仪交会法、极坐标法和 GPS 技术等，河床深度测量方法有简单的铅垂法、回声探测法。桥轴线纵断面测量，在原理上与河床地形测量相同，不同的是沿桥轴线方向测量河床的平面距离及高程，最后沿桥轴线方向绘出桥轴线纵断面图。

12.2.2 桥轴线长度确定

在选定的桥梁中线上，于桥头两端埋设两个控制点，两控制点间的连线称桥轴线。为了保证墩、台定位的精度要求，首先需要估算出桥轴线长度需要的精度，以便合理地拟定测量方案。

1. 桥轴线长度所需精度估算

在《工程测量规范》（GB 50026—2007）中，根据梁的结构形式、施工过程中可能产生的误差，推导出下列估算公式：

（1）钢筋混凝土简支梁：

$$m_L = \pm \frac{\Delta_D}{\sqrt{2}}\sqrt{N} \tag{12-5}$$

式中 m_L——桥轴线（两桥台间）长度 L 的中误差（mm）；

Δ_D——墩中心的点位放样限差（±10 mm）；

N——跨数。

（2）钢板梁及短跨（$l \leqslant 64$ m）简支钢桁梁：

$$单跨：m_L = \pm \frac{1}{2}\sqrt{\left(\frac{l}{5\,000}\right)^2 + \delta^2}$$

$$多跨等跨：m_L = m_l\sqrt{N}$$

$$多跨不等跨：m_L = \pm\sqrt{m_{l1}^2 + m_{l2}^2 + \cdots}$$

（3）连续梁及长跨（$l > 64$ m）简支钢桁梁：

$$单联（跨）：m_L = \pm \frac{1}{2}\sqrt{n\Delta_l^2 + \delta^2}$$

$$多联（跨）等联（跨）：m_L = m_l\sqrt{N}$$

$$多联（跨）不等联（跨）：m_L = \pm\sqrt{m_{l1}^2 + m_{l2}^2 + \cdots}$$

式中 m_{li}——单跨长度中误差（mm）；

l——梁长；

N——联（跨）数；

n——每联（跨）节间数；

Δ_l——节间拼装限差（±2 mm）；

δ——固定支座安装限差；

$l/5\,000$——梁长制造误差。

2. 桥轴线长度测量方法

直线桥或曲线桥的桥轴线长度可用光电测距仪或钢卷尺直接测定。

如果精度需要时或对于复杂特大桥，则应布置三角网或小三角网（如大地四边形），进行平面控制测量，这时桥轴线长度的精度估算还应考虑利用三角点交会墩位的误差影响。

12.2.3　桥位控制测量

桥位控制测量的目的，就是要建立保证桥梁轴线（即桥梁的中心线）、墩台位置在平面和高程位置上符合设计要求的平面控制和高程控制。

1. 平面控制形式

桥梁平面控制测量的目的是测定桥轴线长度并据以进行墩、台位置的放样；同时，也可用于施工过程中的变形监测。

（1）平面控制网布设形式。根据桥梁跨越的河宽及地形条件，平面控制网多布设成图 12-19 所示的形式。

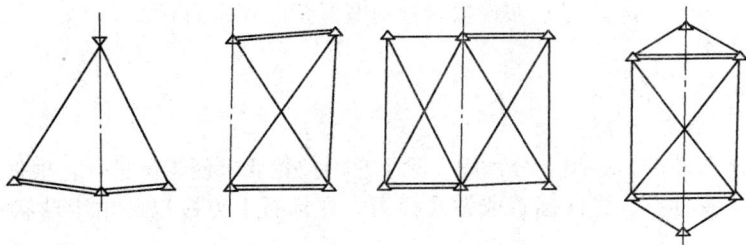

图 12-19　平面控制网布设形式

网型可采用测角网、测边网或边角网。采用测角网时宜测定两条基线，如图 12-19 中的双线所示；测边网是测量所有的边长而不测角度；边角网则是边长和角度都测。一般地，在边、角精度匹配的情况下，边角网的精度较高。

（2）平面控制网的布设要求。

①图形简单、图形强度良好，地质条件稳定，视野开阔，便于交会墩位，其交会角不大于 120°或小于 30°。

②基线应与桥梁中线近似垂直，其长度宜为桥轴线的 70%，困难时也不应小于其 50%。

③桥的轴线作为三角网的一个边，并与基线一端相连。如不可能，也应将桥轴线的两个端点纳入网内。

④曲线桥至少有一个轴线控制点为桥控网的控制点。

⑤在控制点上要埋设标石及刻有"＋"字的金属中心标志。如果兼作高程控制点用，则中心标志宜做成顶部为半球状。

（3）平面控制网等级。

①基线精度。测角网时，桥轴线长度及各个边长都是根据基线及角度推算的，为保证轴线有可靠的精度，基线精度要高于桥轴线精度 2～3 倍（见表 12-5）。

表 12-5　桥梁施工控制网等级

三角网等级	桥轴线相对中误差	测角中误差/″	最弱边相对中误差	基线相对中误差
一	1/175 000	±0.7	1/150 000	1/400 000
二	1/125 000	±1.0	1/100 000	1/300 000
三	1/75 000	±1.8	1/60 000	1/200 000
四	1/50 000	±2.5	1/40 000	1/100 000
五	1/30 000	±4.0	1/25 000	1/75 000

测边网或边角网时，边长是直接测定的，所以不受或少受测角误差的影响，测边的精度与桥轴线要求的精度相当即可。

②坐标系。直线桥以桥轴线作为 x 轴，曲线线桥以切线作为 x 轴，桥轴线始端控制点的里程作为该点的 x。

③插点。在施工时如因机具、材料等遮挡视线，无法利用主网的点进行施工放样时，可以根据主网两个以上的点将控制点加密。这些加密点称为插点。插点的观测方法与主网相同，但在平差计算时，主网上点的坐标不得变更。

2. 高程控制测量

桥位高程控制一般是在道路勘测中的基平测量时已经建立。桥梁施工前，一般还应根据现场工作情况增加施工水准点。

（1）水准基点布设。水准基点布设数量视河宽及桥的大小而异。

小桥，只设 1 个；

桥长≤200 m，宜 1 个/岸；

桥长≥200 m，宜 2 个/岸。

水准基点是永久性的，必须十分稳固。除了它的位置要求便于保护外，根据地质条件，可采用混凝土标石、钢管标石、管柱标石或钻孔标石。在标石上方嵌以凸出半球状的铜质或不锈钢标志。

（2）施工水准点的布设。为了方便施工，也可在附近设立施工水准点，由于其使用时间较短，在结构上可以简化，但要求使用方便，也要相对稳定，且在施工时不致破坏。

在桥位施工场地附近的所有水准点应组成一个水准网，以便定期检测，及时发现问题。高程控制应采用国家高程基准。

跨河水准测量必须按照国家水准测量规范采用精密水准测量方法进行观测。当跨河距离大于200 m 时，宜采用过河水准法联测两岸的水准点。跨河点间的距离小于800 m 时，可采用三等水准测量，大于800 m 时则采用二等水准测量。

如图 12-20 所示，在河的两岸各设测站点及观测点各一个，两岸对应观测距离尽量相等。测站应选在视野开阔处，两岸仪器的水平视线距水面的高度应相等，且视线距水面高度不应小于 2 m。

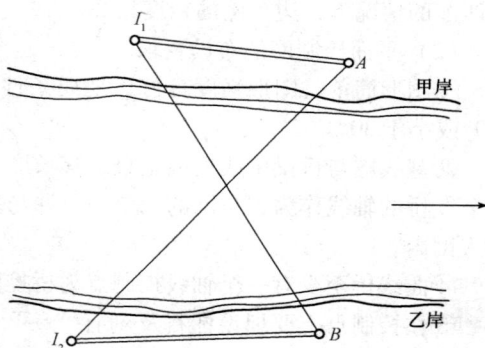

图 12-20　跨河水准测量

（3）水准观测。在甲岸，仪器安置在 I_1，观测 A 点，读数为 a_1，观测对岸 B 点，读数为 b_1，则高差 $h_1 = a_1 - b_1$。搬仪器至乙岸，注意搬站时望远镜对光不变，两水准尺对调。仪器安置在 I_2，先观测对岸 A 点，读数为 a_2，再观测 B 点，读数为 b_2，则高差 $h_2 = a_2 - b_2$。

四等跨河水准测量规定，两次高差不符值应≤ ±16 mm。在此限量以内，取两次高差平均值作为最后结果，否则应重新观测。

12.2.4　桥梁墩、台中心的测设

桥梁墩、台中心的测设即桥梁墩、台定位，是建造桥梁最重要的一项测量工作。测设前，应仔细审阅和校核设计图纸与相关资料，拟订测设方案，计算测设数据。

直线桥梁的墩、台中心均位于桥梁轴线上，而曲线桥梁的墩、台中心则处于曲线的外侧。

1. 直线桥梁的墩、台中心定位

直线桥梁如图 12-21 所示，墩、台中心的测设可根据现场地形条件，采用直接测距法或交会法。在陆地、干沟或浅水河道上，可用钢尺或光电测距方法沿轴线方向量距，逐个定位墩、台。如使用全站仪，应事先将各墩、台中心的坐标列出，测站可设在施工控制网的任意控制点上（以方便测设为准）。

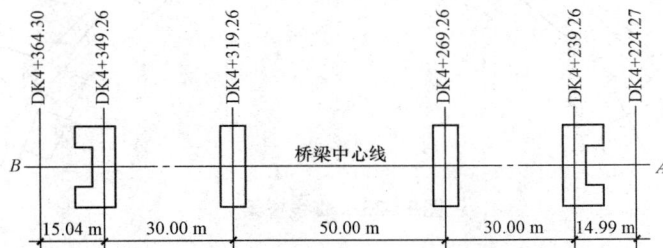

图 12-21　直线桥梁

当桥墩位置处水位较深时，一般采用角度交会法测设其中心位置。如图 12-22 所示，1、2、3 号桥墩中心可以通过在基线 *AB*、*BC* 端点上测设角度交会出来。如对岸或河心有陆地可以标志点位，也可以将方向标定，以便随时检查。

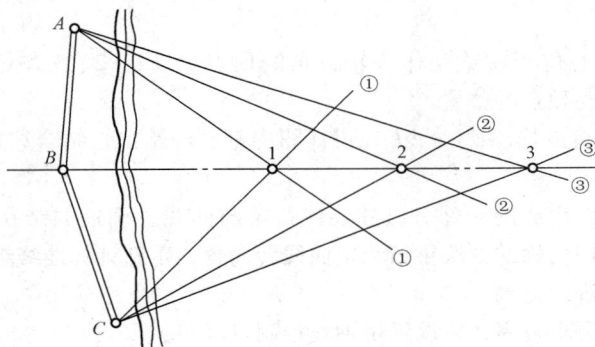

图 12-22　角度交会法测设桥墩

2. 曲线桥梁的墩、台中心定位

因为桥梁中线（轴线）与道路中线吻合，直线桥梁的测设比较简单。但在曲线桥梁上梁是直的，道路中线则是曲线，两者不吻合。

曲线桥梁的墩、台中心定位的测量工作有曲线线路复测，桥轴线控制桩的测设，控制测量，墩、台中心及墩、台轴线的测设。

如图 12-23 所示，道路中心线为细实线（曲线），桥梁中心线为点画线、折线，墩、台中心则位于折线的交点上。该点距道路中心线的距离 E_i 称为桥墩的偏距，折线的长度 L_i 称为墩中心距。这些都是在桥梁设计时确定的。

明确了曲线桥梁构造特点以后，桥墩台中心的测设也和直线桥梁墩、台测设一样，可以采用直角坐标法、偏角法和全站仪坐标法等。

（1）曲线桥梁的术语。

①桥梁工作线：各跨梁的中线联结起来的折线 $1 - 2 - 3 - 4 - \cdots - K$。

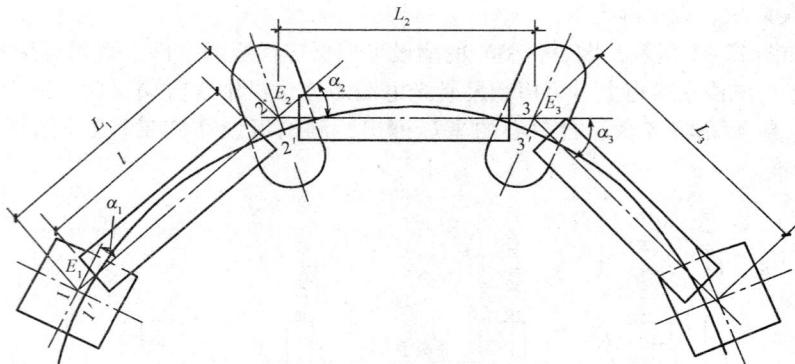

图 12-23　曲线桥梁

②桥墩偏距（E）：墩、台中心与线路中心的法向距离：$1-1'$，$2-2'$，$3-3'$等（偏距 E 一般是以梁长为弦线的中矢值的一半，这是铁路桥梁的常用布置方法，称为平分中矢布置）。

③桥梁偏角（α）：相邻两梁跨工作线构成的偏角。

④桥墩中心距（L_i）：桥梁工作线每段折线的长度 L（如 L_1、L_2、L_3）。

⑤跨梁间隙（$2a$）：相邻两跨梁的端点在桥梁上（曲线内侧）要留一间隙（热胀冷缩）；$2a$ >10 cm。

曲线桥梁墩、台中心位于桥梁工作线转折角的顶点上（1、2、3、…、K），所谓墩、台定位，就是测设这些转折角顶点的位置。

（2）曲线桥梁墩、台放样。E、α、L 在设计图中都已经给出，结合这些资料即可测设桥墩、台中心位置。

曲线上的桥梁是线路组成的一部分，故要使桥梁与曲线正确地联结在一起，曲线桥梁测设的精度要求较高，需要用精确的方法重新测定曲线转向角，重新计算曲线综合要素，精密地测设曲线主点，以及对线路进行复测。

由于桥轴线的精度要求较高，要设置桥轴线控制点（桩）。

曲线桥梁墩、台点位的测设精度要求较高，距离和角度要精密测设，在测设过程中一定要多方检核。

1）曲线线路复测和桥轴线控制桩的测设。在桥轴线的两端测设出两个控制点，以作为墩、台测设和检核的依据。两个控制点测设精度同样要满足估算出的精度要求。在测设之前，首先要从线路平面图上弄清桥梁在曲线上的位置及墩、台的里程。

①复测。对原线路上的曲线控制点以精密的方法进行测设。

a. 检查切线上的线路控制点 ZD、JD、ZH、HZ 是否位于相应的直线上；

b. 精测转向角 α，计算综合要素，精测切线距离 T（两控制桩从两条切线测设）。

注：两控制桩从一条切线测设时，只精测一条切线而不精测 α。

②测设控制桩 A、B：

a. 根据切线方向用切线支距法进行；

b. 在图上先设计好点位，把 A、B 两点在切线坐标系内的 x、y 算出；

c. 精确地将桥轴线上的控制桩 A、B 测设出来，打桩钉钉。

2）墩、台中心的测设。根据控制桩 A、B 及给出的设计资料进行墩、台的定位。

根据设计资料，采用直接测距法或角度交会法测设。

①直接测距法（适用于干旱河沟）。

a. 导线法（偏角法）。由于墩中心距 L_i 及桥梁偏角 α_i 是已知的，可以从控制点 A 开始，逐个测设出角度（α_i）及距离（L_i），即直接定出各墩、台中心的位置，最后附合到另外一个控制点 B 上，以检核测设精度（偏角应以 J2 经纬仪测设两测回）。

b. 极坐标法（长弦偏角法）。用测距仪测距较方便。桥轴线控制桩 A、B 及各墩、台中心点 1、2、3 在切线坐标系内的坐标是可以求得的，故可反算出控制点 A 至墩、台中心的距离 D_i 及其与切线方向间的夹角 δ_i。

架仪器于控制点 A，后视 JD，拨出偏角 δ_i，再在此方向上测设出 D_i，如图 12-24 所示，即得墩、台中心的位置。

该方法是独立测设，各点不受前一点测设误

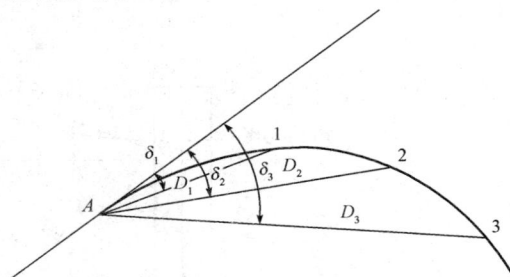

图 12-24　极坐标法直线测距

差的影响；但在某一点上发生错误或有粗差也难于发现。所以一定要对各个墩、台中心距进行检核测量，可检核相邻墩、台中心间距，若误差在 2 cm 以内时，则认为成果是可靠的。

②角度交会法。当桥墩位于水中，无法架设仪器及反光镜时，宜采用交会法。

墩位坐标系与控制网的坐标系必须一致，才能进行交会数据的计算。如果两者不一致，则须先进行坐标转换。

x 轴为桥梁所在曲线的一条切线；原点是 ZH（HZ）或位于直线上的控制点（如 A 点）。

在三方向交会时，当示误三角形的边长在容许范围内时，可取其重心作为墩中心位置。

交会数据的计算与直线桥时类似，根据控制点及墩位的坐标，通过坐标反算出相关方向的坐标方位角，再依此求出相应的交会角度。

12.2.5　桥梁墩、台纵、横轴线的测设

桥梁墩、台中心定位以后，还应将墩、台的轴线测设于实地，以保证墩、台的施工。墩、台轴线包括墩、台纵轴线，是指过墩、台中心平行于道路方向的轴线；而墩、台的横轴线，是指过墩、台中心垂直于道路方向的轴线。如图 12-25 所示，直线桥梁桥墩的纵轴线，即道路中心线方向，与桥轴线重合，无须另行测设和标志。墩、台横轴线与纵轴线垂直。图 12-26 为曲线桥梁，墩、台的纵轴线为墩、台中心处与曲线的切线方向平行的轴线，墩、台的横轴线是指过墩、台中心与其纵轴线垂直的轴线。

在施工过程中，桥梁墩、台纵、横轴线需要经常恢复，以满足施工要求。为此，纵、横轴线必须设置保护桩，如图 12-25 所示。保护桩的设置要因地制宜，方便观测。

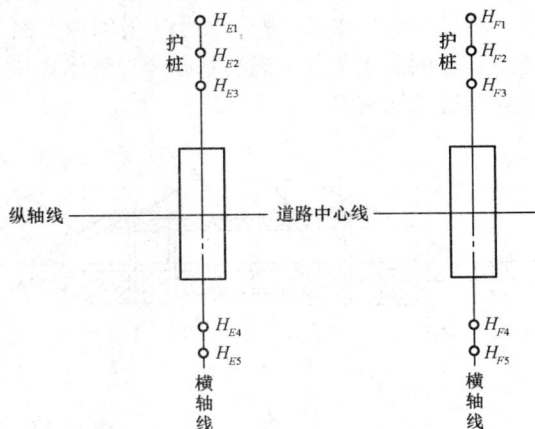

图 12-25　直线桥梁桥墩纵、横轴线

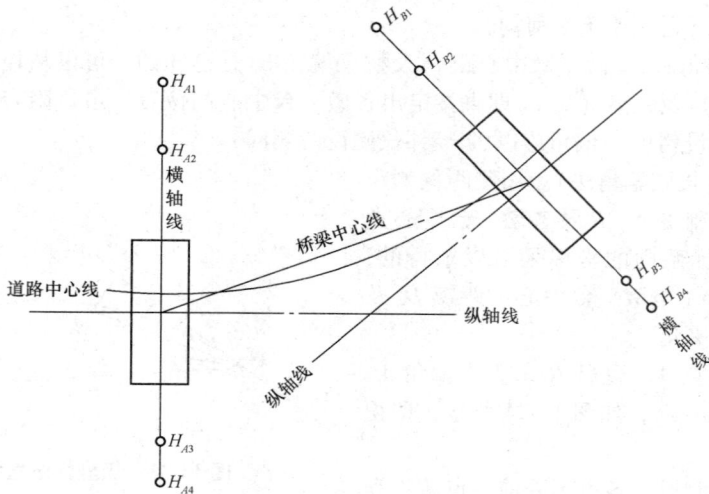

图 12-26　曲线桥梁桥墩纵、横轴线

墩、台施工前，首先要根据墩、台纵、横轴线，将墩、台基础平面测设于实地，并根据基础深度进行开挖。墩、台台身在施工过程中需要根据纵、横轴线控制其位置和尺寸。当墩、台台身砌筑完毕时，还需要根据纵、横轴线，安装墩、台台帽模板、锚栓孔等，以确保墩、台台帽中心、锚栓孔位置符合设计要求，并在模板上标出墩、台台帽顶面标高，以便灌注。

墩、台施工过程中，各部分高程是通过布设在附近的施工水准点，将高程传递到施工场地周围的临时水准点上，然后再根据临时水准点，用钢尺向上或向下测量所得，以保证墩、台高程符合设计要求。

12. 2. 6　涵洞测量

涵洞是公路上广泛使用的人工构筑物，通常由洞身、洞口建筑、基础和附属工程组成，如图 12-27 所示。洞身是涵洞的主要部分，其截面形式有圆形、拱形和箱形等。涵洞进出口应与路基平顺衔接，保障水流顺畅，使上下游河床、洞口基础和洞侧路基免受冲刷，以确保洞身安全，并形成良好的泄水条件。涵洞基础分为整体式和非整体式两类。附属工程包括锥体护坡、河床铺砌、路基边坡铺砌等。

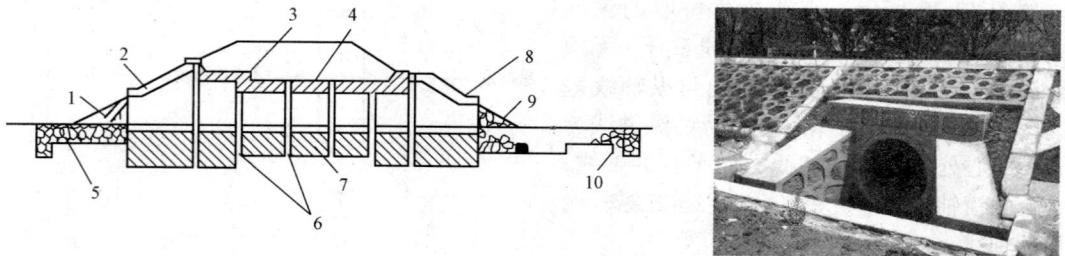

图 12-27　涵洞构造

1—锥体护坡；2—入口建筑；3—挡墙；4—洞身；5—河床铺砌；
6—沉降缝；7—基础；8—出口建筑；9—锥体护坡；10—河床铺砌

涵洞放样是根据涵洞设计施工图（表）给出的涵洞中心里程，先放出涵洞轴线与路线中线的交点，然后根据涵洞轴线与路线中线的交角，放出涵洞的轴线方向，最后以轴线为基准，测设其他部分的位置。

当涵洞位于直线形路段上时，依据涵洞所在的里程，自附近的公里桩、百米桩沿路线方向量出相应的距离，即得涵洞轴线与路线中线的交点。如果涵洞位于曲线形路段上时，则用测设曲线的方法定出涵洞轴线与公路中线的交点。

按与公路走向的关系，涵洞分为正交涵洞和斜交涵洞两种，正交涵洞的轴线与路线中线（或其切线）垂直；斜交涵洞的轴线与路线中线（或其切线）不垂直，而成斜交角 ϕ，ϕ 与 90° 之差称为斜度 θ，如图 12-28 所示。

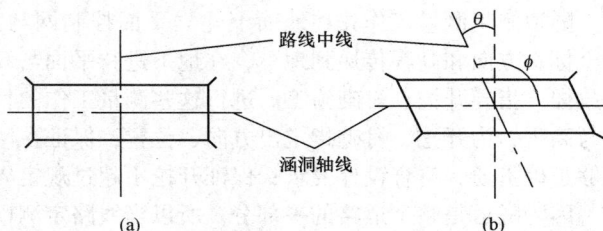

图 12-28　正交涵洞和斜交涵洞
（a）正交涵洞；（b）斜交涵洞

当定出涵洞轴线与路线中线的交点后，将经纬仪置于该交点上，拨角 90°（正交涵洞）或（90° + θ）（斜交涵洞）即可定出涵洞轴线。涵洞轴线通常用大木桩标定在地面上，在涵洞入口和出口处各 2 个，且应置于施工范围以外，以免施工中被破坏。自交点沿轴线分别量出涵洞上、下游的涵长，即得涵洞口位置，再用小木桩在地面标出。

涵洞基础及基坑边线根据涵洞轴线设定，在基础轮廓线的每一个转折处都要用木桩标定，如图 12-29 所示。为了开挖基础，还应定出基坑的开挖边界线。由于在开挖基础时可能会有一些桩被挖掉，所以需要时可在距基础边界线 1.0 ～ 1.5 m 处设立龙门板，然后将基础及基坑的边界线用垂球线将其投测在龙门板上，再用小钉标出。在基坑挖好后，再根据龙门板上的标志将基础边线投放到坑底，作为砌筑基础的根据，如图 12-30 所示。

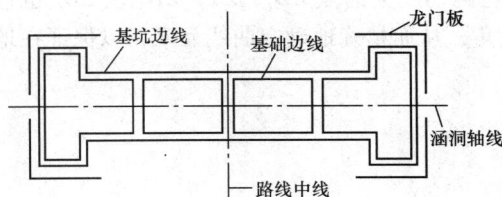

图 12-29　涵洞基础的测设

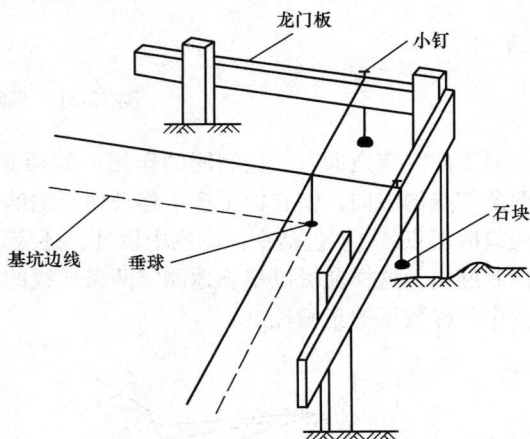

图 12-30　龙门板与基坑边线

基础建成后，进行管节安装或涵身砌筑过程中各个细部的放样，仍应以涵洞轴线为基准进行。这样，基础的误差不会影响到涵身的定位。

涵洞各个细部的高程，均根据附近的水准点用水准测量方法测设。对于基础面纵坡的测设，当涵洞顶部填土在 2 m 以上时，应预留拱度，以便路堤下沉后仍能保持涵洞应有的坡度。根据基坑土壤压缩性不同，拱度一般在 50/H 和 80/H（H 为道路中心处涵洞流水槽面到路基设计高度的填土厚度）之间变化，对砂石类低压缩性土壤可取用小值；对黏土、粉砂等高压缩性土则应取用大值。

12.3 隧道施工测量

12.3.1 隧道平面和高程控制测量

隧道施工测量工作先在地面上建立平面控制网与高程控制网；随着施工的进展，将地面上的坐标、方向和高程传递到地下，在地下进行平面与高程的控制测量，再根据地下控制点进行施工放样，指导开挖、衬砌施工。进行这些测量工作的目的，就是要在地下标定出工程的设计中线与高程，为开挖、衬砌指定出方向、位置；保证在两个相向开挖面的掘进中，施工中线及高程能够正确贯通，符合设计要求；保证开挖不超过规定界限。

因为隧道是整个道路的一部分，所以当线路定测以后，隧道两端洞口的位置就确定下来，并用标桩固定在地面上。

对于直线隧道来说，如图 12-31 所示，A、D 为隧道两端洞口点，它们的位置是利用线路上的直线点 ZD_1、ZD_2 及 ZD_3，用经纬仪以正倒镜法放样出来的。直线隧道的方向，就根据 A、D 两点来确定。因此，在建立地面控制网时，必须将它们作为控制点，如果因为地形的限制，不能将它们作为首级控制网的点，也要用插入点的方法测定它们的位置。这样就可以根据控制点的坐标，求得在两端洞口处进洞拨角的数值，用以在施工时指导进洞的方向。

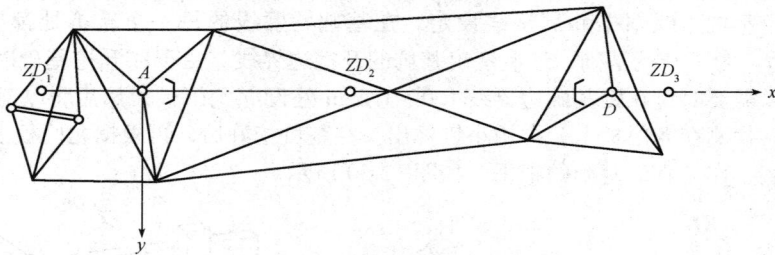

图 12-31 直线隧道控制点

对于曲线隧道而言，控制网的作用一方面是保证隧道本身的正确贯通，另一方面是控制前后两条切线的方向，使它们不产生移动而影响前后直线线路的位置，如图 12-32 所示。这时除了将洞口的两点 A、D 包括在控制网中以外，还应该将两切线上的点 ZD_1、ZY、ZD_3 及 ZD_4 也包括在控制网内，这样就可以精确地测定两条切线的交角，从而精确地确定曲线元素，以保证在地下开挖中放样数据的正确性。

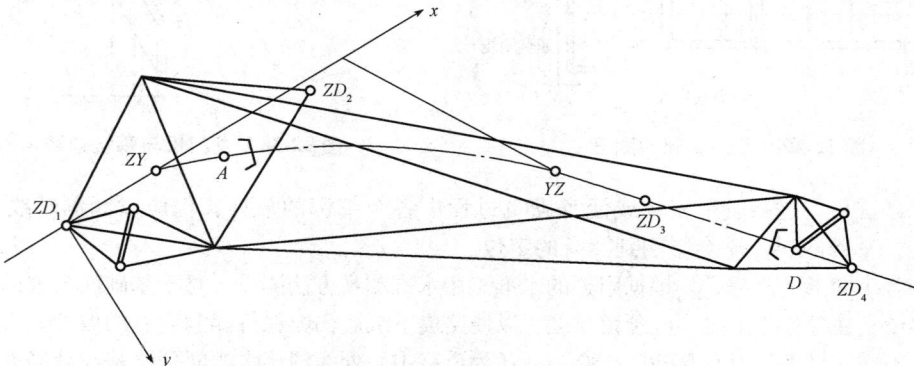

图 12-32 曲线隧道控制点

隧道中线上各点的坐标都是根据地面控制网的坐标系统计算的。以后根据施工的进展，将地面上的坐标系统通过洞口、竖井或斜井传递到地下，在地下坑道中再用导线测量方法建立地下控制系统。隧道中线上各点的位置以及地下其他各种建筑物的位置，都根据地下控制点以及由它们的坐标所算得的放样数据进行放样。应用这种放样方法时，由于布设了地面和地下控制网，可以控制误差的积累，从而保证贯通精度。

12.3.1.1　隧道贯通测量的要求

1. 贯通误差的定义和分类

在隧道施工中，由于地面控制测量、联系测量、地下控制测量以及细部放样的误差，使得两个相向开挖的工作面的施工中线不能理想地衔接，而产生错开现象，即所谓的贯通误差。

（1）纵向贯通误差。贯通误差在线路中线方向的投影长度称为纵向贯通误差（简称纵向误差）。

（2）高程贯通误差。贯通误差在高程方向的投影长度称为高程贯通误差（简称高程误差）。

（3）横向贯通误差。贯通误差在垂直于中线方向的投影长度称为横向贯通误差（简称横向误差）。

在实际工程中，最重要的贯通误差是横向误差。因为横向误差如果超过了一定的范围，就会引起隧道中线几何形状的改变，甚至洞内建筑物侵入规定界限而使已衬砌部分拆除重建，给工程造成损失。

2. 各项贯通误差的允许数值

（1）横向误差规定。当两相向开挖的洞口间长度为 4 km 及 4 km 以下时为 100 mm（即中误差为 ±50 mm），在 4~8 km 时为 150 mm（即中误差为 ±75 mm），在 8 km 以上时应根据现有的测量水平另行酌定。

（2）高程误差规定。对于高程误差规定不超过 ±50 mm（即中误差为 ±25 mm）。

（3）纵向误差规定。对于纵向误差的限值，一般都不做明确规定，如果按照定测中线的精度要求，则应小于隧道长度的 1/2 000。

3. 贯通误差的分配

贯通误差的分配基础是将地面控制测量的误差作为影响隧道贯通误差的一个独立因素，而将地下两相向开挖的坑道中导线测量的误差各作为一个独立因素。设隧道总的横向贯通误差的允许值为 Δ，则得地面控制测量的误差所引起的横向贯通中误差的允许值为 m_q，设用地下导线测得的工作面处控制点坐标相对于支导线在洞口之起始点有横向误差 m_1，用地面控制网联测两洞口两点坐标的相对横向误差为 m_2。则有

$$\Delta^2 = 2m_1^2 + m_2^2 = 3\ m_q$$

$$m_q = \pm\frac{\Delta}{\sqrt{3}} = \pm0.58\Delta$$

对于通过竖井开挖的隧道，考虑到两个竖井定向的误差，公式为

$$\Delta^2 = 2m_1^2 + m_2^2 + 2m_3^2 = 5\ m_q$$

$$m_q = \pm\frac{\Delta}{\sqrt{5}} = \pm0.45\Delta$$

设隧道总的高度贯通中误差的允许值为 Δ_h，则地面水准测量的误差所引起的高程贯通中误差的允许值为

$$m_h = \pm \frac{\Delta_h}{\sqrt{2}} = \pm 0.71\Delta_h \tag{12-6}$$

12.3.1.2 地面控制测量的误差对于隧道贯通误差的影响

隧道施工控制网的主要作用是保证地下相向开挖工作面能正确贯通。它们的精度要求，主要取决于隧道贯通精度的要求、隧道长度与形状、开挖面的数量以及施工方法等。

1. 导线测量隧道贯通误差的简明估算

（1）由于导线测角误差而引起的横向贯通误差为

$$m_{y\beta} = \pm \frac{m''_\beta}{\rho''}\sqrt{\sum R_x^2} \tag{12-7}$$

式中　m''_β——导线测角的中误差，以秒计算；

$\sum R_x^2$——测角的各导线点至贯通面的垂直距离的平方和。

（2）由于导线量边误差而引起的横向贯通误差为

$$m_{yl} = \pm \frac{m_l}{l}\sqrt{\sum d_y^2} \tag{12-8}$$

式中　$\dfrac{m_l}{l}$——导线边长的相对中误差；

$\sum d_y^2$——各导线边在贯通面上投影长度平方的总和。

即得导线测量的总误差在贯通面上所引起的横向中误差为

$$m = \pm\sqrt{m_{y\beta}^2 + m_{yl}^2}$$
$$= \pm\sqrt{\left(\frac{m''_\beta}{\rho''}\right)^2 \sum R_x^2 + \left(\frac{m_l}{l}\right)^2 \sum d_y^2} \tag{12-9}$$

2. 控制网的隧道贯通误差严密算法

（1）列出地下导线起始点横坐标误差函数式和地下导线起始方位角误差函数式，计算它们对横向贯通的综合影响，作为总的误差函数式。

（2）按最小二乘法，顾及具体网形，计算该函数式误差的大小。

12.3.2 地面控制网的布设方案及布测精度

1. 洞口投点

隧道洞外的控制测量，应在施工开始前布测。平面控制网可以结合隧道的长度和平面形状以及路线通过地区的地形情况，采用三角测量、三边测量、边角测量、导线测量、GPS测量。目前更多的是采用导线测量和GPS测量，三角测量、三边测量、边角测量已较少采用。

无论采用何种方法施测隧道控制网，在隧道的每一个入口处，都要布测一个控制点，该点也可以是加密点（如图12-32中的A点和D点），这些点称为洞口投点。为了使洞内导线有起始方向和检测校核方向，在每个洞口还应至少再布测两个控制点，并且与洞口投点相互通视，与洞口投点的高差不宜过大。

2. 隧道三角测量布设精度

在《铁路工程测量规范》（TB 10101—2009）中列出了各等级三角形网测量的技术要求，如表12-6所示。

表 12-6　三角形网测量的技术要求

等级	测角中误差/″	三角形最大闭合差/″	测边相对中误差	最弱边边长相对中误差	测回数		
					0.5″级仪器	1″级仪器	2″级仪器
二等	1.0	≤3.5	1/250 000	1/120 000	6	9	—
三等	1.8	≤7.0	1/150 000	1/70 000	4	6	9
四等	2.5	≤9.0	1/80 000	1/40 000	2	4	6

3. 地面导线测量精度

对于采用地面导线测量作为隧道独立的施工控制网,《铁路工程测量规范》对导线测量的技术要求做了表 12-7 中的规定。

表 12-7　导线测量的技术要求

等级	测距相对中误差	测角中误差/″	导线全长相对闭合差	方位角闭合差/″	测回数			
					0.5″级仪器	1″级仪器	2″级仪器	6″级仪器
二等	1/250 000	1	1/100 000	$±2.0\sqrt{n}$	6	9	—	—
三等	1/150 000	1.8	1/55 000	$±3.6\sqrt{n}$	4	6	10	—
四等	1/80 000	2.5	1/40 000	$±5\sqrt{n}$	3	4	6	—
一级	1/40 000	4	1/20 000	$±8\sqrt{n}$	—	2	2	—
二级	1/15 000	8	1/10 000	$±16\sqrt{n}$	—	—	1	3

注:表中 n 为测站数。

4. 地面 GPS 测量隧道控制网布测精度及要求

(1) 控制网应由洞口子网和子网间的联系网组成(见图 12-32、表 12-8)。洞口子网布设的控制点不得少于三个,其中至少一个点应为洞口投点。

表 12-8　GPS 控制测量作业的基本技术要求

项目	等级	特等	一等	二等	三等	四等	五等
静态测量	GPS 高度角/°	≥15	≥15	≥15	≥15	≥15	≥15
	同时观测有效卫星数	≥4	≥4	≥4	≥4	≥4	≥4
	时段长度/min	≥240	≥120	≥90	≥60	≥45	≥40
	观测时段数	≥4	≥2	≥2	1~2	1~2	1
	数据采样间隔/s	15~60	15~60	15~60	15~60	15~60	15~60
	PDOP 或 GDOP	≤6	≤6	≤6	≤8	≤10	≤10
快速静态测量	GPS 高度角/°	—	—	—	—	≥15	≥15
	有效卫星总数	—	—	—	—	≥5	≥5
	观测时间/min	—	—	—	—	5~20	5~20
	平均重复设站数	—	—	—	—	≥1.5	≥1.5
	数据采样间隔/s	—	—	—	—	5~20	5~20
	PDOP(GDOP)	—	—	—	—	≥7(8)	≥7(8)

注:平均重复设站数≥1.5 是指至少有 50% 的点设站 2 次。

（2）布测洞口控制网时，洞口投点应布测在已定测的中线上，并要考虑洞内引测的实际需要。洞口子网每个控制点至少应与子网的其他两个控制点通视。

（3）子网可布设成大地四边形、三角形的形状。子网之间的联系网最好布置成大地四边形的形状。

（4）洞外与洞内测量连接边的边长应大于 300 m，连接边的两端控制点宜布置在与洞口高程基本等高的地方，连接边的高度角不应大于 5°，且与线路中线大致平行为最佳位置。

（5）为了与原测控制网比较，复测网应具有与原网相同基准的平差结果。

（6）设计隧道工程坐标系的原则。

① 坐标投影面为隧道施工平均高程面。

② 高斯投影中央子午线应过测区的重心。

③ 各个隧道以隧道主轴线为 X 轴的施工坐标系，可由高斯平面直角坐标系平移和旋转一个角度得到，旋转角即隧道主轴线的方位角，平移量要根据隧道的具体位置确定。

（7）GPS 隧道平面控制网的布网精度。

① 参考表 12-5 常规方法的布网精度。

②GPS 隧道平面控制网布测精度。

根据表 12-5 可规定：8 km 以内的隧道可用 C 级网，长大隧道要用 B 级网布测，相应的施测要求应严格遵守国家 GPS 测量规范。

（8）与国家网联测。如果测区附近有国家点，GPS 网应与国家点联测。选测区内一个点，将联测结果转换为 WGS 84 三维坐标，作为 GPS 基线网平差的起算点。如果联测国家点很困难，可以选择测区内的稳定点连续观测 12 小时，取其单点定位 WGS 84 三维坐标的均值作为基线网平差起算数据。用七参数法将 WGS 84 坐标转换成北京 54 坐标，然后用高斯投影求得各控制点概略北京 54 平面坐标。但应建立隧道独立施工坐标系，控制隧道施工。

5. 地面水准测量

作为高程控制的地面水准测量，其等级的确定不单取决于隧道的长度，更重要的是取决于隧道地段的地形情况，即由它所决定的两洞口间水准线路的长度。表 12-9 为《铁路测量技术规范》对各级水准测量的规定。

表 12-9　水准测量的主要技术要求

等级	水准仪类别	水准尺类型	视距/m		前后视距差/m		测段的前后视距累积差/m		视线高度/m		数字水准仪重复测量次数
			光学	数字	光学	数字	光学	数字	光学（下丝读数）	数字	
一等	DSZ05、DS05	因瓦	≤30	≥4 且 ≤30	≤0.5	≤1.0	≤1.5	≤3.0	≥0.5	≤2.8 且 ≥0.65	≥3 次
二等	DSZ1、DS1	因瓦	≤50	≥3 且 ≤50	≤1.0	≤1.5	≤3.0	≤6.0	≥0.3	≤2.8 且 ≥0.55	≥2 次
三等	DSZ1、DS1	因瓦	≤100	≤100	≤2.0	≤3.0	≤5.0	≤6.0	三丝能读数	≥0.35	≥1 次
	DSZ2、DS2	双面木尺单面条码	≤75	≤75							

等级	水准仪类别	水准尺类型	视距/m		前后视距差/m		测段的前后视距累积差/m		视线高度/m		数字水准仪重复测量次数
			光学	数字	光学	数字	光学	数字	光学（下丝读数）	数字	
四等	DSZ1、DS1	双面木尺单面条码	≤150	≤100	≤3.0	≤5.0	≤10.0	≤10.0	三丝能读数	≥0.35	≥1 次
	DSZ3、DS3	双面木尺单面条码	≤100	≤100							
五等	DS3	—	≤100	—	大致相等		—		—	—	—

进行地面水准测量时，利用线路定测水准点的高程作为起始高程，沿水准路线在每个洞口至少应埋设两个水准点。水准路线应形成闭合环，或者敷设两条互相独立的水准路线，由已知的水准点从一端洞口测至另一端的洞口。

12.3.3　进洞关系数据的推算

进洞关系数据的推算是根据地面控制测量中所得的洞口投点的坐标和它与其他控制点连线的方向，来推算指导隧道开挖方向的起始数据（即进洞的数据）。推算方法随隧道的形状不同而不同，现在将直线进洞和曲线进洞的情况分别叙述如下。

1. 直线进洞

（1）正洞。如图 12-33 所示，两洞口投点 A 和 D 都在隧道中线上，则可按坐标反算的公式计算出两个坐标方位角 α_{AN} 与 α_{AD}，它们的差数 β，就是要求的进洞关系数据。在 A 点后视 N 点，拨角 β，即得进洞的中线方向。

（2）横洞。如图 12-34 所示，C 为横洞的洞口投点，横洞中线与隧道中线的交点为 O，交角为 γ（其值根据地形与地质情况由设计人员决定）。这时，β 角以及横洞 OC 的距离 S 就是所要求的进洞关系数据。由图中可以看出，只要求得 O 点的坐标，即可算得 β 与 S 数值。

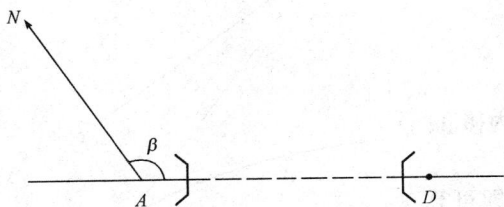

图 12-33　正洞

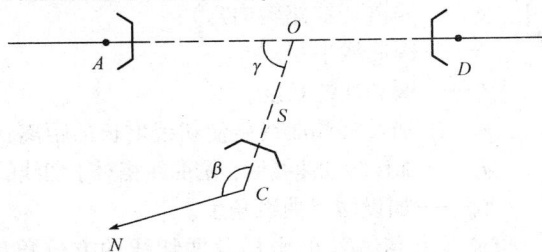

图 12-34　横洞

设 O 点的坐标为 x_0 与 y_0，可得

$$\tan\alpha_{AO} = \frac{y_0 - y_A}{x_0 - x_A}$$

$$\tan\alpha_{CO} = \frac{y_0 - y_C}{x_0 - x_C}$$

式中

$$\alpha_{AO} = a_{AD}$$

$$\alpha_{CO} = a_{AO} - \gamma$$

$$\alpha_{AD} = \arctan \frac{y_D - y_A}{x_D - x_A}$$

将这些已知数代入上面两个式子中进行联立解算，即可求得 x_0 与 y_0，从而算得进洞关系数 β 角和距离 S 的值。

2. 曲线进洞

曲线进洞的关系较为复杂。圆曲线进洞与缓和曲线进洞都需要计算曲线的资料以及曲线上各主点在隧道施工坐标系统内的坐标。

（1）曲线元素的计算。如图 12-35 所示，$ZD_1 \sim ZD_4$ 为在切线上的隧道施工控制网的控制点，其坐标均已精确测出，这时根据这四个控制点的坐标即可算出两切线间的偏角 α，此 α 的数值与原来定测时所测得的偏角值一般是不符合的。为了保证隧道正确贯通，曲线元素应根据所算得的偏角值 α 重新计算。计算的位数也要增加。圆曲线半径 R 与缓和曲线长度 l_0 为设计人员所定，一般都不予改变，而只是按新的偏角 α，用下列公式计算切线总长 T 与曲线总长 L。

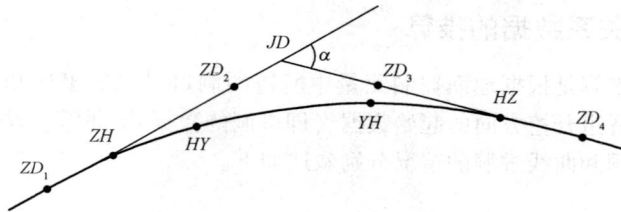

图 12-35　曲线元素

$$\left. \begin{array}{l} T = m + (R + P) \tan \dfrac{\alpha}{2} \\[2mm] L = \dfrac{\pi R}{180} (\alpha - 2\beta_0) + 2l_0 \end{array} \right\} \tag{12-10}$$

式中　α——偏角（线路转向角）；

　　　R——圆曲线半径；

　　　l_0——缓和曲线长度；

　　　m——加设缓和曲线后使切线增长的距离；

　　　P——加设缓和曲线后，圆曲线相对于切线的内移量；

　　　β_0——加设缓和曲线角度。

按照 ZD_2 与 ZD_3 的坐标及两切线的方位角，即可算得 JD 点的坐标，然后再由 T 算得 ZH 与 HZ 的坐标，由外矢距 E 与半径 R 得出圆心 O 的坐标。经过这些计算后，就将曲线上的几个主要点纳入施工坐标系统。

（2）圆曲线进洞。地面上施工控制网精确测量的结果，使得圆曲线的偏角 α 与定测时的数值发生了差异。这样，按照定测时的曲线位置所选择的洞口投点 A（见图 12-36）就不一定在新的曲线（隧道中线）上，而需

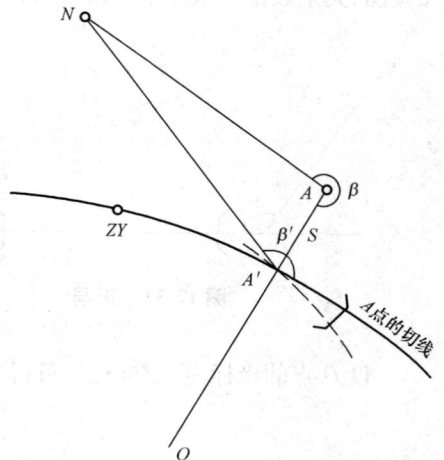

图 12-36　圆曲线进洞

要沿曲线半径方向将其移至 A' 点。这时，进洞关系就包括两部分计算。第一部分是将 A 点移至 A' 点的移桩数据（即图 12-36 中的 β 与 AA' 的距离 S）；第二部分就是在 A' 点进洞的数据，即该点的切线方向与后视方向的交角 β'。

移桩数据可由 A' 的坐标与 A 点的坐标（已知）来计算。而 A' 点的坐标应由圆心 O 的坐标 x_O 与 y_O 来推求。这时

$$x_{A'} = x_O + R\cos\alpha_{OA}$$

$$y_{A'} = y_O + R\sin\alpha_{OA}$$

而

$$\alpha_{OA} = \arctan \frac{y_A - y_O}{x_A - x_O}$$

根据这些坐标的数值，即可算得移桩数据 β 与 S。

进洞方向 β' 的计算，可以用不同的方法进行。例如：

$$\beta' = \alpha_{A'切} - \alpha_{A'N}$$

而

$$\alpha_{A'切} = \alpha_{A'A} + 90° = \alpha_{OA} + 90°$$

$$\alpha_{A'N} = \arctan \frac{y_N - y_{A'}}{x_N - x_{A'}}$$

也可以解算三角形 $A_{NA'}$，从而得 β' 角。

（3）缓和曲线进洞。缓和曲线的进洞关系也是包括移桩数据和 A' 点（见图 12-37）的切线方向两个部分。按照缓和曲线上各点坐标的计算公式，如果以缓和曲线的起点（ZH）为坐标原点，则

$$\left. \begin{array}{l} x = l - \dfrac{l^5}{40R^2 l_0^2} \\[3mm] y = \dfrac{l^3}{6Rl_0} - \dfrac{l^7}{336R^3 l_0^3} \end{array} \right\}$$

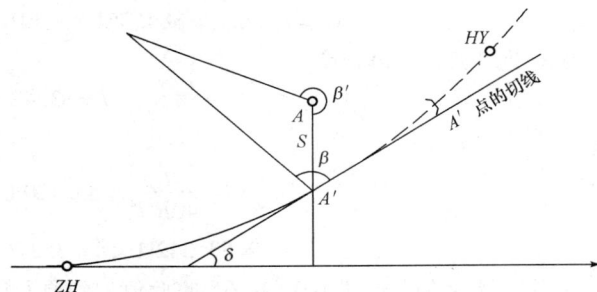

图 12-37　缓和曲线进洞

而缓和曲线上任一点的切线与起点切线（x 轴）的交角为

$$\delta = \frac{l^2}{2Rl_0} \cdot \rho''$$

式中　l——缓和曲线的弧长；

　　　l_0——曲线全长；

　　　R——圆曲线半径。

现在要计算 A' 点的坐标，计算方法的基础是假定 A' 点的 x 坐标与 A 点相同，将 A 点沿着垂直于 x 轴（即 ZH 点的切线）的方向移至缓和曲线上。由于 ZH 的纵坐标公式是一个高次方程，所以虽然知道 x_A 的数值，还是不能直接解得 l，而必须用逐渐趋近的方法，即先根据 A 点的大概 l，将其代入公式，求出 $x_{A'}$，看它是否等于 x_A，若不等于，则根据其差数再假定一个 l 进行计算，这样进行几次反复计算后即可求得满足公式的 l，有了 l 便可求得 $y_{A'}$。

$$x_{A'} = x_A \tag{12-19}$$

用上述方法求得的 A' 点的坐标，是在以 ZH 为原点而它的切线方向为 x 轴的坐标系统内。因

此还必须进行换算，将它们纳入施工控制网的坐标系统。

A' 点的坐标求得后，即可根据它们反算移桩数据 β' 与 S。现在举例说明其计算方法：

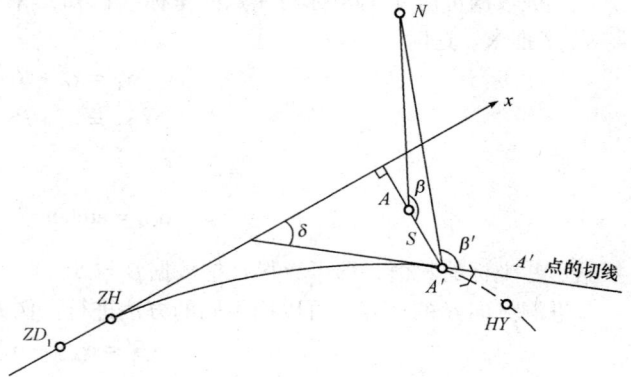

如图 12-38 所示，在隧道施工控制网坐标系统（以直线上的转点 ZD_1 为原点，ZD_1—ZH 为 x 坐标轴）内，各点的坐标为

$$x_A = +384.751\ 2$$

$$y_A = +2.685\ 1$$

$$x_N = +468.380\ 5$$

$$y_N = -589.878\ 5$$

$$x_{ZH} = +301.398\ 5$$

$$y_{ZH} = 0$$

又按设计，圆曲线半径与缓和曲线的长度为

$$R = 400\ \text{m}$$

$$l_0 = 90\ \text{m}$$

① 计算 A' 点的坐标。首先将坐标系统转换为以缓和曲线的起点（ZH）为坐标原点，以切线为 x 轴。

则

$$x_{A'} = x_A - x_{ZH} = 384.751\ 2 - 301.398\ 5 = 83.352\ 7\ \text{（m）}$$

根据 A 点的 l 值先设

$$l = 83.42\ \text{m}$$

则

$$x_{A'} = l - \frac{l^5}{40R^2 l_0^2} = 83.420\ 0 - 0.077\ 9$$

$$= 83.342\ 1 < 83.352\ 7$$

显然所计算的 $x_{A'}$ 偏小 $0.010\ 6$，将此值加到原 l 上，即新假设的 $l = 83.42 + 0.010\ 6 = 83.430\ 6$，将此值再次代入上述公式重新计算得 $x_{A'} = 83.352\ 6$。

所以当 $l = 83.430\ 6 + 0.000\ 1 = 83.430\ 7$ 时 $x_{A'} = 83.352\ 7$。

l 的数值求得后，即可按公式求得

$$y_{A'} = +2.686\ 8$$

② 计算 S，β，β'。

$$S = y_{A'} - y_A = 0.001\ 7$$

$$\beta = \alpha_{A'A} - \alpha_{A'N} = 90° - \alpha_{AN}$$

$$\alpha_{AN} = \arctan \frac{y_N - y_A}{x_N - x_A} = 278°01'59.4''$$

所以 $\beta = 171°58'0.6''$，由图 12-38 可得

$$\beta' = 90° + \delta - \angle NA'A$$

得

$$\delta = \frac{83.430\ 7^2}{2 \times 400 \times 90} \times 206\ 265 = 5°32'20.9''$$

$$\angle NA'A = \alpha_{A'N} - \alpha_{A'A} = \alpha_{A'N} - 270°$$

$$\alpha_{A'N} = \arctan \frac{y_N - y_{A'}}{x_N - x_{A'}} = 278°01'59.4''$$

$$\beta' = 87°30'21.5''$$

至此，进洞关系数据已全部求得。根据 S 和 β 可将 A 点移至缓和曲线 A' 上，然后在 A' 点上后视 N 点，拨角 β'，即得 A' 的切线方向。

进洞关系数据的推算相当重要，稍有差错就会影响隧道的正确贯通，甚至造成严重的工程事故，因此这种计算工作通常都要有可靠的校核。

12.3.4　地下导线测量

地下导线测量的目的是以必要的精度，按照与地面控制测量统一的坐标系统，建立地下的控制系统。根据地下导线的坐标，就可以放样出隧道中线及其衬砌的位置，指出隧道开挖的方向，保证相向开挖的隧道在所要求的精度范围内贯通。

地下导线的起始点通常设在隧道的洞口、平坑口或斜井口，而这些点的坐标是由地面控制测量测定的。

1. 地下导线测量的特点

隧道施工过程中所进行的地下导线测量，与一般地面上的导线测量相比较，具有以下一些特点：

（1）地下导线随着隧道的开挖而向前延伸，因此，只能敷设支导线一次测完。支导线只能用重复观测的方法进行检核。此外，导线是在隧道施工过程中进行，测量工作时断时续，所隔时间的长短，取决于开挖面的进展速度。

（2）导线在地下开挖的坑道内敷设，因此其形状（直伸或曲折）完全取决于坑道的形状，没有选择的余地。

（3）先敷设精度较低的施工导线，然后敷设精度较高的基本导线。

布设地下导线时，应考虑在贯通面处，其横向误差不能超过容许的数值。另外应考虑到地下导线点的位置应保证在隧道内能以必要的精度进行放样。这两个要求彼此矛盾的，第一个要求布测长边导线；第二个要求导线点应有一定的密度，其边长应较短。

2. 地下导线分类

在隧道建设中，通常采用分级布设的方法，通常有下列三种导线：

（1）施工导线。在开挖面向前推进时，用以进行放样而指导开挖的导线，一部分施工导线的点将作为以后敷设基本导线的点，施工导线的边长为 25～50 m。

（2）基本导线。当掘进 100～300 m 时，为了检查坑道的方向是否与设计相符合，就要选择一部分施工导线点敷设边长较长（50～100 m）、精度要求较高的基本导线。

（3）主要导线。当坑道掘进大于 1 km 时，基本导线将不能保证应有的贯通精度，这时就要选择一部分基本导线点来敷设主要导线，主要导线的边长为 150～180 m。为了改善通视条件，主要导线点应尽量靠近隧道中线。

在隧道施工中，有时只敷设施工导线与基本导线。只有当洞口间的距离过长，基本导线不能保证必要的贯通精度时，才布设主要导线。导线测量选点时，除应考虑导线点前后通视外，还应考虑有安设全站仪的条件，尽可能不妨碍运输车来往。导线点应选在顶板或底板岩石坚固的地方，工作安全，无滴水又便于点的保存。为了今后导线的扩展，在坑道交叉处应埋设导线点。最后一个导线点离开工作面不应过大。

因为地下导线布设成支导线的形式，而且每测一个新点，中间要隔一段时间，这就需要每次测定新点时，对以前的点进行检核测量。根据检核测量的结果，如果证明标志没有发生变动，将各次观测结果取平均值；如果证明标志有变动，则应根据最后一次观测的结果进行计算。

当隧道中的导线与横向坑道相遇，须将隧道中与横向坑道中的导线连接起来形成闭合导线，重新测量、平差求得新的坐标。

当隧道全部贯通之后，为了最后确定隧道中线位置，应将地下导线重新进行观测，形成附合导线，求得新的坐标。

12.3.5　地下水准测量

地下水准测量的目的，是在地下建立一个与地面统一的高程系统，以作为隧道高程施工放样的依据，保证隧道在竖向正确贯通。

地下水准测量以洞口水准点的高程为起算数据。

地下水准测量有以下特点：

（1）水准线路一般与地下导线测量的线路相同。在隧道贯通之前，地下水准线路均为支线，因而需要往返观测及多次观测进行检核。

（2）通常利用地下导线点作为水准点。有时还可将水准点埋设在顶板、底板或边墙上。

（3）在隧道的施工过程中，地下水准线路随着开挖面的进展而增长，为满足施工放样的要求，一般先测设较低精度的临时水准点（设在施工导线点上），然后测设较高精度的永久水准点，永久水准点的间距一般以 200～500 m 为宜。

（4）地下水准测量常使用倒尺法传递高程，此时高差计算仍然采用

$$h = a - b$$

但对于倒尺的读数应作为负值代入公式。

（5）在工作面向前推进的过程中，对于所敷设的水准支线要进行往、返测，不符值应小于规定的限差值。

（6）要定期复测，若点稳定，取均值；若点不稳定，取最近一次观测值。

（7）隧道贯通后，用两相向水准支线求得高程贯通误差，然后和洞外水准合拼组成水准闭合线路，经平差求得各点高程。

12.3.6　隧道开挖中的测量工作

在隧道施工过程中，测量人员的主要任务是随时确定开挖的方向，此外还要定期检查工程进度（进尺）及计算完成的土石方量。

确定开挖方向时，根据施工方法和施工程序，一般常用的有中线法和极坐标法。

当隧道用全断面开挖法进行施工时，通常采用中线法。其方法是首先用经纬仪根据导线点设置中线点，如图 12-39 所示。图中 P_4、P_5 为导线点，A 为隧道中线点，已知 P_4、P_5 的实测坐标及 A 的设计坐标和隧道中线设计方位角 α_{AD}，根据上述已知数据，即可推算出放样中线点所需的有关数据 β_5、L 与 β_A。

$$\alpha_{P_5A} = \arctan \frac{Y_A - Y_{P_5}}{X_A - Y_{P_5}}$$

$$\beta_5 = \alpha_{P_5A} - \alpha_{P_5P_4}$$

$$\beta_A = \alpha_{AD} - \alpha_{AP_5}$$

$$L = \frac{Y_A - Y_{P_5}}{\sin \alpha_{P_5A}} = \frac{X_A - X_{P_5}}{\cos \alpha_{P_5A}}$$

求得有关数据后，即可将经纬仪置于导线点 P_5 上，后视 P_4 点，拨角度 β_5，并在视线方向上丈量距离 L，即得中线点 A。在 A 点上埋设与导线点相同的标志。标定开挖方向时，可将经纬仪置于 A 点，后视导线点 P_5，拨角 β_A，即得中线方向。随着开挖面向前推进，A 点距开挖面越来越远，这时，便需要将中线点向前延伸，埋设新的中线点，如图 12-39 中的 D 点。此时，可将仪器置于 D 点，后视 A 点，用正倒镜或转 180° 的方法继续标定出中线方向，指导开挖。AD 之间的距离在直线段不宜超过 100 m，在曲线段不宜超过 50 m。当中线点向前延伸时，在直线上宜采用正倒镜延长直线方法；在曲线上则需用偏角法或弦线偏距法来测定中线点。

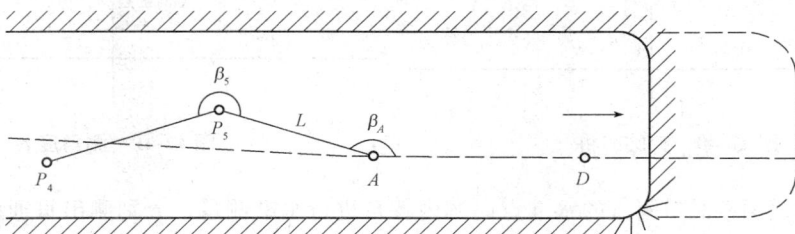

图 12-39　隧道开挖的中线法

极坐标法是将全站仪置于导线点 P_5 上，后视 P_4 点，根据中线点 A 的坐标放样出中线点 A。在 A 点上埋设与导线点相同的标志。标定开挖方向时可将全站仪置于 A 点，后视导线点 P_5，拨角 β_A，即得中线方向。随着开挖面向前推进，A 点距开挖面越来越远，这时，需要将中线点向前延伸，埋设新的中线点，如图 12-39 中的 D 点。此时，可将仪器置于 D 点，后视 A 点，用正倒镜或转 180° 的方法继续标定出中线方向，指导开挖。当中线点向前延伸时，在直线上宜采用正倒镜延长直线方法，也可用坐标法；在曲线上可用极坐标法来测定中线点。

随着开挖面的不断向前推进，中线点也随之向前延伸，地下导线也紧跟着向前敷设，为保证开挖方向正确，必须随时根据导线点来检查中线点，随时纠正开挖方向。

在隧道开挖过程中，应定出坡度以保证高程的正确贯通。

在隧道开挖过程中，应随时测定隧道断面，以此计算工程量和检查开挖断面是否符合设计要求，以便及时修正。

12.3.7　隧道贯通误差的测定与调整

隧道贯通后，应及时进行贯通测量，测定实际的横向、纵向和竖向贯通误差。若贯通误差在允许范围之内，就认为测量工作达到了其目的。但是，由于贯通误差影响隧道断面扩大及衬砌工作的进行，因此，应该采用适当的方法对贯通误差加以调整，从而获得一个对行车没有不良影响的隧道中线，作为扩大断面、修筑衬砌以及铺设钢轨的依据。

1. 测定贯通误差的方法

（1）采用中线法测量的隧道，贯通之后，应从相向测量的两个方向各自向贯通面延伸中线，并各钉一临时桩 A、B（见图 12-40）。丈量出两临时桩 A、B 之间的距离，即得隧道的实际横向贯通误差，A、B 两临时桩的里程之差，即隧道的实际纵向贯通误差。

（2）采用地下导线作洞内控制的隧道，可在贯通面处设立一个临时桩点（或由进测的任一方向，在贯通面附近钉设一临时桩点），然后由相同的两个方向各自对该点进行测角和量距，各自计算临时桩点的坐标。这样可以测得两组不同的坐标值。其 Y 坐标的差数即实际的横向贯通误差，其 X 坐标之差为实际的纵向贯通误差（或者将两组坐标差投影至贯通面及与其垂直的方向上，得出横向和纵向贯通误差）。在临时桩点上安置经纬仪测出角度 α，如图 12-41 所示，以便求得导线的角度闭合差。

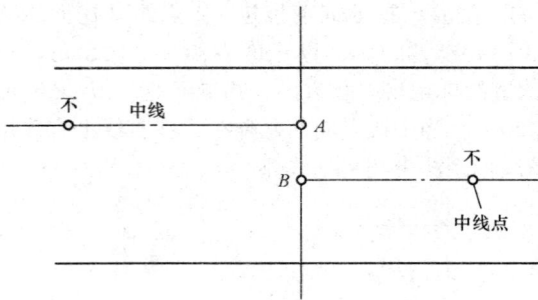

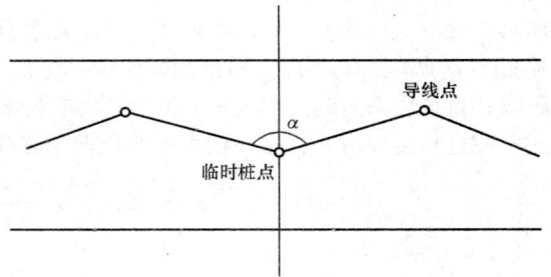

图 12-40　钉临时桩　　　　　　　　　　图 12-41　测角度 α

（3）由隧道两端洞口附近的水准点向洞内各自进行水准测量，分别测出贯通面附近的同一水准点的高程，其高程差即实际的竖向贯通误差。

2. 贯通误差的调整

调整贯通误差的工作，原则上应在隧道未衬砌地段上进行，不再牵动已衬砌地段的中线，以免影响行车。对于曲线隧道，还应注意尽量不改变曲线半径和缓和曲线长度，否则需经上级批准。为了找出较好的调整中线，应将相向两个方向测设的中线，各自向前延伸一适当距离。如果贯通面附近有曲线始（终）点，其测量工作应延伸至曲线的始（终）点。

（1）直线隧道贯通误差的调整。直线隧道中线的调整，可在未衬砌地段上采用折线法调整，如图 12-42 所示。如果由于调整贯通误差而产生的转折角在 5′ 以内，可作为直线线路考虑。当转折角为 5′~25′ 时，可不加设曲线，但应以顶点 a、c 向内移一个 E（外矢距），得出中线位置即可，内移量 E 的大小可根据半径 R 和转折角 α 计算。以 R = 4 000 m 为例，$\alpha = 5′$，$E = 1$ mm，$\alpha = 10′$、$E = 4$ mm，$\alpha = 15′$、$E = 10$ mm，$\alpha = 20′$、$E = 17$ mm，$\alpha = 25′$、$E = 26$ mm。当转折角大于 25′ 时，则应以半径为 4 000 m 的圆曲线加设反向曲线。

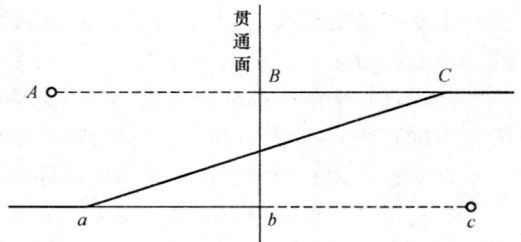

图 12-42

（2）曲线隧道贯通误差的调整。当贯通面位于圆曲线上，调整贯通误差的地段又全部在圆曲线上时，可用调整偏角法进行调整。也就是说，在贯通面两侧每 20 m 弦长中线点上，增加（内移）或减少（外移）10″~60″ 的切线偏角值。

当贯通面位于圆曲线上，还可以用以下方法：以隧道一端中线 A 经曲线起点 B 到贯通面 P 点；以隧道另一端中线 D 经曲线起点 C 到贯通面 P' 点。P 和 P' 不重合。这时可以用导线联测 A、B、C、D 的坐标，用这些坐标计算交点 J 的坐标及转角 α，然后在隧道内重新放样曲线。

当贯通面位于曲线始（终）点附近时，如图 12-43 所示，可由隧道一端经过 E 点测量至圆曲线的终点 D，而另一端经由 A、B、C 诸点测至圆曲线的终点 D'。D 与 D' 不相重合，再自 D' 点作圆曲线的切线至 E' 点，DE 与 $D'E'$ 既不平行又不重合。为了调整贯通误差，可先采用调整圆曲线长度的方法使 DE 与 $D'E'$ 平行。即，在保持曲线半径不变，缓和曲线长度不变和曲线 A、B、C 段方向不受牵动的情况下，将圆曲线缩短（或增长）一段 CC'，使 DE 与 $D'E'$ 平行。CC' 的近似值可按下式计算：

$$CC' = \frac{EE' - DD'}{DE} \cdot R$$

式中　R——圆曲线的半径。

因为圆曲线长度缩短（或增长）了一段 CC'，与其相应的圆曲线中心角也应减少（或增长）δ，δ 可按下式计算：

$$\delta = \frac{360°}{2\pi R} \cdot CC'$$

式中　CC'——圆曲线长度变动值。

经过调整圆曲线长度后，已使 $D'E'$ 与 DE 平行，但仍不重合，如图 12-44 所示，此时可采用调整曲线始（终）点办法调整，即将曲线的始点 A 沿着切线向顶点方向移动到 A' 点。使 $AA' = FF'$，这样 $D'E'$ 就与 DE 重合了。然后，由 A' 点进行曲线测设，将调整后的曲线标定在实地上。

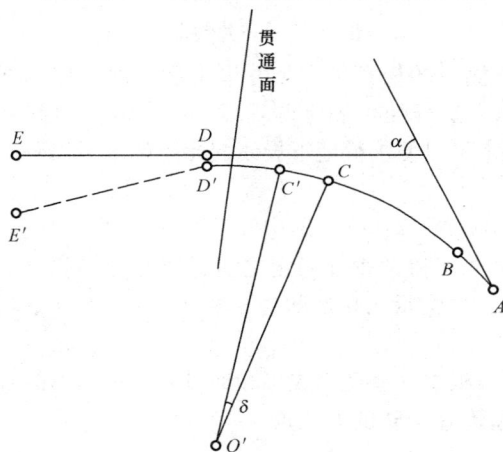

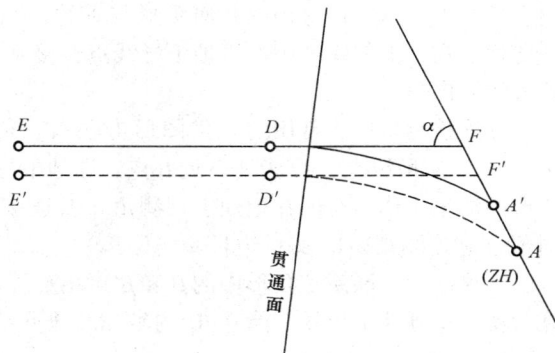

图 12-43　　　　　　　　　　　　图 12-44　调整的 $D'E'$ 与 DE 重合

曲线始点 A 移动的距离可按下式计算：

$$AA' = FF' = \frac{DD'}{\sin\alpha}$$

式中　α——圆曲线的总偏角。

在中线调整后，所有未衬砌地段的工程，均应以调整后的中线指导施工。

12.3.8　竖井联系测量

1. 竖井联系测量的任务和内容

在隧道建设中，除了开挖横洞、斜井来增加工作面外，还可以采用开挖竖井的方法来增加工作面。这时，为了保证各相向开挖面能正确贯通，就必须将地面控制网中的坐标、方向、高程，经由竖井传递到地下去。这些传递工作称为竖井联系测量。其中坐标和方向的传递称为竖井定向测量。通过竖井定向测量，地下平面控制网与地面控制网有统一的坐标系统，而通过高程传递则使地下高程系统获得与地面统一的起算数据。

2. 一井定向

通过一个竖井进行定向，就是在井筒内挂两条垂线（见图 12-45），在地面上根据控制点来测定两垂线的坐标 x 和 y，以及其连线的方位角。在井下，根据投影点的坐标及其连线的方位角，确定地下导线的起算坐标及方向角。

一井定向测量工作分为两部分：

（1）由地面用垂线向隧道内投影。通过竖井用垂线投点通常采用线坠荷重稳定投点法。线坠的重量与钢丝的直径随井深而不同。为了使线坠较快稳定下来，可将其放入盛有油液体的平静器中。

投点时，首先在钢丝上挂以较轻的荷重，用绞车将钢丝导入井中，然后在井下换上重锤，并使它自由地放在平静器中，不与容器壁及竖井中的物体接触。

一井定向测量也可以采用激光铅直仪投点和陀螺经纬仪定向的方法进行，比吊垂线法方便。

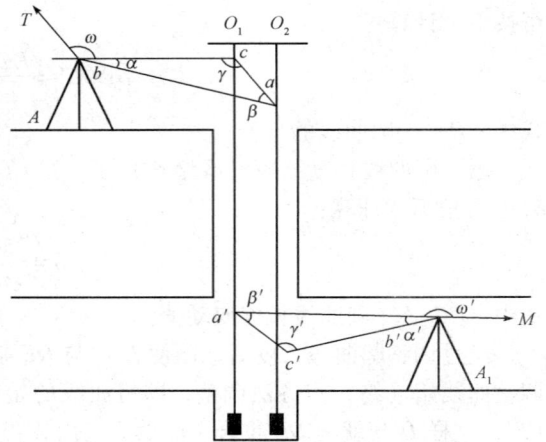

图 12-45　一井定向

（2）地面和地下控制点与垂线的连接测量。连接测量的任务是在竖井口附近由地面控制网测设近井点，由它用适当的几何图形与垂线联结起来，这样便可确定两垂线的坐标及其连线的方向角。在井下的隧道中，将地下导线点连接到垂线上，以便求得地下导线起始点的坐标以及起始边的方向角。

在连接测量中，常用的几何图形为联系三角形（见图 12-45），图中 A 为地面上的近井点，O_1、O_2 为两吊线点，A_1 为地下近井点，即地下导线起点。待两垂线稳定之后，即可开始联系三角形的测量工作。这时在地面上观测角 α 及连接角 ω，并丈量三角形的边长 a、b、c，在井下观测角 α' 和连测角 ω'，丈量边长 a'、b'、c'。

观测之后，联系三角形中的 β 和 β' 可由计算求得。根据这些观测成果和通过联系三角形的解算，便可得到地下导线起始点 A_1 的坐标及地下导线起始边 A_1M 的方位角。

3. 两井定向

两井定向是通过两个竖井进行的定向测量。该法是在两个有巷道连通的竖井井筒内，各悬挂一根重垂线（或各铅垂地发射一条可见光束），根据地面控制网测定两根重垂线中心（或光束轴心）的平面坐标，并在巷道内用导线对两重垂线中心（或光束轴心）进行联测，从而将地面控制网的平面坐标和方向，传递给井下的控制点和导线边。

4. 地下高程的传递方法

（1）经过横洞传递高程。可由地面向隧道中敷设水准线路，用一般的水准测量方法进行。

（2）通过斜井传递高程。根据斜井坡度的大小，可分别采用水准测量和三角高程测量的方法。

（3）通过竖井传递高程。如图 12-46 所示，地面近井水准点 1，其高程为 H_1；地下近井水准点 2，其待测高程为 H_2。在地面安置水准仪和水准标尺，水准仪在水准标尺的读数为 a，在钢尺的读数为 γ_1。在地下安置水准仪和水准标尺，水准仪在标尺的读数为 b，

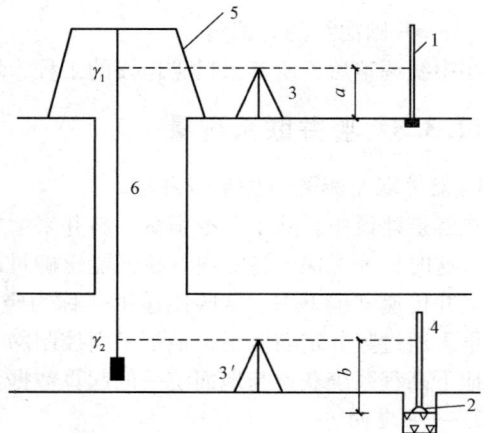

图 12-46　竖井传递高程

在钢尺的读数为 r_2。则

$$H_2 = H_1 + \alpha - \left[(\gamma_1 - \gamma_2) + \Delta_t + \Delta_k \right] - b$$

$$\Delta_t = \alpha (t - t_0)$$

(12-11)

式中　Δ_t——钢尺温度改正数；

Δ_k——钢尺检定改正数；

α——钢尺膨胀系数；

t——地面和地下的平均温度；

t_0——钢尺检定时的温度；

$l = \gamma_1 - \gamma_2$。

思考与练习

1. 管道工程测量工作内容有哪些？
2. 地下管道施工测量工作有哪些？
3. 桥梁有哪些类型？
4. 桥梁墩、台施工放样的基本内容有哪些？
5. 桥梁施工坐标系是怎样建立的？为什么要建立该桥的坐标系？
6. 为什么要进行隧道地面和地下的联系测量？

第 13 章

地下矿井工程测量

★主要内容

本章主要讲述地下矿井施工测量的主要内容及方法；井筒掘进时的测量及检查工作内容及要求。

★学习目标

1. 掌握井筒十字中线标定的要求。
2. 掌握碹岔掘进时的测量工作内容。
3. 明确地下矿井施工测量的具体要求；了解特殊工法凿井的测量工作内容及测量方法。

地下矿井施工测量的主要任务是根据各种施工设计的图纸和资料，按设计要求将施工对象标定于实地，并在施工过程中，不断进行检查测量，以确保工程质量达到设计所规定的要求。

13.1　井筒中心和十字中线的标定

13.1.1　井筒中心与十字中线

圆形竖井的井筒中心就是井筒水平圆截面的圆心。方形或长方形竖井的井筒中心就是其水平截面对角线的交点。

井筒十字中线是通过井筒中心，并互相垂直相交的两条直线。其中一条与井筒提升中心线重合或平行，这条中心线称为井筒主十字中线。

斜井井筒中心（井口位置）是斜井中线与底板设计坡度起始线的交点。斜井井筒的主十字中线就是斜井的巷道中心线。

井筒中心与十字中线如图 13-1 所示。

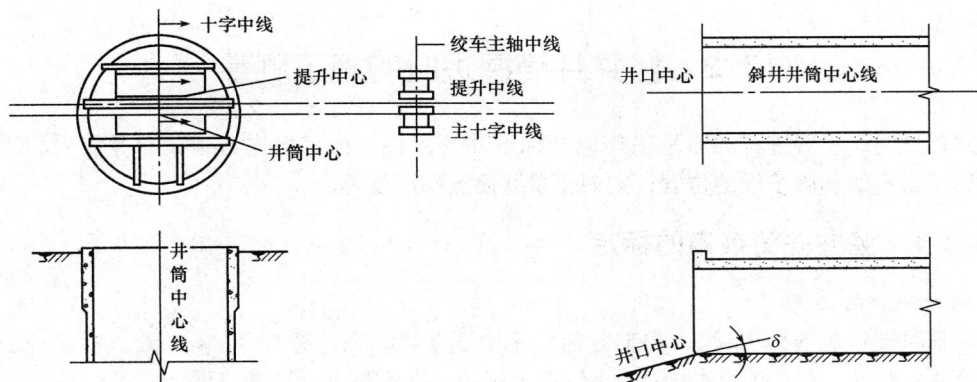

图 13-1　井筒中心与十字中线

13.1.2　竖井井筒中心的测设

竖井井筒中心应根据其设计的平面坐标和高程，以井口附近的测量控制点或近井点为基础进行标定。先计算出标定要素后，再按极坐标法实地标设井筒中心 O。

13.1.3　竖井井筒十字中线的标定

竖井井筒十字中线点在井筒每侧不得少于 3 个，点间距离一般不小于 20 m。

井筒十字中线的标定一般是与井筒中心的标定同时进行的。

标设十字中线时应按地面一级导线的精度要求测设。两条十字中线垂直度的允许误差为 $\pm 10''$。

井筒十字中线点的实际位置测定后，应绘制井筒十字中线点的位置图（见图 13-2）。

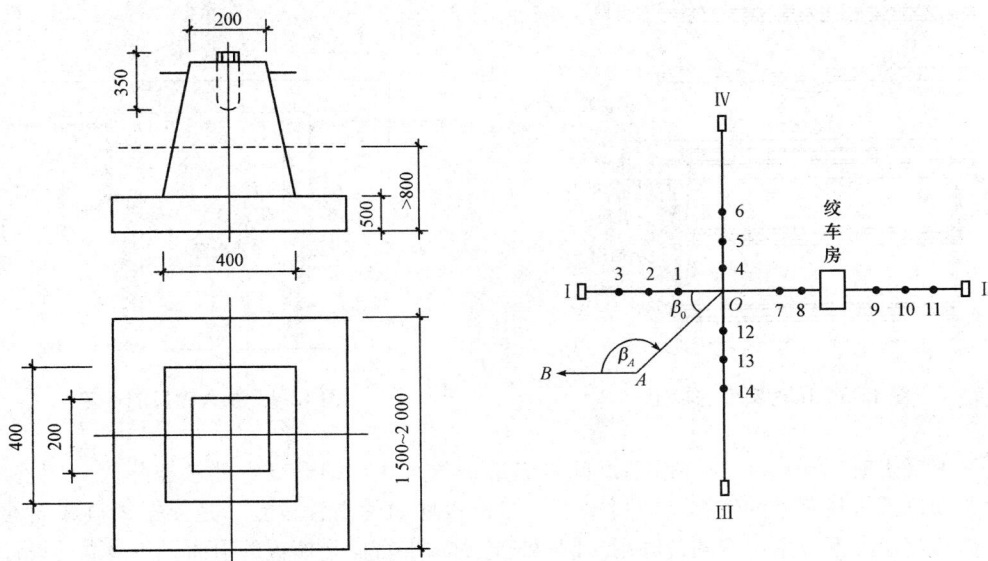

图 13-2　井筒十字中线点的位置

13.2 竖井井筒掘进时的施工测量

竖井掘进时，主要进行的测量工作包括标定井筒锁口；标定掘进与砌壁时井筒中心垂线的位置；标定梁窝线和牌子线的位置；定期丈量井筒掘砌深度等。

13.2.1 竖井井筒锁口的标定

1. 临时锁口的标定

标定临时锁口时（图13-3），根据井筒十字中线基点，在井壁外3～4 m处，精确标定出十字中线点 A、B、C、D，打入木桩并用小钉钉上标志。在木桩上标出井口设计高程。

在锁口盘上标出井筒十字中线点 a、b、c、d，然后在 A、B 和 C、D 间拉紧两根细钢丝，分别在两根钢丝上挂垂球再将临时锁口盘安置在井口预定位置，用垂球找正 a、b、c、d 四点的位置，使之位于井筒十字中线上，并用水准仪操平后固定。其高程和水平误差均不得超过 ± 20 mm。

2. 永久锁口的标定

标定永久锁口时（图13-4），按照与标定临时锁口时同样的方法标定井筒十字中线点 A、B、C、D，但打入木桩时各木桩顶端的高程应相等。

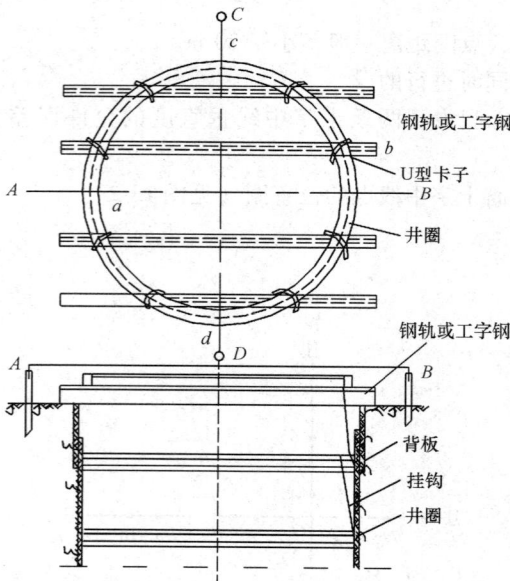

图13-3 临时锁口的标定

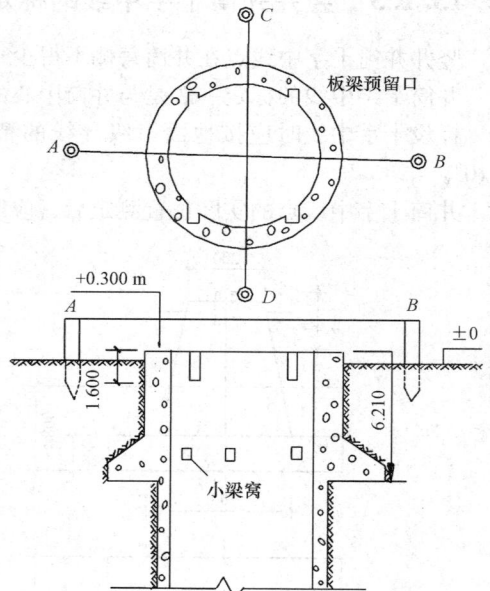

图13-4 永久锁口的标定

浇灌混凝土时，在点 A、B 和 C、D 间拉起细钢丝，并在钢丝交点处悬挂井筒中心垂球线，作为永久锁口模板找正时的依据。锁口最下一层模板底面的高程位置，是依据锁口底面的设计高程，从两钢丝向下丈量确定的，并用半圆仪或连通水准管操平模板的顶面。当浇灌到设计高度之际，由钢丝直接向下量尺确定锁口最上一层模板顶面的高程位置，并进行操平。待混凝土凝固后，用经纬仪在扒钉上精确标定井筒十字中线的位置，并在扒钉上锯成三角形缺口作为标志，以此作为井筒内确定十字中线方向的依据，同时还应测出扒钉的高程。

13.2.2　井筒中心垂球悬挂点的标设

井筒施工时，应悬挂垂球线作为井筒掘砌的依据。

（1）当提升孔设在井筒中心位置时，采用活动式"定点杆"（或称中线杆）设置放线点。

（2）当提升孔不设在井筒中心位置时，设置固定的井筒中心下线点。

13.2.3　井筒掘砌时的测量和检查

井筒中心垂球线或激光点是井筒掘砌和检查的基准线。井筒掘进时应根据它布置炮眼、检查井筒的竖直程度和断面的大小。测量井筒断面大小的方法是丈量中心垂球线或激光点至井壁的距离，并与井筒设计半径进行对比。砌壁时，依据井筒中心垂球线或激光点来检查模板的正确性，并用半圆仪或连通水准管器对托盘进行操平。应及时测量井筒的迎头标高，测量方法是根据附近的水准点，由井口下放钢尺进行丈量。当井筒加深时，应在井壁上设立水准点，作为预留梁窝、开凿马头门和丈量井筒深度的高程控制点。

13.2.4　预留梁窝位置的标定

在井筒砌壁时，通常需要预留安置罐梁的梁窝。标定预留梁窝的位置包括在砌壁用的模板上标出梁窝的中线和高程位置。

1. 梁窝中线位置的标定

梁窝中线位置可根据十字中线和边线或梁窝线进行标定。

梁窝线是位于井筒十字中线上，距井壁 100 mm 处所挂的铅垂线。梁窝线的下线点位置，一般在井盖上用极坐标法标定。首先，应根据梁窝线与井筒十字中线间的关系，计算梁窝线下线点 1、2、3、4 的坐标。然后根据具体情况，可在井筒与十字中线基点间选择一点 A，精密测定 A 点的坐标，并按照坐标反算公式计算出标定要素。再用极坐标法标定下线点。通过下线点下放梁窝线后，根据这些线在模板上标出梁窝中线的平面位置，并画一线作为标志。

2. 梁窝高程位置的标定

梁窝的高程位置可根据一根边垂线上预先按罐梁间距焊好的金属牌（即牌子线）或井筒内设立的高程点用钢尺丈量等方法确定。

13.3　井底车场掘进时的测量工作

13.3.1　马头门掘进时的测量工作

1. 马头门开切点高程的确定

在马头门或装载硐室上方至少设立两个开切点。开切点的标高，可用导入标高的方法确定。

2. 马头门掘进中线的标定

首先进行的是利用瞄直法初次给向。初次给定的马头门中线，当指示两边巷道掘进超过 15 m 时，应进行一井定向，并根据一井定向的成果，重新标定中线。

3. 腰线的标定

腰线一般距底板（或轨面）1 m。标定前，首先根据已标定的高程点的标高计算出其与腰线点间的高差，然后用水准仪标定一组腰线点，再根据这组腰线点和巷道设计坡度标定其他腰线点。

13.3.2　井底车场巷道的施工测量

井底车场的基本形式有竖井环形式和折返式。井底车场的特点是弯道和硐岔多，巷道断面和坡度变化大，并经常采用贯通的方法来掘进巷道。导线设计的具体步骤如下。

（1）选定导线点：一般选在主要巷道的中线上。

（2）确定导线的边长和水平角：根据图纸及其注记数据直接量取或计算求得。

（3）水平角的检核。

（4）计算设计的闭合导线。根据导线的边长、水平角和起算数据，计算坐标增量。

（5）调整坐标闭合差。调整坐标增量闭合差时，由于设计中所规定的曲率半径和圆心角等不能随意改正，因此，通常是将改正数分配到互不平行的两条直线边中。坐标增量闭合差的调整方法有图解法和解析法等。

（6）按统一坐标系统计算各设计导线点的坐标。

13.3.3　硐岔掘进时的测量工作

井底车场内有许多巷道交叉处，这些交叉处通常称为"硐岔"。硐岔的特点是：巷道断面大，而且是变化的，并与曲线巷道相连。

1. 标定要素的计算

图 13-5 所示为一种硐岔设计图。先将曲线分段，圆心角分为四个小角，即 θ 和三个 α'（α' $=\alpha/3$），对应的弦线为 AB、BC、CD、DE，也可以将 BC 弦线反向延长到 P，将 P 点作为转点。

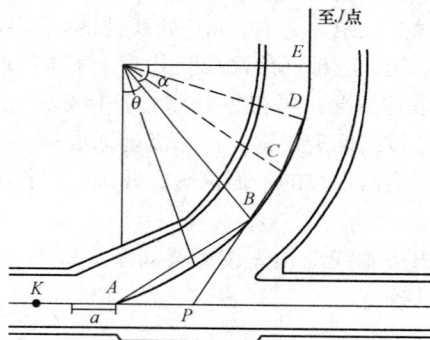

图 13-5　硐岔施工

由此和井底车场导线设计成果计算如下标定要素：

（1）B 点的坐标；

（2）E 点的坐标；

（3）其他标定要素。

2. 实地标设

首先在 KP 方向上标定出 A 点；再在 A 点安置经纬仪，按极坐标法标定出 B 点；在 PB 的延长线上标定出 C 点，然后按照同样的方法可依次标定硐鼻子点和开帮终点。

13.4　特殊凿井的测量工作

常用的特殊凿井法有冻结法、钻井法、沉井法、注浆法和帷幕法等。

13.4.1　冻结法施工时的测量工作

冻结法凿井是借助人工制冷手段，暂时加固不稳定地层和含水层等复杂地层，以便于井筒施工的一种特殊凿井法。运用冻结法凿井时，进行的主要测量工作是标定冻结孔、检查孔的位置并进行钻孔测斜。

（1）冻结孔、检查孔位置的标定。冻结孔和检查孔的位置可采用经纬仪极坐标法或模板法进行标定。标定时以井筒中心和井筒十字中线为基准。

（2）钻孔测斜。

①经纬仪灯光测斜法。经纬仪灯光测斜法的原理是：将作为观测标志的灯光放入冻结孔的测斜管中用经纬仪分段观测它的位置，根据相似三角形原理，计算出冻结孔在某深度的实际偏斜距离和方向。

②陀螺测斜仪测斜法。冻结孔陀螺测斜仪是一种新型的测斜仪器，专门用于冻结法凿井时测量冻结孔的倾斜程度。

13.4.2　钻井法施工时的测量工作

钻井法是采用大型钻头，按照设计钻成一定直径和深度的井孔，再将预制好的井壁放入井筒，作为永久支护的一种凿井方式。在钻井前应标定井筒中心和十字中线点；在钻井时要进行井筒偏斜和井径测量；预制井壁基础和组立模板施工下沉井壁时，应进行悬浮下沉井壁前的终钻测量、井壁连接测量和井壁整体就位测量。

（1）井筒偏斜和井径测量。通常使用超声波测井仪来测量井筒偏斜和井径。

（2）构筑井壁时的测量工作。当钻进到设计深度，并经过井筒偏斜和井径测量认为符合要求后，便可安装永久井壁。安装井壁时，首先进行的是连接井壁的垂直度测量。

思考与练习

1. 井筒十字中线的标定有哪些要求？
2. 井筒掘砌时的测量内容及方法有哪些？

第 14 章

全球导航卫星系统测量

★主要内容

本文主要介绍 GPS 技术的基本知识，包括 GPS 系统的组成、GPS 定位的基本原理、GPS 测量的误差来源及其消除或减弱的方法、GPS 数据处理流程以及 GPS 在测绘领域中的应用。

★学习目标

1. 掌握全球定位系统 GPS 的基本概念及应用情况。
2. 明确 GPS 系统的组成；理解 GPS 定位的基本原理；了解 GPS 数据处理流程。

14.1　全球导航卫星系统概述

全球导航卫星系统（Global Navigation Satellite System）简称"GNSS"，泛指所有在轨工作的卫星导航系统。目前主要包括美国全球定位系统（GPS）、俄罗斯格洛纳斯卫星导航系统（GLONASS）、欧盟伽利略卫星导航系统（Galileo）、中国北斗卫星导航系统（BDS），全部建成后在轨卫星数量达到 100 颗以上。目前，欧盟的伽利略卫星导航系统还没有进入商用，中国的北斗导航卫星陆续进入商用。

14.1.1　GNSS 的组成

1. 全球定位系统（GPS）

GPS 是美国的第二代卫星导航系统，是美国军方建立的定位系统。

GPS 定位技术是利用高空中的 GPS 卫星，向地面发射 L 波段的载频无线电测距信号，由地面上用户接收机实时地连续接收，并计算出接收机天线所在的位置。因此，GPS 定位系统由以下三个部分组成：GPS 卫星星座（空间部分）、地面监控系统（地面控制部分）、GPS 信号接收机（用户设备部分）。这三部分有各自独立的功能和作用，对于整个全球定位系统来说，它们都是不可缺少的。

（1）GPS 卫星星座（空间部分）。如图 14-1 所示，空间星座部分由 21 颗工作卫星和 3 颗备用卫星组成，分布在 20 200 km 高的 6 个轨道平面上（每个轨道面 4 颗），轨道倾角为 55°，运行周期是 11 h 58 min。卫星的分布使得在全球任何地方、任何时间都可观测到 4 颗以上的卫星。GPS 卫星基本功能是：接收和储存由地面监控站发来的跟踪监测信息；在地面监控站指令下，通过推进器调整卫星的姿态和启用备用卫星；进行必要的数据处理工作；通过星载高精度铯钟和铷钟提供精密的时间基准；向用户广播 GPS 信号（导航电文和测距码）。GPS 卫星广播的信号是由一基准频率（$f_0 = 10.23$ MHz）经倍频和分频产生。154 和 120 倍频后，分别形成 L 波段的两个载波频率

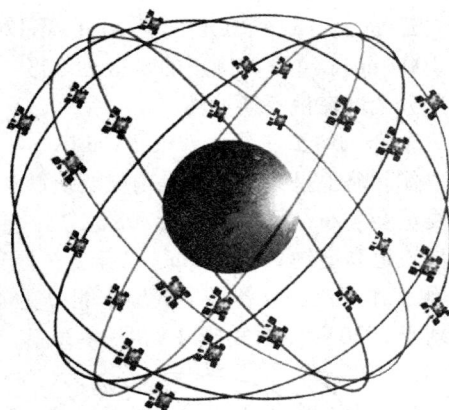

图 14-1　GPS 卫星星座

信号（$L_1 = 1\,575.42$ MHz，$L_2 = 1\,227.60$ MHz），波长分别为 19.03 cm 和 24.42 cm。调制在 L 载波上的信号包括 C/A 码、P 码和 D 码，其中：C/A 码和 P 码为测距码，分别为基准频率的十分频和一倍频，对应的波长为 293.1 m 和 29.3 m；D 码为卫星导航电文，其中包括卫星广播星历（由 3 个轨道参数和 9 个反映轨道摄动力影响的参数组成）和空间卫星星历（卫星概略坐标），它们是用来计算卫星坐标的。若测距精度为波长的 1%，则 C/A 码和 P 码的测距精度为 2.93 m 和 0.293 m。

（2）地面监控系统（地面控制部分）。地面监控部分由 1 个主控站、3 个注入站、5 个监测站组成。

主控站的主要任务是管理、协调地面监控系统各部分的工作；收集各监测站的数据，编制导航电文，送往注入站将其注入卫星；向卫星发送控制指令，进行卫星维护与异常情况的处理。

注入站的任务是在主控站的控制下，将主控站推算和编制的卫星星历、钟差、导航电文和其他控制指令等，注入相应卫星的存储系统，并监测注入信息的正确性。

监测站是在主控站直接控制下的数据自动采集中心，其主要任务是接收卫星数据，采集气象信息，实时监测卫星，并将收集的数据传送给主控站。

以上地面监控系统实际上都是由美国军方所控制。为了限制民间用户通过 GPS 所达到的实时定位精度，20 世纪 90 年代，美国对 GPS 卫星轨道精度和时钟稳定性做了有意降低（SA 政策）。

（3）GPS 信号接收机（用户设备部分）。GPS 的用户部分由 GPS 接收机、数据处理软件及相应的用户设备组成。这部分的作用是在全球任何地方，用户只要能接收到 4 颗以上卫星的信号，就可以实现测速、测时、计算接收机天线中心的三维坐标。

接收机的种类很多，按接收频率可分类为单频接收机和双频接收机；按定位功能可分类为导航型接收机和定位型接收机等。双频接收机一般用于静态大地测量和高精度动态测量，也就是定位型接收机。目前，接收机正向多功能性、广用途、全跟踪、微型化、功耗小、精度高等方向发展。

2. 格洛纳斯卫星导航系统（GLONASS）

格洛纳斯卫星导航系统最早于 1982 年开发于苏联时期，覆盖范围包括全部地球表面和近地空间，后由俄罗斯继续该计划。直到 1995 年，俄罗斯耗资 30 多亿美元完成了 GLONASS 卫星星座的组网工作。目前此卫星网络由俄罗斯国防部控制。

GLONASS 系统由 24 颗卫星组成，原理和方案都与 GPS 类似。不过，这 24 颗卫星分布在 3

个轨道面上，3 个轨道面两两相隔 120°，同平面内的卫星之间相隔 45°。每颗卫星都在 19 100 km 高、64.8°倾角的轨道上运行，轨道运行周期为 11 h 15 min，如图 14-2 所示。地面控制部分全部在俄罗斯境内。

3. 伽利略卫星导航系统（Galileo）

伽利略卫星导航系统是由欧盟研制和建立的全球卫星导航系统，该计划于 1999 年 2 月由欧盟委员会公布，欧盟委员会和欧空局共同负责。该系统计划由 27 颗工作星、3 颗备份星组成。卫星轨道高度约 24 000 km，位于 3 个倾角为 56°的轨道平面内。截至 2016 年 12 月，已经发射了 18 颗工作卫星，具备了早期操作能力。全部 30 颗卫星（调整为 24 颗工作卫星，6 颗备份卫星）计划于 2020 年发射完毕（见图 14-3）。

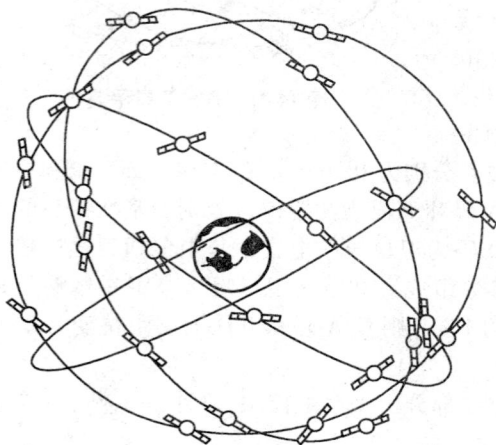

图 14-2　GLONASS 卫星星座

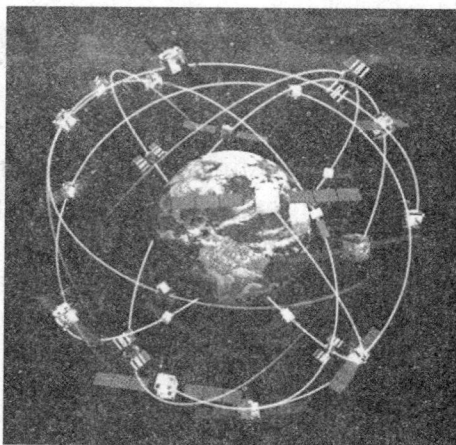

图 14-3　Galileo 卫星星座

4. 北斗卫星导航系统（BDS）

中国北斗卫星导航系统是由中国自行研制的全球卫星导航系统，是继美国全球定位系统、俄罗斯格洛纳斯卫星导航系统之后第三个成熟的卫星导航系统。中国北斗卫星导航系统和美国 GPS、俄罗斯 GLONASS、欧盟 Galileo，是联合国卫星导航委员会已认定的供应商。

北斗卫星导航系统空间段计划由 35 颗卫星组成，包括 5 颗静止轨道卫星、27 颗中地球轨道卫星、3 颗倾斜同步轨道卫星。5 颗静止轨道卫星定点位置为东经 58.75°、80°、110.5°、140°、160°，中地球轨道卫星运行在 3 个轨道面上，轨道面之间相隔 120°均匀分布，如图 14-4 所示。目前，我国正在加紧实施北斗卫星导航系统建设，计划于 2020 年左右建成覆盖全球的北斗卫星导航定位系统。

北斗卫星导航系统由空间段、地面段和用户段三部分组成，可在全球范围内全天候、全天时为各类用户提供高精度、高可靠定位、导航、授时服务，并具短报文通信能力，已经初步具备区域导航、定位和授时能力，定位精度 10 m，测速精度 0.2 m/s，授时精度 10 hs。

图 14-4　BDS 卫星星座

14.1.2　GNSS 的功能

建立 GNSS 的最初目的是满足军事需要，后来随着民用市场的快速发展和带来的经济效益，越来越多运用于民用市场。例如，目前应用最广泛的美国 GPS 能够进行飞行器的定位、电力网的授时、灾害监测、交通导航、抢险救灾等。

1. 测量

GNSS 卫星系统能够进行厘米级甚至毫米级精度的静态相对定位，米级甚至亚米级精度的动态定位；可以为测量人员提供三维定位，为用户快速提供三维坐标。下面从公路选线放样方面介绍。

高等级公路选线多在大比例尺带状地形图上进行。如果用传统方法测图，先要建立控制点，然后进行碎部测量，最后绘制成大比例尺地形图。这种方法工作量大、速度慢、花费时间长。而采用实时 GNSS 动态测量可以完全克服这个缺点，只需要在沿线每个碎部点上停留一两分钟，即可获得各点的坐标、高程，结合输入的点特征编码及属性信息，构成带状所有碎部点的数据，在室内即可利用绘图软件（如 CASS 软件）成图。由于只需要采集碎部点的坐标和输入其属性信息，而且采集速度快，因此大大降低了测图的难度，既省时又省力，非常实用。

2. 授时

时间信号的准确与否，直接关系到人们的日常生活、工业生产和社会发展，人们对时间精度的要求也越来越高。天文测时所依赖的是地球自转，而地球自转的不均匀性使得天文方法所得到的时间精度低于原子钟的精度。因此，原子钟广泛应用于精密测量和日常生活、生产领域。

GNSS 接收机授时系统是利用接收机接收卫星上的"原子钟"时间信号，然后把数据传输给单片机进行处理并显示时间，由此可制作出 GNSS 精密时钟。

3. 导航

GNSS 系统能够实时计算出接收机所在位置的三维坐标，当接收机处于运动状态时，每时每刻都能定出接收机位置，从而实现导航。导航系统的应用领域十分广泛，如飞机、轮船、汽车、导弹等。

14.1.3　GNSS 的应用

1. GNSS 在交通领域的应用

GNSS 导航系统（主要是 GPS 系统）与电子地图、无线电通信网络及计算机车辆管理信息系统相结合，可以实现车辆跟踪和交通管理等许多功能。

（1）提供出行路线规划。提供出行路线规划是汽车导航系统的一项重要辅助功能，它包括自行路线规划和人工路线设计。自行路线规划是由驾驶者确定起点和目的地，由计算机软件按要求自动设计最佳行驶路线，包括最快的路线、最简单的路线、通过高速公路路段次数最少的路线等的计算。人工路线设计由驾驶者根据自己的目的地设计起点、终点和途经点等，自动建立路线库。

（2）信息查询。GNSS 导航系统可以为用户提供主要物标，如旅游景点、宾馆、医院等数据库，用户能够在电子地图上根据需要进行查询。查询资料可以文字及图像的形式显示，并在电子地图上显示其位置。

2. GNSS 在军事上的应用

GNSS 定位技术在军事上的应用，体现于海陆空力量的指挥控制、战场机动、补给支援、火力协同、战场救援和保障精确打击等各个环节，具体应用有：

（1）导航。在黑暗或陌生的领域，GPS 能帮助军人找到目标，使部队和物资协调行动。

（2）跟踪目标。各种武器系统使用 GPS 跟踪敌方地面和空中目标，确保目标精确锁定。军事航行器使用专用的 GPS 从空中寻找地上目标。例如，在伊拉克战争中，从攻击性直升机的摄影枪视频影像显示的 GPS 坐标能在"谷歌地球"上查找。

（3）导弹制导。GPS 为洲际弹道导弹、巡航导弹和各种精密制导武器提供精确的目标。

3. GNSS 在农业领域的应用

在高科技迅猛发展的大时代，"精细农业"应运而生，其主要内容是运用 GNSS、GIS 技术和计算机自动控制与决策系统，将农田地块按要求大小进行变量施肥、喷洒管理、产量预测、农田面积测量等，并且使农机夜间精确作业成为现实。在农机上安装 GNSS 用户接收设备后，可在手机显示屏上监视喷洒的量以及采用何种肥料配比，且随时指令配料仓自动改变输出量和成本配比。采用 GNSS，解决了一般性技术难以解决的问题，大大提高了农事操作的精确度和化肥、农药的利用率。GNSS 精确施用肥料和农药的技术很适合大规模经营的农业。

14.2 坐标系统

测量的基本任务是确定物体在空间中的位置。确定物体的位置需要一个参照系，测量上的参照系就是各类坐标系统。卫星的运动是受到地球引力情况下的惯性运动，与地球的自转无关，所以为了描述卫星的位置，应该引入一个不随地球自转变化的坐标（天球坐标系）。另一方面，地球表面的测量点、空间位置随地球自转而变化，但对地球观测者而言，其位置是固定不动的，为了描述其位置，需要一个随地球自转而变化的坐标系统（地球坐标系）。

14.2.1 协议天球坐标系

以地球质心为中心，以半径为无穷大的一个假想球体称为天球。

1. 天球空间直角坐标系

天球空间直角坐标系的原点位于地球质心 M，Z 轴指向天球北极，X 轴指向春分点，Y 轴与 Z、X 轴构成右手坐标系。任一天体位置可用天球空间直角坐标系 (x, y, z) 表示。

2. 天球球面坐标系

天球球面坐标系的原点位于地球质心 M，赤经 α 为过天体 S 的天球子午面与过春分点的天球子午面之间的夹角，赤纬 δ 为原点 M 和天体 S 的连线与天球赤道面之间的夹角，向径长度 r 为原点 M 至天体 S 之间的距离，如图 14-5 所示。

3. 坐标转换

天球空间直角坐标系 (x, y, z) 和天球球面坐标系 (α, δ, r) 是同一天体位置的不同表示方式，因此两者可以相互转换，公式如下：

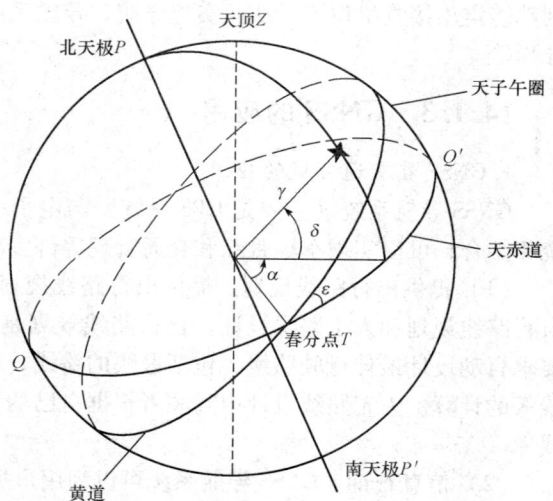

图 14-5 天球坐标系

$$\begin{bmatrix} x \\ y \\ z \end{bmatrix} = r \begin{bmatrix} \cos\delta\cos\alpha \\ \cos\delta\sin\alpha \\ \sin\delta \end{bmatrix}$$

$$r = \sqrt{x^2 + y^2 + z^2} \tag{14-1}$$

$$\alpha = \arctan\frac{y}{x}$$

$$\delta = \arctan\frac{z}{\sqrt{x^2 + y^2}}$$

由于地球自转轴受到外力作用而发生旋转的运动现象，从而 Z 轴的指向也处于变化之中。这样建立起来的天球坐标系不固定，为此人们通常选择某一时刻作为标准历元，并将标准历元的瞬时北天极和真春分点作章动改动，得 Z 轴的指向和 X 轴的指向，这样建立起来的坐标系称为协议天球坐标系。

14.2.2　协议地球坐标系

由于地球质量分布不均匀，并且存在内部运动，地球的旋转轴相对于地球体并不是固定不变的，这种现象称为极移。类似于天球坐标系，国际大地测量协会和国际天文联合会规定了一个所谓的协议地极（CTP），以协议地极为极点的地球坐标系，就称为协议地球坐标系。

同样，协议地球坐标系也有两种表达形式：地球空间直角坐标系和大地坐标系。

1. 地球空间直角坐标系

地球空间直角坐标系是原点 O 与地球质心重合，Z 轴指向地球北极，X 轴指向地球赤道面与格林尼治子午圈的交点，Y 轴在赤道平面里与 XOZ 构成右手坐标系，如图 14-6 所示。

2. 大地坐标系

大地坐标系是地球椭球的中心与地球质心重合，椭球的短轴与地球自转轴重合。空间点位置在该坐标系中表述为（L，B，H），如图 14-6 所示。

3. 坐标转换

同天球直角坐标系和球面坐标系一样，地球空间直角坐标系和大地坐标系也可以相互转换，同一地面点的转换公式如下：

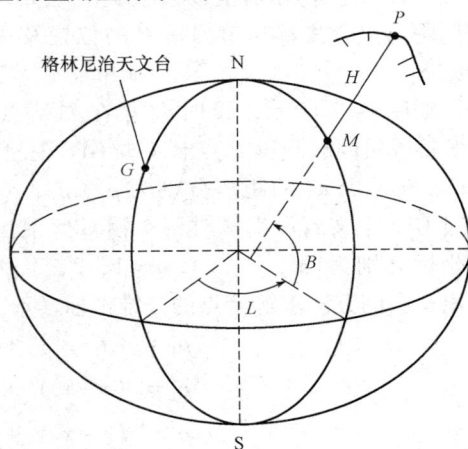

图 14-6　地球坐标系

$$B = \arctan\frac{Z + Ne^2\sin B}{\sqrt{X^2 + Y^2}}$$

$$L = \arctan\frac{Y}{X} \tag{14-2}$$

$$H = \frac{\sqrt{X^2 + Y^2}}{\cos B} - N$$

$$X = (N + H)\cos B\cos L$$
$$Y = (N + H)\cos B\sin L \tag{14-3}$$
$$Z = [N(1 - e^2) + H]\sin B$$

式中　e——子午椭圆第一偏心率，可由长短半径按 $e^2 = (a^2 - b^2)a^2$ 算得，a、b 分别为椭圆的长半轴和短半轴；

N——法线长度，可由式 $N = \dfrac{a}{\sqrt{1 - e^2 \ (\sin B)^2}}$ 算得。

14.3 GPS 测量原理

14.3.1 GPS 测量方法

1. GPS 定位原理

GPS 定位的基本原理是以卫星至用户接收天线之间的距离（或距离差）为观测量，根据已知的卫星瞬时坐标，利用空间距离后方交会，确定用户接收机天线所对应的观测站位置。故 GPS 定位原理是一种空间的距离交会原理。

设想在地面待定位置上安置 GPS 接收机，同一时刻接收 4 颗以上 GPS 卫星发射的信号。通过一定的方法测定这 4 颗以上卫星在此瞬时的位置以及它们分别至该接收机的距离，据此利用距离交会法解算出测站 P 的位置及接收机钟差 δ。

如图 14-7 所示，设时刻 t_i 在测站点 P 用 GPS 接收机同时测得 P 点至 4 颗 GPS 卫星 Sat1、Sat2、Sat3、Sat4 的距离分别为 ρ_1、ρ_2、ρ_3、ρ_4，通过 GPS 电文解译出该时刻 4 颗 GPS 卫星的三维坐标分别为 $(x^j,\ y^j,\ z^j)$，$j = 1$，2，3，4，用距离交会的方法求解 P 点的三维坐标 $(x,\ y,\ z)$ 的观测方程为：

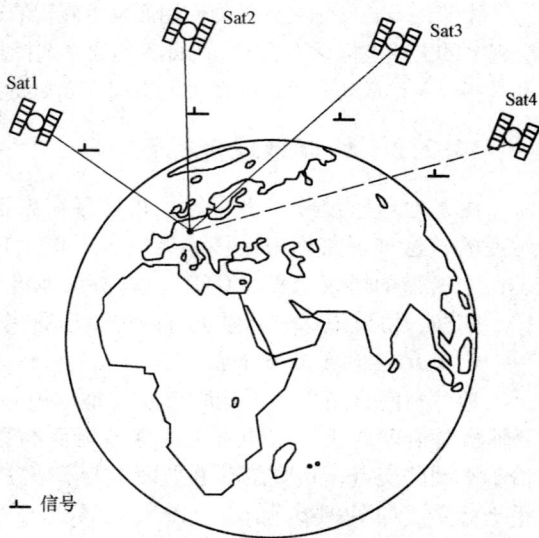

图 14-7 GPS 定位基本原理

$$
\left.
\begin{aligned}
\rho_1^2 &= (x - x^1)^2 + (y - y^1)^2 + (z - z^1)^2 + c\delta_t \\
\rho_2^2 &= (x - x^2)^2 + (y - y^2)^2 + (z - z^2)^2 + c\delta_t \\
\rho_3^2 &= (x - x^3)^2 + (y - y^3)^2 + (z - z^3)^2 + c\delta_t \\
\rho_4^2 &= (x - x^4)^2 + (y - y^4)^2 + (z - z^4)^2 + c\delta_t
\end{aligned}
\right\}
\qquad (14\text{-}4)
$$

式中 c——光速；

δ_t——接收机钟差。

根据以上公式可知，GPS 定位测量中，要求测站点的三维坐标，必须测定观测瞬间各 GPS 卫星的准确位置和观测瞬间各卫星至观测站点的站星距。

由此可见，GPS 定位测量中，要解决两个问题：

一是观测瞬间 GPS 卫星的位置。GPS 卫星发射的导航电文中含有 GPS 卫星星历、卫星时钟改正、电离层时延改正、工作状态信息等可以实时地确定卫星位置的信息，即可确定观测卫星的三维坐标。

二是观测瞬间测站点至 GPS 卫星之间的距离（站星距）。依据 GPS 测距原理，其测量方法主要有测码伪距测量和测相伪距测量。

2. GPS 定位方法分类

（1）根据参考点位置不同，GPS 定位方法可分为绝对定位和相对定位。

　　绝对定位是以地球质心为参考点，测定接收机天线在协议地球坐标系中的绝对位置。绝对定位的特点有：仅需一台接收机即可进行独立定位，外业观测的组织和实施较为方便，数据处理较为简单，使用成本低，灵活性强，可实时进行测量；但其结果受卫星星历误差、卫星钟差以及大气延迟误差影响较为明显，故定位精度较差。该方法适用于低精度的测量领域。

　　相对定位又叫差分 GPS 定位，是指利用两台以上的接收机测定测站与某一地面参考点之间的相对位置。此方法用来测定地面参考点到未知点的坐标增量。

　　相对定位的特点有：由于相对定位所获得的观测量中所包含的误差具有相关性，所以采用适当的数学模型，通过观测量求差可消除或减弱卫星钟差、卫星星历误差、电离层延迟误差、对流层延迟误差，故相对定位的精度高于绝对定位。但测量过程中至少需要 2 台接收机进行同步观测，组织实施较为麻烦。

　　（2）按用户接收机在作业中的状态不同，GPS 定位方法可分为静态定位和动态定位，如图 14-8 所示。

　　静态定位是指定位过程中将接收机安置在测站点上并固定不动，即用户接收机天线处于静止状态。由于待定点位置固定不动，因此可通过大量重复观测提高定位精度。静态定位在大地测量、工程测量等领域均有广泛的应用。

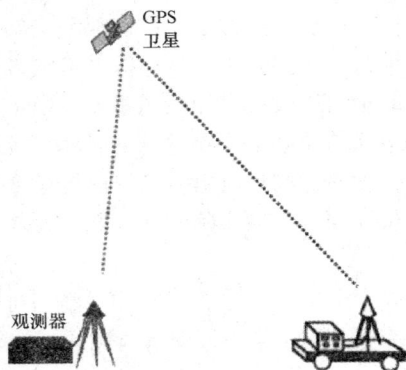

图 14-8　GPS 静态定位、动态定位

近年来，快速静态相对定位技术已在实际工作中得到广泛使用，使得静态作业时间大为减少，从而在地形测量和一般工作测量领域内也获得了广泛的应用，并且已在某些应用领域内取代传统的静态相对定位方法。

　　动态定位是指在一个时间段内，用户接收机处于运动状态，待定点在地球坐标系中的位置有显著变化，每个观测瞬间待定点的位置各不相同。动态定位 RTK 技术在地形测图中发挥了重要作用，还可以在车辆、船舰、飞机这些运动的载体上安置 GPS 信号接收机，采用动态定位方法获得接收机天线的实时位置。

　　以上讲述的绝对定位和相对定位中，又都包含了静态和动态定位两种方式，即有动态绝对定位、静态绝对定位、动态相对定位、静态相对定位。

　　（3）根据 GPS 信号的不同，GPS 定位方法可分为伪距测量法和载波相位测量法。

　　伪距测量法是指在某一瞬间利用 GPS 接收机同时测定至少 4 颗卫星的伪距，根据已知的卫星位置和伪距观测值，采用距离交会法求出接收机的三维坐标和时钟改正数。

　　载波相位测量法是指通过测量载波的相位而求得接收机到 GPS 卫星的距离，是目前大地测量和工程测量中的主要测量方法。

14.3.2　测码伪距测量

　　卫星测量的基本观测量是距离，测码伪距测量是通过将接收到的信号与接收机自身产生的信号进行比较得到时间差，进而通过计算求得。

　　卫星依据自己的时钟发出某一结构的测距码，该测距码经过 Δt 时间后到达 GPS 接收机。同一时刻接收机在自己的时钟控制下，产生一组结构完全相同的测距码，并通过时延器使之延迟时间 τ，对两码进行相关比较，直至两码完全对齐，则该延迟时间 τ 即传播时间 Δt（$\tau = \Delta t$）。因此，计算出接收机至卫星的距离 ρ 为：

$$\rho = c \times \Delta t = c \times \tau \tag{14-5}$$

　　为了测量上述测距码信号的传播时间，GNSS 卫星在卫星时钟的某一时刻 t^j 发射出某一测距码信号，用户接收机依照接收机时钟在同一时刻也产生一个与发射码完全相同的码（称为复制码）。卫星发射的测距码信号经过 Δt 时间在接收机时钟的 t_i 时刻被接收机收到（称为接收码），接收机通过时间延迟将复制码向后平移若干码元，使复制码信号与接收码信号达到最大相关（即复制码与接收机码完全对齐），并记录平移的码元数。平移的码元数与码元宽度的乘积，就是卫星发射的码信号到达接收机天线的传播时间 Δt，又称为时间延迟。

　　通过上述方法要准确地测定站星之间的几何距离，必须具备两个前提条件：一是使卫星时钟与用户接收机时钟保持严格同步；二是同时考虑大气层对卫星信号的影响。事实上，由于卫星时钟与接收机时钟振荡频率不稳定，不可避免地存在时钟误差，使站星时钟不能严格同步。而且卫星信号必定要穿过电离层和对流层才能到达 GPS 用户接收机，不可避免受到大气层的影响。这种通过测距码信号测得的星站之间的实际距离观测量称为码伪距观测量。因此，码伪距观测量 ρ' 与站星间实际的几何距离 ρ 之间存在如下关系：

$$\rho = \rho' + \delta\rho_1 + \delta\rho_2 + c\delta t_k + c\delta t^j \tag{14-6}$$

式中　δt_k——接收机时钟时间相对于 GNSS 标准时的钟差；

　　　　δt^j——卫星时钟时间相对于 GNSS 标准时的时钟差；

　　　　$\delta\rho_1$、$\delta\rho_2$——电离层和对流层对卫星信息传播的延迟改正项。

δt_k 的下标 k 表示接收机号，δt^j 的上标 j 表示卫星号。

　　由于 GNSS 卫星上设有高精度的原子钟，与理想的 GNSS 时钟之间的差值，通常可以从卫星播发的导航电文中获得，经时钟误差改正后各卫星的同步可保持在 20 ns 以内，由此所导致的测距误差可忽略，则由式（14-6）可得测码伪距方程的常用形式为

$$\rho = \rho' + \delta\rho_1 + \delta\rho_2 + c\delta t_k \tag{14-7}$$

(x_i, y_i, z_i) 为第 i 个观测站的近似坐标，$(\delta x_i, \delta y_i, \delta z_i)$ 为第 i 个观测站坐标的改正数，$[x^j(t), y^j(t), z^j(t)]$ 表示第 j 颗卫星在时刻 t 的瞬时坐标，则式（14-7）可写为

$$\rho_i^j(t) = \sqrt{[x^j(t) - x_i]^2 + [y^j(t) - y_i]^2 + [z^j(t) - z_i]^2} \tag{14-8}$$

令

$$\left. \begin{aligned} l_i^j(t) &= \frac{1}{\rho_i^j(t)}[x^j(t) - x_i] \\ m_i^j(t) &= \frac{1}{\rho_i^j(t)}[y^j(t) - y_i] \\ n_i^j(t) &= \frac{1}{\rho_i^j(t)}[z^j(t) - z_i] \end{aligned} \right\} \tag{14-9}$$

伪距观测方程的线性化形式可写为

$$\rho'^j_i(t) = \rho_i^j(t) + [-l_i^j(t) \quad -m_i^j(t) \quad -n_i^j(t)] \begin{bmatrix} \delta x_i \\ \delta y_i \\ \delta z_i \end{bmatrix} + c\delta t_i(t) + \delta\rho_1 + \delta\rho_2 \tag{14-10}$$

　　利用测码伪距进行伪距测量是 GPS 定位系统的基本测量方法。由于时间延迟的测量值受到卫星时钟、接收机时钟以及电离层和对流层延迟的影响，所以所测距离与真实距离是不相等的。时间延迟是通过接收机内产生与测距码结果相同的复制信号，再与接收到的测距信号进行相关处理而获得的，所以信号相关测量的精度与信号的码元宽度有关。GPS 信号中测距码的码元宽度较大，根据经验，码相位对齐精度约为码元宽度的 1%，接收机的测量精度可达到码元宽度的

1% 。由于 C/A 码的码元宽度为 293 m，所以其测量精度为 2.9 ~ 0.29 m，而对于 P 码而言，其码元宽度为 C/A 码的 1/10，所以其测距精度为 0.29 ~ 0.029 m。因此，有时将 C/A 码称为粗码，P 码称为精码。可见，采用测距码进行站星距离测量的测距精度不高。

14.3.3　测相伪距测量

由前可知，测码伪距的量测码码元宽度过大，因而测距精度过低，无法满足测量定位的需求。如果把 GPS 信号中的载波作为量测信号，由于载波的波长短，L_1 载波的波长为19 cm，L_2 载波的波长为 24 cm，所以对于载波 L_1 而言，相应的测距误差约为 1.9 mm，而对于载波 L_2 而言，相应的测距误差约为 2.4 mm，可见测距精度很高。

但是，载波信号是一种周期性的正弦信号，而相位测量又只能测定其不足一个波长的部分，因而存在整周数不确定性的问题，使解算过程变得比较复杂。

在 GPS 信号中，由于已用相位调整的方法在载波上调制了测距码和导航电文，因而接收到的载波相位已不再连续，所以在进行载波相位测量之前，首先要进行解调工作，设法将调制在载波上的测距码和导航电文解调，重新获取载波，这一工作称为重建载波。重建载波一般可采用两种方法：一种是码相关法，另一种是平方法。采用前者，用户可同时提取测距信号和卫星电文，但是用户必须知道测距码的结构；采用后者，用户无须掌握测距码的结构，但只能获得载波信号而无法获得测距码和导航电文。

载波相位测量是通过测量 GPS 载波信号从 GPS 卫星发射到 GPS 接收机的传播路程上的相位变化 $\Delta\varphi$，确定传播距离 ρ'，故又称为测相伪距测量，有

$$\rho' = \lambda \Delta\varphi \tag{14-11}$$

式中　$\Delta\varphi$——载波信号传播过程中的相位变化（周）；

　　　λ——载波信号波长（cm）。

在实际应用中，这种相位变化量无法直接测定。因为在 GNSS 卫星上并不量测载波的相位 φ_S，因此在同一时刻接收机产生一组与卫星所发射完全相同的载波；故任一时刻在卫星处所量测的载波相位 φ_S 与在接收机处所量测的载波相位 Φ_R 完全相同。故（14-10）可写为

$$\rho' = \lambda \ (\Phi_R - \varphi_R) \tag{14-12}$$

式中　φ_R——接收机接收到的卫星载波的相位。

如果我们以每秒整或每个 1/10 秒整作为起点依次在载波上注上标记（卫星信号传到地面接收机的时间约为 0.07 s），让我们知道在量测的是哪个载波，那么我们就能直接测定包含整波段数和小数部分在内的完整的相位差 $(\Phi_R - \varphi_R)$，从而确定精确的卫星到地面接收机的距离。但令人遗憾的是，载波只是一些无任何标记的余弦波，我们无法知道在量测的是距起点的第几个载波，因而无法给出完整的相位差 $(\Phi_R - \varphi_R)$。下面介绍在进行载波相位测量时接收机究竟能给出哪些信息。

1. 首次观测值

在进行载波相位测量时，我们无法知道在量测的是第几个载波，因此在每一时段卫星信号上进行第一次载波相位测量时，我们只能测出 $(\Phi_R - \varphi_R)$ 中不足一周的部分 $F_r(\varphi)$，而从卫星至接收机之间所包含的整波段数 N 则无法确定。N 为整周模糊度或整周未知数。

2. 其余各次观测值

随着卫星的运动，卫星至接收机间的距离也在不断变化。相应地，上述两个信号间的相位差 $(\Phi_R - \varphi_R)$ 也在不断变化。在进行首次观测后，只要接收机一直锁定该卫星信号，就能用计数器把相位差变化过程中的正波段数记录下来：每当 $(\Phi_R - \varphi_R)$ 的相位从 360° 变为 0° 时（即变化一

周后）计数加 1，这个计数称为整周计数 Int $（\varphi）$。因此在随后各次载波相位测量中，接收机不但可以量测出观测星历的相位差中不足一周的部分 $F_r（\varphi）$，而且可以给出从首次观测历元 t_0 起相位差 $（\varPhi_R - \varphi_R）$ 中的正波段数 Int $（\varphi）$，如图 14-9 所示。

于是载波相位测量的观测值可统一表示为

$$\varphi = \text{Int}（\varphi）+ F_r（\varphi） \tag{14-13}$$

首次观测时整周计数 Int $（\varphi）$ 一般为零。随后各次观测时，Int $（\varphi）$ 为正整数（卫星离接收机间的距离越来越大），也可以为负整数（卫星离接收机的距离越来越近）。完整的载波相位差 $（\varPhi_R - \varphi_R）$ 用可用下式表示：

$$（\varPhi_R - \varphi_R）= N + \text{Int}（\varphi）+ F_r（\varphi） \tag{14-14}$$

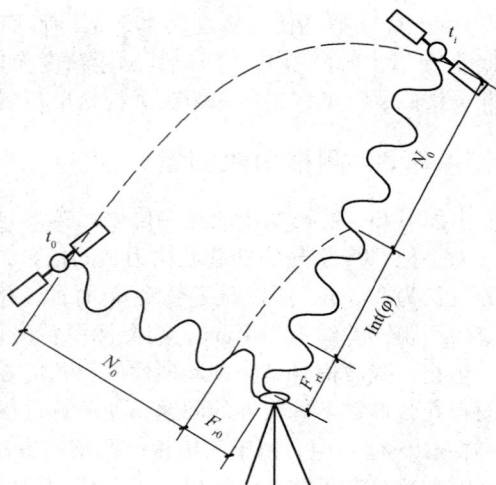

图 14-9　载波相位测量的实际观测值

而进行载波相位测量时，接收机只能给出后两部分 $\varphi = \text{Int}（\varphi）+ F_r（\varphi）$，$N$ 需要通过其他途径求出。只有正确确定整周模糊度 N 后，载波相位观测值 $\tilde{\varphi}$ 才能转化为精确的卫地距 ρ。

3. 整周未知数的确定

只要接收机能保持对卫星信号的连续跟踪而不失锁，则对同一卫星所进行的连续载波相位观测值都对应同一个整周模糊度 N。

（1）整周数（固定解）。对于短基线，当进行 1 h 以上的静态相对定位时，平差求出的整周未知数一般为较接近于相邻近整数的实数，可以将其取为相近的整数（四舍五入）。

在基线较短的相对定位中，若观测误差和外界误差对观测量的影响较小，这种整周未知数的确定方法比较有效。由这种整周未知数的整数解获得的待定点坐标估值也称为固定解。

（2）非整周数（实数解或浮动解）。在基线较长的静态相对定位中，误差的相关性降低，卫星星历、大气折射等误差的影响难以有效消除，外界误差对观测量的影响比较大，采用上述方法求解整周未知数精度较低。事实上，整周未知数的实数解中往往包含一些系统误差，此时，再将其取为某一整数，实际上对于相对定位精度只会有损而无益。所以通常对于 20 km 以上的长基线一般不再考虑整周未知数的整数性质，直接将实数作为整周未知数的解。此时，通过平差计算得到的整周未知数不是整数，不必凑整，直接以实数形式导入观测方程，重新解算其他参数。

由实数整周未知数获得的待定点坐标估值称为浮动解。在静态相对定位中求解整周未知数时常采用此种方法。

（3）快速解算法（FARA）。快速解算法的基本思想是，以数理统计理论的参数估计和假设检验为基础，充分利用初始平差的解向量（站点坐标及整周模糊度的实数解）及其精度信息，确定在某一个置信区间，整周模糊度可能的整数解组合，然后依次将整周模糊度的每一个组合作为已知值，重复进行平差计算，其中能使估值的验后方差为最小的一组整周模糊度，即所搜索的整周模糊度的最佳估值。

基于此方法的静态相对定位，所需的观测时间可缩短到几分钟。

（4）动态法。动态法的基本思想是在载体运动过程中，载体上的 GNSS 接收机与参考站上的 GNSS 接收机对共视卫星进行同步观测，利用快速结算法，对卫星的载体相位观测值进行平差处理，确定初始整周未知数。而在上述为初始化进行的短时间观测过程中，载体已经有了位移，载体的瞬时位置则是根据随后确定的整周未知数，利用逆向求解的方法来确定的。

4. 周跳的探测与修复

周跳是由于 GNSS 接收机对于卫星信号的失锁而导致的 GNSS 接收机中载波相位观测值中整周计数所发生的突变。

如果由于各种原因，导致计数器累计发生中断，那么恢复计数器后，其所计的整周计数与正确数之间就会存在一个偏差，这个偏差就是因周跳而丢失掉的周数。其后观测的每一个相位观测值中都含有这个偏差。

产生周跳的主要原因是卫星信号失锁。例如，卫星信号被障碍物遮挡而暂时中断，或受到无线电信号干扰而造成失锁等。这些原因都会使计数器的整周数发生错误，由于载波相位观测量为瞬时观测值，因此，不足一周的小数部分总能保持正确。如何判断周跳并恢复正确的计数是 GNSS 数据处理中的一项很重要的工作。周跳探测与修复主要有以下三种方法：

（1）多项式拟合法：利用载波相位及其变化率的多项式拟合来探测和修复周跳。

（2）伪距/载波相位组合法：利用伪距和载波相位组合观测值来探测和修复整周跳变。

（3）电离层残差法：利用双频载波相位组合观测值来探测和修复整周跳变。

在实际生产工作中，解决周跳问题的根本途径是提高 GNSS 外业观测的要求，重视选择 GNSS 接收机的机型和控制点点位的观测条件，组织外业观测等，尽量避免周跳的发生。

14.4　GPS 相对定位原理

14.4.1　相对定位原理概述

相对定位是利用两台 GPS 接收机，分别安置在基线的两端，同步观测相同的 GPS 卫星，通过两测站同步采集 GPS 数据，经过数据处理以确定基线两端点在协议地球坐标系中的相对位置或基线向量，如图 14-10 所示。相对定位方法一般可推广到多台接收机安置在若干条基线的端点，通过同步观测 GPS 卫星，以确定多条基线向量。

GPS 相对定位也叫差分 GPS 定位，是目前 GPS 定位中精度最高的一种，广泛用于大地测量、精密工程测量、地球动力学研究和精密导航。

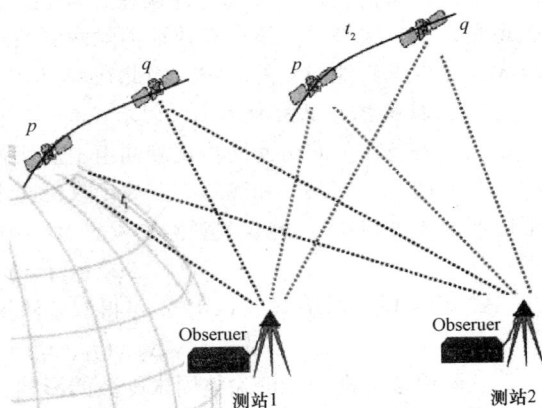

图 14-10　GPS 相对定位

在两个观测站或多个观测站同步观测相同卫星的情况下，卫星的轨道误差、卫星时钟差、接收机时钟差以及电离层的折射误差等，对观测量的影响具有一定的相关性，所以利用这些观测量的不同组合进行相对定位，便可以有效地消除或减弱上述误差的影响，从而提高相对定位的精度。

根据定位过程中接收机所处的状态不同，相对定位可分为静态相对定位和动态相对定位。

14.4.2　静态相对定位原理

假设测站（接收机）1 和 2 分别在 t_1 和 t_2 时刻（历元）对卫星 p 和 q 进行了同步观测，可获得以下独立的载波相位观测量：

$$\varphi_1^p(t_1),\ \varphi_1^p(t_2),\ \varphi_1^q(t_1),\ \varphi_1^q(t_2),\ \varphi_2^p(t_1),\ \varphi_2^p(t_2),\ \varphi_2^q(t_1),\ \varphi_2^q(t_2)$$

利用这些观测量的不同组合求差进行相对定位，可以有效地消除这些观测量中包含的相关误差，提高相对定位精度。目前的求差方式有三种：单差、双差、三差。

1. 在接收机之间求单差

所谓单差即在不同观测站（图 14-10 中的测站 1 和 2）同步（在 t_1 时间）观测卫星 p 所得到的观测量之差，也就是在两台接收机之间求一次差。它是 GPS 相对定位中测量组合的最基本形式，具体表达式可写为

$$\Delta\varphi_{12}^p(t_1) = \varphi_2^p(t_1) - \varphi_1^p(t_1) \tag{14-15}$$

单差法的优点是消除了卫星时钟差的影响。同时由于两测站相距较近（$<100\ \text{km}$），同一卫星到两个测站的传播路径上的电离层、对流层的延迟误差相近，取单差可进一步明显地减弱大气延迟的影响。该方法的缺点是使观测方程的个数明显减少。

2. 在接收机和卫星之间求双差

双差是指在不同测站上同步观测一组卫星所得到的单差之差，即在接收机和卫星之间求二次差。

在 t_1 时刻，测站 1 和测站 2 上的接收机同时观测卫星 p 和卫星 q。对于卫星 q，同样可得形同式（14-15）的单差观测方程。

$$\Delta\varphi_{12}^q(t_1) = \varphi_2^q(t_1) - \varphi_1^q(t_1) \tag{14-16}$$

式（14-16）减去式（14-15）可得双差法模型表达式：

$$\Delta\varphi_{12}^{pq}(t_1) = \varphi_{12}^q(t_1) - \varphi_{12}^p(t_1) \tag{14-17}$$

单差模型仍包含接收机时钟误差，其误差改正数仍是一个未知量。但是由于进行连续的相关观测，求二次差后，便可有效地消除两测站接收机的相对改正数，这是双差模型的优点，同时也大大减少了其他误差的影响。因此在 GPS 相对定位中，广泛采用双差法进行计算和数据处理。

3. 在接收机、卫星和历元之间求三差

三差是指在不同历元同步观测同组卫星所得的观测量双差之差。

在 t_2 时刻，测站 1 和测站 2 上的接收机同步观测卫星 p 和卫星 q。对于卫星 p 和卫星 q，同样可得形同式（14-17）的双差观测方程。

$$\Delta\varphi_{12}^{pq}(t_2) = \varphi_{12}^q(t_2) - \varphi_{12}^p(t_2) \tag{14-18}$$

式（14-18）减去式（14-17）可得双差法模型表达式：

$$\Delta\varphi_{12}^{pq}(t_1,\ t_2) = \varphi_{12}^{pq}(t_2) - \varphi_{12}^{pq}(t_1) \tag{14-19}$$

三差模型可进一步消除整周未知数的影响，但其观测方程数量比双差模型减少更多。所以，三差模型求得的基线结果精度不够高，在数据处理中，用于协助求解整周未知数和周跳等问题。

14.4.3　动态相对定位原理

动态相对定位是将一台接收机设置在一个固定的参考站或基准站（坐标已知或假定已知），另一台接收机安装在运动载体上，载体在运动过程中，其上的 GPS 接收机与基准站接收机同步观测 GPS 卫星，以实时确定载体在每个观测历元的瞬时位置。

在动态相对定位过程中，根据基准站的已知坐标和所测卫星的已知瞬间位置，就可以计算出差分改正信息，以该值作为修正值传输给流动站的用户。流动站根据修正值来改正同步观测的相应观测量，进而计算流动站的瞬间位置，以达到提高精度的目的。差分基本原理如图 14-11 所示。

GPS 信号按照处理时间不同可分为实时差分 GPS 和后处理差分 GPS。实时差分 GPS 是指在接收机接收信号的同时计算出当前接收机所处的位置。后处理差分 GPS 是指把卫星信号记录在一定介质（主机或电脑）上，回到室内进行数据处理，获取用户接收机在每个瞬时所处理的位置、速度、时间等信息。

根据基准站所发送的修正数据的类型不同，GPS 信号处理方法又可分为位置差分、伪距差分、载波相位差分三种。

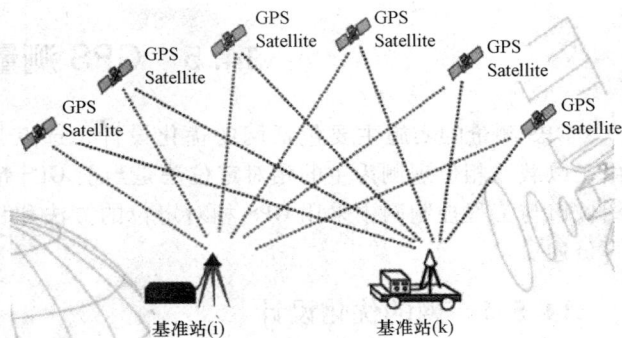

图 14-11　GPS 差分定位原理

1. 位置差分

位置差分是一种最简单的差分方法，任何一种 GPS 接收机均可改装和组成这种差分系统。安装在基准站上的 GPS 接收机观测 4 颗卫星后便可进行三维定位，解算出基准站的坐标。由于存在轨道误差、时钟误差、SA 影响、大气影响、多路径效应以及其他误差，解算出的坐标与基准站的已知坐标是不一样的，存在误差。基准站利用数据链将此改正数发送出去，由用户站接收，并且对其解算的用户站坐标进行改正。

最后得到的改正后的用户坐标已消去了基准站和用户站的共同误差，例如卫星轨道误差、SA 影响、大气影响等，提高了定位精度。以上先决条件是基准站和用户站观测同一组卫星的情况。位置差分法适用于用户与基准站间距离在 100 km 以内的情况。

2. 伪距差分

伪距差分是目前用途最广的一种技术，几乎所有的商用差分 GPS 接收机均采用这种技术。国际海事无线电委员会推荐的 RTCM SC - 104 也采用了这种技术。

在基准站上的 GPS 接收机求得它至可见卫星的距离，并将此计算出的距离与含有误差的测量值加以比较。利用一个 $\alpha - \beta$ 滤波器将此差值滤波并求出其偏差。然后将所有卫星的测距误差传输给用户，用户利用此测距误差来改正测量的伪距。最后，用户利用改正后的伪距来解出本身的位置，就可消去公共误差，提高定位精度。

与位置差分原理相似，伪距差分能将两站公共误差抵消，但随着用户到基准站距离的增加，又出现了系统误差，这种误差用任何差分法都是不能消除的。用户和基准站之间的距离对精度有决定性影响。

3. 载波相位差分

载波相位差分技术又称为 RTK（Real Time Kinematic）技术，是建立在实时处理两个测站的载波相位基础上的。它能实时提供观测点的三维坐标，并达到厘米级的高精度。

与伪距差分原理相同，载波相位差分技术由基准站通过数据链实时将其载波观测量及站坐标信息一同传送给用户站。用户站接收 GPS 卫星的载波相位与来自基准站的载波相位，并组成相位差分观测值进行实时处理，能实时给出厘米级的定位结果。

实现载波相位差分 GPS 的方法分为两类：修正法和差分法。前者与伪距差分相同，基准站将载波相位修正量发送给用户站，以改正其载波相位，然后求解坐标。后者将基准站采集的载波相位发送给用户台进行求差解算坐标。前者为准 RTK 技术，后者为真正的 RTK 技术。

14.5　GPS 测量的实施

GPS 测量的实施主要包括网的优化设计、选点与建立标志、外业观测和内业数据处理。由于以载波相位观测为主的相对定位法是当前 GPS 精密测量中普遍采用的方法，所以着重介绍城市与工程控制网中采用 GPS 相对定位的方法和程序。选点建标与常规控制测量相同，不再赘述。

14.5.1　网的优化设计

GPS 网的优化设计，是实施 GPS 测量工作的第一步，主要内容包括精度指标的合理确定和网的图形设计。

1. 精度指标的合理确定

根据《全球定位系统（GPS）测量规范》（GB/T 18314—2009），GPS 测量按照精度和用途分为 A、B、C、D、E 级。A 级 GPS 网由卫星定位连续运行基准站构成，其精度应不低于表 14-1的要求；B、C、D、E 级 GPS 网的精度应不低于表 14-2 的要求。

表 14-1　A 级 GPS 网的精度指标

级别	坐标年变化率中误差		相对精度	地心坐标各分量年平均中误差/mm
	水平分量/（mm·a⁻¹）	垂直分量/（mm·a⁻¹）		
A	2	3	1×10^{-8}	0.5

表 14-2　B、C、D、E 级 GPS 网的精度指标

级别	相邻点基线分量中误差		相邻点平均间距/km
	水平分量/（mm·a⁻¹）	垂直分量/（mm·a⁻¹）	
B	5	10	50
C	10	20	20
D	20	40	5
E	30	40	3

精度指标的大小直接影响 GPS 网的布设方案、观测计划、观测数据的处理方法以及作业的时间和经费。在实际设计工作中，要根据实际需要和可能慎重确定。

2. 图形设计

GPS 网的图形设计，虽然主要取决于用户的要求，但是有关经费、时间和人力的消耗以及所需接收设备的类型、数量和后勤保障条件等，也与网的图形设计有关。对此应当充分加以顾及，以期在满足用户要求的条件下，尽量减少消耗。

（1）设计的一般原则。

①GPS 网一般应采用独立观测边构成闭合图形，以增加检核条件，提高网的可靠性。

②网相邻点间基线向量的精度，应分布均匀。

③网点与原地面控制点的重合点一般不应少于 3 个，且在网中应分布均匀。

④网点应尽量与水准点重合，或与水准联测，以便为大地水准面的研究提供资料。

⑤网点一般设在视野开阔和交通便利的地方，以便与水准联测。

⑥网点附近可布设一距离大于 300 m 通视良好的方位点，以建立联测方向。

（2）基本图形的选择。GPS 网的图形有如下基本形式：

①三角形网。三角形网如图 14-12（a）所示，网中的三角形边由独立的观测边组成。其优点是图形结构的强度好，具有良好的自检条件，能够有效地发现粗差，保障网的可靠性，而且经平差后，基线向量的精度分布均匀；其缺点是工作量大。

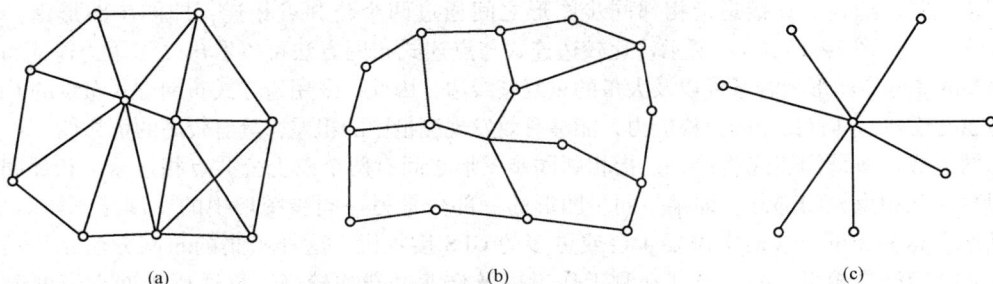

图 14-12　GPS 网型布设图
（a）三角形网；（b）环形网；（c）星形网

②环形网。环形网是由含有多条独立观测基线的闭合环所组成的网，如图 14-12（b）所示。这种网与经典测量中的导线网相似，其图形的结构强度比三角形网差。这种图形的自检性能和可靠性随着闭合环中所含基线数量的增加而减弱，但只要对闭合环中的边数加以限制，仍能保证一定的几何强度。GPS 测量规范中一般都会对多边形的边数做出相关限制，表 14-3 和表 14-4 分别为 GB/T 18314—2009 和 CJJ/T 73—2010 对最简独立闭合环和附合导线边数的规定。

表 14-3　GB/T 18314—2009 对最简独立闭合环和附合导线边数的规定

等级	B	C	D	E
闭合环或附合导线的边数	≤6	≤6	≤8	≤10

表 14-4　CJJ/T 73—2010 对最简独立闭合环和附合导线边数的规定

等级	二等	三等	四等	一级	二级
闭合环或附合导线的边数	≤6	≤8	≤10	≤10	≤10

环形网的优点是观测工作量较小，且具有较好的自检性和可靠性；缺点是非直接观测的基线边（或间接边）精度比直接观测边低，相邻点间的基本精度分布不均匀。

三角形网和环形网是大地测量和精密工程测量中普遍采用的两种基本图形。通常，根据情况往往采用上述两种图形的混合网形。

③星形。星形网的图形简单，如图 14-12（c）所示，其观测基线不构成闭合图形，所以其检验与发现粗差的能力差。星形网的主要优点是观测中只需要两台 GPS 接收机，作业简单。在快速静态定位、准动态定位和实时定位等快速作业模式中，大都采用这种图形。其被广泛应用于工程放样、边界测量、地籍测量和碎部测量等。

（3）GPS 网的连接方式。GPS 控制网是采用相对定位的方法求得两点间的基线向量，再由基线向量将已知点坐标传递给未知点。所以，GPS 网中的各同步观测图形必须相互连接，才能传递坐标。

由若干不同时间观测的同步观测图形相互连接，便可构成 GPS 网的整网图形。由各同步图形构成 GPS 整网的方式一般采用同步图形扩展式，就是将一个个同步图形依次相连，逐步扩展，构成整网。各同步图形之间可采用如下 4 种连接方式：

①点连式。点连式连接就是相邻两个同步观测图形之间通过一个公共点连接，如图 14-13（a）所示。这种连接方式的优点是外业观测工作的推进速度快，作业效率高；缺点是网中没有重复观测基线，可靠性差。采用点连式连接，要求至少有两台 GPS 接收机。

②边连式。边连式连接是指相邻同步图形之间通过两个公共点相连，即同步图形由一条公共基线连接，如图 14-13（b）所示。比较边连式与点连式布网方法可以看出，采用边连式布网方法有较多的非同步图形闭合条件以及大量的重复基线边，因此，采用边连式布网方式布设的 GPS 网其几何强度较高，具有良好的自检能力，能够有效发现测量中的粗差，具有较高的可靠性。

③网连式。所谓网连式连接，是指相邻同步图形之间有两个以上公共点相连接，相邻同步图形之间存在互相重叠的部分，即某一同步图形的一部分是另一同步图形中的一部分，如图 14-13（c）所示。这种布网方式通常需要 4 台或更多的 GPS 接收机，这样密集的布网方法，其几何强度和可靠性指标是相当高的，但其观测工作量以及作业经费均较高，仅适用于网点精度要求较高的测量任务。

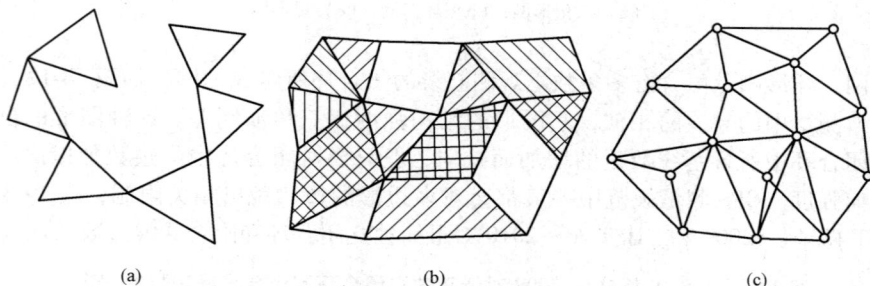

图 14-13　同步图形连接方式
（a）点连式；（b）边连式；（c）网连式

④混连式。在实际的工程应用中，尤其是较大工程，很少使用单一网来布设 GPS 网，通常会根据测区的特殊情况有针对性地进行布设。这就需要把点连式、边连式以及网连式有机地结合起来，克服缺点，发挥其优点，在保证网的几何强度、提高网的可靠指标的前提下，减少外业工作量，降低成本，这种布设形式为混连式。混连式是 GPS 网图形设计较理想的综合性布网方案。

14.5.2　外业观测

1. 选点与埋设标志

选点员根据设计图到实地踏勘，最后选定点位。点位基础应坚实稳定，既易于长期保存，又有利于观测作业。选点时应注意以下问题：

（1）点位应紧扣测量目的予以布设。

（2）便于联测和扩展。

（3）点位交通方便，便于安置设备，视野开阔。

（4）点位远离大功率无线电发射源和高压输电线。

（5）点位附近避免有对电磁波反射强烈的物体。

（6）点位应选于地面基础好的地方。

（7）点位选好后，按规定绘制点记。

2. GPS 接收机的检验

GPS 接收机的检验包括一般性检视、通电检视、GPS 接收机内部噪声水平测试、天线相位中心稳定性检视、GPS 接收机精度指标检视。

3. 外业观测

（1）外业观测计划设计。

①编制 GPS 卫星可见性预报图。利用卫星预报软件，输入测区中心点概略坐标、作业时间、卫星截止高度角≥15°，利用不超过 20 d 的星历文件即可编制卫星预报图。

②编制作业调度表。内容包括观测时段（测站上开始接收卫星信号到停止观测，连续工作的时间段）、开、关机时间；测站号、测站名；接收机号、作业员；车辆调度表。

（2）野外观测。野外观测应严格按照技术设计要求进行。

①安置天线。安置天线时要仔细对中、整平，量取仪器高。仪器高要求钢尺在互为 120°方向量 3 次，互差小于 3 mm，取平均值后记录或输入接收机。

②安置 GPS 接收机。接收机应安置在距天线不远的安全处，连接天线及电源电缆。

③开机观测。按规定时间打开接收机，输入或记录测站名。详情可参见仪器操作手册。

GPS 接收机自动化程度很高，一旦跟踪卫星进行定位，就自动将接收的卫星星历、观测值文件以及输入信息存入机内。作业员只需要定期查看接收机工作状况，发现故障及时排除，并做好记录。接收机正常工作过程中不要随意开关电源、更改设置参数（如卫星截止高度角、观测采样时间）、关闭文件等。

一个时段的测量结束后，要查看仪器高和测站名是否输入，确保无误后再关机、关电源，迁站。

④接收机记录的数据有：GPS 卫星星历和卫星钟差参数；观测历元的时刻和伪距观测值及载波相位观测值；GPS 绝对定位结果；测站信息等。

⑤观测数据下载及数据预处理。观测成果的外业检核是确保外业观测质量和定位精度的重要环节。外业观测数据在测区时就要及时严格检查，对外业预处理成果，按规范要求严格检查、分析，进行必要的重测和补测，确保外业成果无误后方可离开测区。

14.5.3　内业数据处理

一般采用软件进行观测数据的平差处理，主要内容包括同步观测基线向量的解算；观测成果检核与网平差；坐标系统的转换，或与地面网的联合平差。

思考与练习

1. GNSS 系统由哪些系统组成？

2. GNSS 系统由哪几部分组成？各部分的功能和作用是什么？

3. 简述 GPS 伪距定位的原理。

4. 为什么说接收机测得的距离是伪距？

5. 什么是 GPS 绝对定位？什么是 GPS 相对定位？

6. 什么是 GPS 相对定位的单差、双差和三差？

7. 在测量工作中，常用的 GPS 作业模式有哪些？

8. 简述差分 GPS 的原理。

参 考 文 献

［1］中华人民共和国国家标准．GB 50026—2007 工程测量规范［S］．北京：中国计划出版社，2008．

［2］中华人民共和国行业标准．JGJ 8—2016 建筑变形测量规范［S］．北京：中国建筑工业出版社，2016．

［3］马立杰，毛文波，杨建华．建筑工程测量［M］．广州：华南理工大学出版社，2015．

［4］张正禄．工程测量学［M］．武汉：武汉大学出版社，2005．

［5］周建郑．工程测量［M］．郑州：黄河水利出版社，2006．

［6］李青岳，陈永奇．工程测量学［M］．3 版．北京：测绘出版社，2008．

［7］邵自修．工程测量［M］．北京：冶金工业出版社，1997．

［8］武汉测绘科技大学《测量学》编写组．测量学［M］．3 版．北京：测绘出版社，2000．

［9］谭荣一．测量学［M］．北京：人民交通出版社，1995．

［10］孔祥元，郭际明．控制测量学［M］．3 版．武汉：武汉大学出版社，2006．

［11］李生平，陈伟清．道路工程测量［M］．2 版．武汉：武汉理工大学出版社，2003．

［12］赵景利，杨凤华．建筑工程测量［M］．北京：北京大学出版社，2010．

［13］谭辉，马德富，雄友谊．测量学［M］．北京：中国建筑工业出版社，2007．

［14］赵同龙．测量学［M］．北京：中国建筑工业出版社，2010．

［15］周建郑．道路工程测量［M］．2 版．北京：化学工业出版社，2012．

［16］顾孝烈，鲍锋，程效军．测量学［M］．4 版．上海：同济大学出版社，2011．

［17］王云江，许尧芳．建筑工程测量［M］．2 版．北京：中国建筑工业出版社，2009．

［18］唐春平，游丕华．建筑工程测量［M］．武汉：武汉理工大学出版社，2011．

［19］吴贵才．工程测量学［M］．北京：教育科学出版社，2003．